大型主机系统管理实战

Best Practice in Mainframe System Management

高珍 蔡文军 编著

同济大学出版社
TONGJI UNIVERSITY PRESS
·上海·

内容提要

本书是教育部-IBM精品课程“大型主机系统管理技能”指定教材，共分为10章，分别为系统启动及系统数据集、系统安装和升级、目录管理、批处理作业管理、存储管理、安全管理、硬件设备管理、系统监控、系统耦合体以及主机灾备。本书内容丰富，对知识点梳理细致，并辅以管理案例，有助于读者将知识付诸实践来解决实际问题；章节内容安排循序渐进，语言翔实，既适合大型主机管理初学者，也是主机系统管理从业人员的必读书目。

图书在版编目(CIP)数据

大型主机系统管理实战 / 高珍，蔡文军编著. —上海：同济大学出版社，2022.10

ISBN 978-7-5765-0221-3

Ⅰ.①大… Ⅱ.①高… ②蔡… Ⅲ.①大型计算机—系统管理 Ⅳ.①TP338.4

中国版本图书馆CIP数据核字(2022)第074359号

大型主机系统管理实战

高 珍 蔡文军 **编著**

责任编辑 朱 勇 **助理编辑** 王映晓 **责任校对** 徐春莲 **封面设计** 张 微

出版发行 同济大学出版社 www.tongjipress.com.cn
(地址：上海市四平路1239号 邮编：200092 电话：021-65985622)
经 销 全国各地新华书店
排 版 南京文脉图文设计制作有限公司
印 刷 启东市人民印刷有限公司
开 本 787 mm×1092 mm 1/16
印 张 20.75
字 数 518 000
版 次 2022年10月第1版
印 次 2022年10月第1次印刷
书 号 ISBN 978-7-5765-0221-3

定 价 98.00元

前　言

2005年3月，同济大学接受IBM公司捐赠的一台IBM zSeries eServer 900大型主机服务器，随后成立了“IBM主机系统教育中心(上海)”。从那个时候开始，我就和主机结下了不解之缘。2014年，该主机也经历了更新换代，升级到z10。同济大学的老师和学生们都很幸运，拥有货真价实的大型主机作为课程学习的实践平台。从最初的主机系统一旦出现问题就只能重启机器，到现在遇到任何问题都能够迅速准确定位问题并加以解决，我们循序渐进学习、累积进而熟练运用主机系统管理的技能，这为本书的诞生打下了基础。

在大型主机领域，系统管理员(System Programmer)需要掌握的技能很多，涉及这些技能的红皮书更多，比如关于主机安全管理(RACF)的红皮书就有不下17本，关于主机存储管理(DFSMS)的红皮书多于35本，每本红皮书都有几百页甚至上千页。主机系统管理知识过于分散，这为主机系统管理学习带来很大阻碍。因此，我们撰写本书，希望能够帮助主机学习者和爱好者们“窥一斑而知全豹”，对主机系统管理技能有所了解，并通过对书中案例的学习和实践，迅速掌握相关技能。此外，本书也是教育部-IBM精品课程“大型主机系统管理技能”指定教材，用于支持高校的主机教学。

本书的第1～8章由高珍完成，期间得到了吕晴、王骏杰、高闻洋和苗国栋的帮助；第9章和第10章由蔡文军完成；全书由高珍统稿。本书在编写期间一直得到同济大学软件学院以及IBM公司的支持；黄小平高级工程师对本书内容的编写提出了宝贵的指导性意见；同济大学出版社的朱勇和王映晓在本书编辑和出版过程中给予大力支持；同济大学软件学院的很多学生包括赵利莉、庄焕焕、田通、谢玉婧、张润芸和吴翰文等都参与了本书的文字校稿工作；本书也获得了“同济大学本科教材出版资助基金”的支持，在此一并表示衷心的感谢。

本书在《大型主机系统管理》(高珍，清华大学出版社，2011)一书的基础上进行了内容完善和订正，并新增了系统耦合体(SYSPLEX)和主机灾备技术的介绍，希望能够得到读者的喜爱。

由于大型主机系统管理涉及的内容及相关技能太多，一本书无法全面覆盖，加之作者水平有限，书中难免存有不足之处，敬请各位专家、读者批评指正。

编　者

2022年5月于同济大学

目　　录

前言

第 1 章　系统启动及系统数据集 …… 001
1.1　系统启动 …… 001
1.2　地址空间 …… 007
1.3　系统数据集与启动参数 …… 008
1.4　系统配置案例 …… 016

第 2 章　系统安装和升级(SMP/E) …… 019
2.1　SMP/E 介绍 …… 019
2.2　从 SMP/E 角度看系统 …… 019
2.3　安装和更改系统元件 …… 021
2.4　追踪系统元件 …… 025
2.5　SMP/E 工作过程 …… 027
2.6　使用 SMP/E …… 029
2.7　SMP/E 使用的数据集 …… 035
2.8　产品升级案例 …… 036
2.9　注意事项 …… 040

第 3 章　目录管理(CATALOG) …… 042
3.1　编目及其功能介绍 …… 042
3.2　目录结构 …… 045
3.3　目录基本管理 …… 048
3.4　目录高级管理 …… 057
3.5　目录操作技能 …… 065
3.6　目录管理案例 …… 066

第 4 章　批处理作业管理(JES) …… 069
4.1　批处理的由来 …… 069
4.2　JES 详述 …… 070

4.3 JES 命令 …… 074
4.4 SPOOL 管理案例 …… 083

第 5 章 存储管理 …… 085
5.1 存储管理概念引入 …… 085
5.2 DFSMS 概述 …… 086
5.3 数据基本操作 …… 089
5.4 数据高级操作 …… 092
5.5 空间管理和可用性管理 …… 100
5.6 SMS 环境部署 …… 103
5.7 SMS 环境配置案例 …… 113

第 6 章 安全管理(RACF) …… 137
6.1 RACF 概述 …… 138
6.2 组的管理 …… 141
6.3 用户的管理 …… 149
6.4 用户和组的管理方式 …… 157
6.5 数据集的保护 …… 159
6.6 通用资源的保护 …… 166
6.7 RACF 选项 …… 176
6.8 RACF 数据库管理 …… 181
6.9 RACF 实用程序介绍 …… 187
6.10 RACF 安全环境审计 …… 193
6.11 RACF 工作方式 …… 196
6.12 安全管理案例 …… 197

第 7 章 硬件设备管理(HCD) …… 201
7.1 主机中的硬件设备 …… 201
7.2 HCD 概述 …… 203
7.3 硬件配置流程 …… 207
7.4 HCD 相关的系统命令 …… 224
7.5 硬件管理案例 …… 226

第 8 章 系统监控(RMF) …… 229
8.1 RMF 监控器 …… 229
8.2 数据收集 …… 230
8.3 生成报告 …… 234

8.4　性能管理 …… 244
8.5　SMF 及其数据集操作 …… 247
8.6　系统资源监控案例 …… 251

第 9 章　系统耦合体(SYSPLEX) …… 262
9.1　SYSPLEX 架构 …… 262
9.2　SYSPLEX 主要技术说明 …… 267
9.3　定义 SYSPLEX …… 279
9.4　SYSPLEX 环境下的操作 …… 283

第 10 章　主机灾备 …… 291
10.1　主机灾备概述 …… 291
10.2　数据复制 …… 293
10.3　磁盘镜像 …… 296
10.4　地理分散的并行系统耦合体 …… 309

第 1 章　系统启动及系统数据集

本书从主机操作系统 z/OS 的初始化过程开始介绍大型主机系统管理的知识，阐述主机系统初始化过程、初始化有关的参数，以及初始化完成后系统的状态等。这些知识对维护主机系统、保持主机正常的运行状态有至关重要的作用。

1.1　系统启动

系统的初始化过程即启动过程，包括硬件系统初始化和软件系统初始化。

硬件系统初始化过程：首先执行初始微程序载入（Initial Micro-program Load，IML）过程，该过程将硬件支持微码载入处理部件中，并通过读取输入/输出配置数据集（Input/Output Configuration Data Set，IOCDS）中的信息对硬件设备进行初始化配置。

软件系统初始化过程：硬件初始化完成后，系统操作员需在控制台上进行初始程序装载（Initial Program Load，IPL）操作，即软件系统初始化。在 IPL 过程中根据 LOADxx 成员参数，系统确定输入输出配置的软件定义，即输入输出配置文件（Input/Output Definition File，IODF）；定位 z/OS 操作系统的主目录（Master Catalog）；载入操作系统的内核（Nucleus）；确定大量的初始化过程所需的参数，系统通过这些参数来启动主调度器（Master Scheduler），创建系统地址空间、子系统地址空间以及用户地址空间，从而完成操作系统启动过程。

1.1.1　硬件系统初始化

硬件系统的初始化主要是硬件系统加电、初始微程序载入的过程。系统操作员首先为主机和硬件控制台（Hardware Management Console，HMC）加电。主机加电如图 1-1 所示。

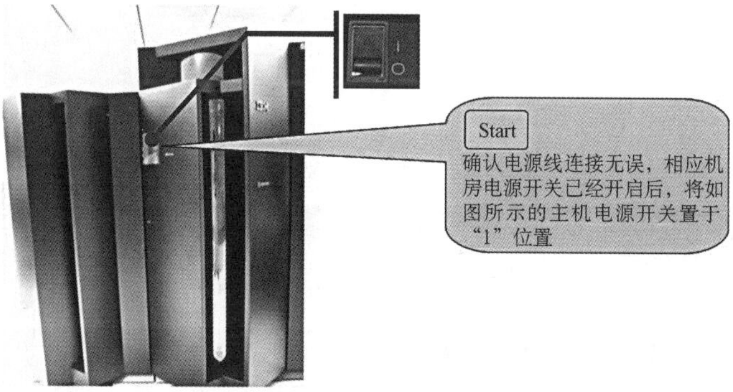

图 1-1　主机加电

加电结束后，操作员可登录 HMC 或 SE(Support Element)，HMC 登录界面如图 1-2 所示。

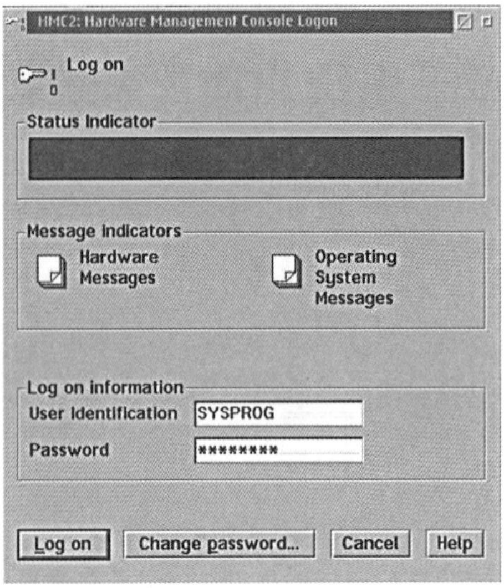

图 1-2　HMC 登录界面

默认情况下，HMC 登录的用户名为 SYSPROG，密码为 password。用户登录成功后将看到如图 1-3 所示的界面。

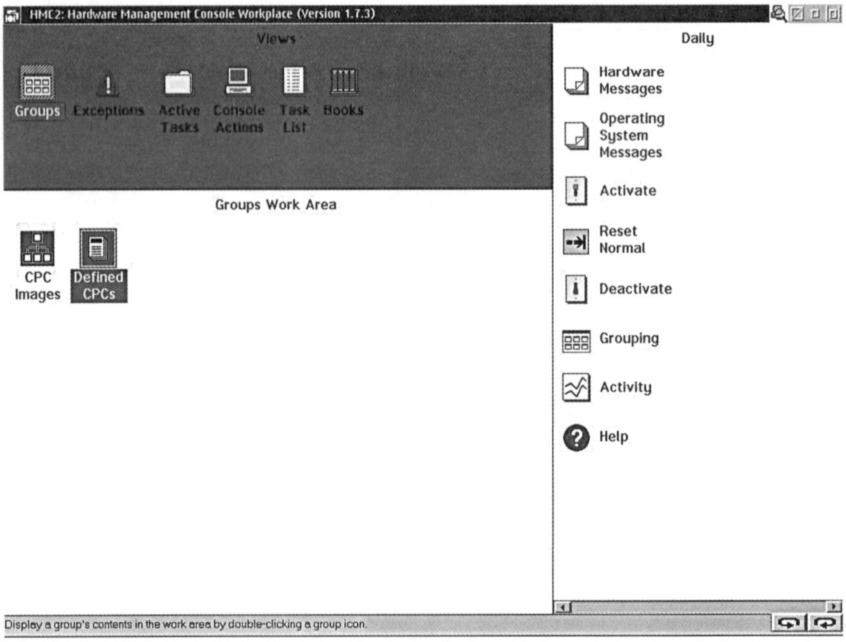

图 1-3　HMC 用户主界面

在该界面上，双击“Defined CPCs”图标，可以看到该 HMC 所管理的主机(HMC 可以统一管理多台主机)。选择相应的主机，在右边的“Daily”功能栏中选择“Activate”选项激活。

在激活过程中，硬件会自动启动系统重上电(Power On Reset，POR)过程，如图 1-4 所示。POR 过程使输入/输出 IOCDS 生效，明确逻辑分区(Logical Partition，LPAR)划分，启动主机外围设备的控制系统，如磁盘控制器、通信控制器等，这些外设控制系统被设定为远程启动，可由主机控制上下电动作。

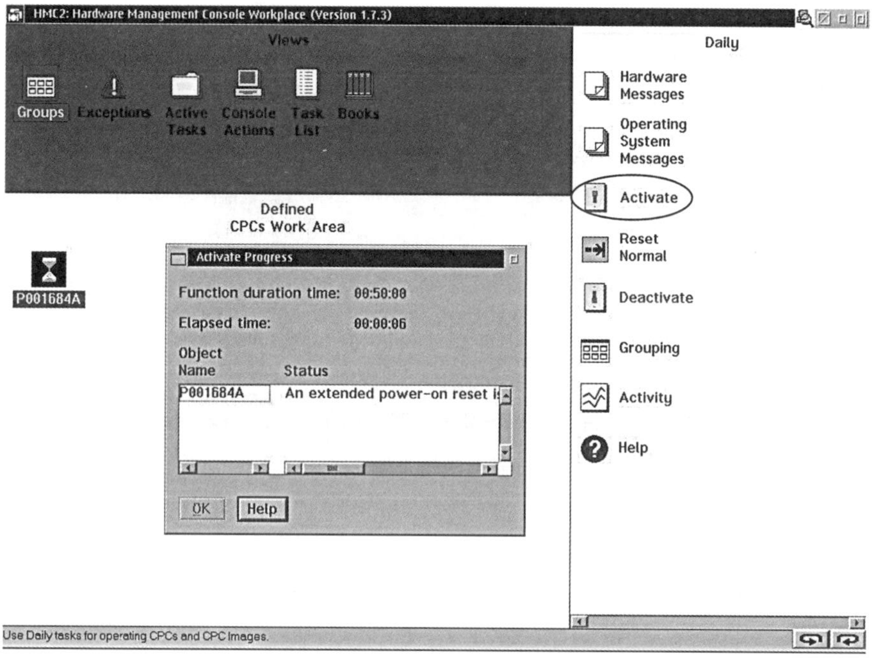

图 1-4　激活主机硬件

POR 完成之后，LPAR 配置生效，单击图 1-3 中的"CPC Images"图标，能够看到系统中的所有 LPAR，选中一个 LPAR，在右边"Daily"功能栏中选择"Activate"选项，从而激活 LPAR，使其处于硬件就绪状态。

1.1.2　软件系统初始化

软件系统初始化是指把 z/OS 系统代码从指定的系统库中载入内存，启动 z/OS 操作系统和子系统。往往在以下任一情况发生时才需要进行 IPL。

(1) 出现新版系统后：当安装新版的主机系统或者主机系统需要升级时，必须要重启系统。

(2) 需要改变原有系统时：改变原有系统就是在使用现有系统的过程中，需要改变某些子系统参数，这些情况下必须进行系统重启。

(3) 现有系统运行失败：在系统运行的过程中，难免会遇到一些不可预测的情况，当系统中某些参数出现意外改变导致系统无法正常运行时，可以选择对系统进行重新启动。

系统操作员在 HMC 界面选择装载(Load)功能开始 IPL 过程，z/OS 定位所有可用的内存，并开始创建各种系统和子系统的地址空间。Load 操作如图 1-5 所示。

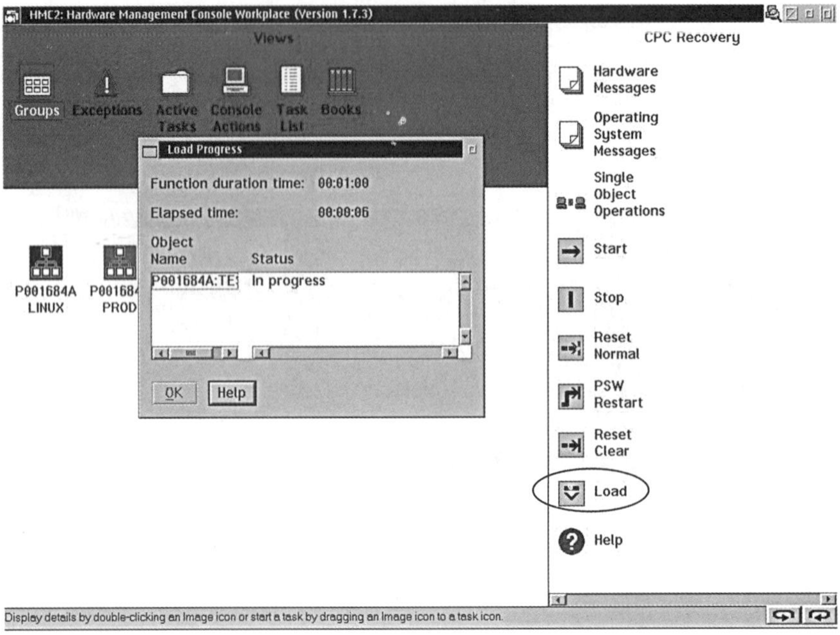

图 1-5　主机系统 Load

IPL 的详细过程如下：

含有装载代码的磁盘是“可 IPL 的”磁盘，通常被称为 SYSRES 卷。SYSRES 卷在 0 柱面 0 磁道处包含一个 Bootstrap 模块。在 IPL 时，Bootstrap 被装载到内存的实地址 0 处，系统控制权将交给它。然后，Bootstrap 会读取 IPL 控制程序 IEAIPL00（也叫 IPL 文本），并将控制权传递给它；之后，就引发了更复杂的任务来装载操作系统。

IEAIPL00 启动后，创建环境并在其中运行程序和模块，构成如下操作系统。

(1) 将中央存储清空为 0，然后为主调度器定义存储区。

(2) 定位在 SYSRES 卷上的 SYS1.NUCLEUS 数据集，从中装载一系列的程序，这些程序称为 IPL 资源初始化模块（IPL Resource Initialization Module，IRIM）。

(3) 这些 IRIM 开始创建正常操作系统环境的控制块和子系统。

此后，IRIM 还会完成一些更重要的任务。

(1) 在 IPL 命令执行时，读取 HMC 输入的 LOADPARM 信息。

(2) 搜索在 LOADPARM 成员中指定的 IODF 数据集所在的卷。IRIM 将首先试图在 SYS0.IPLPARM 中定位 LOADxx。如果不成功，则查找 SYS1.IPLPARM；如果还不成功，继续查找直到 SYS9.IPLPARM。如果定位失败，则返回继续搜索 SYS1.PARMLIB。如果 LOADxx 最终无法被定位，系统装载将处于等待状态。

(3) 找到 LOADxx 成员后，IRIM 就打开它并读取其中的内容，包含内核后缀、主目录名字、使用的 IEASYSxx 成员后缀。

(4) 开始装载操作系统内核。

(5) 初始化主调度器地址空间中的系统队列区（System Queue Area，SQA）、扩展 SQA

(ESQA)、本地 SQA(LSQA)和前缀保存区(Prefix Storage Area, PSA)的虚存。最后,PSA 将会在实存位置 0 处替代 IEAIPL00,并驻留在该处。

(6) 初始化实存管理,包含主调度器的段表、公共存储区的段表条目和页面页框表。

IRIM 最后装载内核初始化程序(Nucleus Initialization Program, NIP)的第一部分,来调用资源初始化模块,这是启动与 IODF 定义的 NIP 控制台通信程序的最早的一部分。

当操作系统被初始化且作业输入子系统(Job Entry Subsystem, JES)被激活后,系统可以使用 START, LOGON 或 MOUNT 命令提交作业启动子系统,如 VTAM, TSO, DB2, 和 CICS 等。

1. 载入操作(LOAD)

前面对 LOAD 作了简要介绍,该操作是在 HMC 或 SE 上对逻辑分区进行的。该操作需要确定 LOAD 参数,LOAD 参数一般用 8 个数字或字符表示,以 0A8201Mn 为例,可以确定如下信息。

(1) 系统盘卷地址:用 4 位数字字符表示操作系统驻留卷(System Residence Volume)的地址,在本例中盘卷的地址是 0A82,该卷一般存放系统引导内核、主目录及主要的系统数据集。

(2) 系统装入参数 LOADxx 的后缀名。LOAD 参数的左起第 5 个和第 6 个字符用来确定系统的 LOADxx 成员,本例中载入成员名称为 LOAD01。查找 LOADxx 成员的顺序如下:首先系统在 IODF 盘卷上查找 SYSn.IPLPARM(n 为 0~9);然后系统在 IODF 盘卷上搜索 SYS1.PARMLIB;最后系统在 SYSRES 卷上搜索 SYS1.PARMLIB。

(3) 系统信息发送形式。LOAD 参数左起第 7 个字符用来确定初始化过程中系统控制台(非 HMC 或 SE)提示信息的出现形式。

(4) IEANUC 成员后缀名。LOAD 参数左起第 8 个字符用来确定系统内核数据集 SYSl.NUCLEUS 中成员 IEANUC0x 的后缀名,如图 1-6 所示。

SYSRES ccuu	LOADxx	IMSI	IEANUC0x
1-4	5-6	7	8

图 1-6　LOAD 参数示意图

操作员在 HMC 或 SE 上执行了 LOAD 操作后,主机操作系统初始化过程就开始了。如果再细分,可以把系统初始化过程分为 IPL 和 NIP 两大步骤。下面重点介绍 IPL。

2. IPL

IPL 是一种行为,是从磁盘上装载操作系统的一个拷贝到处理器的实存中,并执行它。

z/OS 系统被设计成在下次重新装载前可持续运行数月,以允许重要的生产工作负载持续可用。系统变更是引发 IPL 的常见原因,系统的变更级别决定 IPL 计划,比如下述情况。

(1) 测试系统可以每日或更经常地 IPL。

(2) 高可用性的银行系统可能在一年或更久的时间里 IPL 一次,来更新软件级别。

(3) 外部影响常常是 IPL 的原因,比如需要测试或维护机房的供电系统。

(4) 有时设计糟糕的软件耗尽系统资源,只能通过 IPL 来解决问题。

很多过去必须 IPL 才能实现的变更,现在都可以在不进行 IPL 的情况下动态地实现。这样的例子有:①在 Linklist 中为子系统(如 CICS)添加一个执行库;②在链接装配区(Link Pack Area, LPA)中添加模块。

使用 HMC 来 IPL 操作系统 z/OS,需要提供的信息有:①IPL 卷的设备地址;②LOADxx 成员;③包含硬件配置信息的 IODF 数据集;④IODF 卷的设备地址。

系统存在以下几种 IPL 类型。

(1) 冷启动

装载或重新装载可分页的链接装配区(Pageable Link Pack Area, PLPA)和清空虚拟输入输出(Virtual Input/Output, VIO)数据集页的 IPL 为冷启动。系统安装完毕之后的第一次 IPL 总是冷启动,因为这是第一次装载 PLPA。之后,当 PLPA 需要重新装载,或需要更改它的内容,或需要恢复它的缺失信息时,都需要冷启动。

(2) 快速启动

不需要重新装载 PLPA,但需要清空 VIO 数据集页的 IPL 为快速启动。系统重置页表和段表来匹配最新创建的 PLPA,当 LPA 没有变化但是 VIO 必须被刷新时,快速启动比较普遍。这种情况下,使用 VIO 数据集的作业将不能进行断点恢复。

(3) 热启动

不需要重新装载 PLPA 且需保存日志 VIO 数据集页的 IPL 为热启动。IPL 后,原本在 IPL 前正在运行的作业可以利用它们的日志 VIO 数据集重启作业,从断点处继续执行下去。

通常来说,推荐做法是做一次冷启动 IPL。当有长时间运行的作业需要在 IPL 后重新启动时,可以使用热启动;还有一种方法是将长作业分成小块作业,它们之间传递真实数据集而不是使用 VIO。拥有大缓存的现代磁盘控制器减少了长时间保存 VIO 数据的必要性。

注意:● VIO 是一种使用内存来存储临时数据集以支持快速访问的方法。然而,和 PC 上的内存不一样,它们实际上在磁盘上有备份,因此可以用作重启点。很显然,这种方式不应该存储太多的数据,其大小是受限的。

● 请不要混淆冷启动 IPL 和 JES 冷启动。JES 冷启动很少被用到,在生产系统中,JES 冷启动会清除 SPOOL 中所有队列中的信息以及 SYSLOG 信息,这是非常危险的。

3. 主调度器和子系统初始化

系统各地址空间就绪前,首先进行的是主调度器的初始化,该步骤除了启动主调度器外,还将启动系统服务例程如日志服务、通信服务等。主调度器负责为每个子系统建立地址空间,其自身的地址空间是系统初始化过程中第一个被建立的地址空间。另外,由于大多数子系统依赖于作业输入子系统 JES,因此主调度器一般首先为 JES 建立地址空间。

每个子系统都将有自己的地址空间,可执行的子系统代码存放在各自地址空间的私有区内。它们的初始化参数在系统参数数据集“SYS1.PARMLIB”的成员 IEFSSNxx 中指定,也可以在系统初始化完成后通过系统操作命令“START”来启动。主调度器为每个启动的子系统建立一个虚拟地址空间，从而形成一个多重虚拟存储系统(Multiple Virtual Storage，MVS)，这正是 MVS 操作系统名字的由来。MVS 是 z/OS 系统的前身，一直到今天，还有很多主机系统管理员称 z/OS 命令为 MVS 命令。

JES 被激活后，系统就可以提交作业处理。当一个作业通过批处理作业(START)、分时作业(LOGON)或挂载(MOUNT)的方式被激活，系统将会为该作业分配一个新的地址空间。需要注意的是，在 LOGON 之前，操作员必须已经启动 VTAM 和 TSO，它们都有自己的地址空间。

1.2　地址空间

地址空间(Address Space)是软件运行的虚存空间。有的软件运行时只需要一个地址空间，如 TSO；有的软件运行时需要多个地址空间，如 DB2。地址空间可以大致分为 STC，TSU 和 JOB 三类，分别对应启动任务、TSO 用户和批处理作业。

系统地址空间包含了系统代码和系统数据。许多 z/OS 系统功能都在它们自己的地址空间运行。例如，主调度子系统，在一个名为 * MASTER * 的地址空间里运行，它在 z/OS 和自己的地址空间之间建立通信。

每个被创建的地址空间有一个关联的数字，称为地址空间 ID(或 ASID)。因为主调度地址空间是系统创建的第一个地址空间，所以它的 ASID 为 1，其后的系统地址空间在 z/OS 的初始化过程中逐一创建。下面是一些常见的系统地址空间：PCAUTH，RASP，TRACE，DUMPSRV，XCFAS，GRS，SMXC，SYSBMAS，APPC，ASCH，HSM，CAS。

z/OS 要使用各种各样的子系统，如作业控制子系统(JES)、存储管理子系统(Storage Management Subsystem，SMS)、资源访问控制器(Resource Access Control Facility，RACF)，还有中间件产品如 DB2，CICS 和 IMS。在 SDSF 中看到的 JOBID 为 STCxxxxx 任务，多数是子系统的地址空间。任务 STC00139～STC00143 都是子系统 DB2 的地址空间，示例如下：

```
      Display  Filter  View  Print  Options  Help
 ------------------------------------------------------------------------
    SDSF STATUS DISPLAY ALL CLASSES                     LINE 1-14  (14)
    PREFIX=DSN*  DEST=(ALL)   OWNER=*  SORT=JOBNAME/A  SYSNAME=*
    NP   JOBNAME  JobID    Owner    Prty Queue      C  Pos  SAff  ASys Status
         DSNADBM1 STC00141 SYSSTC     15 EXECUTION           MVS1  MVS1
         DSNADIST STC00142 SYSSTC     15 EXECUTION           MVS1  MVS1
         DSNAIRLM STC00140 SYSSTC     15 EXECUTION           MVS1  MVS1 ARMELEM
         DSNAMSTR STC00139 SYSSTC     15 EXECUTION           MVS1  MVS1 ARMELEM
         DSNASPAS STC00143 SYSSTC     15 EXECUTION           MVS1  MVS1
```

除了系统地址空间，还有为用户和独立运行程序提供的地址空间。

(1) TSO 地址空间是为每个登录到 z/OS 的用户创建的，每个用户都拥有自己独立的 TSO 地址空间，一个用户若因为误操作等原因使自己的地址空间出现了问题，不会影响到其他用户。在 SDSF 中看到的 JOBID 为 TSUxxxxx 任务，即 TSO 地址空间。TSU06643 就是用户 TE02 的 TSO 地址空间，示例如下：

```
  Display  Filter  View  Print  Options  Help
-------------------------------------------------------------------------
 SDSF STATUS DISPLAY ALL CLASSES                        LINE 1-1  (1)
 PREFIX=TE02  DEST= (ALL)   OWNER=*  SORT=JOBNAME/A  SYSNAME=*
 NP   JOBNAME  JobID     Owner     Prty Queue      C  Pos  SAff  ASys Status
     TE02     TSU06643 TE02       15 EXECUTION          MVS1  MVS1
```

(2) 系统会为在z/OS运行的每个批处理作业创建一个独立的地址空间,批处理作业地址空间是由JES启动的。在SDSF中看到的JOBID为JOBxxxxx任务,即批处理作业的地址空间。JOB06628～JOB06629就是批处理作业的地址空间,示例如下:

```
  Display  Filter  View  Print  Options  Help
-------------------------------------------------------------------------
 SDSF STATUS DISPLAY ALL CLASSES                        LINE 1-35  (115)
 PREFIX=*  DEST= (ALL)   OWNER=*  SORT=JobID/A  SYSNAME=*
 NP   JOBNAME  JobID     Owner     Prty Queue      C  Pos  SAff  ASys Status
 TESTEXIT JOB06628 TJCL022     1 PRINT      A     2
 TESTEXIT JOB06629 TJCL022     1 PRINT      A     3
```

1.3 系统数据集与启动参数

系统数据集包括系统的参数数据集、过程数据集、载入模块(Load Module)数据集、转储数据集和数据交换数据集等。系统数据集多数都是分区数据集,这些数据集大多存放于系统驻留卷,编目在系统主目录(Master Catalog)下。图1-7所示是系统数据集的部分组织。

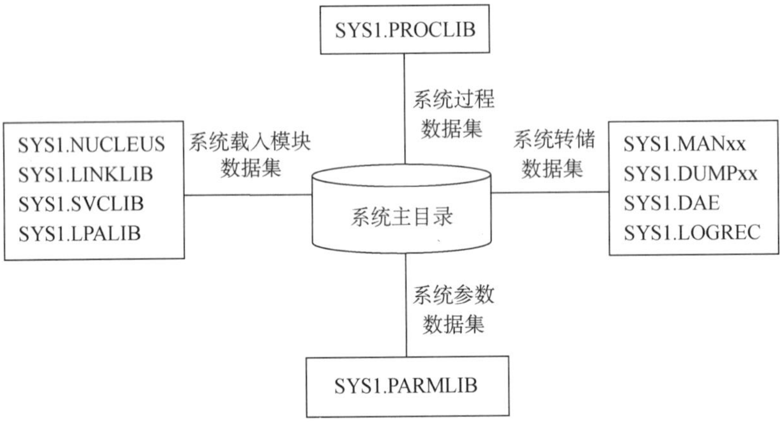

图1-7　系统数据集的部分组织

1. 系统主目录

该数据集为VSAM数据集,包含了系统数据集的索引信息、用户目录(User Catalog)的信息以及别名(Alias)等。

2. SYS1.PARMLIB

该数据集为分区数据集,各成员包含了IBM提供的或系统安装生成的系统参数定义列表。

3. SYS1.NUCLEUS

该数据集为分区数据集,各成员包含了常驻内存的系统控制程序和内核初始化程序、指向主目录的指针以及系统设置程序产生的 I/O 设置信息。

4. SYS1.LINKLIB

该数据集为分区数据集，各成员包含了各种非驻留的系统模块、实用程序以及辅助工具等执行代码。

5. SYS1.PROCLIB

该数据集为分区数据集，各成员包含了编目的 JCL 过程，可被程序员调用。

6. I/O 定义数据集

I/O 定义文件(IODF)也是 VSAM 类型的数据集，包含了 z/OS 的处理器、通道、控制单元以及 I/O 设备的记录信息。

7. SYS1.LPALIB

该数据集为分区数据集，各成员包含记录了将被载入 PLPA 区的系统例程、SVC 例程以及部分 TSO 执行模块等。

8. SYS1.MACLIB

该数据集为分区数据集，各成员包含了为超级用户预定义的宏以及用于数据维护的宏指令。

9. SYS1.MANn

该数据集为 VSAM 数据集，记录了系统管理设施(System Management Facilities，SMF)例程和其他统计工具收集的信息。

1.3.1 系统主目录

系统主目录是最重要的系统数据集之一，所有数据集的定位都是从主目录开始的。为了找到各系统参数数据集，系统初始化时首先必须找到系统主目录。系统主目录通过参数数据集 SYS1.PARMLIB(LOADxx)中的 SYSCAT 参数指定；如果没有定义该参数，则系统在启动时提示操作员输入主目录数据集名。下例是一个 LOADxx 成员的内容，在该成员中有 SYSCAT 参数，即指定了系统的主目录。在该例中，系统主目录是 CATALOG.OS390.MASTER：

```
IODF     99 SYS1
SYSCAT   OS39M1113CCATALOG.OS390.MASTER
SYSPARM  AC
IEASYM   00
NUCLST   00
PARMLIB  USER.PARMLIB
PARMLIB  ADCD.ZOSV1R5.PARMLIB
PARMLIB  SYS1.PARMLIB
NUCLEUS  1
SYSPLEX  ADCDPL
```

1.3.2 系统参数库

系统参数库 SYS1.PARMLIB 是一个分区数据集，它包含了 IBM 提供的和系统创建的成员。它必须放置在直接访问存储设备(Direct Access Storage Devices，DASD)上，DASD 即磁盘。SYS1.PARMLIB 存放的盘卷一般是系统常驻卷，其在 z/OS 操作系统中是一个重要的数据集，可以认为它的功能类似于 UNIX 系统下的/etc 目录。

PARMLIB 目的是在数据集的成员中以事先指定的形式提供系统初始化参数，这样就减小了操作员输入参数的必要性。在 PARMLIB 中，往往可以看到一个参数的不同版本存放在不同的成员中，成员的后缀名不同，比如 IEASYS00 和 IEASYS01。这些不同版本的参数，可以按照不同的配置来启动系统，所需要做的只是指定系统启动时所使用的参数后缀。

SYS1.PARMLIB 中有以下三个成员对系统启动起到至关重要的作用。

(1) LOADxx：包含了 IODF 信息、系统主目录信息、IEASYMxx 和 IEASYSxx 信息、系统使用的 PARMLIB 库信息以及多个库之间的搜索顺序。但是 LOADxx 并不一定在 SYS1.PARMLIB 中，很多情况下，它也可能存放在 SYSn.IPLPARM 内。

(2) IEASYMxx：用于 SYSPLEX 环境下指定各系统静态符号常量以及各系统对应的 IEASYSxx 成员名。

(3) IEASYSxx：记录了在系统初始化过程中控制虚存公共区(Common Service Area, CSA)的参数，以及初始化过程中需要使用的其他 SYS1.PARMLIB 中的参数成员。

从下例的 LOADxx 内容中，可以看到启动时，该系统使用了 IEASYMAC 和 IEASYSAC 成员。从中能够获悉系统的参数库共有三个，其搜索优先级从高到低为 USER.PARMLIB、SYS1.TESTPLX.PARMLIB、SYS1.PARMLIB：

```
SYSPARM  AC
IEASYM   AC
NUCLST   00
PARMLIB  USER.PARMLIB
PARMLIB  SYS1.TESTPLX.PARMLIB
PARMLIB  SYS1.PARMLIB
NUCLEUS  1
SYSPLEX  ADCDPL
```

系统启动以后，上面的信息可以通过 z/OS 命令“D IPLINFO”来查看。从图 1-8 中可以看到，系统启动时使用的是 LOADSP 装载成员，成员 IEASYMxx 和 IEASYSxx 的后缀都是 SP。

```
 Display  Filter  View  Print  Options  Help
-------------------------------------------------------------------------------
HQX7730 ----------------- SDSF PRIMARY OPTION MENU  -- COMMAND ISSUED
COMMAND INPUT ===> /D IPLINFO                              SCROLL ===> CSR
RESPONSE=TESTMVS
 IEE254I  17.43.17 IPLINFO DISPLAY 209
  SYSTEM IPLED AT 17.54.04 ON 09/06/2010
  RELEASE z/OS 01.08.00     LICENSE = z/OS
  USED LOADSP IN SYS1.IPLPARM ON 0F9F
  ARCHLVL = 2   MTLSHARE = N
  IEASYM LIST = SP
  IEASYS LIST = (SP) (OP)
  IODF DEVICE 0F9F
  IPL DEVICE 0C80 VOLUME DMTRES
```

图 1-8　命令 D IPLINFO 的输出结果

也可以通过“D PARMLIB”命令来查看系统所使用的 PARMLIB 数据集的情况，如图 1-9所示。

```
  Display  Filter  View  Print  Options  Help
-------------------------------------------------------------------------------
HQX7730 -----------------  SDSF PRIMARY OPTION MENU  -- COMMAND ISSUED
COMMAND INPUT ===> /D PARMLIB                               SCROLL ===> CSR
RESPONSE=TESTMVS
 IEE251I 17.48.47 PARMLIB DISPLAY 215
  PARMLIB DATA SETS SPECIFIED
  AT IPL
  ENTRY  FLAGS  VOLUME  DATA SET
    1      S    DMTP07  USER.PARMLIB
    2      S    DMTRES  SYS1.TESTPLX.PARMLIB
    3      S    DMTRES  SYS1.PARMLIB
```

图 1-9　命令 D PARMLIB 的输出结果

1.3.3　LOADxx 参数成员

LOADxx 参数成员记录了系统核心参数，指定了硬件配置文件 IODF、系统主目录以及用于配置 z/OS 操作系统环境的参数成员名，如 IEASYSxx，IEASYMxx，IEFEDTxx 和 NUCLSTxx 等。该成员是系统 IPL 时首先被读取的数据，操作员通过 HMC 启动系统时要指定该成员名的末尾两位字符。

系统在 IPL 时，首先根据 8 位 LOAD 参数定位 LOADxx 成员，库的搜索顺序如下。

（1）系统首先在 IODF 盘卷上查找 SYSn.IPLPARM（n=0～9）。

（2）如果找不到，系统在 IODF 盘卷上搜索 SYS1.PARMLIB。

（3）如果还找不到，最后系统在 SYSRES 卷上搜索 SYS1.PARMLIB。

LOADxx 成员找到之后，系统从 LOADxx 成员中读取系统参数库（PARMLIB）信息。接着，系统还会读取 LOADxx 中的 IEASYMxx 信息和 IEASYSxx 信息，并且在 LOADxx 所指定的 PARMLIB 中来搜寻 IEASYMxx 和 IEASYSxx 成员。其中，IEASYMxx 成员中也有可能会包含 IEASYSxx 的信息，如果 IEASYSxx 在两处同时出现，则都起作用；如果 IEASYSxx 中的内容有重复，以 IEASYMxx 中指定的 IEASYSxx 中的内容为准，如图 1-10所示。

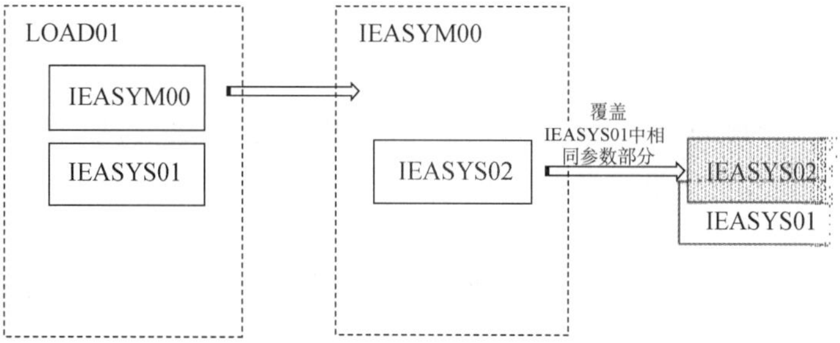

图 1-10　成员 IEASYSxx 内容的覆盖和结合

系统读取IEASYSxx中的内容，确定启动时使用的各个参数成员的后缀。之后，在LOADxx指定的PARMLIB中搜寻这些参数成员，根据参数的具体配置，逐步完成系统启动。系统参数读取过程如图1-11所示。

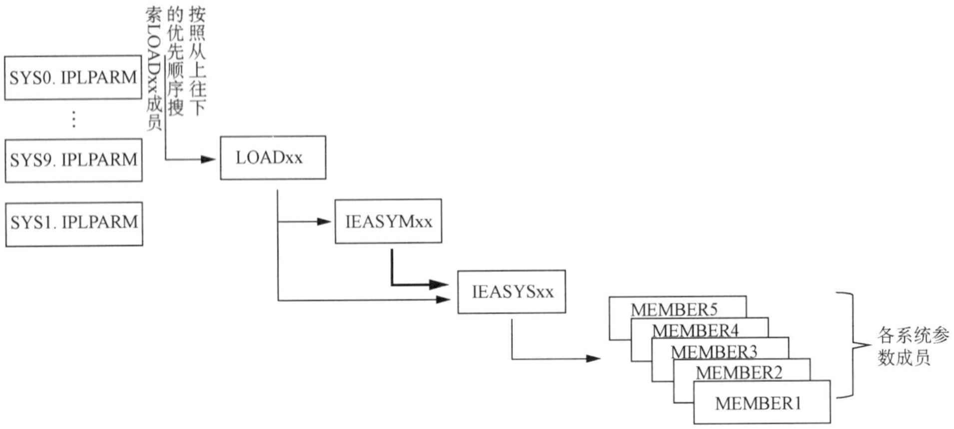

图1-11 系统参数读取过程

1.3.4 IEASYMxx参数成员

IEASYMxx参数成员在SYSPLEX系统环境中指定每个系统参数。IEASYMxx包含定义静态系统符号的语句以及指定IEASYSxx PARMLIB成员的语句(SYSPARM语句)。IEASYMxx参数成员名末尾两个字符在LOADxx成员中通过参数IEASYM指定，LOADxx中可以指定多个IEASYM参数，但只有最后一个参数设置有效。下面是IEASYMxx的一个示例，内容中移除了部分行。其中指定了两个系统，每个系统中都定义了一些静态系统符号。IEASYSxx的最后两个字符为SP：

```
    SYS1.TESTPLX.PARMLIB(IEASYMSP) - 01.34
 ****************************** Top of Data **********
 SYSDEF LPARNAME(TEST1)
        SYSPARM(SP)
        SYSNAME(TESTMVS)
        SYMDEF(&SMFID='MVS1')
        SYMDEF(&SYSID='S1')
        SYMDEF(&JESNAME='TSTMVS01')
SYSDEF LPARNAME(TEST4)
        SYSPARM(SP)
        SYSNAME(TESTMVS2)
        SYMDEF(&SMFID='MVS2')
        SYMDEF(&SYSID='S2')
        SYMDEF(&JESNAME='TSTMVS01')
```

系统符号(比如上例的&SYSID)就好像程序中的变量，它们可以根据程序输入而呈现不同值。当在共享的参数成员定义中指定了一个系统符号时，系统符号就相当于“占位符”。每个共享定义的系统在初始化时将用唯一值来替代系统符号。

每个系统符号都有一个名字(以符号“&”开始，以可选的句点“.”结束)，系统符号代表了一段置换文本(比如上例的S1)。系统符号有以下两种类型。

(1) 动态，置换文本可以在 IPL 的任意时间点变换。

(2) 静态，置换文本在系统初始化时定义，在整个 IPL 过程中保持不变。

可以在系统中输入“D SYMBOLS”命令显示这些符号，如图 1-12 所示。

```
  Display  Filter  View  Print  Options  Help
-------------------------------------------------------------------------------
SDSF OPERLOG  DATE 10/09/2010     0 WTORS               COMMAND ISSUED
COMMAND INPUT ===> /D SYMBOLS                                  SCROLL ===> CSR
RESPONSE=TESTMVS
 IEA007I STATIC SYSTEM SYMBOL VALUES 203
         &SYSALVL.   = "2"
         &SYSCLONE.  = "VS"
         &SYSNAME.   = "TESTMVS"
         &SYSPLEX.   = "TESTPLX"
         &SYSR1.     = "DMTRES"
         &CNMNETID.  = "USIBMNR"
         &CNMRODM.   = "RODM"
         &CNMTCPN.   = "TCPIP"
         &DOMAIN.    = "CNM19"
         &DOMAINNV.  = "CNM19"
         &DOMAINSA.  = "AOF19"
         &JESNAME.   = "TSTMVS01"
         &SMFID.     = "MVS1"
         &SYSID.     = "S1"
0090             &SYSID.     = "S1"
******************************** BOTTOM OF DATA ********************************
 F1=HELP      F2=SPLIT     F3=END      F4=RETURN    F5=IFIND     F6=BOOK
 F7=UP        F8=DOWN      F9=SWAP    F10=LEFT     F11=RIGHT    F12=RETRIEVE
```

图 1-12　命令 D SYMBLOS 的部分输出(移除了部分行)

1.3.5　IEASYSxx 参数成员

IEASYSxx 是系统启动过程中指定各类系统参数的总入口，形象来说，它的地位就如同多米诺骨牌的第一张。通常情况下，“IEASYS00”是系统默认的成员，系统程序员也可以通过设定成员名末尾两个字符指定自己的参数设置方案。如果需要使用自己的设置方案，可在初始化系统提示“SPECIFY SYSTEM PARAMETERS”时回应“SYSP=xx”；也可在成员 LOADxx 或 IEASYMxx 中通过参数 SYSPARM 指定。IEASYSxx 中大多数参数以“参数名=xx”的形式指定了其他参数成员名的后缀。图 1-13 所示是一个 IEASYSxx 成员的部分内容。

1.3.6　IEASSNxx 参数成员

SMS 定义放置在 IEFSSNxx 参数成员中，所有子系统都在 IEFSSNxx 参数成员中定义，这些子系统又称为二级子系统。每个子系统的定义都包括子系统的名称，另外还会有一些可选的参数。子系统定义的顺序也是它们被初始化的顺序，若系统中有 SMS，则应该在定义其他的子系统(包括 JES2 或者 JES3)之前先定义该子系统。图 1-14 所示是参数成员 IEFSSNxx 中对 SMS 的定义。

```
  File  Edit  Edit_Settings  Menu  Utilities  Compilers  Test  Help
ssssssssssssssssssssssssssssssssssssssssssssssssssssssssssssssssssssssssssssssss
EDIT       SYS1.PARMLIB(IEASYSDP) - 01.49                  Columns 00001 00072
Command ===>                                                   Scroll ===> CSR
****** ***************************** Top of Data ******************************
000001 CLOCK=DP,
000002 CMD=DP,                     SELECT COMMND
000003 CON=DP,                     SELECT CONSOL
000004 LNK=DP,                     SELECT LNKLST
000005 LPA=DP,                     SELECT LPALST
000006 OMVS=DP,                    SELECT BPXPRM
000007 SSN=DP,                     SELECT IEFSSN
000008 SMF=DP,                     SELECT SMFPRM
000009 SVC=DP,                     SELECT IEASVC
000010 COUPLE=DP,                  SELECT COUPLE
000011 FIX=DP,                     SELECT IEAFIX
000012 PLEXCFG=XCFLOCAL,           SYSPLEX CONFIG
000013 ALLOC=00,                   SELECT ALLOC
000014 DEVSUP=00,                  SELECT DEVSUP
000015 GRS=NONE,                   NO GRS
000016 GRSCNF=00,                  SELECT GRSCNF
000017 GRSRNL=00,                  SELECT GRSRNL
 F1=Help      F2=Split      F3=Exit       F5=Rfind      F6=Rchange     F7=Up
 F8=Down      F9=Swap      F10=Left      F11=Right     F12=Cancel
```

图 1-13 一个 IEASYS 成员的部分内容

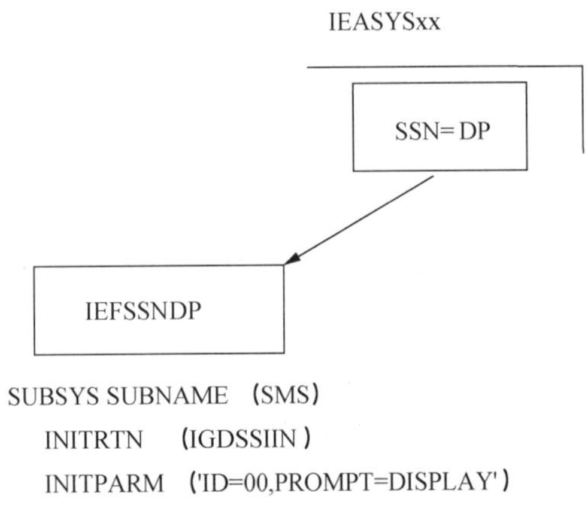

图 1-14 SMS 的定义

1.3.7 系统过程库

主调度器(也称为主调度子系统)在系统启动过程中的地位至关重要。它在操作系统和主要作业输入子系统(JES2 或 JES3)之间建立通信,主调度器的地址空间是系统中第一个地址空间(ASID=1);之后,主调度器会启动作业输入子系统;最后,JES 会启动其他已定义的子系统。

系统在 SYS1.LINKLIB 库中可以找到初始的 MSTJCL00 载入模块来启动主调度器。如果需要更正,推荐做法是在 PARMLIB 数据集中创建一个 MSTJCLxx 成员,其后缀由

IEASYSxx 参数成员中 MSTRJCL 参数指定。MSTJCLxx 成员一般称为“主 JCL”，它包含系统输入输出数据集的数据定义(DD)语句，这些 DD 语句用于 JES 和操作系统之间的通信。下面是一个 MSTJCLxx 成员的示例：

```
//MSTJCL00 JOB MSGLEVEL=(1,1),TIME=1440
//         EXEC PGM=IEEMB860,DPRTY=(15,15)
//STCINRDR DD SYSOUT=(A,INTRDR)
//TSOINRDR DD SYSOUT=(A,INTRDR)
//IEFPDSI  DD DSN=SYS1.SH.PLEXY1.PROCLIB,DISP=SHR
//         DD DSN=SYS1.PROCLIB,DISP=SHR
//         DD DSN=SYS1.IBM.PROCLIB,DISP=SHR
//SYSUADS  DD DSN=SYS1.UADS,DISP=SHR
//IEFJOBS  DD DSN=SYS1.STCJOBS,DISP=SHR
```

在主调度器中可以启动开始任务(Started Task)，系统决定 START 命令所指的是一个过程还是一个作业。如果在 MSTJCLxx 成员中存在 IEFJOBS DD 语句，系统在 IEFJOBS 指定的库中搜索 START 命令请求的相应成员。以上面 MSTJCLxx 成员内容为例，对于 START JES2 命令，系统将首先在 SYS1.STCJOBS 库中搜索 JES2 成员，找到即执行。

如果在 IEFJOBS 库中找不到该成员或 IEFJOBS 不存在，系统就搜索 IEFPDSI 指定的库，来寻找 START 命令请求的成员。找到成员后，系统检查第一条记录是否是有效的 JOB 语句。如果有效，系统使用该成员内容作为开始任务的 JCL 源码；如果无效，则假设 JCL 源码是一个过程，系统将创建 JCL 来调用该过程。

IEFPDSI 往往关联多个库，一般情况下都包含一个名为 SYS1.PROCLIB 的过程库。JES 的启动过程以及 DB2 和 CICS 等子系统的启动过程也往往都放在 SYS1.PROCLIB 库中。这些子系统往往通过 START 命令来启动。

1.3.8　JCL 作业过程库

JCL 作业的默认过程库是 JES 启动作业中定义的过程库。在系统中，JES2 启动作业示例如下，其中，PROC00 和 PROC01 关联的库都是作业的过程库：

```
   SYS1.PROCLIB (JES2) - 01.17                      Columns 00001 00072
***************************** Top of Data ******************************
//JES2      PROC P=JES2SP,N=JES2NODE
//JES2      EXEC PGM=HASJES20,TIME=1440
//HASPLIST  DD DDNAME=IEFRDER
//HASPPARM  DD DSN=SYS1.TESTPLX.PARMLIB (&P) ,DISP=SHR
//          DD DSN=SYS1.TESTPLX.PARMLIB (&N) ,DISP=SHR
//          DD DSN=SYS1.SHASPARM,DISP=SHR
//PROC00     DD DSN=USER.PROCLIB,DISP=SHR
//          DD DSN=CENTER.PROCLIB,DISP=SHR
//          DD DSN=SYS1.PROCLIB,DISP=SHR
//          DD DSN=TIVOLI.PROCLIB,DISP=SHR
//          DD DSN=CANDLET.XEGA.PROCLIB,DISP=SHR
//          DD DSN=TJCICS.PROCLIB,DISP=SHR
//PROC01     DD DSN=SYS1.LOGON,DISP=SHR
//IEFRDER   DD DUMMY
```

很多系统中，JES 的启动作业有很长的过程库列表，这是因为之前只有一种方式来定义作业过程库。现在可以通过指定以下语句来覆盖 JES 启动作业中的 PROCxx 过程库：

```
/*JOBPARM PROCLIB
```

举例来说，假设运行一个作业，指定作业类为 A(Class＝A)，且假设类 A 已指定默认的作业过程库为 PROC00。如果想使用放置在 PROC01(SYS1.LOGON)中的过程，需要在 JCL 中包含以下语句：

```
/*JOBPARM PROCLIB=PROC01
```

另一个指定过程库的方法就是使用 JCLLIB 语句，这是一个较新的改革。该语句指定用户自己的私有过程库，作业执行时，JES 会首先搜索通过 JCLLIB 语句指定的用户私有过程库，然后再搜索 JES 默认的作业过程库。下例表明了 JCLLIB 语句的使用：

```
//MYJOB  JOB
//MYLIBS JCLLIB ORDER=(MY.FRIST.PROCLIB.JCL,MY.SECOND.PROCLIB.JCL)
//STEP    EXEC    PROC=MYPROC1
```

在该例中，假设 JES 默认过程库只包含 SYS1.PROCLIB，JES 将按照以下顺序搜索过程 MYPROC1(作为库中的成员出现)：

```
1. MY.FIRST.PROCLIB.JCL
2. MY.SECOND.PROCLIB.JCL
3. SYS1.PROCLIB
```

1.4 系统配置案例

1.4.1 定制 IEASYSxx 成员

一个 z/OS 系统的 PARMLIB 中一般会有多个 IEASYSxx 成员。通常，IEAYS00 用于存放一些每次 IPL 时都不变的系统参数，而其他的 IEASYSxx 则可以存放 IPL 时常会改变的系统参数。这样，系统每次 IPL 时，只要指定不同的 IEASYSxx，就可以按照不同的系统参数来启动系统，省去了每次启动系统时配置参数的麻烦，也不容易出错。例如，可以定制 IEASYS00 成员，用它来以冷启动的方式启动 JES2，且只启动一些必要的子系统，如 TSO，而不启动 DB2，CICS 和 MQ。也可以同时定制 IEASYSTJ 成员，以热启动方式启动 JES2，不仅启动 TSO 等子系统，也启动 DB2，CICS 和 MQ。

IEASYS00 的部分内容如下：

```
CLOCK=00,
CMD=00,
CON=00,
COUPLE=00,
GRSCNF=00,
GRSRNL=00,
SMF=00,
OMVS=00,
SMS=00,
SSN=00,
GRS=TRYJOIN,
```

```
PLEXCFG=MULTISYSTEM,
PAGE=（PAGE.&SYSNAME..PLPA,
PAGE.&SYSNAME..COMMON,
PAGE.&SYSNAME..LOCAL,L）,
……
```

IEASYSTJ 的部分内容如下：

```
CLOCK=TJ,
CMD=TJ,
CON=TJ,
COUPLE=TJ,
GRSCNF=TJ,
GRSRNL=TJ,
SMF=TJ,
OMVS=TJ,
SMS=TJ,
SSN=TJ,
GRS=TRYJOIN,
PLEXCFG=MULTISYSTEM,
PAGE=（PAGE.&SYSNAME..PLPA,
PAGE.&SYSNAME..COMMON,
PAGE.&SYSNAME..LOCAL,L）,
……
```

1.4.2　修改 APF 授权库

在 z/OS 中，有时候程序需要通过请求管理程序(Supervisor Call，SVC)调用操作系统功能，这些程序必须通过 APF 授权才可以调用，否则程序无法正常运行，并报错“applid xxxx NOT APF-AUTHORIZED”。

对程序进行授权就是将程序定义到 APF 授权库中，APF 授权库可以通过系统命令的方式动态地添加，也可以通过修改 PROGxx 参数成员中的内容来实现。前一种方法的优点在于可以动态地将程序添加到 APF 库中，并即时生效；但是这种方法在系统重新 IPL 之后就失效了。后一种方法的优点在于一旦重新 IPL 之后，程序就一直存在于 APF 授权库中，不需要重新添加；缺点是要使得修改生效，就需要重新 IPL 系统。用户可以把这两种方法结合起来使用：先使用命令将程序动态添加到 APF 库中(动态修改 APF 授权库)，再修改 PROGxx 参数保证下次 IPL 之后 APF 库的修改仍然存在(静态修改 APF 授权库)，这样就可以互为补充。

1. 动态修改 APF 授权库

首先，可以通过“D PROG, APF”命令来查看 APF 授权库列表，如图 1-15 所示。

如果程序不在这些数据集中，可以使用动态的方式一次性地将自己的数据集添加到授权列表中。可以使用“SETPROG APF, ADD, DSNAME＝*dsname*, VOLUME＝*volser*”命令来动态地把自己的程序库放入 APF 授权库中。注意，一定要指定数据集(即自己的程序库)所在的卷，保证程序正常运行。

2. 静态修改 APF 授权库

上述命令可以即时地将用户自己的程序添加到 APF 授权库中，但是每次 IPL 之后需要重新动态修改 APF 授权库。为了避免这样的缺点，可以在上述命令方式之后，再修改系统 IPL 时使用的那个 PROGxx 成员内容，以实现静态添加 APF 授权库的工作。

```
  Display  Filter  View  Print  Options  Help
-----------------------------------------------------------------------------
HQX7730 ----------------  SDSF PRIMARY OPTION MENU  -- 230 RESPONSES NOT SHOWN
COMMAND INPUT ===> /D PROG,APF                              SCROLL ===> CSR
RESPONSE=TESTMVS
 CSV450I 05.47.49 PROG,APF DISPLAY 581
 FORMAT=DYNAMIC
 ENTRY VOLUME DSNAME
    1  DMTRES SYS1.LINKLIB
    2  DMTRES SYS1.SVCLIB
    3  DMTRES SYS1.CMDLIB
    4  DMTRES SYS1.MIGLIB
    5  DMTRES SYS1.VTAMLIB
    6  DMTRES SYS1.DFQLLIB
    7  DMTRES SYS1.DGTLLIB
    8  DMTRES SYS1.CSSLIB
    9  DMTRES SYS1.SAPPMOD1
   10  DMTRES SYS1.SHASLNKE
   11  DMTRES SYS1.SHASMIG
   12  DMTRES SYS1.SIEAMIGE
   13  DMTRES SYS1.NFSLIBE
   14  DMTRES SYS1.SCUNIMG
 F1=HELP      F2=SPLIT     F3=END       F4=RETURN    F5=IFIND     F6=BOOK
 F7=UP        F8=DOWN      F9=SWAP     F10=LEFT     F11=RIGHT    F12=RETRIEVE
```

图 1-15　使用“D PROG, APF”命令查看授权列表

PROGxx 成员记录了可动态授权的运行程序库和连接模块库。该成员定义了四类程序集：APF 授权程序库，通过 APF 语句定义；出口例程程序库，通过 EXIT 语句定义；系统程序库，通过 SYSLIB 语句定义；连接模块库，通过 LNKLST 语句定义。使用 PROGxx 成员，可代替 SYSI.PARMLIB 中的其他三个成员：IEAAPFxx，EXITxx 和 LNKLSTxx。该成员名末尾两个字符在成员 IEASYSxx 中通过参数 PROG 来指定。

当静态修改 APF 授权库时，需要先找到系统 IPL 时使用的 PROGxx 成员。

(1) 通过“D IPLINFO”和“D PARMLIB”系统命令来找到当前系统中使用的 IEASYSxx。

(2) 通过 IEASYSxx 中的 PROG＝xx 语句来确定当前系统正在使用的是哪个 PROGxx。

按照 PARMLIB 的搜索顺序，找到第一个符合条件的 PROGxx 参数成员，使用 ADD 语句添加新库到 APF 授权库中：

```
APF  ADD
     DSNAME (dsname)
     VOLUME (volser)
```

然后，保存并退出。

这样，系统在下次 IPL 时，就会将上面新增的库也加载到 APF 的授权库中。

第 2 章　系统安装和升级(SMP/E)

在 PC 机上安装一个软件非常简单，找到软件的安装文件(如.exe 文件)双击即可。但在主机上安装和更新软件却没有那么简单，需要使用专用工具来完成，这个工具就是 SMP/E (System Modification Program/Extended)。

2.1　SMP/E 介绍

SMP/E 是一个 z/OS 工具，用于管理 z/OS 系统上软件产品的安装、追踪这些产品的修正程序。SMP/E 通过以下方法在组件级别控制系统变化：

(1) 调用系统实用程序来安装软件及补丁等内容。

(2) 从大量潜在补丁中选择合适级别的补丁代码来安装。

(3) 记录安装的软件及补丁等内容，提供工具使用户能查询软件和补丁的状态，并在必要时取消补丁。

所有的代码和修正程序都可在 SMP/E 数据库中定位，SMP/E 数据库也叫 CSI (Consolidated Software Inventory)，它由一个或多个 VSAM 数据集组成。

SMP/E 可以使用批处理作业或使用 ISPF/PDF 下的对话框运行。通过 SMP/E 对话框，用户可以交互查询 SMP/E 数据库，提交作业来处理 SMP/E 命令。

相关阅读： IBM 出版物 *SMP/E User's Guide*，用户可以在 IBM 红皮书网站下载该书。

2.2　从 SMP/E 角度看系统

z/OS 系统看似是以完整的代码块来驱动 CPU 的，但实际上，它是一个复杂系统，包含了许多不同的模块代码。每一模块代码完成一个特定的功能，图 2-1 所示为从 SMP/E 角度看系统，可以看出 z/OS 是由多个不同模块代码构成的。

每个模块都完成一定的系统功能，这些模块包括：

- SMP/E。
- 基本控制程序(Basic Control Program, BCP)。
- JES2 或 JES3。
- 存储管理系统(Data Facility Storage Management Subsystem, DFSMS)。

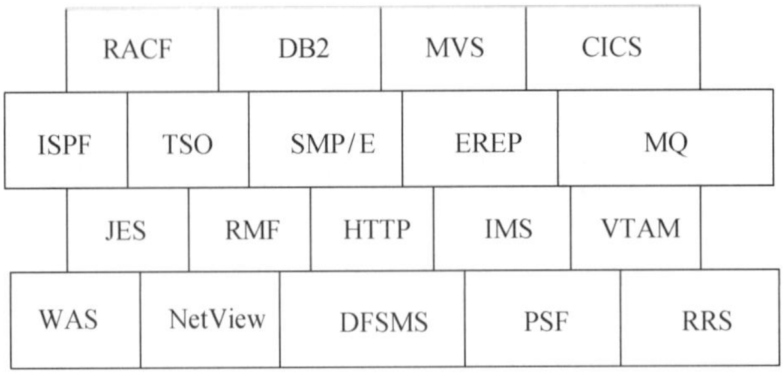

图 2-1　从 SMP/E 角度看系统

- 交互式系统生产工具(Interactive System Productivity Facility, ISPF)。
- 开放系统适配器/支持工具(OSA/SF)。
- 资源评估工具(RMF)。
- 系统显示和搜索工具(SDSF)。
- 分时选项/扩展(TSO/E)。
- WebSphere MQ。
- z/OS UNIX 系统服务。
- HTTP 服务器。
- 客户信息控制系统(Customer Information Control System, CICS)。

上面的这些模块都由一个或多个可执行的载入模块组成,这些载入模块是可执行代码,真正完成系统功能的就是它们。在 z/OS 环境下,载入模块代表机器识别的可执行代码的基本单元,是由一个或多个目标模块(Object Modules)组合起来,并通过连接-编辑(Link-edit)程序处理之后创建生成的,过程如图 2-2 所示。

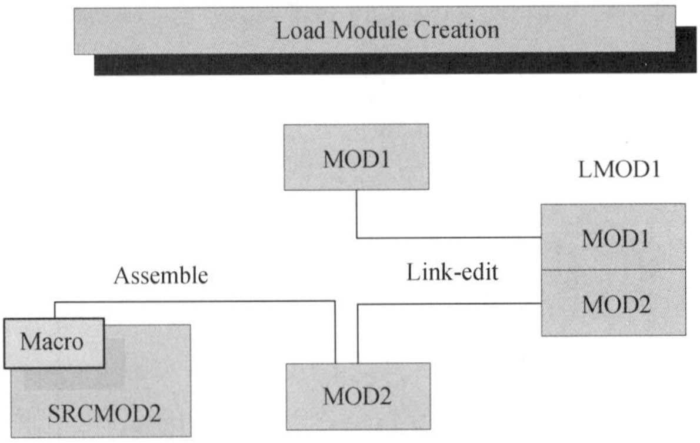

图 2-2　载入模块的创建过程

大多数时候,目标模块作为产品的一部分发送给用户。在图 2-2 中,目标模块 MOD1 作为产品的一部分发送,但有时用户也可能需要编译由产品供应商发送的源代码来创建目标模块。用户可以更改源码,然后编译源码生成目标模块。图 2-2 中,SRCMOD2 就是源代码,其通过编译后创建目标模块 MOD2。当编译完成后,用户将 MOD2 和 MOD1 进行连接-编辑，生成载入模块 LMOD1。

除了目标模块和源代码，大多数产品还会发布其他部分，比如宏、帮助面板、CLIST 程序和其他 z/OS 库成员。这些都是产品的基本构建块。所有这些构建块成员统称为元件(Element)。同一 z/OS 系统上的元件往往相互关联，相互依赖，彼此存在千丝万缕的联系，SMP/E 正是用来管理元件复杂关系的有效工具。

2.3 安装和更改系统元件

软件包括产品或服务，包含了诸如宏、模块、源码和其他类型的数据(比如 CLIST 或样例过程)元件。使用过程中，用户可能会需要更换或更新 z/OS 系统中的软件(可以理解为"打补丁")，这对提高产品使用性和可靠性是非常必要的。用户也可能需要在系统上加入一些新功能，升级或更改一些系统元件。为了维护这些元件，SMP/E 引入了系统修改(System Modification, SYSMOD)。

2.3.1 SYSMOD 介绍

SMP/E 可以对系统的软件和服务进行更新，前提是要把这些更新打包成一个系统修改。SYSMOD 是元件和控制信息的打包，SMP/E 用这些控制信息来安装和追踪元件。

SYSMOD 由一系列的元件以及控制信息组成，其可以分成以下两部分。

(1) 修正控制语句(Modification Control Statements, MCS)

前两个字母以"++"开始，MCS 负责告诉 SMP/E：

- 更新或更换哪些元件。
- 本 SYSMOD 与产品软件和其他 SYSMOD 的关系。
- 其他特定的安装信息。

(2) 修正文本

元件实体，它们可以是源代码、目标模块、宏等不同类型的元件。

2.3.2 SYSMOD 的类型

SMP/E 支持以下四种类型的 SYSMOD。

(1) 功能(Function)是一个新产品，一个产品的新版本、新发布或者一个现有产品的功能更新。

(2) 程序临时补丁(Program Temporary Fix, PTF)是 IBM 提供的针对用户报告的产品问题的修正程序。PTF 是预防服务，用来避免某些已知的问题，即使这些问题尚未在用户的系统上出现。PTF 的安装必须在其 Function SYSMOD 安装之后，某些 PTF 还要求先安装其他 PTF。

(3) 授权程序分析报告(Authorized Program Analysis Report, APAR)是在问题第一次被报告后，用于修正或跳过该问题的临时补丁。一个 APAR 或许并不适用于所有用户的环境。一个 APAR 的安装必须在其 Function SYSMOD 安装之后，有时也在某个 PTF

安装之后。

(4) USERMOD 由用户创建、用来改变 IBM 提供的产品代码，或者用来在系统中添加独立功能。USERMOD 必须在安装其 Function SYSMOD 之后，有时也安装在某个 PTF、APAR 补丁或其他 USERMOD 之后。

SMP/E 追踪每个元件的功能和服务级别，通过 SYSMOD 提供的额外信息，它能够维持元件安装的正确次序。

2.3.3 安装 Function SYSMOD

有些时候系统需要安装新软件，用户可以通过使用 SMP/E 来安装一个 Function SYSMOD 完成此任务。所有其他类型的 SYSMOD 都依赖于 Function SYSMOD，因为其他 SYSMOD 类型最初都是由 Function SYSMOD 引入的元件修正程序。

安装 Function SYSMOD，是指替换系统数据集或系统库中的该产品的所有元件。这些库指 SYS1.LPALIB, SYS1.MIGLIB 和 SYS1.SVCLIB 等。

安装 Function SYSMOD 如图 2-3 所示，其需要 Link-edit 目标模块 MOD1，MOD2，MOD3 和 MOD4 来创建载入模块 LMOD2。通过 Function SYSMOD 的安装，载入模块 LMOD2 的可执行代码成功安装在系统库中。

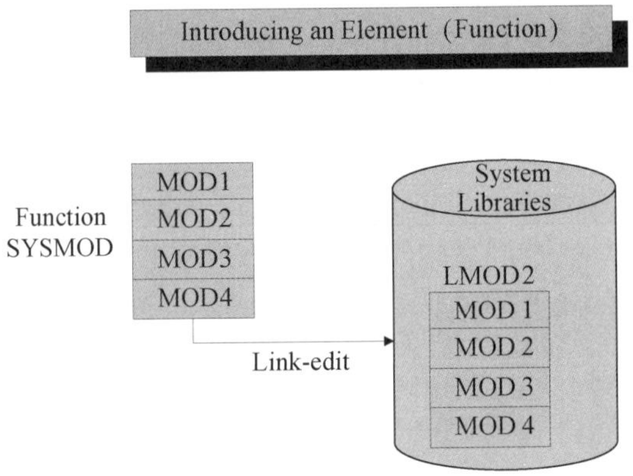

图 2-3 安装 Function SYSMOD

Function SYSMOD 分为两种。

(1) 基本 Function SYSMOD

添加或替换整个系统功能，例如 SMP/E 和 JES2。

(2) 依赖 Function SYSMOD

对现有系统功能提供附加的功能。“依赖”是指它的安装依赖于已经安装好的基本功能，例如 SMP/E 的语言支持特征。

这两种 Function SYSMOD 都是用来引入新元件的。下面的 MCS 示例显示了一个简单 Function SYSMOD 引入了 4 个元件：

```
++FUNCTION (FUN001)            /* SYSMOD type and identifier.  */.
++VER (Z038)                  /* For an OS/390 system        */.
++MOD (MOD1)   RELFILE (1)       /* Introduce this module .     */
          DISTLIB (AOSFB)   /* in this distribution library */.
++MOD (MOD2)   RELFILE (1)       /* Introduce this module       */
          DISTLIB (AOSFB)   /* in this distribution library */.
++MOD (MOD3)   RELFILE (1)       /* Introduce this module       */
          DISTLIB (AOSFB)   /* in this distribution library */.
++MOD (MOD4)   RELFILE (1)       /* Introduce this module       */
          DISTLIB (AOSFB)   /* in this distribution library */.
```

2.3.4　安装 PTF SYSMOD

当一个软件的组成元件有问题时，IBM 将提供给用户一个经测试的补丁，这个补丁以 PTF 的形式呈现。虽然用户可能不会经历 PTF 有意防止的问题，但在系统上安装 PTF 依旧是必要的，可以防止用户的系统发生相应问题。

通常来说，PTF 会替换和更新产品中的一个或多个元件以防止问题，如图 2-4 所示。

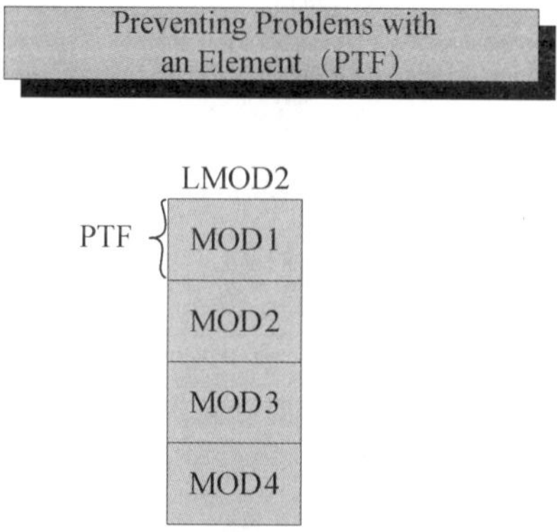

图 2-4　利用元件防止问题

图 2-4 中存在已安装的载入模块 LMOD2。如果想要替换 MOD1 元件，应该安装包含模块 MOD1 的 PTF SYSMOD。PTF SYSMOD 将用正确的元件替换错误的元件。作为 PTF SYSMOD 安装的一部分，SMP/E 将重新连接 LMOD2，使其包含新的正确的 MOD1 版本。

下面是一个简单的 PTF SYSMOD 示例：

```
++PTF (PTF0001)              /* SYSMOD type and identifier.  */.
++VER (Z038)   FMID (FUN0001)    /* Apply to this product.      */.
++MOD (MOD1)                /* Replace this module         */
          DISTLIB (AOSFB)   /* in this distribution library */.
…
… object code for module
…
```

PTF SYSMOD 总是依赖于 Function SYSMOD 的安装。有些情况下，PTF SYSMOD 也可能依赖于其他 PTF SYSMOD 的安装，这样的依赖关系叫做先决条件。

2.3.5 安装 APAR SYSMOD

在一个严重问题发生前，用户有时认为有必要在 PTF 发布之前就修正它。在这种情况下，IBM 提供用户一个 APAR。APAR 是一个补丁，它能快速修正元件的某个特定区域或替代一个错误元件。用户可以安装 APAR SYSMOD 来应用一个补丁，从而更新不正确的元件，如图 2-5 所示，其中 MOD2 区域包含一个错误。

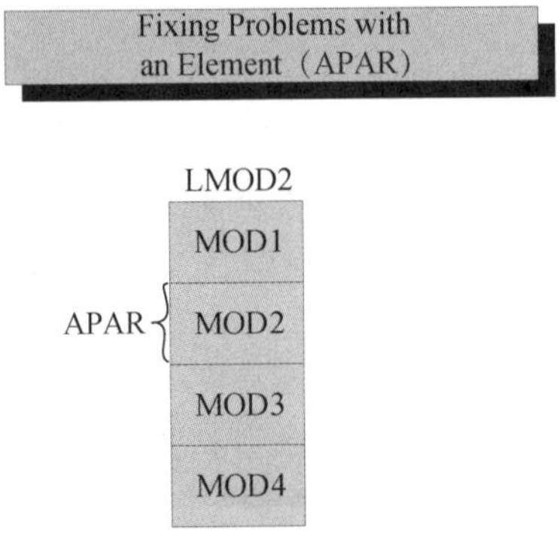

图 2-5 利用元件修正问题

APAR SYSMOD 的操作是为目标模块 MOD2 提供一个修正程序，在安装 APAR SYSMOD 过程中，载入模块 LMOD2 中的 MOD2 被更新(和修正)。下面是一个简单的 APAR SYSMOD 示例：

```
++APAR (APAR001)                /* SYSMOD type and identifier.  */.
++VER (ZO38)   FMID (FUN0001)     /* Apply to this product        */
           PRE (UZ00004)      /* at this service level.      */.
++ZAP (MOD2)                  /* Update this module          */
           DISTLIB (AOSFB)   /* in this distribution library. */.
…
… zap control statements
…
```

安装 Function SYSMOD 是安装 APAR SYSMOD 的先决条件，同时它也可以依赖其他 PTF 或 APAR SYSMOD 的安装。

2.3.6 安装 USERMOD SYSMOD

如果用户希望产品完成与出厂设计不一样的任务，那么，用户可能需要客户化系统中的元件。IBM 为用户提供一些模块来允许用户裁剪 IBM 提供的产品代码，以满足用户特定的需求。完成元件的安装后，用户通过安装 USERMOD SYSMOD 在系统中添加这些模块。该 SYSMOD 可以替换或更新某个元件，或在系统中引入一个全新的用户撰写的元件。例如，通过 USERMOD SYSMOD 的安装更新 MOD3，如图 2-6 所示。

下面是一个简单的 USERMOD SYSMOD 示例：

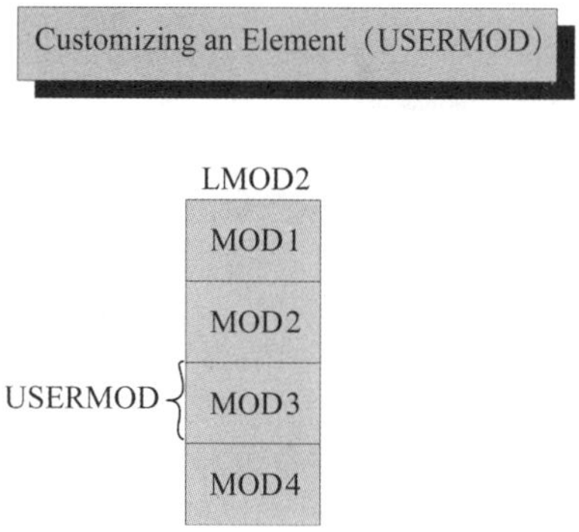

图 2-6　USERMOD SYSMOD 更新 MOD3

```
++USERMODE (USERMOD1)            /* SYSMOD type and identifier.  */.
++VER (ZO38)   FMID (FUN0001)      /* Apply to this product       */
           PRE (UZ00004)        /* at this service level.      */.
++SRCUPD (JESMOD3)               /* Update this source module    */
           DISTLIB (AOSFB)       /* in this distribution library.*/.
…
… update control statements
…
```

USERMOD SYSMOD 的先决条件是安装 Function SYSMOD,也可以安装其他 PTF,APAR 或 USERMOD SYSMOD。

2.3.7　SYSMOD 的先决条件和并行条件

PTF、APAR 和 USERMOD SYSMOD 都把 Function SYSMOD 作为先决条件,除此以外,它们还存在以下关系。

(1) PTF SYSMOD 可能还依赖于其他的 PTF SYSMOD。

(2) APAR SYSMOD 可能依赖于 PTF SYSMOD 或其他的 APAR SYSMOD。

(3) USERMOD SYSMOD 可能依赖于 PTF SYSMOD, APAR SYSMOD 和其他的 USERMOD SYSMOD。

有时,PTF 或 APAR 依赖于其他 PTF SYSMOD,这样的依赖关系叫做并行条件。

2.4　追踪系统元件

在 z/OS 维护过程中,追踪系统元件和它们的修正程序非常重要。以安装 PTF 为例,通常,一个 PTF 包含多个元件的替换。图 2-7 所示的 PTF1 包含 MOD1 和 MOD2 两个模块的替换。虽然该图中载入模块 LMOD2 包含四个模块,但只有其中两个模块需要替换。

但是如果另外一个 PTF2 需要替换 MOD2 模块中的一些代码,而这个模块被 PTF1 替换过了,会发生什么呢? 如图 2-8 所示。

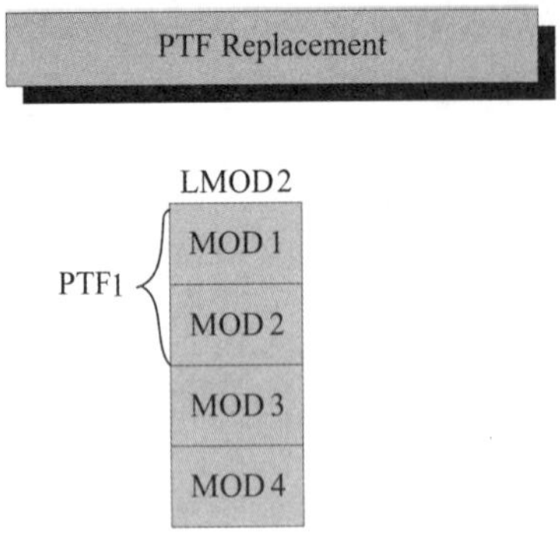

图 2-7　PTF 替换

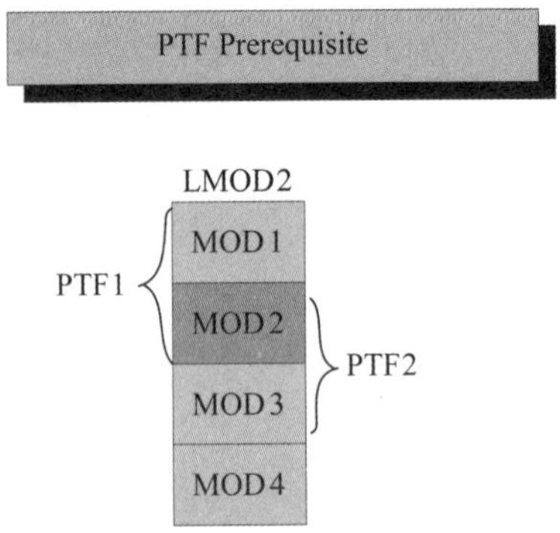

图 2-8　PTF 先决条件

在图 2-8 中，PTF2 包含 MOD2 和 MOD3 模块的替换。PTF2 提供的 MOD3 依赖 PTF1 版本的 MOD2，这个依赖关系就是先决条件。因此，为了 MOD1、MOD2 和 MOD3 交互顺利，PTF1 必须在 PTF2 之前安装。SYSMOD 先决条件由 SYSMOD 包中的修正控制语句 MCS 指定，这在前文已讨论过。

除了要追踪先决条件，追踪系统元件还有另外一个重要原因：同样的模块通常是不同载入模块的组成部分。载入模块构架如图 2-9 所示。

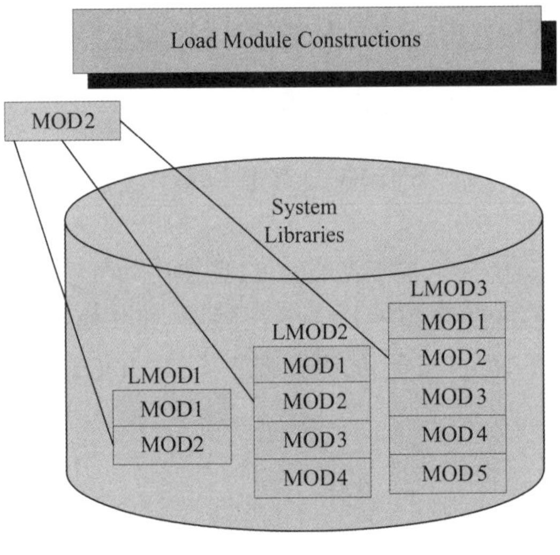

图 2-9　载入模块构架

在图 2-9 中，MOD2 模块同时存在于 LMOD1，LMOD2 和 LMOD3 中。当引入一个 PTF 需要替换 MOD2 元件时，为了保持代码正确性，系统必须替换所有载入模块中存在的 MOD2。因此，有必要追踪所有载入模块和它们所包含的模块。

为了成功地追踪和控制元件，所有元件以及它们的修正程序和更新都必须在 SMP/E 中被清晰地定义。SMP/E 依靠修正程序标识符来完成该任务。与每个元件关联的修正程序标识符有以下三类。

(1) 功能修正程序标识符(Function Modification Identifiers，FMID)

标识 Function SYSMOD,对应安装在系统中的新元件。

(2) 替换修正程序标识符(Replacement Modification Identifiers, RMID)

标识替换某元件的 SYSMOD,大多数情况下为 PTF SYSMOD。

(3) 更新修正程序标识符(Update Modification Identifiers, UMID)

标识对某元件实施更新的 SYSMOD,通常该元件已经被替换过。

SMP/E 使用这些修正程序标识符来追踪所有安装在用户系统上的 SYSMOD,确保它们以合适的顺序安装。认识到元件追踪的必要性之后,我们来看一下 SMP/E 的工作过程是怎样的。

2.5 SMP/E 工作过程

用户在 z/OS 环境下的生产系统包含 z/OS 操作系统以及所有日常工作需要的代码。这些内容存放在何处呢? 它们是如何组织的呢?

2.5.1 分配库和目标库

为了正确执行处理工作,SMP/E 必须维护大量信息,这些信息包括它所维护的软件的结构、内容和修改状态。想象一下,所有这些 SMP/E 必须维护的信息就好比是放在一个公共图书馆中的图书信息。在一个公共图书馆中,书架放满了书,抽屉里放置了卡片目录,图书馆中每本书都有一张对应的卡片。这些卡片包含的信息有:标题、作者、出版日期、书的类型和在书架上的具体位置。

SMP/E 环境中有两种类型的“书架”,它们分别代表的是分配库(Distribution Library)和目标库(Target Library)。与书架上放置图书类似,分配库和目标库中放置系统中的元件。

分配库包含所有元件,比如模块和宏,这些元件是生成可运行的载入模块的输入。分配库的重要用途之一是备份。如果生产系统中一个元件发生严重的错误,该元件可以被分配库中具有稳定级别的元件所替代。目标库往往只包含用来运行系统的可执行代码。

2.5.2 CSI 介绍

在图书馆,卡片目录能帮助用户找到书或其他信息。同样地,SMP/E 以 CSI(合并软件清单,Consolidated Software Inventory)的形式提供相似的索引和追踪机制。

CSI 数据集包含所有 SMP/E 用来追踪分配库和目标库的信息。正如卡片目录中每本书都有一张卡片,CSI 针对库中每个元件都有一条 CSI 条目信息。CSI 条目包含元件名字、类型、历史信息、元件如何被引入系统以及元件在分配库和目标库中的具体位置。CSI 并不包含元件本身,而是包含元件的描述信息。下面来看一看 CSI 的这些条目具体是如何安排的。

在公共图书馆的卡片目录中,卡片按照作者的姓名、书的书名和主题的字母顺序进行排序。在 CSI 中,元件在分配库或目标库中的条目按照它们的安装状态分组。代表分配库中元件的追踪条目将放在一个分配区(Distribution Zone)中,代表目标库中元件的追踪条目放在目标区(Target Zone)中。这些区的功能就像是公共图书馆中放置卡片目录的抽屉。

除了分配区和目标区,SMP/E CSI 也包含一个全局区(Global Zone)。全局区包含:

- SMP/E 用来识别和描述目标区和分配区的条目。
- SMP/E 处理选项的信息。
- SMP/E 已经开始处理的全部 SYSMOD 的状态信息。
- 需要特殊处理或存在错误的 SYSMOD 的异常数据。

图 2-10 显示了 SMP/E 各区(全局区、分配区、目标区)和分配库以及目标库之间的关系。

在 SMP/E 中,当谈及异常数据时,我们常指的是 HOLDDATA。HOLDDATA 经常由产品提供,表示某个指定的 SYSMOD 由于种种原因被禁止安装。这些原因可能是:

- PTF 有错误,在改正之前不能安装(ERROR HOLD)。
- 在 SYSMOD 安装前需要某些系统行为(SYSTEM HOLD)。
- 在 SYSMOD 安装前用户想要完成某些行为(USER HOLD)。

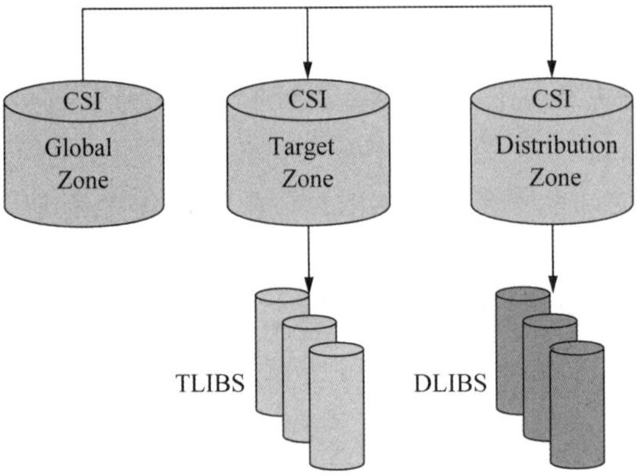

图 2-10 SMP/E 各区和库之间的关系

存放 CSI 的物理文件是 KSDS 类型的 VSAM 数据集,可以使用 IDCAMS 实用程序来创建,示例代码如下:

```
//DEFINE   JOB     'accounting info',MSGLEVEL= (1,1)
//STEP01   EXEC     PGM=IDCAMS
//CSIVOL   DD       UNIT=3380,VOL=SER=volser,DISP=SHR
//SYSPRINT DD        SYSOUT=A
//SYSIN    DD       *
  DEFINE  CLUSTER (                      -
                 NAME (SMPE.SMPCSI.CSI)        -
                 FREESPACE (10 5)            -
                 KEYS (24 0)                -
                 RECORDSIZE (24 143)          -
                 SHAREOPTIONS (2 3)           -
                 VOLUMES (volser)            -
                )                          -
             DATA (                         -
                 NAME (SMPE.SMPCSI.CSI.DATA )  -
                 CONTROLINTERVALSIZE (4096)     -
                 CYLINDERS (250 20)           -
```

```
            )                         -
        INDEX (                       -
            NAME (SMPE.SMPCSI.CSI.INDEX) -
            CYLINDERS (5 3)            -
            )                         -
        CATALOG (user.catalog)
/*
```

2.6　使用 SMP/E

了解 SMP/E 和它的功能后，若要使用 SMP/E，我们还需学习 SMP/E 工作流程相关的三个基本命令：RECEIVE，APPLY 和 ACCEPT。

2.6.1　使用 RECEIVE 命令

RECEIVE 命令允许用户将一个在 SMP/E 之外的 SYSMOD 加入 SMP/E 的分配库，并构造 CSI 条目描述它们。在之后对 SYSMOD 的处理中，CSI 条目用来查询它们的信息。通常，数据源来自磁带或第三方生产商提供的媒介，但 RECEIVE 的数据源也可以是网站上的电子文件。RECEIVE 处理过程如图 2-11 所示。

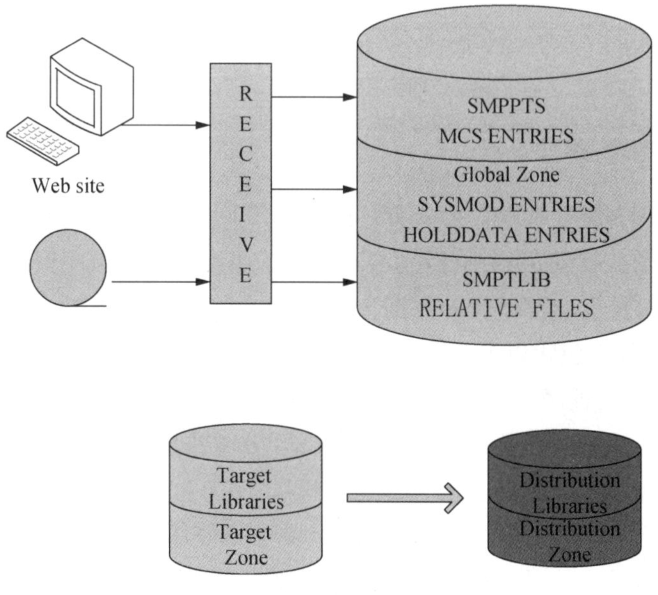

图 2-11　RECEIVE 处理过程

RECEIVE 命令一般完成如下任务：

- 构建全局区中描述 SYSMOD 的条目。
- 确保 SYSMOD 有效，包括确保 CSI 中安装产品相关联的修正控制语句 MCS 的语法正确。
- 在库中安装 SYSMOD。
- 评估 HOLDDATA，确保错误不被引入。

在 RECEIVE 处理过程中，每个 SYSMOD 的 MCS 都被复制到一个 SMP/E 临时存储区,叫做SMPPTS数据集。另外,相关的文件存储在SMPTLIB数据集的临时存储区中。SMP/E更新全局区,添加它所接收的SYSMOD的跟踪信息。

在系统维护过程中,用户常需要使用SMP/E安装产品或服务并处理相关的HOLDDATA。假设IBM提供用户一盘磁带,内有产品或服务(比如CBPDO或ESO磁带),用户想要在系统上安装它,可以通过RECEIVE命令接收磁带上包含的SYSMOD和HOLDDATA,命令如下:

```
SET BDY (GLOBAL) .
RECEIVE.
```

此命令促使SMP/E接收磁带上所有产品的全部SYSMOD和HOLDDATA。

- 只接受需要特殊处理或有错误状态的HOLDDATA,则使用以下命令:

```
SET BDY (GLOBAL) .
RECEIVE HOLDDATA.
```

- 只接受SYSMOD安装到全局区中,则使用以下命令:

```
SET BDY (GLOBAL) .
RECEIVE SYSMODS.
```

- 只接受某个特定产品(诸如WebSphere Application Server)的SYSMOD,包括HOLDDATA,则使用以下命令:

```
SET BDY (GLOBAL) .
RECEIVE FORFMID (H28W500) .
```

2.6.2 使用APPLY命令

APPLY命令用来指定那些需要安装在目标库(TLIB)中的SYSMOD。SMP/E要确保所有作为先决条件的SYSMOD都已经安装,或者正在按照正确顺序安装。APPLY的输入源是SMPTLIB数据集、SMPPTS数据集或一些间接库,这取决于它是如何打包的。SMP/E在该过程的处理包含以下几个步骤:

- 执行合适的实用程序安装SYSMOD至目标库中。
- 确保目标区中新的SYSMOD和其他SYSMOD之间的关系是正确的。
- 更改CSI来跟踪APPLY操作。

APPLY命令会更新系统库,在生产系统上要小心使用该命令。推荐使用生产目标库(Target Library)和目标区(Target Zone)的拷贝来做APPLY操作,不要直接操作,以免生产系统发生错误。

目标区反映了目标库中的内容,因此,在执行完APPLY操作,目标区被更新后,它就能准确反映目标库的状态了。

APPLY处理(图2-12)将精确更新目标区:

- 全局区的所有SYSMOD条目都被更新,反映出SYSMOD已经应用到目标区中。
- 目标区准确反映了每条APPLY处理的SYSMOD条目。元件条目(诸如MOD和LMOD)也在目标区中创建。

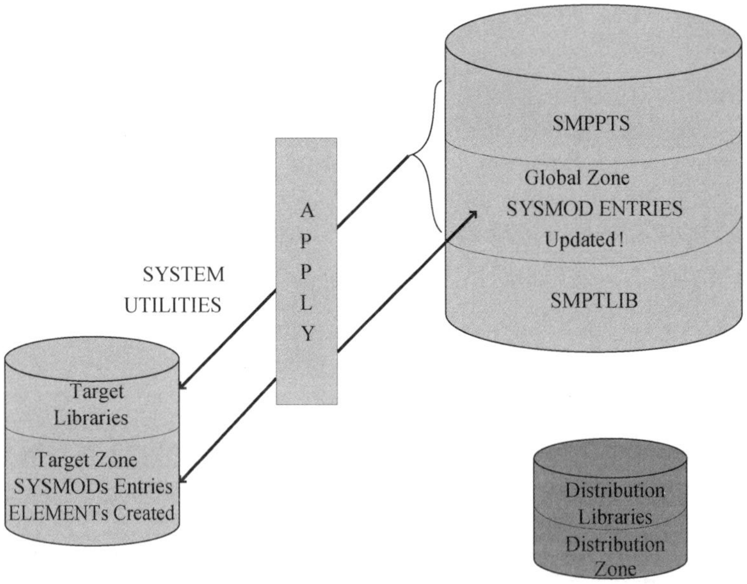

图 2-12　APPLY 处理

● BACKUP 条目在 SMPSCDS 数据集中创建,这样可以在需要时恢复 SYSMOD。

类似于 RECEIVE 命令,APPLY 命令有很多不同的操作数,这增加了查看和选择 SYSMOD 安装在目标库的灵活性。APPLY 命令可以指示 SMP/E 用户想要安装什么。

只安装 PTF SYSMOD,则输入以下命令:

```
SET BDY (ZOSTGT1) .
APPLY PTFS.
```

要选择 PTF SYSMOD 并在命令中指定名字,可输入以下命令:

```
SET BDY (ZOSTGT1) .
APPLY SELECT (UZ00001, UZ00002) .
```

有时,用户可能需要在目标库中安装校正的补丁(APAR)或用户修正程序(USERMOD),可输入以下命令:

```
SET BDY (ZOSTGT1) .
APPLY APARS
USERMODS.
```

有时,用户可能想从磁带中更新一个选择的产品,可输入以下命令:

```
SET BDY (ZOSTGT1) .
APPLY PTFS
FORFMID (H28W500) .
```

或

```
SET BDY  (ZOSTGT1) .
APPLY FORFMID (H28W500) .
```

在上例中,SMP/E 应用了所有 FMID 对应的可用的 PTF。除非用户指定其他类型,否则默认的 SYSMOD 类型是 PTF。

有时，在安装之前用户需要查看安装将会包含哪些 SYSMOD。用户可以在命令中包括 CHECK 操作数达到此目的：

```
SET BDY (MVSTGT1) .
APPLY PTFS
APARS
FORFMID (HOP1)
GROUPEXTEND CHECK.
```

当这些命令完成后，用户可以通过检查 SYSMOD 状态报告来查看有哪些具体的 SYSMOD 将会被安装。如果用户对试运行结果满意，就可以去掉 CHECK 操作数再输入命令，这样才真正地安装了 SYSMOD。

2.6.3 使用 ACCEPT 命令

当一个 SYSMOD 在目标库中完成安装并且用户已经对它进行了反复测试，如果一切正常，用户就可以通过 ACCEPT 命令来接受 SYSMOD。这一步将会把选择的 SYSMOD 安装至相关的分配库中。

在 ACCEPT 命令中，用户通过指定操作数来指示哪些接收的 SYSMOD 要安装。这个阶段中，SMP/E 也要确保选择每个元件的正确的功能级别。ACCEPT 处理如图 2-13 所示。

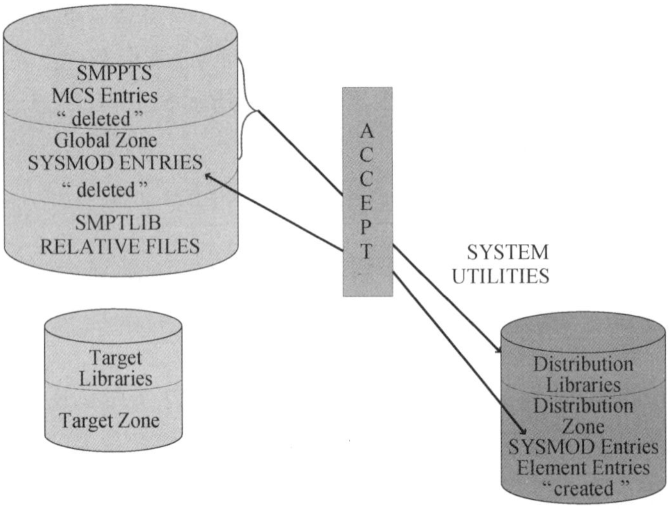

图 2-13 ACCEPT 处理

ACCEPT 命令一般完成以下任务：

- 在分配区中更新目标元件的 CSI 条目。
- 使用 SYSMOD 内容作为输入，重建或创建分配库中的目标元件。
- 验证目标区中受影响模块和 SYSMOD 的 CSI 条目，并确保无误。
- 对于已经接收到分配区的 SYSMOD 和 ACCEPT，删除其对应的全局区中的 SYSMOD 条目和 SMPPTS 数据集中的 MCS 语句。

用户可以跳过 SMP/E 清理全局区的步骤。如果这样，SMP/E 将会保存全局区中的 SYSMOD 信息。

如果 SYSMOD 发生错误,一定不要对它执行 ACCEPT 操作。对于错误的 SYSMOD,我们可以使用 RESTORE 命令选取 SYSMOD 更新的模块,并将分配库中的相应模块作为输入,重新建立它们在目标库中的内容,对系统进行恢复。RESTORE 同样更新目标区中的 CSI 条目来反映 SYSMOD 已经从目标库中移走。ACCEPT 操作一旦完成,就没有办法用来恢复系统了,此时变化将是永久的。

APPLY SYSMOD 到达目标区中之后,用户可以使用 ACCEPT 命令告诉 SMP/E 在分配区中只需永久安装哪些合格的 SYSMOD。

如果要永久安装所有 PTF,命令如下:

```
SET BDY (ZOSDLB1) .
ACCEPT PTFS.
```

如果要选择特定的 PTF SYSMODS 永久安装,命令如下:

```
SET BDY (ZOSDLB1) .
ACCEPT SELECT (UZ00001,UZ00002) .
```

当用户需要更新某个具体产品的所有 SYSMOD 时,命令如下:

```
SET BDY (ZOSDLB1) .
ACCEPT PTFS
FORFMID (H28W500) .
```

或

```
SET BDY (ZOSDLB1) .
ACCEPT FORFMID (H28W500) .
```

在上例中,SMP/E 为 FMID 是 H28W500 的产品接收了其所有可以接收的 PTF,该产品位于分配库 ZOSDLB1 中。

当安装 SYSMOD 时,用户可能并不知道它有无先决条件,因此有时可能导致错误,无法正确安装 SYSMOD。这种情况下,用户可以尝试通过指定 GROUPEXTEND 操作数使 SMP/E 检查是否有等价的 SYSMOD 可以使用,示例代码如下:

```
SET BDY (ZOSTGT1) .
ACCEPT PTFS
FORMFMID (H28W500)
GROUPEXTEND.
```

在上例中,如果 SMP/E 找不到需要的 SYSMOD,它将寻找并且使用一个替换的 SYSMOD。

另外,SMP/E 还可以在用户安装 SYSMOD 之前使用 CHECK 操作数,以查看此次安装具体包含哪些 SYSMOD:

```
SET BDY (ZOSDLB1) .
ACCEPT PTFS
FORFMID (H28W500) CHECK.
```

当 ACCEPT 完成之后,用户可以获取以下报告来协助用户评估 SYSMOD 的安装结果:

● SYSMOD 状态报告(SYSMOD Status Report),基于用户在 ACCEPT 命令中指定的选项提供每个 SYSMOD 的处理报告。

- 元件概要报告(Element Summary Report),提供 ACCEPT 处理中受影响的每个元件和它们所在库的详细报告。
- 原因 SYSMOD 概要报告(Causer SYSMOD Summary Report),提供引起其他 SYSMOD 失败的 SYSMOD 清单,以描述要想正常处理而必须修正的错误。
- 文件分配报告(File Allocation Report),提供一个 ACCEPT 处理使用的数据集列表,提供这些数据集的信息。

综上所述,将 RECEIVE,APPLY,ACCEPT 以及 RESTORE 操作总结为如图 2-14 所示的 SMP/E 处理概览。RECEIVE 操作从磁带上接收 SYSMOD,存放到 SMF 的临时库(包括 SMPTLIB 等数据集)中,并相应更改全局区。APPLY 操作从 SMF 临时库中接收 SYSMOD,把它们放入目标库中使之生效,并相应修改全局区和目标区。ACCEPT 操作从 SMF 临时库中接收 SYSMOD,把它们放入分配库中使之生效,并相应修改全局区和分配区,一旦 ACCEPT 操作完成,系统将无法复原至 SYSMOD 安装之前的状态。RESTORE 操作是从分配库中恢复目标库,把 APPLY 的 SYSMOD 删除,恢复系统原貌。

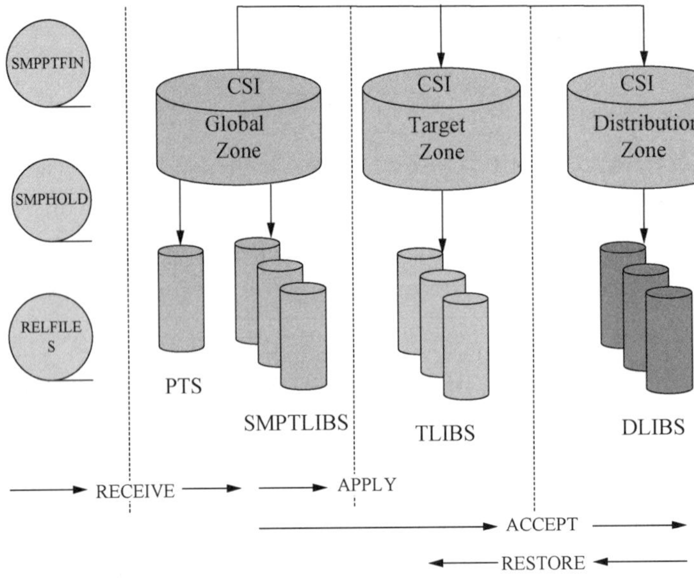

图 2-14 SMP/E 处理概览

根据具体需要,也可以把 SMP/E 的这些操作组合起来,批处理执行,示例代码如下:

```
//SMPJOB   JOB    'accounting info',MSGLEVEL=(1,1)
//SMPSTEP  EXEC    SMPPROC
//SMPPTFIN DD      …points to the file    or data set that contains
//*                the SYSMODs to be received
//SMPHOLD  DD      …points to the file    or data set that contains
//*                the HOLDDATA to be received
//SMPTLIB  DD      UNIT=3380,VOL=SER=TLIB01
//SMPCNTL  DD      *
  SET     BDY(GLOBAL)         /* Set to global zone          */.
  RECEIVE  SYSMOD            /* Receive SYSMODs and         */
         HOLDDATA          /* HOLDDATA                  */
         SOURCEID(MYPTFS)    /* Assign a source ID          */
                         /*                         */.
```

```
LIST     MCS               /* List the cover letters       */
        SOURCEID (MYPTFS)    /* for the SYSMODs              */
                         /*                            */.
SET      BDY (TARGET1)      /* Set to target zone          */.
APPLY    SOURCEID (MYPTFS)   /* Apply the SYSMODs            */
                         /*                            */.
LIST     LOG               /* List the target zone log    */.
```

在此例中,系统对 SYSMOD 执行完 RECEIVE 操作后将紧接着进行 APPLY 操作。

2.7　SMP/E 使用的数据集

当 SMP/E 处理 SYSMOD 时,它会在不同的库中安装元件,并更新相关 CSI 记录。SMP/E会在两种库中安装程序元件:

- 目标库(TLIB),包含运行系统需要的可执行代码。
- 分配库(DLIB),包含一个系统的每个元件的重要拷贝。它们被用来作为 SMP/E GENERATE 命令或系统生成流程的输入,来为一个新系统建立目标库。在目标库的元件不得不被替换或更新时,SMP/E 还用分配库作备份之用。

为了在这两个库中安装元件,SMP/E 的工作数据库由以下几种数据集组成。

(1) SMPCSI(CSI)数据集是 VSAM 数据集,它控制安装流程、记录处理结果。一个 CSI 可以有多个区(Zone)。CSI 存在以下三种类型的区:

- 单一的全局区,用来记录接收进入 SMPPTS 数据集中 SYSMOD 的相关信息。全局区还包含能让 SMP/E 访问其他两种类型区的信息。
- 一个或多个目标区,用来记录操作系统目标库相关的结构和状态信息。每个目标区也指向相关的分配区,在 APPLY, RESTORE 和 LINK 过程中,当 SMP/E 处理一个 SYSMOD 并需要检查分配库中的这些元件级别时使用。
- 一个或多个分配区,用来记录分配库(DLIB)的结构和状态信息。每个 DLIB 区也指向相关的目标区,在 SMP/E 打算接收一个 SYSMOD 且需要检查该 SYSMOD 是否已经被应用(APPLY)时使用。

SMPCSI 数据集可以有很多区(实际上,每个数据集可以有多达 32 766 个区),例如,一个 SMPCSI 数据集可以包含一个全局区、多个目标区和多个分配区。这些区也可以在不同的 SMPCSI 数据集中,比如第一个 SMPCSI 数据集可以只包含全局区,第二个 SMPCSI 数据集包含目标区,第三个 SMPCSI 数据集包含分配区。

(2) SMPPTS(PTS)数据集临时存储一些等待安装的 SYSMOD。PTS 作为 SYSMOD 的存储数据集,使用规则是:RECEIVE 命令直接存储 SYSMOD 至 PTS,无须更改任何 SMP/E 信息;PTS 和全局区有关,因为这两个数据集都包含接收的 SYSMOD 信息;对于某个给定的全局区,只能使用一个 PTS。所以,用户可以将 PTS 和全局区看作一对必须并行处理的数据集(比如删除、保存或修改)。

(3) SMPSCDS(SCDS)数据集包含 APPLY 处理过程中更改的目标区条目的备份。因此,每个 SCDS 直接与特定的目标区相关联,每个目标区也必须有自己的 SCDS。

(4) SMPMTS(MTS)数据集是在安装过程中,当没有别的目标宏库被指定时,SMP/E用来存储宏备份的库。因此,MTS和某个目标区相关联,每个目标区都必须有自己的MTS数据集。

(5) SMPSTS(STS)数据集是在安装过程中,当没有别的目标源码库被指定时,SMP/E用来存储源码备份的库。因此,STS和某个目标区相关联,每个目标区都必须有自己的STS数据集。

(6) SMPLTS(LTS)数据集是SMP/E维护一个载入模块基本版本的库。该库与SYSLIB绑定,是为了能隐式地加入载入模块的搜索路径。因此,LTS和某个目标区相关联,每个目标区都必须有它自己的LTS数据集。

(7) 其他实用程序和工作数据集。

SMP/E使用CSI数据集中的信息为安装选择合适的元件级别,并决定哪些库应该包含哪些元件,以及识别安装应该调用哪些系统实用程序。系统程序员也可以使用CSI数据集来获得系统结构、内容和状态的最新信息。

2.8 产品升级案例

假设产品信息如下。

- 产品名:TJ Tool。
- 原版本:V7.2。
- 新版本:V9.2。
- 安装卷:VOL001。
- HQL:SSE.TJ920。
- CSI:SMPE.TJTOOL.GLOBAL.CSI。
- 安装包目录:SMPE.HTJL920.SMPMCS。

2.8.1 升级预备工作

系统程序员在安装前为TJ Tool准备了一个3 390盘卷,卷名为VOL001。TJ Tool所用的Catalog方式为间接Catalog。卷名使用&SYTL1代替。

升级前,应将原有的SMP/E库进行完整备份,以便出现错误时可以及时恢复,并将相关的USERMOD进行RESTORE操作,以防止其对升级工作造成干扰。示范作业如下:

```
//TJSSEBK  JOB ,,CLASS=B,NOTIFY=&SYSUID,REGION=0M
//*
//DUMP     EXEC PGM=ADRDSSU
//TAPE     DD DISP=(NEW,KEEP),DSN=BACKUPP1.TJSSEBK.D100420,
//            UNIT=VTAPE,RETPD=30,VOL=(,,,255)
//SYSPRINT DD SYSOUT=*
//SYSIN    DD *
  DUMP DATASET(INCLUDE( -
      SMPE.TJTOOL.GLOBAL.CSI -
      SMPE.TJTOOL.SMP*.** -
```

```
        SMPE.TJTOOL.D0ADMTL.** -
        SMPE.TJTOOL.T0ADMTL.** -
        ) -
        ) -
        OUTDD (TAPE) -
        SPHERE -
        COMPRESS -
        TOL (ENQF) ALLDATA (*) ALLEXCP
/*
//S1      EXEC PGM=GIMSMP,
//        DYNAMNBR=120
//SMPCSI   DD DISP=SHR,DSN=SMPE.GLOBAL.CSI
//*
//*
//SMPCNTL  DD *
  SET    BOUNDARY  (T0ZOS)
                  .
  RESTORE
        SELECT    (
                  UMOD001
                  UMOD002
                  UMOD003
                  )
```

2.8.2 创建 SMP/E 环境

在进行 SMP/E 命令之前,要先搭建新的 SMP/E 环境:为新的库创建目录条目(Catalog Entry),并为它们创建 CSI 中的条目,这种条目叫做 DDDEF,并创建产品所需要的数据集。以下作业的模板来自产品 TJ Tool 的供应商。

[**步骤 1**] 创建目录条目(Catalog Entry)

```
//DEFENTRY JOB  (SYST,GLB) ,'JANE',
//      NOTIFY=TJF001,
//      CLASS=S,MSGCLASS=X,MSGLEVEL= (1,1)
//DEFINE   EXEC PGM=IDCAMS,DPRTY=15
//SYSPRINT DD SYSOUT=*
//SYSIN    DD *
 DEFINE NVSAM (NAME (TJSSE.TJ920.SFMNMOD1)  DEVT (0000)  VOLUME (&SYTL1))
 DEFINE NVSAM (NAME (TJSSE.TJ920.SFMNMOD2)  DEVT (0000)  VOLUME (&SYTL1))
 DEFINE NVSAM (NAME (TJSSE.TJ920.AFMNMOD1)  DEVT (0000)  VOLUME (&SYTL1))
 DEFINE NVSAM (NAME (TJSSE.TJ920.AFMNMOD2)  DEVT (0000)  VOLUME (&SYTL1))
//
```

[**步骤 2**] 定义 TJ920 的 DDDEF 条目

```
//FMNDDDEF JOB 'ACCOUNTING INFO','AMY',
//         CLASS=B,MSGCLASS=H,MSGLEVEL= (1,1) ,
//         NOTIFY=FJS001,REGION=0M
//DDDEFT  EXEC PGM=GIMSMP,REGION=32M
//SMPCSI  DD   DSN=SMPE.TJTOOL.GLOBAL.CSI,
//             DISP=SHR
//SMPCNTL DD *
    SET   BDY (T0ADMTL) .  /* SET TARGET ZONE        */
     UCLIN.
      ADD DDDEF  (SFMNMOD1)
          DATASET (SSE.TJ920.SFMNMOD1)
          UNIT (3390)
          VOLUME (VOL001)
          WAITFORDSN
          SHR.
      ADD DDDEF  (SFMNMOD2)
          DATASET (SSE.TJ920.SFMNMOD2)
          UNIT (3390)
          VOLUME (VOL001)
```

```
          WAITFORDSN
          SHR.

      ADD DDDEF(SFMNZHFS)
          PATH('/Service/usr/lpp/FMN/bin/SSE/').

      ADD DDDEF (AFMNMOD1)
          DATASET(SSE.TJ920.AFMNMOD1)
          UNIT(3390)
          VOLUME(VOL001)
          WAITFORDSN
          SHR.
      ADD DDDEF (AFMNMOD2)
          DATASET(SSE.TJ920.AFMNMOD2)
          UNIT(3390)
          VOLUME(VOL001)
          WAITFORDSN
          SHR.
     ENDUCL.
/*
//DDDEFD  EXEC PGM=GIMSMP,REGION=32M
//SMPCSI  DD   DSN=SMPE.TJTOOL.GLOBAL.CSI,
//             DISP=SHR
//SMPCNTL DD *
    SET   BDY(D0ADMTL).  /* SET DISTRIBUTION ZONE  */
     RESETRC .
     UCLIN.
      ADD DDDEF (AFMNMOD1)
          DATASET(SSE.TJ920.AFMNMOD1)
          UNIT(3390)
          VOLUME(VOL001)
          WAITFORDSN
          SHR.
      ADD DDDEF (AFMNMOD2)
          DATASET(SSE.TJ920.AFMNMOD2)
          UNIT(3390)
          VOLUME(VOL001)
          WAITFORDSN
          SHR.
     ENDUCL.
/*
```

[步骤 3] 创建目标库(TLIB)和分配库(DLIB)

```
//FMNALLOC JOB 'ACCOUNTING INFO','PROGRAMMER NAME',
//         CLASS=B,MSGCLASS=H,MSGLEVEL=(1,1),
//         NOTIFY=&SYSUID,REGION=0M
//ALLOCT    PROC HLQ=,
//          DSP=,
//          TVOL=
//*
//ALOC1     EXEC PGM=IEFBR14
//*
//SFMNMOD1 DD  DSN=&HLQ..SFMNMOD1,
//             DISP=(NEW,&DSP),
//             RECFM=U,
//             LRECL=0,
//             BLKSIZE=32760,
//             SPACE=(TRK,(1500,100,100)),
//             UNIT=3390,
//             VOL=SER=&TVOL
//SFMNMOD2 DD  DSN=&HLQ..SFMNMOD2,
//             DISP=(NEW,&DSP),
//             RECFM=U,
//             LRECL=0,
//             BLKSIZE=32760,
//             SPACE=(TRK,(300,10,40)),
//             UNIT=3390,
//             VOL=SER=&TVOL
```

```
//*
//EALLOCT PEND
//*
//ALLOCD    PROC HLQ=,
//         DSP=,
//         DVOL=
//ALOC2    EXEC PGM=IEFBR14
//*
//AFMNMOD1 DD  DSN=&HLQ..AFMNMOD1,
//            DISP=(NEW,&DSP),
//            RECFM=U,
//            LRECL=0,
//            BLKSIZE=32760,
//            SPACE=(TRK,(1500,100,150)),
//            UNIT=3390,
//            VOL=SER=&DVOL
//AFMNMOD2 DD  DSN=&HLQ..AFMNMOD2,
//            DISP=(NEW,&DSP),
//            RECFM=U,
//            LRECL=0,
//            BLKSIZE=32760,
//            SPACE=(TRK,(30,10,20)),
//            UNIT=3390,
//            VOL=SER=&DVOL
//*
//EALLOCD PEND
//*
//ALLOCT  EXEC ALLOCT,
//           HLQ=SSE.TJ920,   * this is the default hlq
//           DSP=CATLG,        * this is the default disposition
//           TVOL=VOL001       * NO DEFAULT; VOLUME FOR TGT LIBRARY
//*
//ALLOCD  EXEC ALLOCD,
//           HLQ=SSE.TJ920,   * this is the default hlq
//           DSP=CATLG,        * this is the default disposition
//           DVOL=VOL001       * NO DEFAULT; VOLUME FOR DIST LIBRARY
//*
```

2.8.3　执行 SMP/E 命令

本小节结合 JCL 执行 SMP/E 命令。

[**步骤 1**]　使用 RECEIVE 命令接收 TJ Tool

```
//FMNRECEV  JOB ,,CLASS=A,NOTIFY=&SYSUID,REGION=0M
//RECEIVE  EXEC PGM=GIMSMP,REGION=32M,PARM='DATE=U'
//SMPCSI   DD DSN=SMPE.TJTOOL.GLOBAL.CSI,
//            DISP=SHR
//*
//SMPPTFIN DD DISP=SHR,DSN=SMPE.HTJL920.SMPMCS
//*
//SMPCNTL  DD *
 SET BDY(GLOBAL).
 RECEIVE SYSMODS SOURCEID( D100116 ) .
/*
```

以上作业中,DD 语句 SMPPTFIN 指明了安装包的位置,它既可以是一个 PDS 数据集,也可以是一个磁带。

[**步骤 2**]　使用 APPLY CHECK 命令应用 SYSMOD

```
//APPLY001 JOB 'ACCOUNTING INFO','PROGRAMMER NAME',
//         CLASS=B,MSGCLASS=H,MSGLEVEL=(1,1),
//         NOTIFY=&SYSUID,REGION=0M
//APPLY    EXEC PGM=GIMSMP,REGION=32M
//SMPCSI   DD DSN=SMPE.TJTOOL.GLOBAL.CSI,
```

```
//           DISP=SHR
//SMPHOLD  DD DUMMY
//SMPCNTL  DD *
 SET BDY (T0ADMTL) .          /*  Set to TARGET zone     */
   APPLY SELECT (
              HTJL920,      /*  Apply Base fmid        */
             )
   CHECK                   /*  Do not update libraries */
   GROUPEXTEND              /*  Also all requisite PTFs */
   BYPASS (HOLDSYS,HOLDUSER,    /*  Bypass options         */
   HOLDCLASS (UCLREL,ERREL)) .
/*
```

若经过检查,作业返回码为 0,删除 CHECK,正式 APPLY。

[**步骤 3**] 使用 ACCEPT CHECK 命令接受 SYSMOD

```
//FMNACCEP JOB 'ACCOUNTING INFO','PROGRAMMER NAME',
//        CLASS=B,MSGCLASS=H,MSGLEVEL= (1,1) ,
//        NOTIFY=&SYSUID,REGION=0M
//ACCEPT   EXEC PGM=GIMSMP,REGION=32M
//SMPCSI   DD DSN=SMPE.TJTOOL.GLOBAL.CSI,
//           DISP=SHR
//SMPHOLD  DD DUMMY
//SMPCNTL  DD *
  SET BDY (D0ADMTL) .          /*  Set to DLIB zone       */
    ACCEPT SELECT (
              HTJL920,      /*  Accept Base fmid       */
             )
    GROUPEXTEND              /*  Also all requisite PTFs */
    BYPASS (HOLDSYS,HOLDUSER,    /*  Bypass options         */
    HOLDCLASS (UCLREL,ERREL)) .
/*
```

ACCEPT CHECK 作业完毕之后,确认无误,即可删除 CHECK,正式 ACCEPT。

[**步骤 4**] 重新 APPLY USERMOD(UMOD001,UMOD002 和 UMOD003)。一般来说,USERMOD 的 RESTORE 和重新 APPLY 都是在最初和最后做的。

2.8.4 升级收尾工作

在 SMP/E 作业结束之后,程序员需要将同一数据中心的其他系统的该工具也进行升级。这时,只需将 VOL001 的内容拷贝到其他系统的目标卷上,再进行一部分的客户化工作即可。这种由一个系统完成 SMP/E 工作、其他系统直接拷贝的方式,相比每个系统独立进行 SMP/E 安装工作节约了大量的时间。

2.9 注意事项

(1) 确保所有软件产品与其修正程序都在系统上适当安装是系统程序员的重要职责。在 z/OS 上,管理系统软件变化的主要管理工具是 SMP/E。

(2) SMP/E 可以通过批处理作业或 ISPF/PDF 下的对话框运行。通过 SMP/E 对话框,用户可以交互式地查询 SMP/E 数据库,创建并提交作业来处理 SMP/E 命令。

(3) SMP/E 安装的软件必须打包成一个 SYSMOD, SYSMOD 包含更新的元件及其控制信息。这些控制信息描述了元件本身,以及该软件和安装在同一系统上的其他产品或服务之间的关系。

(4) z/OS系统程序员经常会使用SMP/E的JCL作业完成产品安装和升级工作，然而，系统程序员很少编码SMP/E的MCS指令。通常，产品和SYSMOD包会包含必要的MCS语句。

(5) z/OS或IBM可选产品出现问题时，系统程序员与IBM缺陷支持人员必须一起工作来解决问题。问题的解决往往需要系统程序员在公司的主机系统上接收和应用IBM提供的补丁。

(6) 在实际的数据中心环境里，往往有一个测试系统作为基础系统(BASE SYSTEM)供系统程序员升级系统、安装工具和维护PTF。当在测试系统上确认无误后，系统程序员需再使用拷贝卷的方式直接将含有安装之后程序文件的卷内容覆盖到其他系统上，这是因为SMP/E工作往往占用比较多的时间，而且稍有不慎就容易出错，而拷贝卷往往不过几分钟。所以，这就要求系统程序员在做前期规划时，应将目标库(TLIB)和分配库(DLIB)有序地管理到不同的卷上，以方便向其他系统拷贝。

(7) 为了保证软件(尤其是操作系统)的稳定，很多用户会选择在产品新版本发布一段时间后，再使用SMP/E升级自己的版本，以避免遇到新版本的错误(Bug)。因此，进行企业生产系统的SMP/E工作时，需格外小心，应事先做好数据的备份工作，仔细阅读产品安装手册，并在出现问题时迅速联系技术支持。

第3章 目录管理(CATALOG)

大型主机系统与Windows系统、Linux系统不同,大型主机系统的文件全部存放在磁盘根目录下。访问文件时,除了文件名,我们还需要知道该文件具体存放在哪个盘卷上,这种文件管理看似简单,实则复杂。以银行主机系统为例,规模较小的银行,其主机上通常有成百上千个盘卷;而规模较大的银行,则有成千上万个盘卷。要想高效索引这些盘卷上的文件,就需要用到目录管理。

3.1 编目及其功能介绍

在z/OS系统中,系统使用编目机制来管理整个系统中的数据集。编目机制的核心是主目录文件和用户目录文件。所谓的目录(Catalog),是一个包含其他数据集信息的文件,它本身也是一个数据集。对数据集进行编目就是把数据集的信息放入目录文件中。数据集可以被编目、取消编目或重新编目。使用目录能带来很多优势,比如编目能提升系统性能和可用性、简化数据集的备份和还原步骤、让系统维护更简单等。

目录(即编目信息)是根据数据集名来存储信息的,这意味着对于编目的数据集,名称必须是唯一的。存储在磁盘和磁带上的数据集都可以被编目。为了定位用户请求的数据集,z/OS必须知道三条信息:①数据集名;②卷名;③设备单元(卷设备的类型,如3 390磁盘或3 590磁带)。有了目录,就可以根据数据集的名称来定位数据集,而无须知道数据集存放在哪个盘卷上。编目数据集后,数据集即使从某一设备移动至另一设备,也无须更改已有JCL作业中的DD语句。

目录按照功能可以分为主目录(Master Catalog, MCAT)和用户目录(User Catalog, UCAT)两种类型。z/OS系统通常至少有一个目录。如果z/OS系统只有一个目录,那么,这个目录就是主目录,并且所有数据集的索引信息都将在这里保存。但是,只有一个主目录既不够高效,又不够灵活,所以一个典型的z/OS系统都会使用一个主目录和许多与之相连的用户目录,如图3-1所示。

3.1.1 主目录

一个系统上,只能有一个主目录存在。主目录必须放置在常驻系统卷(System Resident Volume)上。主目录通常包含所有的用户目录以及指向它们的别名条目,也包含一些系统数据集的索引信息,主要有以下几个条目。

- 用户目录:系统上所有用户目录的条目。

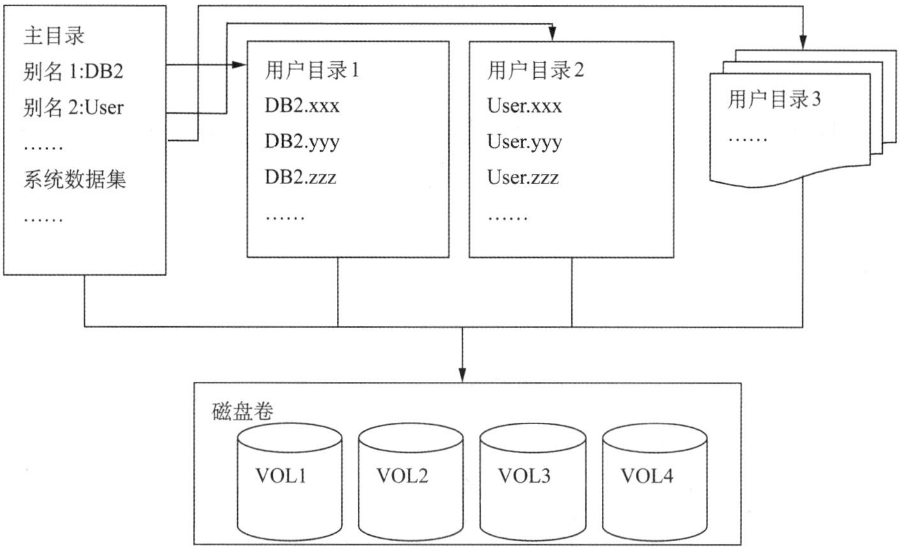

图 3-1　主目录和用户目录的关系

- 别名(Alias):所有指向对应用户目录的条目,类似于一个指针,把主目录和用户目录关联起来。
- 页空间(Page Space):系统使用的页空间的条目。
- 系统软件目标库:用以运行系统的数据集,比如 LINKLIB 和 ISPPENU 数据集。
- 关键配置数据集:包含 PARMLIB 数据集、JES、TCP/IP 参数库和 SMS 配置数据集、RACF 数据库等。
- 子系统数据集:比如 DB2 和 CICS 子系统的数据集。

主目录非常重要,z/OS 在 IPL 时首先会读取主目录,然后依照主目录中的条目入口找到磁盘上对应的数据集。主目录在系统参数库 SYS1.IPLPARM 中的 LOADxx 成员中指定,并定义在关键字 SYSCAT 之后,指定的内容包含以下几项:

- 主目录的名字。
- 主目录所在卷的卷名。
- 别名(也叫 HLQ)的级别。
- 目录地址空间服务任务最低限制。
- 是否激活 SYS%与 SYS1 转化。

具体 SYSCAT 关键字格式分析如下:

```
SYSCAT   Z7CAT1113CCAT.MCAT.SYSTEM
```

由上例可知,Z7CAT1 为主目录所在卷的卷名,CAT.MCAT.SYSTEM 为主目录的名字。如果没有在 LOADxx 中指定主目录,系统 IPL 时将会提示操作员输入主目录名字。

3.1.2　用户目录

主目录通常用来存储系统数据集(如 SYS1.**)的索引信息,而用户目录通常用来存储用户数据集(如 USER1. **)的索引信息。这些索引信息包含数据集的名称、数据集所在的盘卷等内容。主目录中有别名(Alias)指向用户目录,同时别名也是数据集的最高级别限定词 HLQ。多个别名可以指向同一个用户目录。

［例］ 假设别名 USER1 和 USER2 都指向用户目录 SYS1. USERCAT1,这意味着 HLQ 为 USER1 和 USER2 的所有数据集的索引信息将存放在用户目录 SYS1. USERCAT1 中,即类似于 USER1.JCL.LIB 和 USER2.JCL.LIB 这样的数据集,它们的编目信息将存放在用户目录 SYS1.USERCAT1 中。

3.1.3 数据集的搜索路径

当一个应用程序或用户查找一个编目的数据集或创建一个编目的数据集时,系统将在主目录中搜索别名,以寻找适当的用户目录。在多层别名(Multi-Level Alias)存在时选择哪一个用户目录,取决于别名的搜索级别和搜索顺序。举例来说,如果系统中有 2 个不同级别的别名 USER1 和 USER1.PRJ1,那么,按照最佳匹配搜索法,USER1.PRJ1.JCL.LIB 数据集的别名将选用别名 USER1.PRJ1,其对应的用户目录将用来存放该数据集的索引信息。

大多数目录搜索都要通过别名来完成。需要事先定义某个别名和某个用户目录相关联,在查找数据集时,数据集的 HLQ 将会引导系统自动找到别名和其对应的用户目录。搜索过程如图 3-2 所示。

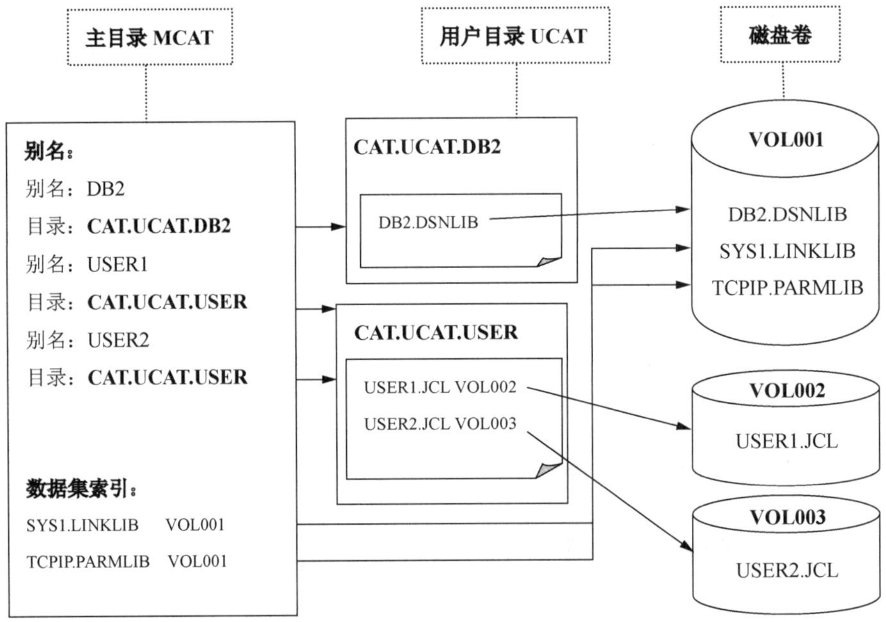

图 3-2 目录搜索过程

当系统要搜索一个数据集时,它会按照以下方式进行操作。

(1) 先查找主目录 MCAT,分三种情况。

● 如果能够按照这个数据集的 HLQ 找到同名的别名(Alias)，就跳转到该别名对应的用户目录中查找，进入下一步。

● 如果没有相应的别名，就在主目录 MCAT 中直接查找，找到之后获取相应的盘卷信息，查看其是否在线。如果在线，则找到该卷的卷内容表(Volume Table Of Contents，VTOC)，并在 VTOC 中找到相应的数据集。

● 如果没有相应的别名，也没有在主目录中找到的话，就报错误信息“数据集没有编目”。

(2) 查找用户目录 UCAT，如果在 UCAT 中找到该数据集的索引信息，则能获取其盘卷信息，查看盘卷是否在线，如在线，则找到对应的 VTOC，从而找到对应的数据集。

通过这个过程，系统就能轻松地找到被请求的数据集。

目录的搜索顺序也可以改变，通过指定访问方法服务(Access Method Service，AMS)命令的 CATALOG 参数来改变系统搜索数据集时使用的具体目录(Catalog)。值得一提的是，要指定该参数，用户必须在 RACF 中有对 FACILITY 类的 STGADMIN.IGG.DIRCAT 进行操作的相应权限。

3.2　目录结构

一个目录包含基本目录结构(Basic Catalog Structure，BCS)和 VSAM 卷数据集(VSAM Volume Data Set，VVDS)两部分，如图 3-3 所示。一般认为 BCS 是目录，而 VVDS 是 VTOC 的扩展。主目录和用户目录的结构完全一样，只是因为二者包含的内容不同而导致它们的功能不同。

下面将详细介绍 BCS，VVDS 和 VTOC 结构以及它们之间的关系。

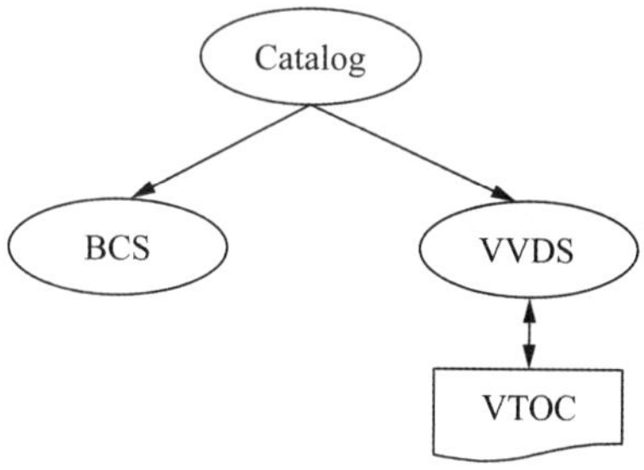

图 3-3　目录结构

3.2.1　BCS

BCS 是一个 VSAM KSDS 数据集。它利用数据集名字作为键值(Key)来存储和搜索数据集信息。因此，目录中的数据集名字必须唯一。对于 VSAM 数据集来说，BCS 存储了卷、安全、所有者和相关信息。对于非 VSAM 数据集来说，BCS 存储了卷、所有者和相关信息。

BCS 条目有多个种类，分别对应不同类型的数据集或对象。

(1) VSAM 数据集。

(2) SMS 管理的数据集。

(3) VVDS 数据集。

(4) 别名。

(5) PAGESPACE。

(6) SWAPSPACE。

(7) SYS1 系统数据集。

(8) ALTERNATE INDEX。

(9) 用户目录。

(10) 其他数据集。

通常情况下，编目就是在目录中添加 BCS 条目，而取消编目就是在目录中删除 BCS 条目。

3.2.2 VVDS

VVDS 是一个 VSAM ESDS 数据集，一个盘卷上最多只有一个 VVDS。并不是每个盘卷上都有 VVDS，只有存储 VSAM 数据集或 SMS 管理的编目数据集的卷才有 VVDS。VVDS 中包含数据集属性，扩展信息和在 BCS 中编目的 VSAM 数据集卷的相关信息。如果用户使用了 SMS，那么 VVDS 也将包含 SMS 管理的非 VSAM 数据集的属性和卷的相关信息。VVDS 数据集的命名为“SYS1.VVDS.V*volser*”，其中，*volser* 为 6 位的卷名。

可以使用 AMS 实用程序中的 LISTCAT 命令来查看 BCS 的信息(下文将详细介绍)；使用 IEHLIST 实用程序来查看 VTOC 信息；使用 PRINT 命令来打印出 VVDS 的信息。下面示例系统打印出一个卷名为 *volser* 的卷上 VVDS 的前 10 条信息，打印方式为字符方式：

```
//PNTVVDS JOB ,'USER',NOTIFY=&SYSUID
//STEP1 EXEC PGM=IDCAMS
//SYSPRINT DD SYSOUT=A
//VVDS  DD DSN=SYS1.VVDS.Vvolser,DISP=SHR,
// UNIT=3390,VOL=SER=volser,AMP=AMORG
//SYSIN DD *
     PRINT INFILE (VVDS) -
     CHARACTER COUNT (10)
/*
```

作业输出结果截取如下：

```
*..USER.TEST.KSDS..CAT.UCAT.USE*
*R.USER.TEST.KSDS....&.........*
*..........Q....&..DATEXIT ......*
```

从该例可以清楚地看出 VVDS 信息中包含着用户目录名。

3.2.3 VTOC

VTOC 和 VTOC 索引是系统数据集，用来维护卷的扩展和分配信息。VTOC 结构示意如图 3-4 所示。

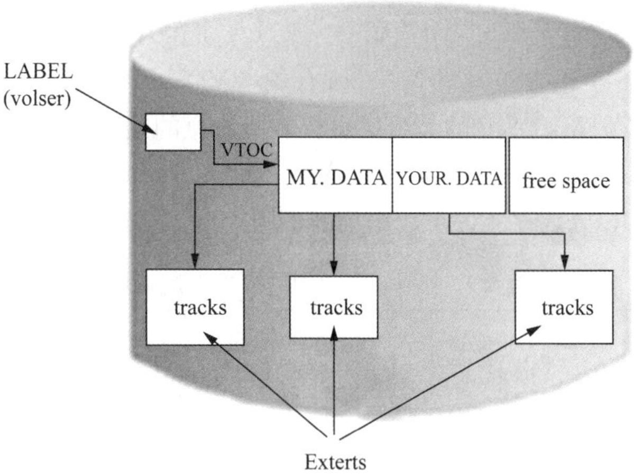

图 3-4　VTOC 结构示意

VTOC 用来为新分配数据集找到可用空间，也为 VSAM 数据集、SMS 管理的非 VSAM 数据集存储一些不包含于 VVDS 中的信息。在 VVDS 中，VSAM 数据集对应的 VVDS 记录叫做“VSAM 卷记录”(VSAM Volume Record，VVR)，SMS 管理的非 VSAM 数据集叫做“非 VSAM 卷记录”(Non-VSAM Volume Record，NVR)。如果一个非 VSAM 数据集跨卷存储，它对应的 NVR 仍旧安置在数据集所在的第一个盘卷上。

BCS 本身就是一个 VSAM 数据集，所以在 VVDS 中它也有对应的 VVR。严格来说，每个目录都包含一个 BCS 和一个或多个 VVDS。但是一个 BCS 并不“拥有”一个 VVDS，多个 BCS 可以有同一个 VVDS 的条目。每个 BCS 连接的 VVDS 都在 BCS 中有一条对应的条目信息。

3.2.4　BCS，VVDS 和 VTOC 的区别和联系

举例来看，图 3-5 显示了两个 BCS 和三个卷上的 VVDS 之间的关系。“BCS.A”包含三

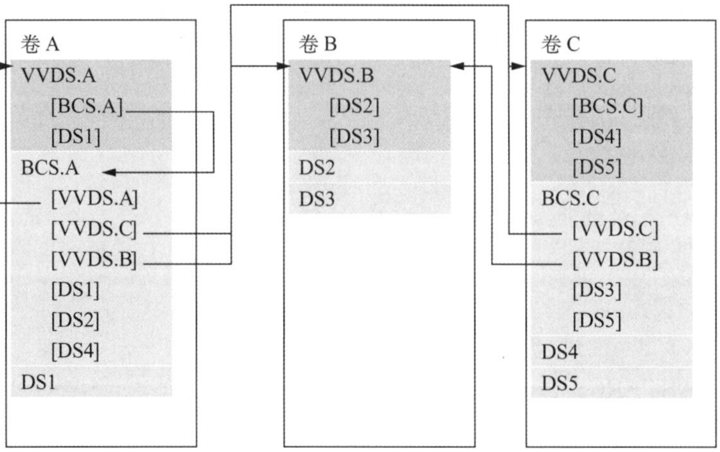

图 3-5　BCS 和 VVDS

个卷上的数据集条目，“BCS.C”包含放置在卷B和卷C上的数据集条目。因为每个卷都有VSAM数据集，所以每个卷上都有一个VVDS。BCS.A在卷A上，对应的VVDS是VVDS.A。对应的VVDS和BCS中包含彼此的信息，所有的VVDS都编目在BCS.A中。卷C上的BCS.C包含VVDS.C和VVDS.B的编目信息。需要注意的是，一个VVDS只有在该卷上的VSAM和SMS管理的非VSAM数据集的条目；而BCS可以有任何卷上的数据集条目。BCS，VVDS和VTOC分别存放关于数据集的不同信息，具体描述见表3-1。

表3-1　BCS，VVDS和VTOC存放信息

信息	VSAM数据集	SMS管理的非VSAM数据集	非SMS管理的非VSAM数据集	未编目的非VSAM数据集
卷、数据集类型、联系、所有者属性	BCS	BCS	BCS	—
SMS类信息	BCS，VVDS	BCS，VVDS	—	—
数据集属性	VVDS	VTOC	VTOC	VTOC
范围描述	VVDS，VTOC	VTOC	VTOC	VTOC
目录名	VVDS	VVDS	—	—

由表3-1可知，VSAM数据集和非VSAM数据集的区别之一在于：VVDS中只存放VSAM数据集的数据集属性，可以通过打印VVDS中的内容来验证。

3.3　目录基本管理

基本的目录管理是一些很常用的操作，主要涉及主目录、用户目录、别名的定义、显示目录内容、删除目录结构等。

3.3.1　主目录的定义

在定义主目录时，首先要估计主目录的大小，其次要确定主目录放置的卷，最后编写JCL语句并提交作业。

```
//DEFCATA JOB ,'USER',NOTIFY=&SYSUID
//STEP1 EXEC PGM=IDCAMS
//SYSPRINT DD SYSOUT=*
//SYSIN DD *
      DEFINE MASTERCATALOG -
      (NAME (CAT.MCAT.SYSTEM) -
      CYLINDER (15, 5) -
      ICFCATALOG -
      STRNO (3) -
      VOLUME (volser))
/*
```

DEFINE MASTERCATALOG命令定义主目录CAT.MCAT.SYSTEM。参数详细解释如下。

- NAME：指定主目录名字，本例为CAT.MCAT.SYSTEM。

- ICFCATALOG：指定主目录为目录格式。
- CYLINDER：指定分配给主目录的空间单位，分别为第一次分配的数量和追加分配的数量。本例为柱面。
- STRNO：指定主目录可以处理超过 3 个并发请求。如果不指定该参数，系统将会使用默认值。
- VOLUME：主目录将要放置的卷名。

3.3.2　用户目录的定义

当用户需要创建大量数据集时，比较推荐的做法是创建一个用户目录以存放这些相关数据集的编目信息。在定义用户目录时，首先要估计用户目录的大小，其次要确定用户目录放置的卷名，然后再考虑用户目录的别名是否已经有重复以及用户目录的一些参数如何指定，最后编写 JCL 语句并提交作业。

由于主目录中别名不允许重复，所以拥有相同 HLQ 的数据集必须编目在同一个目录中，使用多级别名的情况除外。

定义一个目录必须提供的参数为目录名字、其所在卷的基本信息、目录的大小等，但是也推荐提供其他一些信息来提升目录性能。比如，推荐用户定义二级分配空间，这样就能避免目录因为内容不断增多而空间不够大的情况发生。类似的参数如下。

- STRNO：指定读 BCS 请求的并发数目。
- BUFFERSPACE：分配给目录的缓冲空间大小。如果用户需要给目录分配额外的缓冲区，可以指定该参数。
- BUFND：指定用来在虚存和实存之间传输数据的缓冲区数目。通常情况下，默认值是 STRNO 的值加 1。
- BUFNI：指定用来在虚存和实存之间传输索引项的缓冲区数目。通常情况下，默认值是 STRNO 的值加 2，这对于一个 3 层索引的结构来说非常合适。如果目录的索引层数超过 3，那 BUFNI 的值为索引层数－1＋STRNO。
- FREESPACE：空闲空间允许目录在无须过多的 CI 和控制区分裂的情况下更新。

在定义目录时，如果只需要定义一个基本的 BCS 结构，那就使用 DEFINE USERCATALOG 语句；如果同时要定义 BCS 结构和 VVDS，则使用 DEFINE USERCATALOG ICFCATALOG，它将自动分配一个 VVDS。

这里介绍几个定义目录的例子，用户可以参考这些例子，写出自己定义目录的 JCL 作业。

[例 1]　默认值下定义用户目录

```
//DEFCATA JOB ,'USER',NOTIFY=&SYSUID
//STEP1 EXEC PGM=IDCAMS
//SYSPRINT DD SYSOUT=*
//SYSIN DD *
      DEFINE USERCATALOG -
       (NAME (CAT.UCAT.USER) -
      CYLINDER (15, 5) -
      VOLUME (volser))
/*
```

本例中的 DEFINE USERCATALOG 语句定义了一个用户目录:CAT.UCAT.USER。该目录放置在卷名为 volser 的卷上。该例只用到了三个参数:NAME、CYLINDER 和 VOLUMES。这三个参数分别指定了用户目录的名字、大小和卷名。这也是定义用户目录时必须要指定的参数。

[例 2] SMS 环境下定义用户目录

```
//DEFCATA JOB ,'USER',NOTIFY=&SYSUID
//STEP1 EXEC PGM=IDCAMS
//SYSPRINT DD SYSOUT=A
//SYSIN DD *
     DEFINE USERCATALOG -
     (NAME (CAT.USER.CAT1) -
     ICFCATALOG -
     STRNO (3) -
     DATACLAS (VSDEF) -
     STORCLAS (SMSSTOR) -
     MGMTCLAS (VSAM))
/*
```

DEFINE USERCATALOG 命令定义了一个 SMS 管理的用户目录:CAT.USER.CAT1。参数中除了上例中的一些基本参数,也包含了一些 SMS 相关的参数,阐述如下。

- DATACLAS:指定系统定义的 SMS 数据类(Data Class)——VSDEF,该数据类包含了空间参数 FREESPACE、SHAREOPTIONS、RECORDSIZE 的定义。如果用户的存储管理员已经建立了 ACS 例行程序可供选择一个默认的数据类,那这个参数可以被省略;如果没有默认的数据类分配给这个数据集,那用户必须特别指定这些参数。
- STORCLAS:指定一个系统定义的 SMS 存储类(Storage Class)——SMSSTOR。该参数是可选的,如果不指定该参数,数据集将使用 ACS 例行程序分配的默认存储类的值。
- MGMTCLAS:指定系统定义的 SMS 管理类(Management Class)——VSAM。该参数是可选的。如果不指定该参数,数据集将使用 ACS 例行程序分配的默认管理类的值。
- 其他参数都使用默认值。

作业提交成功就会新建一个用户目录 CAT.USER.CAT1,与主目录相连接。

[例 3] 定义磁带卷目录

本例定义了一个磁带卷目录,名为 TEST1.VOLCAT.VGENERAL。通常,磁带库需要一个磁带卷目录来管理。

```
//DEFCATA JOB ,'USER',NOTIFY=&SYSUID
//STEP1 EXEC PGM=IDCAMS
//SYSPRINT DD SYSOUT=A
//SYSIN DD *
DEFINE USERCATALOG -
     (NAME (TEST1.VOLCAT.VGENERAL) -
     VOLCATALOG -
     VOLUME (338001) -
     CYLINDERS (1 1))
/*
```

本例中的参数如下。

- NAME：指定磁带卷目录的名字 TEST1.VOLCAT.VGENERAL。
- VOLCATALOG：指定目录只包含磁带库和磁带卷的条目。
- VOLUME：指定目录放置在卷 338001 上。
- CYLINDERS：说明目录首次分配空间为 1 个 CYLINDER，追加分配空间为 1 个 CYLINDER。
- 其他参数都使用默认值。

3.3.3 别名的定义

系统需要知道数据集的索引信息定义的所在目录，才能成功使用数据集的索引信息，为了做到这一点，主机引入了“别名(Alias)”，它是连接主目录和用户目录的桥梁，通常以数据集的 HLQ 作为别名，比如为了在用户目录“STGRP.UCAT”中存储 “ST001.JCL.LIB”的索引信息，会在主目录中定义别名“ST001”，令其指向“STGRP.UCAT”。

在定义别名之前，要仔细考虑新建的别名对已存的数据集是否有影响。别名选择错误，将会使用户无法访问一些数据集。用户可以在定义目录的作业中加入 DEFINE ALIAS 命令。目录定义完成后，就可以添加别名了。

目录不但支持单级别名，也支持多级别名。所谓的多级别名，就是由一个以上的 HLQ 组成的别名。多级别名最多支持 4 个 HLQ。一般不推荐使用多级别名，因为这将导致现有的数据集命名规则混乱。只有当同一个 HLQ 下存在过多数据集而给管理带来不便时，才考虑使用多级别名。举例来看，系统中有 PROJECT1 为 HLQ 的数据集，其中有一些是项目生产系统使用的，HLQ 的名字为 PROJECT1.PROD；还有一些是测试系统上使用的，HLQ 的名字为 PROJECT1.TEST。那可以定义三个目录存放这些数据集：

- CAT.UCAT.PROJECT，别名为 PROJECT1。
- CAT.UCAT.PROPROD，别名为 PROJECT1.PROD。
- CAT.UCAT.PROTEST，别名为 PROJECT1.TEST。

这样一来，生产系统和测试系统的数据集将会编目在不同的用户目录中，减轻单个用户目录的工作负载。举例来说，如果系统的别名搜索级别为 2，那数据集的编目情况可能如表 3-2 所示。

表 3-2　多级别名

数据集	编目的用户目录	别名
PROJECT1.PROD.DATA	CAT.UCAT.PROPROD	PROJECT1.PROD
PROJECT1.TEST.DATA	CAT.UCAT.PROTEST	PROJECT1.TEST
PROJECT1.PROD	CAT.UCAT.PROJECT	PROJECT1
PROJECT1.APPL	CAT.UCAT.PROJECT	PROJECT1

别名只能定义在主目录中。主目录中能够定义的别名数量并不是无限制的，这取决于主目录记录的最大值，且多级 HLQ 实际存放的别名数目比单级 HLQ 会更少一些。

下面给出的是一个定义别名的作业样例，定义之后的系统目录示意如图 3-6 所示。

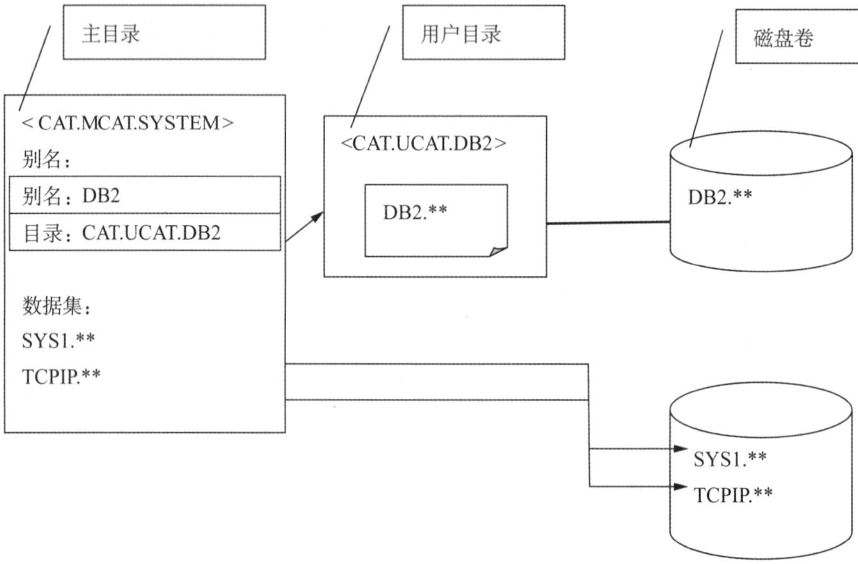

图 3-6　系统目录示意

定义别名的 JCL 代码示例如下：

```
//DEFALIAS JOB ,'USER',NOTIFY=&SYSUID
//STEP1 EXEC PGM=IDCAMS
//SYSPRINT DD SYSOUT=*
//SYSIN DD *
     DEFINE ALIAS -
     (NAME (DB2)  -
     RELATE (CAT.UCAT.DB2))  -
     CATALOG (CAT.MCAT.SYSTEM)
/*
```

DEFINE ALIAS 命令为用户目录 CAT.UCAT.DB2 定义一个别名 DB2，CAT.UCAT.DB2 中存放以 DB2 为 HLQ 的数据集的编目信息。当用户引用或查找该数据集时，系统能在该用户目录中定位到该数据集。作业中的参数解释如下。

- NAME：别名的名字，本例中为 DB2。
- RELATE：别名指向的用户目录名字，存放以别名为 HLQ 的数据集的编目信息。
- CATALOG：系统主目录的名字。

上文介绍了别名最常见的用法，即作为主目录和用户目录的桥梁，起到连接的作用。其实，别名还有另外一种用法，即为非 VSAM 且非 SMS 管理的数据集定义别名。这种做法在系统中也可以找到例子。比如，在程序代码中需要多处引用指定某个数据集 PROJECT.LOADLIB，且该数据集随时间的变化，其内容也不断变化。为了方便管理，通常将数据集以时间命名——PROJECT.LOADLIB.YYYYMMDD。如果每次都需要引用最新的数据集，在程序中需要多处更改，是一个非常耗时且容易出错的工作，所以系统提供给数据集定义别名的方法来解决这个问题。比如，每次为最新的 PROJECT.LOADLIB.YYYYMMDD 定义别名 PROJECT.LOADLIB，这样无须修改程序就能够改变引用的数据集。

下面是为非 VSAM 文件定义别名的作业示例：

```
//DEFALIAS JOB ,'USER',NOTIFY=&SYSUID
//STEP1 EXEC PGM=IDCAMS
//SYSPRINT DD SYSOUT=A
//SYSIN DD *
DEFINE ALIAS -
 (NAME (PROJECT.LOADLIB) -
     RELATE (PROJECT.LOADLIB.20100501) ) -
     CATALOG (CAT.UCAT.USER)
/*
```

该例中的 DEFINE ALIAS 命令为数据集 PROJECT.LOADLIB.20100501 定义了一个别名 PROJECT.LOADLIB。具体参数解释如下。

- NAME：别名的名字，也就是访问数据集的另外一个入口名 PROJECT.LOADLIB。
- RELATE：数据集原名。
- CATALOG：数据集所编目的用户目录名。

3.3.4　显示目录内容

上文讲述了如何定义目录和别名，现在看看如何查看系统中目录的内容和数据集的编目信息。一般来说，这些信息可以通过以下方式获取：

- IDCAMS。
- ISMF。
- IEHLIST。
- DFSMS 属性调用服务 IGWASMS。
- TSO 服务例行程序 IKJEHCIR。
- CAMLST 宏和 SHOWCAT 宏。
- 目录搜索接口(Catalog Search Interface，CSI)选项。

这其中，IDCAMS 为最常用的显示目录内容的方法。用户可以使用 LISTCAT 命令来列出目录中的记录信息，也可以使用 ISMF 面板来取得目录信息。LISTCAT 命令的输出结果非常有用，不但可以帮助监控目录数据集，而且还能帮助查看数据集的属性和相关信息，有了这些信息，可以分析何时应该重组数据集，何时应该更改数据集属性来提升性能或避免问题。比如，用户可以使用“High Used RBA”和“High Allocated RBA”的值来避免数据集或目录空间不够的情况发生。

LISTCAT 的命令用法比较多，可以适用于各种场景下的查询目录内容。下面将举例描述 LISTCAT 的各种使用场景。

［**例 1**］　列出数据集目录

最常用到 LISTCAT 命令的情况是需要知道某个数据集编目在哪个目录中，或需要知道一些数据集的相关信息。这种情况下，只需简单地在数据集名字前键入命令“LISTC EN(/)”即可：

```
CLUSTER ------- DSN.V8R1M0.CSI
     IN-CAT --- CAT.UCAT.DB2MNT
   DATA ------- DSN.V8R1M0.CSI.DATA
     IN-CAT --- CAT.UCAT.DB2MNT
   INDEX ------ DSN.V8R1M0.CSI.INDEX
IN-CAT --- CAT.UCAT.DB2MNT
```

［**例 2**］ 列出目录自描述项

当用户想要列出某个目录的自描述项时，就需要在 CATALOG 参数后面指定目录名。比如，下例就列出了目录 SYS1.ICFCAT.VSYS303 的自描述信息：

```
//LISTC JOB ,'USER',NOTIFY=&SYSUID
//LSTSDENT EXEC PGM=IDCAMS
//SYSPRINT DD SYSOUT=A
//SYSIN DD *
   LISTCAT ALL ENTRIES (SYS1.ICFCAT.VSYS303) -
   CATALOG (SYS1.ICFCAT.VSYS303)
```

［**例 3**］ 查找目录中的 VVDS 数据集

LISTCAT 命令的功能众多。有时，也使用该命令来查找 BCS 中包含的 VVDS 数据集。下例教用户如何使用 LISTCAT 命令来查找某个目录中存在的 VVDS 数据集：

```
//LISTC JOB ,'USER',NOTIFY=&SYSUID
//LSTVVDS EXEC PGM=IDCAMS
//SYSPRINT DD SYSOUT=A
//SYSIN DD *
  LISTCAT LEVEL (SYS1.VVDS)
  CATALOG  (CAT.UCAT.SYSTEM)
/*
```

［**例 4**］ 列出目录的所有信息

用户可以使用 LISTCAT 命令来列出整个目录中的所有信息，包括别名信息、用户目录信息和数据集编目信息等。别名信息和用户目录信息只存在于主目录中。现分别给出查看这些信息的作业样例。

(1) 列出所有信息

```
//LISTC JOB ,'USER',NOTIFY=&SYSUID
//LSTALL EXEC PGM=IDCAMS
//SYSPRINT DD SYSOUT=A
//SYSIN DD *
    LISTCAT ALL -
    CATALOG (CAT.UCAT.SYSTEM)
/*
```

(2) 只列出别名信息

```
//LISTC JOB ,'USER',NOTIFY=&SYSUID
//LSTALIA EXEC PGM=IDCAMS
//SYSPRINT DD SYSOUT=A
//SYSIN DD *
    LISTCAT ALIAS -
    CATALOG (CAT.UCAT.SYSTEM)
/*
```

(3) 只列出用户目录的信息

```
//LISTC JOB ,'USER',NOTIFY=&SYSUID
//LSTUCAT EXEC PGM=IDCAMS
//SYSPRINT DD SYSOUT=A
```

```
//SYSIN DD *
     LISTCAT USERCATALOG -
     CATALOG (CAT.UCAT.SYSTEM)
/*
```

(4) 只列出目录中 VSAM 文件的信息

```
//LISTC JOB ,'USER',NOTIFY=&SYSUID
//LSTVSAM EXEC PGM=IDCAMS
//SYSPRINT DD SYSOUT=A
//SYSIN DD *
     LISTCAT CLUSTER -
     CATALOG (CAT.UCAT.SYSTEM)
/*
```

(5) 只列出非 VSAM 数据集的信息

```
//LISTC JOB ,'USER',NOTIFY=&SYSUID
//LSTNVSAM EXEC PGM=IDCAMS
//SYSPRINT DD SYSOUT=A
//SYSIN DD *
     LISTCAT NOVSAM -
     CATALOG (CAT.UCAT.SYSTEM)
/*
```

3.3.5　删除目录结构

用户可以使用 DELETE 命令来删除用 DEFINE 命令创建的任何数据，比如删除目录、编目数据集、对象、磁带库条目和磁带卷条目等。DELETE 命令的用法很多，下面介绍一些比较常用的用法。

1. 删除目录

要删除一个目录，首先必须确定该目录是否被其他系统共享。如果该目录属于共享目录，则要仔细考虑删除后对其他系统带来的影响，一般在这种情况下，使用 EXPORT DISCONNECT 命令来断开本系统中用户目录和主目录的连接，同时确保该用户目录在其他系统上依旧可访问。如果该目录不属于共享目录而且无用，则使用 DELETE USERCATALOG 命令删除。

下面的作业样例中，删除了一个用户目录。只有当用户目录为空时，以下作业才能成功执行；否则，作业将报错，必须指定“FORCE”参数才能删除这个用户目录：

```
//DELCAT JOB MSGLEVEL= (1,1) ,NOTIFY=&SYSUID,CLASS=A
//STEP1 EXEC PGM=IDCAMS
//SYSPRINT DD SYSOUT=A
//SYSIN DD *
   DELETE CAT.UCAT.USER  USERCATALOG
/*
```

删除命令不但删除用户目录，也删除主目录中该用户目录的连接入口。参数具体解释如下。

- CAT.UCAT.USER：要删除的目录名字。
- USERCATALOG：指定要删除的对象是一个用户目录。

2. 删除 VSAM 数据集

要删除一个非 VSAM 数据集，只需要直接在数据集名字前面键入“D”即可。但是要删除 VSAM 数据集，这样做就无效了。下例是一个提交作业删除 VSAM KSDS 数据集的方法：

```
//DELVSAM JOB MSGLEVEL=（1,1）,NOTIFY=&SYSUID,CLASS=A
//STEP1 EXEC PGM=IDCAMS
//SYSPRINT DD SYSOUT=A
//SYSIN DD *
   DELETE -
   USER.TEST.KSDS -
   CLUSTER -
   PURGE -
   CATALOG（CAT.UCAT.USER）
/*
```

DELETE 命令删除了 KSDS 数据集 USER.TEST.KSDS，参数解释如下。

- USER.TEST.KSDS：被删除的对象的名字。
- CLUSTER：指定被删除的对象为一个 CLUSTER 记录，VSAM 数据集都是 CLUSTER 记录。
- PURGE：说明不考虑被删除对象的保持时间或日期，依旧删除该对象。

3．删除不完整的 VSAM 数据集

假设有这样一种情况：有一个 VSAM KSDS 数据集 TEST.KSDS，正常情况下，该数据集应该对应 TEST.KSDS.INDEX 和 TEST.KSDS.DATA 两个数据集。但由于某些原因，VSAM 数据集被破坏，只能找到 TEST.KSDS.DATA，而与它对应的 CLUSTER 和 INDEX 部分已经不存在。如何才能删除这部分数据呢？可以通过使用命令 DELETE VVR 来删除不完整的 VSAM 数据集：

```
//DELETEVV JOB MSGLEVEL=（1,1）,NOTIFY=&SYSUID,CLASS=A
//STEP1    EXEC PGM=IDCAMS
//DD1      DD  UNIT=3390,VOL=SER=volser,DISP=SHR
//SYSPRINT DD  SYSOUT=*
//SYSIN    DD  *
  DELETE TEST.KSDS.DATA VVR FILE（DD1）
/*
```

DELETE VVR 命令的删除对象为一个或多个不完整的 VSAM 卷记录（VVR）条目。该命令将在 VVDS 和 VTOC 中删除一个 VVR 条目。

4．删除别名

下例为删除系统主目录中的别名 USER1：

```
//DELCAT JOB MSGLEVEL=（1,1）,NOTIFY=&SYSUID,CLASS=A
//STEP1 EXEC PGM=IDCAMS
//SYSPRINT DD SYSOUT=A
//SYSIN DD *
   DELETE USER1  ALIAS
/*
```

DELETE 命令将在主目录中删除一个名为 USER1 的别名，参数解释如下。

- USER1：要删除的别名的名字。
- ALIAS：指定要删除对象的类型为别名。如果 USER1 不是一个别名，那作业将不能正确执行。

5. 删除目录条目

在实际的目录管理工作中，经常会发生这样的情况：某个卷直接被移走，但是目录中仍存在该卷的数据集编目信息；或者某些数据集的实体已经被删除，但是目录中仍存在该数据集的编目信息。这就导致查找数据集时系统显示数据集存在，但是访问其内容时却出现"Volume Not Available"或"Dataset Not Found"的错误。

类似于这样的目录和磁盘卷信息不同步的情况并不少见，也很难避免。系统管理员有必要及时删除这些无用的编目信息(目录条目)。使用 DELETE NOSCRATCH 命令，只删除目录中的条目，不涉及磁盘卷的信息。也就是说，如果某个非 VSAM 数据集存在于磁盘卷上，使用 DELETE NOSCRATCH 命令删除了它对应的目录条目，就相当于对它做了取消编目操作。示例如下：

```
//DELNOSCR JOB MSGLEVEL=(1,1),NOTIFY=&SYSUID,CLASS=A
//STEP1 EXEC PGM=IDCAMS
//SYSPRINT DD SYSOUT=A
//SYSIN DD *
   DELETE USER.TEST.KSDS NOSCRATCH -
   CATALOG(CAT.UCAT.USER)
/*
```

在提交该示例作业时需要小心斟酌。假设 USER.TEST.KSDS 实际存在于磁盘卷，但是误删除了该 VSAM 数据集在目录中的条目，将导致无法访问该 VSAM 数据集。如果发生该误操作，可以使用 DEFINE CLUSTER RECAT 命令来重建 VSAM 数据集的目录条目。

6. 删除敏感数据

在使用 DELETE 命令删除一个数据集之后，系统实际上将该数据集在目录和 VTOC 中的条目都删除了，导致无法访问该数据集，但该数据集实际的磁盘位置并未更改，直到其他数据覆盖该数据区域。这段时间内其他程序仍旧可能找到这块区域并读取数据。

如果数据是敏感、不允许透露的，则可以使用 DELETE ERASE 命令来删除该数据集。系统会将 0 写入该数据区域，覆盖原有数据。作业样例如下：

```
//DELERA JOB MSGLEVEL=(1,1),NOTIFY=&SYSUID,CLASS=A
//STEP1 EXEC PGM=IDCAMS
//SYSPRINT DD SYSOUT=A
//SYSIN DD *
   DELETE USER.CONFID.FILE ERASE
/*
```

3.4　目录高级管理

目录的高级管理主要包括目录的连接和断开、目录的复制和合并、系统间的目录共享、目录属性的改变、目录的备份和恢复、检查目录的正确性以及利用 RACF 保护目录。这些功能将帮助用户有效地维护和管理目录。

3.4.1　目录的连接和断开

IMPORT CONNECT 和 EXPORT DISCONNECT 命令互为一对，提供连接和断开用

户目录的功能。如果需要将用户目录 CAT.UCAT.WAS 与主目录断开连接，可以参考以下作业：

```
//EXPDIS JOB ,'USER',NOTIFY=&SYSUID
//EXPDISC EXEC PGM=IDCAMS
//SYSPRINT DD SYSOUT=*
//SYSIN DD *
 EXPORT CAT.UCAT.WAS DISCONNECT -
 CATALOG (CAT.MCAT.SYSTEM)
/*
```

如果要将用户目录 CAT.UCAT.WAS 重新编目到主目录中，则参考以下作业：

```
//IMPCON JOB ,'USER',NOTIFY=&SYSUID
//IMPRTCON EXEC PGM=IDCAMS
//SYSPRINT DD SYSOUT=*
//SYSIN DD *
IMPORT CONNECT -
OBJECTS ((CAT.UCAT.WAS) -
     DEVICETYPE (3390) -
VOLUMES (volser)) -
CATALOG (CAT.MCAT.SYSTEM)

DEFINE ALIAS -
      (NAME (WAS) -
      RELATE (CAT.UCAT.WAS)) -
      CATALOG (CAT.MCAT.SYSTEM)
/*
```

如果要删除用户目录，必须保证用户目录连接在主目录内，即用户目录处于连接状态。

3.4.2 目录的复制和合并

使用 REPRO 命令可以复制 VSAM 和非 VSAM 数据集，也可以复制目录。一般情况下，定义一个新的用户目录，然后将已有的目录内容复制至新目录中就可以完成目录备份。本例代码中，CAT.UCAT.USER 中有 8 条记录，需要将这 8 条记录复制到目录 CAT.UCAT.USERNEW 中去：

```
//REPRO JOB ,'LQ',NOTIFY=&SYSUID
//STEP1 EXEC PGM=IDCAMS
//SYSPRINT DD SYSOUT=*
//SYSIN DD *
      REPRO -
      INDATASET (CAT.UCAT.USER) -
         OUTDATASET (CAT.UCAT.USERNEW)
/*
```

REPRO 命令将 CAT.UCAT.USER 的内容复制到 CAT.UCAT.USERNEW 中去。接着，可以断开 CAT.UCAT.USER 的连接，然后连接 CAT.UCAT.USERNEW 至主目录，这样就将 CAT.UCAT.USER 作为了备份目录。上述样例作业提交成功后会得到类似如下结果：

```
IDC11468I NVR/VVR NOW POINTS TO TARGET CATALOG.
IDC0005I NUMBER OF RECORDS PROCESSED WAS 8
IDC0001I FUNCTION COMPLETED, HIGHEST CONDITION CODE WAS 0
```

如果只需要将 CAT.UCAT.USER 中的记录转移至 CAT.UCAT.USERNEW 中，如何

才能做到呢？REPRO MERGECAT 命令可以按照数据集的 HLQ 转移相应的条目。假设 CAT.UCAT.USER 中有 8 条记录，其中 4 条是 USER1.*，另外 4 条是 USER2.*。要将其中 USER1.* 的条目转移到 CAT.UCAT.USERNEW 中，示范作业如下：

```
//MERGE JOB 0,'USER',NOTIFY=&SYSUID
//STEP1 EXEC PGM=IDCAMS
//DD1 DD VOL=SER=volser,UNIT=DISK,DISP=OLD
//SYSPRINT DD SYSOUT=A
//SYSIN DD *
  REPRO -
  INDATASET (CAT.UCAT.USER) -
  OUTDATASET (CAT.UCAT.USERNEW) -
  ENTRIES (USER1.*) -
  MERGECAT -
  FILE (DD1)
/*
```

参数解释如下。

- INDATASET：复制源对象的名字。
- OUTDATASET：复制目标对象的名字。
- ENTRIES：指定要复制的条目的名字，支持通配符“*”。
- MERGECAT：说明复制模式为合并，复制源目录中的条目至目标目录中。
- FILE(DD1)：指定转移条目的磁盘位置。

3.4.3　系统间的目录共享

AMS 提供了 IMPORT CONNECT 和 EXPORT DISCONNECT 命令，用以连接和断开目录。这在目录共享的多系统中尤为有用。比如在新系统上，直接将老系统中已有的目录连接至新系统的主目录，并在其中定义相应的别名，就可以在新系统上访问老系统中的数据集了。需要注意的是，目录的共享选项必须是(3 4)，这也是目录定义时的默认值。如果用户系统中的选项是(3 3)，则要先用 ALTER 命令改变其属性。

如果系统 A 和系统 B 共享磁盘卷和目录，则如图 3-7 所示。

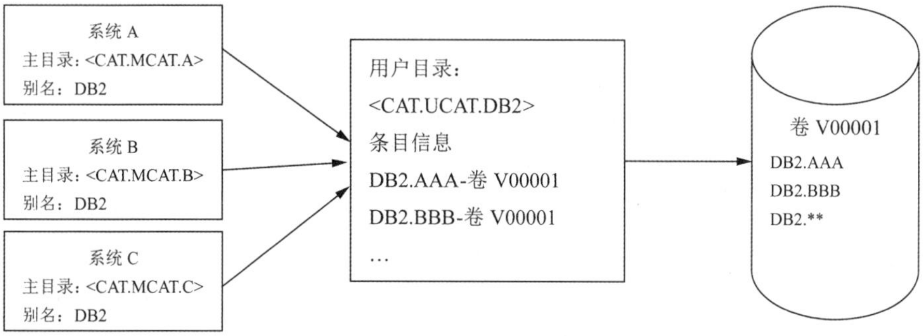

图 3-7　磁盘卷和目录共享

假设有一个用户目录共享的应用场景，我们不想让系统 A 的用户和程序继续访问 DB2，但又要保证系统 B 的用户和程序依旧能够访问 DB2。这时，只要将用户目录 CAT.UCAT.DB2 从系统 A 的主目录中断开即可，JCL 作业样例如下：

```
//EXPDIS JOB ,'USER',NOTIFY=&SYSUID
//EXPDISC EXEC PGM=IDCAMS
//SYSPRINT DD SYSOUT=*
//SYSIN DD *
 EXPORT CAT.UCAT.DB2 DISCONNECT -
 CATALOG (CAT.MCAT.A)
/*
```

参数解释如下。

- CAT.UCAT.DB2：断开的目录名字。
- DISCONNECT：使用此关键字指定要断开目录。
- CATALOG：指定目录从哪个目录中断开。如果该处不指定值，则默认为系统主目录。

EXPORT 命令从主目录中移除了用户目录连接项，该用户目录在系统 A 中就变得无法访问。如果要再度访问该目录，则要用 IMPORT CONNECT 命令重新连接该目录。

再假设如果有一个新系统 C，需要让 C 系统上的用户和程序也能访问到 DB2，则可以使用 IMPORT CONNECT 命令将用户目录 CAT.UCAT.DB2 连接至系统 C 的主目录 CAT.MCAT.C。具体 JCL 作业样例如下：

```
//IMPCON JOB ,'USER',NOTIFY=&SYSUID
//IMPRTCON EXEC PGM=IDCAMS
//SYSPRINT DD SYSOUT=*
//SYSIN DD *
     IMPORT CONNECT -
     OBJECTS ((CAT.UCAT.DB2) -
          DEVICETYPE (3390) -
     VOLUMES (volser)) -
     CATALOG (CAT.MCAT.C)

     DEFINE ALIAS -
           (NAME (DB2) -
          RELATE (CAT.UCAT.DB2)) -
          CATALOG (CAT.MCAT.C)
/*
```

用 IMPORT CONNECT 命令在主目录 CAT.MCAT.C 中创建一个用户目录连接项。具体参数解释如下。

- OBJECTS：指定用户目录 CAT.UCAT.DB2。
- VOLUMES：用户目录所在的卷名。
- DEVICETYPE：用户目录所在卷的设备类型。
- CONNECT：表明在主目录中创建一个用户目录连接项。

在连接目录时，需要注意以下两点：①连接目录时还需要指定用户目录所在卷的卷名和设备类型，因为系统通过目录来查找文件，如果目录本身未连接，那就等于该目录本身未编目，系统是无法定位到它的，所以必须提供其卷名和设备类型。②在连接用户目录完成后，不要忘记定义相应的别名；如果没有别名，系统是无法找到数据集的。

3.4.4 目录属性的改变

如果用户已经定义了一个目录，用户按照自己的期望选择属性值。如果需求发生了变化，数据集需要不同的属性值，用户需要重建目录吗？答案是否定的。IDCAMS 提供

ALTER 命令以便让用户可以更改目录的一些属性，举例如下：

- Buffer 大小(BUFFERSPACE，BUFND，BUFNI)。
- FREESPACE。
- MANAGEMENTCLASS。
- SHAREOPTIONS。
- STORAGECLASS。
- STRNO。
- WRITECHECK。

需要注意的是，并不是所有的目录属性都能修改，比如目录名字和目录所在的卷名就无法修改。因此，在创建目录时，更需要斟酌考虑如何指定那些日后无法修改的属性。下面来看一个改变 MANAGEMENTCLASS 的样例：

```
//ALTER JOB ,'USER',NOTIFY=&SYSUID
//STEP1 EXEC PGM=IDCAMS
//SYSPRINT DD SYSOUT=A
//SYSIN DD *
     ALTER -
     CAT.MCAT.SYSTEM -
     MANAGEMENTCLASS (VSAM)
/*
```

该例更改了目录 CAT.MCAT.SYSTEM 的 MANAGEMENTCLASS 属性，将其值更改为 VSAM。

3.4.5　目录的备份和恢复

由于目录对系统极为重要，有必要定期备份目录。目录发生问题时，备份的时间越近，造成的影响就越小。目录包含 BCS 和 VVDS，通常说的备份目录，指的是备份 BCS。备份 VVDS 的方法和 BCS 不同，鉴于 VVDS 的特殊性，不可将它看作一个数据集来备份，必须备份整个卷。在目录备份时，要注意将备份放置到不同的卷上去，这样才能避免卷损坏所带来的问题。这里，只介绍备份 BCS 的方法。

可以使用 IDCAMS 的 EXPORT 命令和 DFSMSdss 的 DUMP 命令来备份 BCS；相应地，可以使用 IMPORT 命令和 RESTORE 命令来还原目录。这些程序创建的目录备份将是一个顺序数据集，可以方便地存储在磁带和磁盘上。备份目录和源目录可以放在不同的设备上。当使用这些命令进行备份工作时，目录中的别名也将保存在备份目录中，源目录也不会被删除，系统仍将使用源目录。

这里，使用 IDCAMS 的 EXPORT 和 IMPORT 命令来备份目录 CAT.UCAT.USER 并恢复它，作业如下：

```
//EXPCAT JOB ,'LQ',NOTIFY=&SYSUID
//STEP1 EXEC PGM=IDCAMS
//RECEIVE DD DSNAME=USER.CAT.BACKUP1,UNIT=3390,SPACE=(TRK,(5,5)),
// DISP=(NEW,CATLG,KEEP),VOL=SER=volser,
// DCB=(RECFM=FB,LRECL=80,BLKSIZE=1600)
//SYSPRINT DD SYSOUT=A
//SYSIN DD *
```

```
      EXPORT -
    CAT.UCAT.USER -
OUTFILE (RECEIVE)
/*
```

参数解释如下。

- CAT.UCAT.USER:指定需要备份的源目录名。
- OUTFILE:指定备份目录数据集的 DD 语句。

EXPORT 命令执行成功后,正确的输出结果类似如下:

```
IDC0005I NUMBER OF RECORDS PROCESSED WAS 8
IDC0594I PORTABLE DATA SET CREATED SUCCESSFULLY ON 12/12/06 AT 14:25:45
IDC1147I IT IS RECOMMENDED THAT DIAGNOSE AND EXAMINE BE RUN BEFORE
IDC1147I IMPORT OF CATALOG
IDC0001I FUNCTION COMPLETED, HIGHEST CONDITION CODE WAS 0
IDC0002I IDCAMS PROCESSING COMPLETE. MAXIMUM CONDITION CODE WAS 0
```

恢复目录的作业如下:

```
//IMPCATA JOB ,'LQ',NOTIFY=&SYSUID
//STEP1 EXEC PGM=IDCAMS
//SOURCE DD DSNAME= USER.CAT.BACKUP1,UNIT=3390,
// DISP=OLD,VOL=SER=volser
//SYSPRINT DD SYSOUT=*
//SYSIN DD *
   IMPORT -
     INFILE (SOURCE) -
     OUTDATASET (CAT.UCAT.USER) -
     ALIAS -
     CATALOG (CAT.MCAT.SYSTEM)
/*
```

参数解释如下。

- INFILE:指定恢复目录的源数据集,即上面的备份数据集。
- OUTDATASET:指定恢复后的目录的名字。
- ALIAS:指定在恢复目录的同时,导入备份目录中的别名。

作业提交成功后,输出结果类似如下:

```
IDC0604I DATA SET BEING IMPORTED WAS EXPORTED ON  12/12/06 AT 14:25:45
IDC0508I DATA ALLOCATION STATUS FOR VOLUME D1CAT1 IS 0
IDC0509I INDEX ALLOCATION STATUS FOR VOLUME D1CAT1 IS 0
IDC0001I FUNCTION COMPLETED, HIGHEST CONDITION CODE WAS 0
IDC0002I IDCAMS PROCESSING COMPLETE. MAXIMUM CONDITION CODE WAS 0
```

3.4.6 检查目录的准确性

用户需分析目录数据集的准确性。准确的目录不但要求 BCS 结构准确,也要求 BCS、VVDS 和 VTOC 之间的内容同步。具体来说,由于 BCS 本身是 VSAM 文件,它的结构准确性主要体现在 KSDS 数据集索引部分和数据部分的结构准确;而内容同步指的是某个数据集的信息在 BCS、VVDS 和 VTOC 中的信息都必须是一致的。

结构损坏或不同步的目录都会导致使用目录的作业运行失败或输出错误的结果。因此,为了追求系统更高的准确性,应该常常使用 EXAMINE 和 DIAGNOSE 命令来检查目录的准确性。尤其在备份目录前,需要先确保目录的准确性。

如果因为目录问题导致作业失败,而目录中不存在不同步的现象,则可能的原因是目录的结构错误。这时,用户可以用 EXAMINE 命令来检查 BCS 结构准确性。作业样例如下:

```
//EXAMEX1 JOB ,LQ,NOTIFY=&SYSUID
 //STEP1 EXEC PGM=IDCAMS
 //SYSPRINT DD SYSOUT=A
 //SYSIN DD *
     EXAMINE -
     NAME (CAT.UCAT.USER) -
     INDEXTEST -
     ERRORLIMIT (0)
 /*
```

参数解释如下。

- NAME:要检查的目录的名字。
- INDEXTEST:为默认值,检查数据集的索引部分;还可以指定 DATATEST 用以检查数据集的数据部分。
- ERRORLIMIT(0):禁止系统输出详细的错误信息。

本例的目录中并不存在 BCS 结构错误。作业执行完毕,输出样例如下:

```
IDC01700I INDEXTEST BEGINS
IDC01724I INDEXTEST COMPLETE - NO ERRORS DETECTED
IDC0001I FUNCTION COMPLETED, HIGHEST CONDITION CODE WAS 0
IDC0002I IDCAMS PROCESSING COMPLETE. MAXIMUM CONDITION CODE WAS 0
```

系统使用一段时间之后,目录条目可能会变得不同步。数据集的属性和信息在 BCS、VVDS 和 VTOC 中可能会有所不同。此差异性会导致数据集无法访问或无法使用。

要分析目录的同步性错误,可以使用 DIAGNOSE 命令。该命令可以分析 BCS 和 VVDS 的目录内容,并将 VVDS 信息和 VTOC 信息作比较。

下例使用 DIAGNOSE 命令诊断 VVDS 的内容,并将 BCS 和 VVDS 的内容作比较得出不同步的信息:

```
//DIAGPWD JOB ,LQ,NOTIFY=&SYSUID
//STEP1 EXEC PGM=IDCAMS
//SYSPRINT DD SYSOUT=A
//DIAGDD DD UNIT=3390,VOL=SER=D1CAT1,DISP=SHR,
// DSN=SYS1.VVDS.VD1CAT1,AMP='AMORG'
//SYSIN DD *
    DIAGNOSE -
    VVDS -
    INFILE (DIAGDD) -
    COMPAREDS (CAT.UCAT.USER)
/*
```

DIAGNOSE 命令扫描 VVDS 并将 BCS 和 VVDS 作比较。参数解释如下。

- VVDS:指定输入数据集是一个 VVDS。
- INFILE(DIAGDD):指定 DD 语句 DIAGDD 中包含输入数据集的名字。
- COMPAREDS(CAT.UCAT.USER):指定 VVDS 将和 BCS:CAT.UCAT.USER 作比较。

在本例测试中,作业执行完毕,输出结果如下:

```
IDC11367I THE FOLLOWING VVDS REFERENCED CATALOGS WERE NOT ENCOUNTERED:
  CAT.UCAT.BJ17
  SONG.CAT.TEST
IDC11375I THESE ADDITIONAL VVDS REFERENCED CATALOGS WERE ENCOUNTERED:
  CAT.MASTR.BJ17
  CAT.USER.BJ17
```

由上面的输出结果可以得知数据集存在以下两类不一致问题。

(1) CAT.UCAT.BJ17 和 SONG.CAT.TEST 这两个目录出现在 VVDS 中,但并未出现在目录中,即它们没有编目。

(2) CAT.MASTR.BJ17 和 CAT.USER.BJ17 出现在目录中,却并未出现在 VVDS 中,即它们并不存在于实际的磁盘卷上。

3.4.7 利用 RACF 保护目录

目录对于系统正常运行至关重要,为了预防用户随意更改、删除目录而造成数据丢失,必须用 RACF 将目录文件保护起来。对于主目录,建议普通用户获取只读(READ)权限即可,这样用户可以查阅编目的系统数据集信息,而不能对系统数据集随意地取消编目;对于用户目录,为了让用户能够在这些目录中编目数据集,必须提供修改(UPDATE)的权限。具体保护策略如表 3-3 所示。

表 3-3 RACF 保护目录策略

目录类型	RACF 建议保护策略
主目录	普通用户对主目录有 READ 权限,而无 UPDATE 权限。 普通用户:UACC(READ) 系统管理员:UPDATE
用户目录	普通用户对用户目录有 UPDATE 权限,而无 ALTER 权限。 普通用户:UACC(UPDATE) 系统管理员:ALTER

也可以定义通用数据集 Profile 来保护目录,这样能够避免定义新目录都需要 RACF 重新保护的麻烦。但是这样做需要规划好目录文件的命名规则,推荐使用 CAT 作为所有目录文件的 HLQ。这样,可以定义"CAT.**"通用数据集 Profile 来保护所有 CAT 开头的用户目录,再定义一个离散数据集 Profile 来保护主目录"CAT.MASTER.SYSTEM"。示例代码如下:

```
//PROTCAT  JOB MSGCLASS=X,NOTIFY=&SYSUID,CLASS=A
//******************************************************************
//*   DEFINE PROFILES FOR MCAT & UCATS
//******************************************************************
//BASIC    EXEC PGM=IKJEFT01
//SYSTSPRT DD SYSOUT=*
//SYSPRINT DD SYSOUT=*
//SYSUADS  DD DSN=SYS1.UADS,DISP=SHR
//SYSLBC   DD DSN=SYS1.BRODCAST,DISP=SHR
//SYSTSIN  DD *
   ADDSD 'CAT.MASTER.SYSTEM' OWNER (SYS1) UACC (READ)
   PERMIT 'CAT.MASTER.SYSTEM' ID (ADMIN) ACCESS (UPDATE)

   ADDSD 'CAT.**' OWNER (SYS1) UACC (UPDATE)
   PERMIT 'CAT.**' OWNER (SYS1) ID (ADMIN) ACESS (ALTER)
/*
```

3.5 目录操作技能

3.5.1 利用 IEHLIST 查看 VTOC 信息

IEHLIST 是一个系统实用程序，用来列出 VTOC 的内容，或者列出 PDS 或 PDSE 中目录区(Directory)的信息。现在介绍如何用 IEHLIST 查看 VTOC 信息，作业样例如下：

```
//LISTVTOC JOB MSGCLASS=X,NOTIFY=&SYSUID
//STEP1 EXEC PGM=IEHLIST
//SYSPRINT DD SYSOUT=A
//DD2 DD UNIT=3390,VOLUME=SER=volser,DISP=SHR
//SYSIN DD *
  LISTVTOC VOL=3390=volser
/*
```

在测试中，盘卷 volser 为 TOTTSB，其 LISTVTOC 输出结果如图 3-8 所示，可以看到 VTOC 中的详细信息，包括每个数据集的信息以及盘卷的空间使用信息。

```
                                   SYSTEMS SUPPORT UTILITIES---IEHLIST
DATE: 2004.224  TIME: 15.29.27
                CONTENTS OF VTOC ON VOL TOTTSB  <THIS VOLUME IS NOT SMS MANAGEI
   THERE IS A  2 LEVEL VTOC INDEX
   DATA SETS ARE LISTED IN ALPHANUMERIC ORDER
----------------DATA SET NAME--------------- CREATED  DATE.EXP    FILE TYPE  SI
$$WF1                                        1998.175  00.000  SEQUENTIAL
$$WK1                                        1998.176  00.000  SEQUENTIAL
ADLER.MW500MAP.MDL                           2004.132  00.000  SEQUENTIAL
ALEX.DSNURCT.CNTL                            1998.148  00.000  SEQUENTIAL
ALEX.SC53.SPFLOG4.LIST                       1999.347  00.000  SEQUENTIAL
ALEX.SC61.SPFLOG3.LIST                       1998.205  00.000  SEQUENTIAL
ALEX.SC62.SPFLOG1.LIST                       1998.041  00.000  SEQUENTIAL
ALEX1.SC61.SPFLOG8.LIST                      1998.107  00.000  SEQUENTIAL
ALEX1.SC62.SPFLOG4.LIST                      1998.146  00.000  SEQUENTIAL
AMCHENG.ACTEST                               1999.082  00.000  SEQUENTIAL
AMCHENG.BRODCAST                             1999.070  00.000  SEQUENTIAL
AMCHENG.JCL                                  1999.109  00.000  SEQUENTIAL
AMCHENG.SC55.ISPF42.ISPPROF                  1999.070  00.000  PARTITIONED
ANANIA.SC67.ISPF42.ISPPROF                   2003.120  00.000  PARTITIONED
ANDRE.WASDM05.SAVECFG                        2003.199  00.000  SEQUENTIAL
ANDREW.SC62.ISPF42.ISPPROF                   2002.268  00.000  PARTITIONED
ANGELO.DEVRXCFD.LIST                         1999.126  00.000  SEQUENTIAL
ATTID8.BRODCAST                              2000.250  00.000  SEQUENTIAL
WTSCPLX1.SC69.TRACE                          1999.309  00.000  SEQUENTIAL      R
YCJRES4.DWW.ISPFILE                          2002.077  00.000  PARTITIONED     R
YYY.DBCSLCS.LOCAL.SIDLLMD0                   1999.123  00.000  PARTITIONED
ZOSR05.SEQ.Z05RD1.ETC                        2004.191  00.000  SEQUENTIAL
 THERE ARE   123 EMPTY CYLINDERS PLUS  1475  EMPTY TRACKS ON THIS VOLUME
 THERE ARE    3710 BLANK DSCBS IN THE VTOC ON THIS VOLUME
 THERE ARE    596 UNALLOCATED VIRS IN  THE INDEX
****************************** BOTTOM OF DATA ******************************
```

图 3-8 LISTVTOC 输出结果

3.5.2 IDCAMS 实用工具

用户可以使用访问方法服务(Access Method Service，AMS)来定义和维护目录。AMS 也可以用来定义和维护 VSAM 和 non-VSAM 数据集。IDCAMS 是实现 AMS 服务的实用程序，其详细用法请参考 IBM 红皮书 *z/OS DFSMS Access Method Services for Catalogs*。

上文介绍的目录基本管理和目录高级管理都使用了 IDCAMS 这个实用程序。表 3-4 所示列出了 IDCAMS 的常用命令及其功能。

表 3-4 IDCAMS 命令及其功能

命令	功能
ALLOCATE	新建 VSAM 和非 VSAM 数据集
ALTER	更改已经创建的数据集、目录、磁带库条目和磁带卷条目的属性
BLDINDEX	为已存在的数据集建立多个预备(Alternate)索引
CREATE	创建磁带库条目和磁带卷条目
DEFINE	定义以下对象： ALIAS，为非 VSAM 数据集或目录定义一个别名； ALTERNATEINDEX，定义一个预备索引； CLUSTER，定义一个 ESDS，KSDS，LDS 或 RRDS 数据集； GENERATIONDATAGROUP，为世代数据集定义一条目录条目； NONVSAM，为非 VSAM 数据集定义一条目录条目； PAGESPACE，为 Page Space 数据集定义条目； PATH，为一个基本 Cluster 或预备索引和它相关的基本 Cluster 定义路径目录； USERCATALOG/MASTERCATALOG，定义一个用户目录/主目录
DELETE	删除目录、VSAM 数据集和非 VSAM 数据集
DIAGNOSE	扫描一个基本目录结构(BCS)或一个 VSAM 卷数据集(VVDS)来确保数据结构准确，发现数据集信息不一致问题
EXAMINE	分析和报告 KSDS 中索引和数据部分的结构不一致
EXPORT	断开用户目录，导出 VSAM 数据集和目录
EXPORT DISCONNECT	断开一个用户目录
IMPORT	连接用户目录，导入 VSAM 数据集和目录
IMPORT CONNECT	连接一个用户目录或一个卷目录
PRINT	打印 VSAM 数据集、非 VSAM 数据集和目录内容
REPRO	可以完成以下功能： 拷贝 VSAM 或非 VSAM 数据集、用户目录、主目录和卷目录； 在两个目录间分离目录条目； 合并目录条目至另一个用户目录或主目录； 从一个卷目录上合并磁带库目录条目到另一个卷目录中

3.6 目录管理案例

有时用户有这样的需求：需要在主机的两个 LPAR 上都使用 DB2，为了安装和管理方便，用户决定选择只安装一套 DB2 的安装库，让这两个 LPAR 都能访问到该安装库，然后按照具体的需求裁剪配置每个 LPAR 上的 DB2 系统。这样，用户只需要安装一次，配置两次就可以在两个 LPAR 中使用 DB2。如何让这两个 LPAR 都能够访问到 DB2 的安装库呢？系统管理员需要按照下面的三个步骤搭建环境。

(1) 在系统 A 中建立用户目录和别名，索引 DB2 数据集。

(2) 使磁盘在多系统中共享。本例则需把相应的磁盘在系统 A 和系统 B 中共享。

(3) 在系统 B 中连接步骤(1)的用户目录并定义别名，共享系统 A 的 DB2 数据集。

下面详细介绍这三个步骤。

3.6.1　建立用户目录和别名

在系统 A 上安装 DB2,需要为这些 DB2 的数据集定义专门的用户目录,这样做不但利于系统管理,也利于日后的维护工作。假设用户要安装的 DB2 版本为 V8,可以定义这些数据集的 HLQ 为 DSN810。因此,用户目录的别名也应该为 DSN810。需要注意的是,用户目录最好与 DB2 安装库放在同一个盘卷上,这样做能简化磁盘共享的工作。本例中,假设 DB2 的安装库和用户目录都放在 VOLDB2 盘卷上。

[**步骤 1**]　定义一个用户目录

```
//DEFCATA JOB ,'USER',NOTIFY=&SYSUID
//STEP1 EXEC PGM=IDCAMS
//SYSPRINT DD SYSOUT=*
//SYSIN DD *
      DEFINE USERCATALOG -
       (NAME (CAT.UCAT.DB2) -
      CYLINDER (15, 5) -
      VOLUMES (VOLDB2))
/*
```

[**步骤 2**]　需要为这个用户目录关联一个别名“DSN810”

```
//DEFALIAS JOB ,'USER',NOTIFY=&SYSUID
//STEP1 EXEC PGM=IDCAMS
//SYSPRINT DD SYSOUT=*
//SYSIN DD *
     DEFINE ALIAS -
      (NAME (DSN810) -
     RELATE (CAT.UCAT.DB2)) -
     CATALOG (CAT.MCAT.LAPR1)
/*
```

最终,所有 DB2 的数据集(DSN810. **)索引信息都会存储在 CAT.UCAT.DB2 中。

3.6.2　磁盘在多系统中共享

本例中,需要将 DB2 安装库和用户目录 CAT.UCAT.DB2 所在的卷 VOLDB2 在两个系统中共享,以便两个系统都能够访问到它。为了完成这个任务,需要知道 VOLDB2 所对应的地址,用户可以在系统 A 中执行如下系统命令获得:

```
/d u,vol= VOLDB2
```

命令输出示范如下:

```
RESPONSE=CPAC
 IEE457I 20.17.01 UNIT STATUS 767
 UNIT TYPE STATUS        VOLSER     VOLSTATE
 1300 3390 A            VOLDB2     PRIV/RSDNT
```

可以看出盘卷 VOLDB2 的地址为 1300。

接着,需要在系统 B 中共享该盘卷。系统管理员登录到系统 B,发出以下命令来加载 1300 设备:

```
/v 1300,online
```

这时,系统的盘卷共享示意如图 3-9 所示。

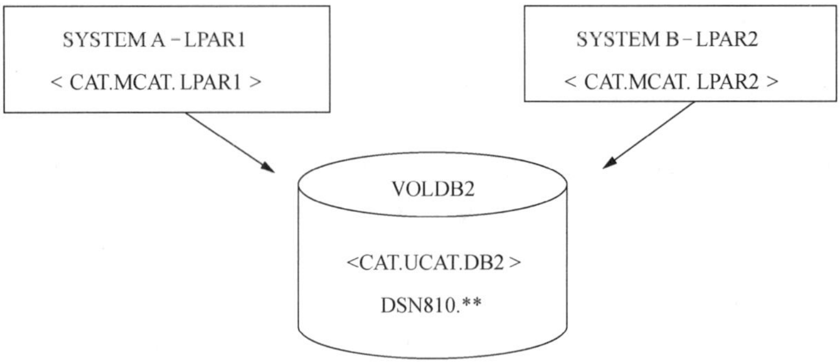

图 3-9　系统的盘卷共享示意

3.6.3　连接目录并定义别名

本例中，共享盘卷后，用户可以通过指定卷名在系统 B 中访问到 DB2 的安装库。为了让系统 B 能够通过目录访问 DB2 的安装库，还需要将 DB2 用户目录连接至系统 B 的主目录并定义别名。作业样例如下：

```
//IMPCON JOB ,'USER',NOTIFY=&SYSUID
//IMPRTCON EXEC PGM=IDCAMS
//SYSPRINT DD SYSOUT=*
//SYSIN DD *
     IMPORT CONNECT -
     OBJECTS ((CAT.UCAT.DB2) -
     DEVICETYPE (3390) -
     VOLUMES (VOLDB2)) -
     CATALOG (CAT.MCAT.LPAR2)

     DEFINE ALIAS -
           (NAME (DSN810) -
          RELATE (CAT.UCAT.DB2)) -
          CATALOG (CAT.MCAT.LPAR2)
/*
```

这样，两个系统都可以通过用户目录访问到 DB2 的安装库，如图 3-10 所示。

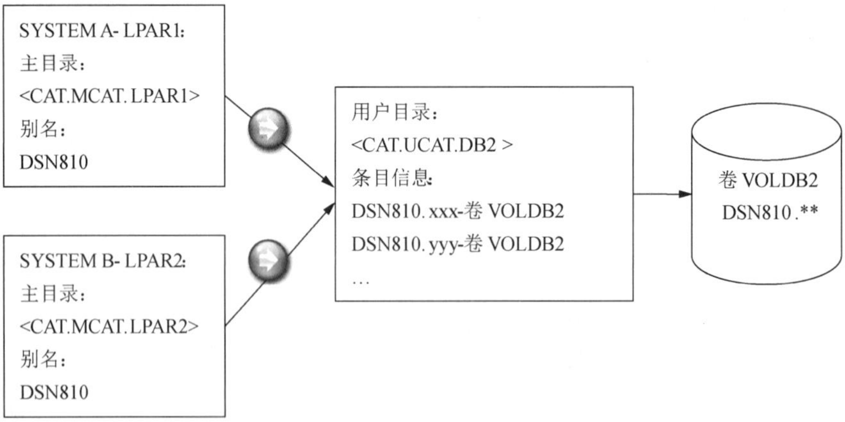

图 3-10　两个系统的用户目录示意

通过以上三个步骤完成了盘卷和目录共享，系统 A 和系统 B 就能够很方便地共享同一份 DB2 的安装库了。

第 4 章　批处理作业管理(JES)

大型主机上很多任务都是通过批处理作业来完成的，正确高效地管理批处理作业对主机来说非常关键，也是主机系统管理员必须掌握的技能。

4.1　批处理的由来

“批处理作业”这个术语源于运行一个或者多个程序时使用穿孔卡片来引导计算机的时代，当时多个作业的多张卡片通常会叠加集中在读卡机的入口处，然后以批量的形式来执行。穿孔卡片是一个历史性的词条了，它是赫尔曼·霍尔瑞斯(Herman Hollerith, 1860—1929)在 1890 年发明的，他当时是美国人口统计局的统计学家，为了帮助 1890 年美国人口普查结果制表，霍尔瑞斯设计了一种有 80 列 12 行的纸片卡，纸片卡大小和当时的 1 美元钞票尺寸一样，他在卡片上合适的行列交汇处打孔来代表一系列的数值。同时，霍尔瑞斯设计了一种电动机械装置来“读”卡片上的洞，由计算设备将这些电子信号结果分类整理并且制成表。霍尔瑞斯后来组建了计算制表记录公司，它正是 IBM 的前身。

如今，那些可以无须终端用户交互而运行或者可以在资源允许的情况下按预定计划执行的作业，都被称为批处理作业。例如，一个读入某大文件并且从中生成报告的程序就被认为是一个批处理作业。

在 Unix 系统中，并没有 z/OS 系统中批处理的对应物。批处理是那些需要频繁执行并且需要最少的人机交互的程序。它们通常是按照预定的时间或者基于具体需要来执行的。可能最相近的类比就是 Unix 中由 AT 或者 CRON 指令执行的过程，当然它们之间的不同是显而易见的。

为了能够处理一个批处理作业，z/OS 专业操作人员使用作业控制语言(Job Control Language，JCL)来告诉 z/OS 系统哪些程序需要被执行，执行这些程序需要哪些文件。JCL 允许用户向 z/OS 系统描述一个批处理作业的某些属性，具体如下：

- 批处理作业的编写者是谁。
- 哪个程序将被执行。
- 输入、输出数据集信息(名称、位置等)。
- 作业何时运行。

用户向系统提交作业后，正常情况下不会再有人机交互，直至作业完成。

4.2 JES 详述

z/OS 系统使用一个作业输入子系统（Job Entry Subsystem,JES)接收作业，调度它们在 z/OS 系统中的处理过程，并且控制它们的输出处理。JES 是操作系统的一个组件，它提供了作业管理、数据管理和任务管理等功能，例如调度、控制作业流程、在辅助存储设备读写输入输出流等。

JES 在作业调用的程序运行前进行各种运行预备工作，在程序运行后，JES 也会活跃起来，以帮助执行后期的输出打印工作和作业清理工作。更为明确的是，JES 管理着输入、输出作业队列和输入、输出数据。总结一下，JES 的功能如下。

(1) 接收作业。

(2) 调度作业并交付 z/OS 来运行。

(3) 控制作业的输出处理。

z/OS 有两个 JES 版本：JES2 和 JES3。JES2 是目前普遍使用的，也是本书讲解的重点。JES2 和 JES3 有很多功能和特性，它们最基本的功能如下。

(1) 接收以各种方式提交的作业。

- 以 SUBMIT 命令通过 ISPF 提交。
- 通过网络提交。
- 通过正在运行的程序提交，该程序可以通过 JES 内部阅读器提交其他作业。
- 通过读卡器提交(不常用)。

(2) 将等待执行的作业放入队列中，可以为不同的目的定义多个队列。

(3) 将作业排队，等待启动程序(Initiator)处理，启动程序是一个系统程序，它接收相应队列中的下一个作业。

(4) 把作业运行的输出放入相应队列。

(5) 把输出结果发送到打印机，或者把它保存到 SPOOL 以便用户检索。

批处理作业的基本流程如图 4-1 所示。SPOOL 是一个或者多个磁盘数据集，为 JES 提

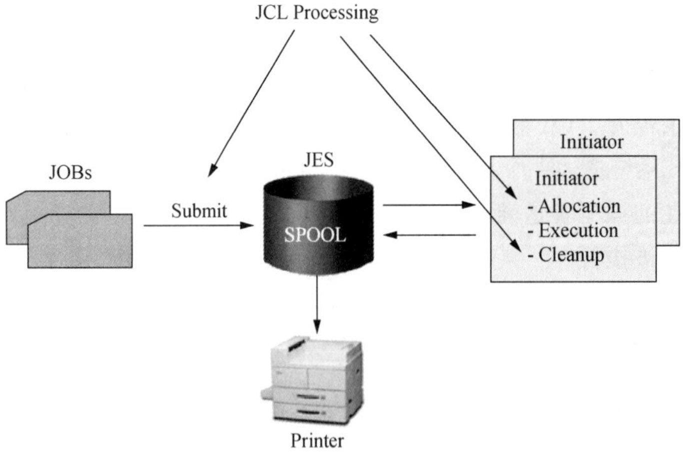

图 4-1 批处理作业基本流程

供工作空间。JES 会把多个 SPOOL 数据集(如果存在)合并到一个单一的概念性的数据集中去。SPOOL 内部格式不是标准的访问方法格式,也不会被应用程序直接读写。输入的作业和来自许多作业的输出结果被存储在单一的 SPOOL 数据集中。在一个小的 z/OS 系统中,SPOOL 数据集可能占据几百个柱面的磁盘空间;在一个大的系统中,它可能是磁盘空间中许多完整的卷。

4.2.1　JCL 介绍

z/OS 应用程序员有时需要为没有专业技术的用户开发一个程序,该程序需要读取、写入文件并且具有生成打印报告的功能。这个程序将会在 z/OS 上以批处理作业的形式运行。用户基于 JCL 语言来编写批处理作业。通过 JCL,用户可以指定如下内容。

(1) 用户是谁(由于安全原因,非常重要)。

(2) 程序运行时需要什么样的资源(程序、数据集和内存)和服务。

为了完成作业,需要对操作系统提出以下要求。

(1) 将 JCL 转化成描述所需资源的控制块。

(2) 分配所需资源(程序、内存和数据集)。

(3) 适时地调度执行。

(4) 程序执行完毕释放资源。

在 z/OS 中,完成以上任务的是 JES 和启动程序(Initiator)。

4.2.2　Initiator 介绍

为了异步运行多个作业,系统必须能够执行以下功能:

- 从输入队列中选择作业。
- 确保多个作业不会在数据集使用上冲突(包括 TSO 用户和其他交互的应用程序)。
- 确保单用户设备比如磁带设备被正确分配。
- 为作业找到其所请求的可执行程序。
- 在作业运行完毕后完成清理工作并处理下一个作业。

上述大部分工作是基于每个作业的 JCL 信息由启动程序(Initiator)来完成。Initiator 是 z/OS 中一个完整的部分,它可以读取、解析并且执行 JCL 语言。通常情况下,它运行在多个地址空间中,一个 Initiator 对应一个地址空间。和 JES 处理作业的输入输出不同,Initiator 真正地管理批处理作业的运行,在一个 Initiator 的地址空间中一次只能运行一个作业。如果有 10 个 Initiator 同时活动(对应 10 个地址空间),那么,10 个批处理作业就可以同时运行。JES 也作一些 JCL 处理,但是由 Initiator 来完成关键的作业功能。Initiator 为作业提供一个独立的运行环境,并且可以与其他的 Initiator 共享系统资源。

当一个作业被提交时,JES 会把它送入一个合适的等待队列,直到有空闲的 Initiator 时它将可能被唤醒。空闲的 Initiator 会浏览等待队列,选择有与其作业卡类(JOB CARD CLASS)相匹配的作业调度执行。Initiator 将会把这个作业从等待队列中取出,将其放入执行程序队列,为其分配资源,以便程序在 Initiator 的约束条件范围内可被执行。在 Initiator 上可以设置的约束包括优先级、作业最大运行时间等。

Initiator 最复杂的功能是保证数据集使用不会造成冲突。例如，两个作业要同时写入同一个数据集(或者当一个写入的同时另一个读取)，这就是一个冲突。通常会导致坏数据的产生。防止数据集冲突对 z/OS 系统非常关键，也是操作系统的标志性的特征。当 JCL 构造合理时，会自动防止冲突。例如，如果作业 A 和作业 B 必须同时写入一个特定数据集，系统(通过启动程序)不会允许两个作业同时运行。无论哪个作业先运行都会将另一个作业的启动程序设置为等待，直到第一个作业运行完毕。

4.2.3 JES 作业管理流程

下面详细介绍一个作业是如何被 JES2 和 Initiator 共同处理的。

在一个作业的生命周期中，JES2 和 z/OS 的基本控制程序(Basic Control Program, BCP)掌握着作业处理过程的不同阶段。作业队列包含了等待运行的作业、当前正在运行的作业、等待输出生成的作业、输出正在生成的作业和等待被清除出系统的作业。

总体来说，一个作业的生命周期需要经历输入(INPUT)、转化(CONVERSION)、处理(EXECUTE)、输出(OUTPUT)、硬拷贝(HARDCOPY)和清除(PURGE)几个阶段。

在批处理作业过程中，有许多的检查点(Checkpoint)会出现。检查点是在处理过程中的一个点，这个点上记录着系统和作业的状态信息，这些信息放在一个叫检查点数据集的文件中。检查点可以让作业在某种错误异常终止后，重新开始运行。图 4-2 显示了一个作业在批处理过程中的不同阶段。

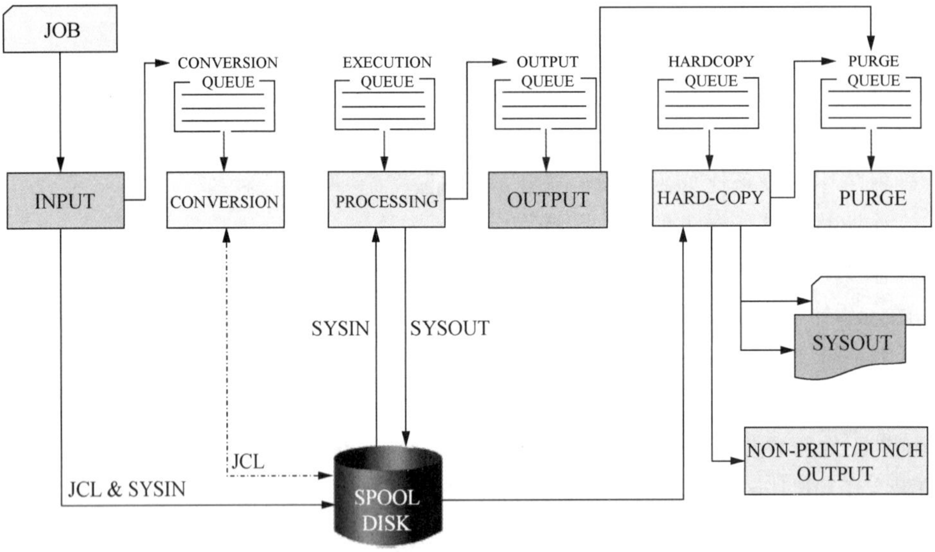

图 4-2　作业在批处理过程中的不同阶段

1. 输入阶段

JES2 以输入流的方式，在输入设备中通过内部阅读器从其他程序或者从作业入口网络的其他节点来接收作业。内部阅读器是一个可以被其他程序调用，向 JES2 提交作业、控制语句和命令的程序。任何一个运行在 z/OS 中的作业可以使用内部阅读器来向 JES2 传送一个输入流，JES2 可以通过多个内部阅读器同时接收多个作业，系统程序员定义了内部阅读器程序可用于处理除启动任务(STC)和 TSO 请求之外的所有批处理作业。

JES2 读取输入流，为每一个 JCL 作业分配一个作业标识符。JES2 将作业的 JCL、可选择的 JES2 控制语句和 SYSIN 数据放入 SPOOL 数据集中。之后，JES2 将从 SPOOL 数据集中选择作业进行处理。

2. 转化阶段

JES2 使用一个转化程序来分析作业的 JCL 语句。这个转化程序接收作业的 JCL，并与过程库的 JCL 进行合并。过程库可以通过 JCLLIB 语句来定义，或者系统/用户过程库可以在 JES2 启动过程中的 PROCxx DD 语句中声明。然后，JES2 将组合好的 JCL 转换成 JES2 和 Initiator 都可以识别的目标代码。接着，JES2 将这些目标代码存储在 SPOOL 数据集。如果 JES2 检测到任何 JCL 错误，它会发送消息，作业就会被送到输出处理队列而并不被执行。如果没有错误，JES2 就会将这个作业放入执行队列中去。

3. 处理阶段

在处理阶段，JES2 从等待运行的作业队列中选择作业，发送到启动程序，它是 z/OS 的系统程序，但是被 JES 或 z/OS 系统中的工作负载管理(Workload Management, WLM)组件控制，它启动作业，分配所需资源，允许该作业与正在运行的作业进行竞争。

JES2 启动程序由操作员启动，或者当系统初始化的时候由 JES2 自动启动。它通过 JES2 初始化语句来定义。为了更有效地利用可使用的系统资源，系统会将每一个启动程序与一个或多个作业类相关联。在遵从作业优先级情况下，启动程序选择那些作业类与其分配类相匹配的作业来运行。

WLM 启动程序将根据性能目标、批处理作业负载的重要性以及系统处理更多作业的能力由系统来自动启动。启动程序基于作业的服务类和它们被指定的执行顺序选择作业。作业通过 JOBCLASS JES2 初始化语句传输到 WLM 启动程序。

4. 输出阶段

JES2 控制所有的 SYSOUT 处理。SYSOUT 是系统产生的输出，也就是一个作业产生的所有输出。该输出包含了必须被打印的系统信息、用户要求的必须被打印或者打孔的数据集。作业结束后，JES2 通过输出类和设备设置要求来分析作业输出的特征，将有相似特征的数据集归为一组。JES2 将输出放入队列，进行打印或者打孔处理。

5. 硬拷贝阶段

JES2 通过输出类、通道代码、优先级和其他标准选择输出进行处理。输出队列包含将要本地处理或者远程处理的输出。为一个特定的作业处理了所有的输出后，JES2 将把作业放入清除队列中。

6. 清除阶段

当一个作业所有的处理过程完成后，JES2 会释放分配给作业的 SPOOL 空间，使得空间可以分配给后续的作业使用。之后，JES2 向操作者发送一个消息，表明作业已经从系统中清除。

4.2.4　JES2 与 JES3 比较

前面提到过，IBM 提供了两种作业输入子系统 JES2 和 JES3，相比而言，JES2 使用得更为广泛。JES2 和 JES3 有相似的功能：它们读入作业，将其转化成内部机器可识别的形式，选择作业进行处理，处理作业的输出，并从系统中清除作业。

在只有一个处理器的主机装置中，JES3 为系统用户提供了磁带设置、依赖性作业控制和最终期限安排，而 JES2 则要求用户通过其他方法来管理这些行为。在多处理器配置的装置中，二者有显著的不同。JES3 通过一个单一的全局 JES3 处理器来集中控制所有的处理功能，这个全局处理器为所有其他 JES3 系统提供作业选择、调度以及设备分配等功能。而 JES2 则独立控制作业处理功能，每一个 JES2 处理器控制其自身的作业输入、作业调度和作业输出处理。在一个 SYSPLEX 中，可以配置 JES2 与其他 JES2 系统来分享 SPOOL 和检查点数据集，这种配置称为多通道 SPOOL(Multi-Access SPOOL，MAS)。

4.3 JES 命令

JES 提供命令管理作业处理的各个阶段。JES 的命令大致可以分为三类。

(1) 作业控制命令

JES 提供了以下命令来控制在其中运行的作业。

- $C，$A：删除(Cancel)、释放(Release)作业。
- $D：显示各种队列中的作业，如 $D N，$D Q，$D O 命令等。
- $H，$E：用于挂起作业和重新排队作业。
- $L：显示作业的挂起的(Held)和没有挂起的(Non-held)输出信息。
- $O：用于释放或取消“挂起输出(Held Output)”组中的作业。
- $P：用于删除作业。
- $T：改变作业属性和 JES 系统的相关参数，如作业的运行级别 CLASS、作业的优先级 PRTY、改变 Initiator 的某些选项等。
- $R：用于指定作业的输出，引导到指定的设备上。

(2) 设备控制命令

对于设备，JES 也提供了很多命令对其进行操作，下面以打印机为例看一看相关的命令有哪些。

- $F，$B，$N：将打印机信息按要求跳过、返回、重复打印。
- $C：终止打印。
- $D：查看打印机状态，如打印信息的总长度及剩余长度。
- $I，$Z，$E：中断、暂停(挂起)、重新排队(再启动)打印的功能。

打印机操作命令示例如下：

```
$F PRT1,N     使打印机前进 N 页
$B PRT1,D     使打印机回到开始处（即重新打印）
$B PRT1,N     使打印机回退 N 页
$B PRT1,C     使打印机回退到 Checkpoint 处
$I PRT1       中断打印机
$N PRT1       恢复打印机，继续打印
$E PRT1       停止打印机，将本次打印返回到输出队列
```

(3) 系统控制命令

用于控制系统的命令如下。

- ＄D:用于显示系统的有关信息,如启动程序 Initiator,SPOOL 等。
- ＄L,＄S,＄E,＄P:用于显示,启动,停止,重启子系统或有关的系统任务。
- ＄T A,＄S A,＄Z A,＄C A:用于定义,启动,暂停和删除自动命令。
- ＄T:用于建立或设置系统有关的设备(如打印机)参数及控制台的显示方式等。
- ＄Z:用于挂起(暂停)系统任务等。

JES 命令有很多,下文将详细介绍一些常见的命令的使用。

4.3.1　JES 环境配置

JES 的环境配置非常复杂,通过配置文件对 JES 环境进行配置,配置生效后,可以通过 JES 命令"＄D ..."查看 JES 环境配置,也可以通过 JES 命令"＄T ..."动态修改 JES 环境配置。不过,这些动态修改在 JES 运行时有效;一旦 JES 重启,立即失效。因此,如果想要永久更改 JES 环境配置,就要修改具体的配置文件。一般情况下,配置文件是"SYS1.PARMLIB(JES2PARM)",不同系统会有差异。

下面仅以几个 JES 命令示例来简略说明如何配置和更改 JES 环境。这些配置涉及很多方面,以下所有配置都可以通过＄T 命令动态地更改。

(1) Checkpoint 的配置

通过＄D CKPTDEF 可以查阅 Checkpoint 数据集的配置:

```
$D CKPTDEF

$HASP829 CKPTDEF 450
$HASP829 CKPTDEF  CKPT1= (DSNAME=SYS1.TESTMVS.HASPCKPT,
$HASP829          VOLSER=DMTCAT,INUSE=YES,VOLATILE=NO) ,
$HASP829          CKPT2= (DSNAME=SYS1.TESTMVS.HASPCKP2,
$HASP829          VOLSER=DMTCAT,INUSE=YES,VOLATILE=NO) ,
$HASP829          NEWCKPT1= (DSNAME=,VOLSER=) ,
$HASP829          NEWCKPT2= (DSNAME=,VOLSER=) ,
$HASP829          MODE=DUPLEX,DUPLEX=ON,LOGSIZE=9,
$HASP829          VERSIONS= (STATUS=ACTIVE,NUMBER=17,
$HASP829          WARN=80,MAXFAIL=0,NUMFAIL=0,
$HASP829          VERSFREE=17,MAXUSED=2) ,RECONFIG=NO,
$HASP829          VOLATILE= (ONECKPT=WTOR,ALLCKPT=WTOR) ,
$HASP829          OPVERIFY=YES
```

(2) Console 通信特性配置

通过＄D CONDEF 进行查阅:

```
$D CONDEF

$HASP830 CONDEF 453
$HASP830 CONDEF  AUTOCMD=20,CONCHAR=$,BUFNUM=201,
$HASP830         CMDNUM=200,BUFFREE=201,BUFWARN=80,
$HASP830         MASMSG=200,RDIRAREA=Z,RDRCHAR=$,
$HASP830         SCOPE=SYSTEM,DISPLEN=56,DISPMAX=100
```

(3) Destination 的配置

通过＄D DESTDEF 进行查阅:

```
$D DESTDEF

$HASP812 DESTDEF 455
```

```
$HASP812 DESTDEF  LOCALNUM=32767,NDEST=NODE,
$HASP812          NODENAME=OPTIONAL,RDEST=REMOTE,
$HASP812          RMDEST=REMOTE,RMTDEST=REMOTE,
$HASP812          UDEST=SPLOCAL,SHOWUSER=NOLOCAL
```

(4) Initiator 的配置

通过＄D INITDEF 进行查阅：

```
$D INITDEF
$HASP468 INITDEF  PARTNUM=20
```

(5) 作业特性的配置

通过＄D 和＄T 命令更改作业配置举例。

［步骤 1］ 显示 JES JOBDEF 的配置，结果表明现在系统中的作业队列最大容纳 5 000 个作业

```
$D JOBDEF
$HASP835 JOBDEF 636
$HASP835 JOBDEF  ACCTFLD=OPTIONAL,BAD_JOBNAME_CHAR=?,
$HASP835         CNVT_ENQ=FAIL,JCLERR=NO,JNUMBASE=2758,
$HASP835         JNUMFREE=9792,JNUMWARN=80,JOBFREE=4793,
$HASP835         JOBNUM=5000,JOBWARN=80,PRTYHIGH=10,
$HASP835         PRTYJECL=YES,PRTYJOB=NO,PRTYLOW=5,
$HASP835         PRTYRATE=0,RANGE=（1,9999）,RASSIGN=YES,
$HASP835         DUPL_JOB=DELAY
```

［步骤 2］ 更改 JES JOBDEF 的配置，扩充作业队列的最大作业数目到 6 000

```
$T JOBDEF,JOBNUM=6000
$HASP835 JOBDEF 638
$HASP835 JOBDEF  ACCTFLD=OPTIONAL,BAD_JOBNAME_CHAR=?,
$HASP835         CNVT_ENQ=FAIL,JCLERR=NO,JNUMBASE=2758,
$HASP835         JNUMFREE=9792,JNUMWARN=80,JOBFREE=5793,
$HASP835         JOBNUM=6000,JOBWARN=80,PRTYHIGH=10,
$HASP835         PRTYJECL=YES,PRTYJOB=NO,PRTYLOW=5,
$HASP835         PRTYRATE=0,RANGE=（1,9999）,RASSIGN=YES,
$HASP835         DUPL_JOB=DELAY
```

(6) MAS(Multi-accessing SPOOL)环境的配置

通过＄D MASDEF 进行查阅：

```
$D MASDEF
$HASP843 MASDEF 461
$HASP843 MASDEF  OWNMEMB=MVST,AUTOEMEM=OFF,
$HASP843         CKPTLOCK=INFORM,COLDTIME=（2009.133,
$HASP843         15:16:46）,COLDVRSN=z/OS 1.8,
$HASP843         DORMANCY=（0,1000）,HOLD=0,LOCKOUT=1000,
$HASP843         RESTART=YES,SHARED=CHECK,SYNCTOL=120,
$HASP843         XCFGRPNM=TSTMVS01,QREBUILD=0
```

(7) NJE(Network Job Entry)的配置

通过＄D NJEDEF 进行查阅：

```
$D NJEDEF
$HASP831 NJEDEF 463
$HASP831 NJEDEF  OWNNAME=TSTMVS01,OWNNODE=1,DELAY=120,
$HASP831         HDRBUF=（LIMIT=13,WARN=80,FREE=13）,
$HASP831         JRNUM=2,JTNUM=2,SRNUM=2,STNUM=2,
$HASP831         LINENUM=4,MAILMSG=NO,MAXHOP=0,
$HASP831         NODENUM=500,PATH=1,RESTMAX=262136000,
$HASP831         RESTNODE=100,RESTTOL=0,TIMETOL=1440
```

(8) OUTPUT 的定义

通过＄D OUTDEF 进行查阅：

```
$D OUTDEF
$HASP836 OUTDEF 465
$HASP836 OUTDEF  BRODCAST=NO,COPIES=255,DMNDSET=NO,
$HASP836        JOENUM=5000,JOEFREE=4813,JOEWARN=80,
$HASP836        OUTTIME=CREATE,PRTYLOW=0,PRTYHIGH=255,
$HASP836        PRTYOUT=NO,PRYORATE=0,SEGLIM=100,
$HASP836        STDFORM=STD,USERSET=NO
```

(9) 打印设备的配置

通过＄D PRINTDEF 查阅打印设备的配置：

```
$D PRINTDEF
$HASP833 PRINTDEF 467
$HASP833 PRINTDEF  CCWNUM=50,LINECT=61,NEWPAGE=ALL,
$HASP833           NIFCB=****,NIFLASH=****,NIUCS=GF10,
$HASP833           FCB=6,TRANS=YES,UCS=0,DBLBUFR=YES,
$HASP833           RDBLBUFR=NO,SEPPAGE=(LOCAL=DOUBLE,
$HASP833           REMOTE=HALF)
```

(10) 打卡设备的配置

通过＄D PUNCHDEF 查阅打卡设备的配置：

```
$D PUNCHDEF
$HASP847 PUNCHDEF  CCWNUM=50,DBLBUFR=NO,RDBLBUFR=NO
```

(11) SMF 缓冲区的配置

通过＄D SMFDEF 进行查阅：

```
$D SMFDEF
$HASP841 SMFDEF  BUFNUM=22,BUFFREE=22,BUFWARN=80
```

(12) SPOOL 的定义

通过＄D SPOOLDEF 进行查阅：

```
$D SPOOLDEF
$HASP844 SPOOLDEF 473
$HASP844 SPOOLDEF  BUFSIZE=3992,DSNAME=SYS1.HASPACE,
$HASP844           FENCE=(ACTIVE=NO,VOLUMES=1),
$HASP844           GCRATE=NORMAL,LASTSVAL=(2009.133,
$HASP844           15:16:46),LARGEDS=FAIL,SPOOLNUM=32,
$HASP844           TGSIZE=30,TGSPACE=(MAX=32576,
$HASP844           DEFINED=32000,ACTIVE=32000,
$HASP844           PERCENT=3.9812,FREE=30726,WARN=80),
$HASP844           TRKCELL=3,VOLUME=SPOOL
```

(13) OUTPUT 类(输出类)的定义

通过＄D OUTCLASS(＊)查阅所有的输入类定义：

```
$D OUTCLASS(*)
$HASP842 OUTCLASS(A) 475
$HASP842 OUTCLASS(A)  OUTPUT=PRINT,BLNKTRNC=YES,
$HASP842             OUTDISP=(WRITE,WRITE),TRKCELL=YES
$HASP842 OUTCLASS(B) 476
$HASP842 OUTCLASS(B)  OUTPUT=PUNCH,BLNKTRNC=YES,
$HASP842             OUTDISP=(WRITE,WRITE),TRKCELL=NO
........ ........ ........ ........ ........ ........
$HASP842 OUTCLASS(H) 482
$HASP842 OUTCLASS(H)  OUTPUT=PRINT,BLNKTRNC=YES,
```

```
$HASP842           OUTDISP=(HOLD,HOLD),TRKCELL=NO
$HASP842 OUTCLASS(I) 483
$HASP842 OUTCLASS(I)  OUTPUT=PRINT,BLNKTRNC=YES,
$HASP842           OUTDISP=(WRITE,WRITE),TRKCELL=YES
……  ……  ……  ……  ……  ……
```

(14) 作业类的定义

通过 $ D JOBCLASS(*)查阅所有的作业类定义:

```
$D JOBCLASS(*)
$HASP837 JOBCLASS(A) 512
$HASP837 JOBCLASS(A)      MODE=JES,QAFF=(ANY),
$HASP837                QHELD=NO,SCHENV=,
$HASP837                XEQCOUNT=(MAXIMUM=*,
$HASP837                CURRENT=0),
$HASP837                XEQMEMBER(MVST)=(MAXIMUM=*,
$HASP837                CURRENT=0)
$HASP837 JOBCLASS(B) 513
$HASP837 JOBCLASS(B)      MODE=JES,QAFF=(ANY),
$HASP837                QHELD=NO,SCHENV=,
$HASP837                XEQCOUNT=(MAXIMUM=*,
$HASP837                CURRENT=0),
$HASP837                XEQMEMBER(MVST)=(MAXIMUM=*,
$HASP837                CURRENT=0)
……  ……  ……  ……  ……  ……
```

(15) 当前作业优先级相关特性的定义

通过 $ D JOBPRTY 查阅作业优先级的定义:

```
$D JOBPRTY
$HASP832 JOBPRTY(1)  PRIORITY=9,TIME=2
$HASP832 JOBPRTY(2)  PRIORITY=8,TIME=5
$HASP832 JOBPRTY(3)  PRIORITY=7,TIME=15
$HASP832 JOBPRTY(4)  PRIORITY=6,TIME=279620
$HASP832 JOBPRTY(5)  PRIORITY=5,TIME=279620
$HASP832 JOBPRTY(6)  PRIORITY=4,TIME=279620
$HASP832 JOBPRTY(7)  PRIORITY=3,TIME=279620
$HASP832 JOBPRTY(8)  PRIORITY=2,TIME=279620
$HASP832 JOBPRTY(9)  PRIORITY=1,TIME=279620
```

(16) 作业输出优先级的配置

通过 $ D OUTPRTY 查阅输出优先级的定义:

```
$D OUTPRTY
$HASP848 OUTPRTY(1)  PRIORITY=144,RECORD=2000,PAGE=50
$HASP848 OUTPRTY(2)  PRIORITY=128,RECORD=5000,PAGE=100
$HASP848 OUTPRTY(3)  PRIORITY=112,RECORD=15000,PAGE=300
$HASP848 OUTPRTY(4) 551
$HASP848 OUTPRTY(4)  PRIORITY=96,RECORD=16777215,
$HASP848           PAGE=16777215
$HASP848 OUTPRTY(5) 552
$HASP848 OUTPRTY(5)  PRIORITY=80,RECORD=16777215,
$HASP848           PAGE=16777215
$HASP848 OUTPRTY(6) 553
$HASP848 OUTPRTY(6)  PRIORITY=64,RECORD=16777215,
$HASP848           PAGE=16777215
```

4.3.2 作业队列管理

作业管理是 JES 最重要的任务，除了使用 ISPF 的 SDSF 面板操作完成作业队列管理之外，还可以通过 JES 命令来完成这些任务。下面，通过以下几个命令示例来展示如何通过 JES 命令来管理作业队列。

(1) 显示 JES 中正在运行的作业

使用＄D 命令显示 JES 中正在运行的作业：

```
$D A
JOB01403 00000090 $HASP890 JOB (IMSAMSG1)  625
$HASP890 JOB (IMSAMSG1)   STATUS= (EXECUTING/MVST),CLASS=I,
$HASP890                  PRIORITY=6,SYSAFF= (ANY),
$HASP890                  HOLD= (NONE),PURGE=YES
```

(2) 显示登录系统的 TSO 用户(即系统中正在活动的 TSO 会话)

使用＄D 命令显示系统中正在活动的 TSO 会话：

```
$D A,T
TSU02770 00000090 $HASP890 JOB (TE02)  407
$HASP890 JOB (TE02)      STATUS= (EXECUTING/MVST),
$HASP890                  CLASS=TSU,PRIORITY=15,
$HASP890                  SYSAFF= (MVST),HOLD= (NONE)
```

(3) 显示系统中正在活动的启动任务

使用＄D 命令显示系统中正在活动的启动任务：

```
$D A,S
STC00002 00000090  $HASP890 JOB (SYSLOG)  409
$HASP890 JOB (SYSLOG)     STATUS= (EXECUTING/MVST),
$HASP890                  CLASS=STC,PRIORITY=15,
$HASP890                  SYSAFF= (MVST),HOLD= (NONE)
STC00032 00000090 $HASP890 JOB (RACF)  410
$HASP890 JOB (RACF)      STATUS= (EXECUTING/MVST),
$HASP890                  CLASS=STC,PRIORITY=15,
$HASP890                  SYSAFF= (MVST),HOLD= (NONE)
......   ......   ......   ......   ......   ......
```

(4) 显示某作业/某任务/某 TSO 会话的详细信息

使用＄D 命令显示某个作业编号(比如 1403)的作业信息：

```
$D J1403
JOB01403 00000090 $HASP890 JOB (IMSAMSG1)  628
$HASP890 JOB (IMSAMSG1)   STATUS= (EXECUTING/MVST),CLASS=I,
$HASP890                  PRIORITY=6,SYSAFF= (ANY),
$HASP890                  HOLD= (NONE),PURGE=YES
```

(5) 使用＄D,＄A 命令释放挂起的作业

[步骤 1]　作业以 HOLD 方式(TYPRUN＝HOLD)提交,停留在 JES 的输入队列中

```
//TE02W JOB  ACCT#,GAOZHEN,CLASS=A,MSGLEVEL= (1,1),
//      NOTIFY=TE02,TYPRUN=HOLD
//NEWF EXEC PGM=IEFBR14
// SET DSN1=TE02.SDS1
//SYSPRINT  DD SYSOUT=*
//DD1       DD DSN=&DSN1,
//          DISP= (NEW,CATLG,DELETE),
//          LRECL=80,BLKSIZE=800,RECFM=FB,
//          UNIT=3390,VOL=SER=USER01,
//          SPACE= (TRK,1)
```

[步骤 2]　该作业提交之后,使用＄D 查看作业信息

```
$D J2759
$HASP890 JOB (TE02W)  644
$HASP890 JOB (TE02W)      STATUS= (AWAITING EXECUTION),
$HASP890                  CLASS=A,PRIORITY=6,SYSAFF= (ANY),
$HASP890                  HOLD= (JOB)
```

[步骤 3] 使用＄A 命令释放该作业

```
$A J2759
$HASP890 JOB(TE02W) 658
$HASP890 JOB(TE02W)     STATUS=(AWAITING EXECUTION),
$HASP890                CLASS=A,PRIORITY=6,SYSAFF=(ANY),
$HASP890                HOLD=(NONE)
ICH70001I TE02    LAST ACCESS AT 21:50:12 ON MONDAY, NOVEMBER 2, 2009
$HASP373 TE02W    STARTED - INIT 1    - CLASS A - SYS MVST
$HASP395 TE02W    ENDED
$HASP309 INIT 1    INACTIVE ******** C=A
SE '21.51.14 JOB02760 $HASP165 TE02W   ENDED AT TSTMVS01  MAXCC=0',
LOGON,USER=(TE02)
```

(6) 使用＄L，＄O 命令释放挂起输出队列(Held Output Queue)中的作业

[步骤 1] 提交以下作业

```
//TE02W JOB CLASS=A,MSGLEVEL=(1,1),
//      NOTIFY=&SYSUID,MSGCLASS=H
//NEWF EXEC PGM=IEFBR14
// SET DSN1=TE02.SDS1
//SYSPRINT  DD SYSOUT=*
//DD1       DD DSN=&DSN1,
//         DISP=(NEW,CATLG,DELETE),
//         LRECL=80,BLKSIZE=800,RECFM=FB,
//         UNIT=3390,VOL=SER=USER01,
//         SPACE=(TRK,1)
```

[步骤 2] 查看步骤 1 提交的作业

```
$L J2762
$HASP891 OUTPUT(TE02W)     READY=NONE,HELD=(H=1)
```

[步骤 3] 释放此作业，将其从挂起输出队列中转移至输出队列中

```
$O JQ,Q=H
$HASP686 OUTPUT(TE02W)     OUTGRP=1.1.1 RELEASED
```

(7) 使用＄P 命令清除作业

＄P 命令和＄C 命令的区别是，对于正在运行的作业，＄P 将在该作业执行完之后对其清除，而＄C 将硬性中止作业并清除。

清除某个作业(如 ID 为 2599 的作业)：

```
$P J2599
JOB02599 00000090 $HASP890 JOB(TJZ0000A) 705
$HASP890 JOB(TJZ0000A)   STATUS=(AWAITING PURGE),CLASS=A,
$HASP890                PRIORITY=1,SYSAFF=(ANY),
$HASP890                HOLD=(NONE),PURGE=YES
$HASP250 TJZ0000A PURGED -- (JOB KEY WAS C506647C)
```

清除 5 d 之前的作业：

```
$P JQ,DAYS>5
```

清除 2 h 之前的作业：

```
$P JQ,HOURS>2
```

清除作业名符合一定匹配条件的作业(比如名字以 TJZ 开头的所有作业)：

```
$P JQ,JM=TJZ*
```

清除 JES 中所有的作业：

```
$P JQ,JM=*
```

(8) 使用＄C 命令终止作业

对于正在运行的作业可以直接终止其运行。但对于已经结束运行的作业，如果要使用＄C 命令来清除作业，则需要使用＄C Jxxx，PURGE 命令。

清除一个已经结束的作业：

```
$C J2621,PURGE
JOB02621 00000090 $HASP890 JOB (TJZ0012A) 837
$HASP890 JOB (TJZ0012A)  STATUS= (AWAITING PURGE) ,CLASS=A,
$HASP890                 PRIORITY=1,SYSAFF= (ANY) ,
$HASP890                 HOLD= (NONE) ,PURGE=YES,CANCEL=YES
$HASP250 TJZ0012A PURGED -- (JOB KEY WAS C5066B64)
```

终止一个 TSO 会话：

```
$C T2753
$HASP890 JOB (TE02) 790
$HASP890 JOB (TE02)     STATUS= (EXECUTING/MVST) ,
$HASP890                CLASS=TSU,PRIORITY=15,
$HASP890                SYSAFF= (MVST) ,HOLD= (NONE) ,
$HASP890                PURGE=YES,CANCEL=YES
CANCEL U=TE02,A=00A7
IEE301I TE02            CANCEL COMMAND ACCEPTED
IEA989I SLIP TRAP ID=X222 MATCHED.  JOBNAME=TE02    , ASID=00A7.
IEA989I SLIP TRAP ID=X13E MATCHED.  JOBNAME=TE02    , ASID=00A7.
IEA989I SLIP TRAP ID=X13E MATCHED.  JOBNAME=TE02    , ASID=00A7.
IEA989I SLIP TRAP ID=X13E MATCHED.  JOBNAME=TE02    , ASID=00A7.
IEA631I  OPERATOR TE02    NOW INACTIVE, SYSTEM=TESTMVS , LU=TCP00027
IEF450I TE02 DBAUSER DBAUSER - ABEND=S222 U0000 REASON=00000000
$HASP395 TE02    ENDED
$HASP250 TE02 PURGED -- (JOB KEY WAS C506F22B)
```

4.3.3　INIT 操作

JES 可以通过＄D，＄Z，＄S 命令管理启动程序(Initiator，INIT)，下面通过具体示例来说明如何使用这些命令显示、暂停以及重新启动 INIT。

显示系统中 INIT 状态：

```
$D INIT
$HASP892 INIT (1) 874
$HASP892 INIT (1)   STATUS=INACTIVE,CLASS=A,NAME=1,
$HASP892            ASID=002A
$HASP892 INIT (2) 875
$HASP892 INIT (2)   STATUS=INACTIVE,CLASS=BA,NAME=2,
$HASP892            ASID=002B
…………  …………  …………  …………
$HASP892 INIT (8) 881
$HASP892 INIT (8)   STATUS=INACTIVE,CLASS=DCBA,NAME=8,
$HASP892            ASID=0031
$HASP892 INIT (9) 882
$HASP892 INIT (9)   STATUS=ACTIVE,CLASS=I,NAME=9,
$HASP892            ASID=0032,JOBID=JOB01403
$HASP892 INIT (10) 883
$HASP892 INIT (10)  STATUS=INACTIVE,CLASS=I,NAME=10,
$HASP892            ASID=0033
```

暂停 INIT 1：

```
$Z INIT1
$HASP892 INIT (1)  895
$HASP892 INIT (1)    STATUS=HALTED,CLASS=A,NAME=1,
$HASP892             ASID=002A
```

重新启动 INIT 1：

```
$S INIT1
$HASP892 INIT (1)  897
$HASP892 INIT (1)    STATUS=INACTIVE,CLASS=A,NAME=1,
$HASP892             ASID=002A
```

4.3.4 JES 命令的自动执行

有时候，JES 命令需要定时触发，为此系统设计了一些 JES 命令专门用于定义、更改、停止、启动以及删除自动命令。这些命令包括＄T A，＄S A，＄Z A 和＄ C A。下面举例详细说明这些命令的使用。

［例 1］ 增加一个系统自动命令 COM1，每天早上 8 点开始，每隔 1 h，显示系统中正在运行的作业。

```
$T A COM1,I=3600,T=08.00,'$DA'
$HASP604 ID COM1 T=  8.00 I= 3600 L=TE02     $DA
```

上述命令成功执行后，系统将从预定的时间早上 8 点开始，每隔 1 h(3 600 s)显示当时系统中正在运行的作业。这个例子中，自动命令 COM1 只包含了一条命令，用户也可以将其扩充为多条命令，只要在各命令中间使用分号隔开，并且只有第一条命令前需要加标识符＄，如"＄DA；DI"。

［例 2］ 显示系统中所有的自动命令。

```
$T A,ALL
$HASP604 ID COM1 T=  8.00 I= 3600 L=TE02     $DA
$HASP604 ID COM2 T=  8.00 I= 3600 L=TE02     $DA;DI
```

［例 3］ 不需要的时候可以随时取消自动命令，比如使用命令即可取消上面定义的自动命令 COM1。

```
$C A COM1
$HASP000 OK
```

取消一条自动命令 COM1 后系统中还剩一条自动命令 COM2：

```
$T A,ALL
$HASP604 ID COM2 T=  8.00 I= 3600 L=TE02     $DA;DI
```

以下命令也常用于对自动命令进行操作：

```
$Z A,ALL          暂停所有自动命令
$S A,ALL          重新启动所有自动命令
$C A,ALL          删除所有自动命令
```

4.4 SPOOL 管理案例

SPOOL 管理是 JES 中非常重要的工作，系统设计了 $D, $Z, $S 命令用于 SPOOL 的操作。下面通过一个具体的案例来阐述这些命令的使用。

问题假设：在日常操作中，可能会碰到一些异常情况，比如提交的作业有问题（如出现死循环）而导致 SPOOL 空间迅速占满。一旦 SPOOL 满了，系统将无法正常工作。

解决方案：为了解决类似的问题，建议首先准备一个多余的 SPOOL 卷，通过 $Z 命令将其处于停止（Halting）状态，当系统出现 SPOOL 空间满溢的突发问题时，可以迅速通过 $S 命令将备用 SPOOL 卷启用，以保障系统恢复工作；接着，需要定位问题作业，将其取消，释放问题作业所占用的大量的 SPOOL 空间；最后，待系统恢复正常之后，再次使用 $Z 命令将备用卷挂起，以备不时之需。

假设备用 SPOOL 卷名为 SPOOL2。下面通过四个步骤来展示相关命令。

［**步骤 1**］ 显示 SPOOL 的使用情况

```
$D SPOOL
$HASP893 VOLUME (SPOOL1)  STATUS=ACTIVE,PERCENT=5
$HASP893 VOLUME (SPOOL2)  STATUS=ACTIVE,PERCENT=2
$HASP646 3.9750 PERCENT SPOOL UTILIZATION

$D SPOOL,ALL
$HASP893 VOLUME (SPOOL1) 963
$HASP893 VOLUME (SPOOL1)  STATUS=ACTIVE,SYSAFF= (ANY) ,
$HASP893                 TGNUM=16000,TGINUSE=800,
$HASP893                 TRKPERTGB=3,PERCENT=5
$HASP893 VOLUME (SPOOL2) 964
$HASP893 VOLUME (SPOOL2)  STATUS=ACTIVE,SYSAFF= (ANY) ,
$HASP893                 TGNUM=16000,TGINUSE=472,
$HASP893                 TRKPERTGB=3,PERCENT=2
$HASP646 3.9750 PERCENT SPOOL UTILIZATION

$D SPOOLDEF
$HASP844 SPOOLDEF 967
$HASP844 SPOOLDEF  BUFSIZE=3992,DSNAME=SYS1.HASPACE,
$HASP844          FENCE= (ACTIVE=NO,VOLUMES=1) ,
$HASP844          GCRATE=NORMAL,LASTSVAL= (2009.133,
$HASP844          15:16:46) ,LARGEDS=FAIL,SPOOLNUM=32,
$HASP844          TGSIZE=30,TGSPACE= (MAX=32576,
$HASP844          DEFINED=32000,ACTIVE=32000,
$HASP844          PERCENT=3.9750,FREE=30728,WARN=80) ,
$HASP844          TRKCELL=3,VOLUME=SPOOL
```

［**步骤 2**］ 暂停 SPOOL2 卷的使用并显示卷状态

```
$Z SPOOL,VOLUME=SPOOL2
$HASP893 VOLUME (SPOOL2) 969
$HASP893 VOLUME (SPOOL2)  STATUS=ACTIVE,AWAITING (MVST) ,
$HASP893                 COMMAND= (HALT)
$HASP646 3.9750 PERCENT SPOOL UTILIZATION

$D SPOOL
$HASP893 VOLUME (SPOOL1)  STATUS=ACTIVE,PERCENT=5
$HASP893 VOLUME (SPOOL2) 973
$HASP893 VOLUME (SPOOL2)  STATUS=HALTING,AWAITING (JOBS) ,
$HASP893                 PERCENT=2
$HASP646 5.0000 PERCENT SPOOL UTILIZATION
```

[步骤 3] 如果出现上述 SPOOL 空间满溢时，系统将停止工作，为了解决这个问题，可以重新启动 SPOOL2 卷并显示卷状态

```
$S SPOOL 'SPOOL2'

$HASP893 VOLUME (SPOOL2)   STATUS=HALTING,COMMAND= (START)
$HASP646 5.0000 PERCENT SPOOL UTILIZATION
$HASP850 16000 TRACK GROUPS ON SPOOL1
$HASP850 16000 TRACK GROUPS ON SPOOL2
$HASP851      576 TOTAL TRACK GROUPS MAY BE ADDED
$HASP630 VOLUME SPOOL2 ACTIVE     2 PERCENT UTILIZATION

$D SPOOL
$HASP893 VOLUME (SPOOL1)   STATUS=ACTIVE,PERCENT=5
$HASP893 VOLUME (SPOOL2)   STATUS=ACTIVE,PERCENT=2
$HASP646 3.9750 PERCENT SPOOL UTILIZATION
```

[步骤 4] 此时 SPOOL 空间已经成功扩充，系统管理员要迅速定位问题作业，并把问题作业及时删除。问题解决之后，系统管理员应该把 SPOOL2 卷重新挂起，以备下次使用。

第5章　存储管理

主机的存储非常复杂，多数企业都使用 DFSMS(Data Facility Storage Management Subsystem)进行存储系统的自动化管理。DFSMS 是 z/OS 操作系统中一个非常重要的组成部分，如果系统采用了 DFSMS 管理，就称该系统是存储管理系统(Storage Management Subsystem，SMS)；如果数据集的生命周期被 DFSMS 管理，就称该数据集是 SMS 管理数据集。本章将对 DFSMS 的主要功能进行简单的介绍，并重点介绍几个常用功能，使用户对 DFSMS 有初步的认识和了解。

5.1　存储管理概念引入

随着企业业务的不断扩展，数据和程序占用的存储空间也在不断增加，在管理存储方面的成本也会越来越高。这种增加不仅仅体现在硬件方面，更多的是需要安装、监督和操作存储设备的人力成本、运行存储设备的电力成本以及放置设备的空间成本等。此外，如果用户需要自己管理数据，那么，用户就必须非常了解系统的硬件配置、存储设备的物理逻辑属性和用户数据集的存放位置等。这种管理面临很多困难，原因主要有以下几个方面。

1. 数据量大

主机有磁盘存储和磁带存储，容量从 Gigabyte(10^9)，Terabyte(10^{12})，Petabyte(10^{15})，Exabyte(10^{18})到 Zettabyte(10^{21})不等。通常，存储的数据量都很庞大。

2. 不同类型的数据要求各异

通常，不同的数据类型会有不同的要求。

- 系统数据：要具备高性能、高可用性等。
- 产品数据：要保障安全性、良好的性能、高可用性、可恢复性和长时间存在等。
- 测试数据：要易于定义、访问安全性、合理的性能和可恢复性等。
- 所有的数据：需要充足的空间等。

3. 存在多级存储结构

主机包含多种存储体，包括 HSB、内存、耦合器(Coupling Facility，CF)存储、缓冲区(Cache)、磁盘(DASD)和磁带(Tape)等。各种存储体的访存性能不相同，存储容量不相同，价格也不同，需要思考将数据存放在哪里才能使存储器的性能发挥到最大。

4. 数据生命周期的多状态性

数据的生命周期涉及如下阶段，如图 5-1 所示。

- 创建阶段(Create)：需要支持多种数据集类型并考虑最佳存储位置。

- 使用阶段(Use):需要考虑数据访问性能、介质空间使用情况等。
- 备份阶段(Backup):需要考虑何时备份、备份到哪里等。
- 迁移阶段(Migrate):需要考虑何时迁移、迁移到哪里、迁移状态管理等。
- 重用阶段(Reuse):需要考虑重新取回的数据集放置在哪。
- 终止阶段(Expire):删除数据集。

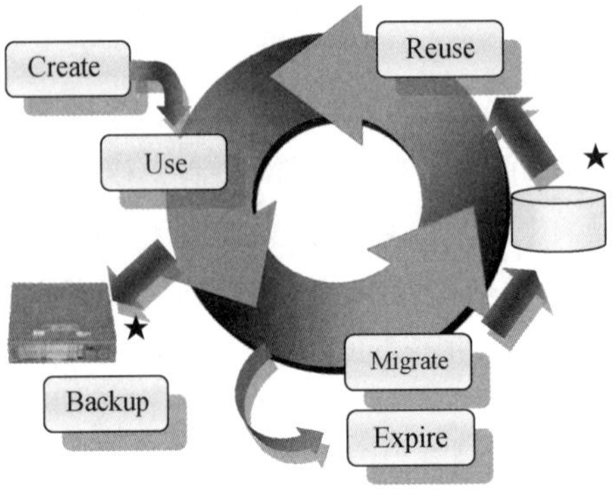

★—可被转移或备份到磁带或磁盘

图 5-1　数据的生命周期

5. 烦琐的内容管理

数据管理很复杂,包括逻辑层和物理层之间的映射关系、数据的性能管理、空间管理、可用性管理和设备格式化处理等。

综上所述,仅靠用户手动操作管理大型主机的数据是异常困难的。为了提高存储设备的利用率,合理管理各种存储设备中的数据,需要借助强有力的存储管理工具,DFSMS 就是这样一套能够对数据进行完整生命周期自动化管理的软件集合。它提高了商业运作的效率,降低了用户的投资成本。

5.2　DFSMS 概述

存储管理包括很多方面,如数据集创建(Allocation)、放置(Placement)、监视(Monitoring)、转移(Migration)、备份(Backup)、召回(Recall)、恢复(Recovery)以及删除(Deletion)等。这些操作既可以手动,也可以通过 DFSMS 的配置自动完成,使数据在需要的时候可用,在新建或者扩充时有足够的空间。

5.2.1　DFSMS 组件

DFSMS 是一组软件的集合,它包含多个重要的组件,主要如下:

- DFSMSdfp(data facility product)。
- DFSMSdss(data set services)。
- DFSMShsm(hierarchical storage management)。

- DFSMSrmm(remote media management)。
- DFSMStvs(transaction VSAM services)。

DFSMSdfp 是操作系统 z/OS 的基础组件,它提供系统中最基本的数据存储和设备管理功能;而其他组件(包括 DFSMSdss、DFSMShsm、DFSMSrmm、DFSMStvs 等)则是操作系统的可选组件,它们提供了更为完善的数据管理功能。DFSMS 组件及 DFSMSopt 具体如表 5-1 所示。

表 5-1 DFSMS 组件及 DFSMSopt

名称	功能简介
DFSMSdfp	提供对数据、程序以及设备等的基本管理功能。 ➢ 由访问方法(Access Methods),OPEN/CLOSE/EOV 程序,编目管理,DASD 空间控制(DADSM),Utilities,IDCAMS,SMS,NFS,ISMF 和其他一些功能模块组成。 ➢ 包含 ISMF(存储管理交互工具),可以定义及维护系统对于数据存储资源的策略。 ➢ 定义了多种数据及设备的存储方式,并对其进行管理,以对数据及设备的管理更为有效
DFSMSdss	➢ 对数据进行批量移动或者拷贝,使系统更为高效。 ➢ 是 DFSMS 中主要的数据移动工具
DFSMShsm	➢ 提供备份、复原、转移和空间管理功能,但必须调用 DFSMSdss 来完成。 ➢ 可对不活跃的数据进行自动管理,无论是否在被 SMS 管理的系统内,都可以对数据进行自动备份和复原,是提高管理效率的一个重要工具。 ➢ 使用一个层次化的设备对数据进行管理,提高了对 DASD 的使用率
DFSMSrmm	➢ 对可移动媒介资源进行管理,例如磁带或光媒介(Optical Media)等。 ➢ 提供可移动媒介资源的在线库存目录
DFSMStvs	➢ 能使 CICS、批处理和在线应用程序同时对在 z/OS 和分布式系统上的 VSAM 数据集进行共享操作。 ➢ 它基于记录层的共享(RLS),使得 CICS 和批处理程序对 VSAM 数据 24 h 可访问
DFSMSopt (DFSMS optimizer)	除了 DFSMS 众多组件之外,IBM 还提供了 DFSMSopt,这是一个重要的工具,主要起到辅助功能,能够让管理员清晰地观测到目前的管理策略是否合理以及应该如何改进。DFSMSopt 中的 Hierarchical Storage Manager (HSM) Monitor/Tuner 组件可以时刻通知管理员 DFSMShsm 的情况

5.2.2 DFSMS 优势

使用 DFSMS,系统具有很多优势,如下罗列几个优势。

1. 简化数据集创建过程

通过指定自动选择 ACS 例程(ACS Routines),SMS 简化了用户创建数据集的过程。用户无须再设定一大堆参数,只需要使用规范化的文件名,即可创建一个数据集。同时,也可以根据需要,修改其中的一部分参数。这使得数据集创建工作变得简单,数据命名更为规范。

举例来说，现在新建一个数据集，其名字为“ST001.TEST.SDS”。在新建时，如果没有使用DFSMS，那么，必须为其指定很多存储参数，包括记录格式、空间需求、盘卷名等。然而，在DFSMS的管理下，ACS例程会根据其名字选择适当的参数，比如根据其数据集名的LLQ(SDS)，ACS例程会为其指定数据类为“DCSDS”；根据其数据集名的HLQ(ST001)，ACS例程会为其选择存储类为“SCST”；相应地，管理类为“GCST”、存储组为“SGST”等，通过这些结构体来为数据集自动关联存储参数，这有点类似于Windows操作系统中文件后缀名决定文件的类型，当然DFSMS更灵活，选择更多，它让数据集不仅有“后缀”，也可以有“前缀”“中缀”等。

2. 增强盘卷空间控制

被DFSMS管理的存储设备中，每个卷都会被标上它的存储空间使用阈值(Threshold)。每当数据集新建时，系统会选择未到阈值的卷。即使盘卷到达阈值，其上已经存在的数据集仍然继续扩展。这么做，有利于保持盘卷的负载均衡。

举例来说，假设有A，B两个盘卷的阈值都为60%，现新建一个数据集，此时A卷的数据量已经达到70%，B卷为50%，那么，系统会选择将数据集建立在B卷上。两个盘卷都保证了一定的容量，为数据的扩展留下必要的空间。

3. 增强I/O性能

通过为数据集定义的I/O性能指标，系统可以为不同I/O需要的数据集选择适当的DASD，从而减少硬盘的浪费，提高数据集读取的效率。通常，SMS会把对访问性能要求较高的系统数据集自动分发到高性能盘卷上进行存储。

4. 自动化管理磁盘(DASD)空间

根据定义好的管理策略，系统会自动地将一个长期不用的数据集转移到访问性能更低的下一级存储器中去，也会根据需要自动释放已经分配但未被使用的空间，从而提高硬盘空间的使用率。

举例来说，一个数据集创建时被放在了Level 0的盘卷中(处于活跃(Active)状态，其读写性能最好)。如果在一个月的时间内该数据集没有进行过任何操作，那么，SMS就会将其放入Level 1(处于低活跃状态，读写性能稍差)的盘卷中。如果又过了半年这个数据集仍然没有进行过任何操作，那么，SMS就会自动将该数据集迁移到Level 2的卷中。这样，就能够腾出更多高读写性能的空间给需要的数据集。

5. 自动化管理磁带空间

运用TMM(Tape Mount Management)技术，管理员可以充分利用磁带的容量和存储能力。

6. SMS系统管理的存储设备

被SMS管理的存储设备，用户不用修改JCL代码中的UNIT参数，就可以直接使用新型的存储设备。这就免去了因更换硬件而带来的JCL代码维护成本。

7. 增强数据的可用性

通过DFSMShsm和DFSMSdss提供的数据备份和恢复功能，能够进一步提高数据的可用性。

5.3 数据基本操作

DFSMSdfp是DFSMS的核心，也是必要的系统组件。它负责对存储的数据(Data)以及存储体(Storage)进行管理。它包含的内容非常多，举例如下：

- 访问方法(Access Methods)。
- 与数据操作相关的例程(Routines)。
- 编目管理(Catalog Management)。
- 磁盘空间控制(DASD Space Control)。
- 用于对数据进行多种基本操作的Utilities，包括用于对QSAM或VSAM数据集进行操作的实用程序IDCAMS。
- 用于管理主要为Unix所用的NFS(Network File System，与机器类型、操作系统、网络布局无关的一种分布式的数据组织系统)。
- 用于人机对话、基于3270界面的存储管理交互工具ISMF(Interactive Storage Management Facility)。

5.3.1 数据组织形式

在z/OS操作系统中，数据是以数据集的形式进行组织的。它可以是源程序、宏库或者是程序使用的数据记录集合。数据集可以存在二级存储器中，例如DASD磁盘或者磁带，其中只有顺序数据集可以存在磁带上。针对这些不同的数据组织方法，文件系统有相应的访问方法，访问方法定义了数据集读写的技术。

根据数据用途的不同，数据集的形式也各不相同，主要包括如下几种。

1. VSAM数据集

VSAM采用了虚拟存储读取方法(Virtual Storage Access Method, VSAM)，对数据使用CI(Control Interval)和CA(Control Area)为物理存储单元进行存储，对应不同的访问方法还可以细分为KSDS, ESDS, RRDS, LDS和VRRDS数据集。后文将详细介绍VSAM。

2. 非VSAM数据集

将定长或变长的记录组织成块(Block)的形式进行存储，可分为：①顺序数据集(Sequential Data Set)，其存储组织称为PS(Physical Sequential)；②分区数据集(Partitioned Data Set, PDS)，其存储组织称为PO(Partitioned Organized)；③扩展分区数据集(Partitioned Data Set Extended，PDSE)。这类数据集对应的非虚拟存储读取方法包括BSAM, QSAM和BPAM。

3. 扩展格式数据集(Extended-Format Data Set)

用于分布系统或者是超大数据集(大于4G)等特殊条件的数据存储形式。

4. 对象(Object)

没有特别的存储顺序，一般是线形存储或者是基于记录的存储，但都会有特定的引擎，用户使用的DB2数据库和光存储设备卷都属于对象范畴之内，对应于OAM进行访问。用户也可以对对象进行备份、还原和复制。

5. z/OS UNIX 数据集

z/OS 对 UNIX 数据可以使用 HFS(Hierarchical File System), z/OS NFS(z/OS Network File System), zFS(zSeries File System)以及在 z/OS 上的 TFS(Temporary File System)等多种形式。这种存储形式是以字节为单位的,和对象差不多。

6. 世代数据集组

世代数据集组(Generation Data Group, GDG)是一组编目的数据集,其组内的每一个数据集称为一代数据集,它们具有相同的名字,且在时间序列上是相关的。如要求保留一年内的工资发放数据,每月的工资数据集就是一个一代数据集,全年 12 个月的工资数据集便构成了一个世代数据集组。

5.3.2 访问方法

针对以上不同的数据集格式,系统提供了不同的访问方法。访问方法是程序与数据之间的一种协定好的接口,通过使用输入输出管理器(Input Output Supervisor,IOS)来进行管理。通过使用访问方法,数据的物理存储方式对用户变得透明,用户无须了解数据真正的内部存储。比如,对待顺序数据集,系统就会采用相对的基本顺序访存方法(BSAM)。但并不是说一种数据组织形式的数据集只有一种访问方法,比如说,一个使用 BSAM 进行创建的顺序数据集,也可以使用基本直接访问方法进行访问(BDAM);反之,亦然。在 DFSMS 中,主要的访问方法如表 5-2 所示。

表 5-2 访问方法

缩写	全称	说明
QSAM	Queued Sequential Access Method	队列式顺序访问方法,主要用于访问顺序数据集
VSAM	Virtual Storage Access Method	虚拟存储访问方法,主要用于访问 VSAM 数据集
BDAM	Basic Direct Access Method	基本直接访问方法
BPAM	Basic Partitioned Access Method	基本分区访问方法,主要用于访问 PDS 和 PDSE 数据集
BSAM	Basic Sequential Access Method	基本顺序访问方法,可以访问顺序数据集、扩展格式的数据集和 z/OS UNIX 数据集
DIV	Data-In-Virtual	虚拟数据
ISAM	Indexed Sequential Access Method	索引顺序访问方法
OAM	Object Access Method	对象访问方法

5.3.3 数据集实用程序

DFSMS 提供了一系列实用程序(Utilities)帮助用户组织和维护数据。针对不同的任务，可以使用不同的实用程序来解决问题。用户通过 JCL 语句调用实用程序。一些常用的实用程序可见 IBM 红皮书 *DFSMSdfp Utilities*。

实用程序可以分为系统级和数据集级两大类。

(1) 系统级实用程序(System Utility)

系统级实用程序如表 5-3 所示，它们可以用来列出或更改与数据集和卷相关的信息，比如数据集名称、编目入口、卷标签等，通常比其他类似功能的可选程序(如 IDCAMS, ISMF, DFSMSrmm 等)更为高效。

表 5-3 系统级实用程序

实用程序	其他可选程序	用处
IEHINITT	DFSMSrmm EDGINERS	初始化磁带卷，写上标准标签
IEHLIST	ISMF, PDF 3.4	列出 VTOC 内容或者 PDS/PDSE 的目录内容
IEHMOVE	DFSMSdss, IEBCOPY	移动或者复制数据集
IEHPROGM	Access Method Services, PDF 3.2	建立或者维护系统控制数据
IFHSTATR	DFSMSrmm, EREP	选择、格式化或记录执行 IFASMFDP 后相关的磁带错误信息

(2) 数据集级实用程序(Data Set Utility)

数据集级实用程序如表 5-4 所示，它们可以用来比较、更改或者重新组织数据集或内部记录。但这些程序只能对非 VSAM 数据集进行处理；对于 VSAM 数据集，DFSMSdfp 提供了 IDCAMS 来进行处理。

表 5-4 数据集级实用程序

实用程序	名称来源	用处
IEBCOMPR	Compare Data Sets	比较在顺序数据集、PDS 或者 PDSE 数据集内的记录
IEBCOPY	Library Copy	复制、压缩、合并 PDS 或 PDSE 及其成员； 添加 RLD 计数信息到执行模块(Load Modules)
IEBDG	Test Data Generator	生成指定模式的测试数据，一般用于调试
IEBEDIT	Edit Job Stream	有选择地对工作步(Job Steps)以及相关语句进行复制
IEBGENER	Generate Data Set	从顺序数据集复制或者对数据进行处理后存储到分区数据集中
IEBIMAGE	Create Printer Image	创建并且维护 IBM 3800 模式打印子系统和 4248 打印模块，并把它们存在指定的库中
IEBISAM	ISAM	装载、卸载、复制或者打印 ISAM 数据集
IEBPTPCH 或 PDF 3.1/3.6	Print-Punch	打印或者打孔(早期记录数据的一种方式，在纸带上打洞)一个顺序数据集或分区数据集
IEBUPDTE	Update Data Set	可以用来创建或者修改顺序数据集、PDS、PDSE 数据集，但是只针对每条记录为定长并且小于 80 个字节的数据集，主要用来更新过程(Procedure)、源文件和宏库

5.4 数据高级操作

数据高级操作(DFSMSdss)是一个针对 DASD 数据、空间的管理工具。在 DFSMS 中，它充当一个数据搬运工的角色，主要工作就是处理数据的移动、复制数据等，比如 DFSMShsm 的数据移动工作就必须依赖于 DFSMSdss。DFSMSdss 还可以对数据进行格式转化，将 SMS 管理的数据集和非 SMS 管理的数据集相互转化(通过在 ADRDSSU 中的 CONVERTV 命令来完成)。

DFSMSdss 提供了如下服务：

- 在相同和不同类型的卷之间移动或者复制数据集。
- 对数据集、卷或者是指定的磁道进行转储(Dump)和恢复(Restore)。
- 将数据集或卷进行 SMS 管理状态的转换。
- 压缩 PDS 数据集。
- 释放在数据集中未用到的空间。
- 通过整理同一个卷上的可用空间来降低磁盘碎片(Fragmentation)。
- 实现在 9390/3990 控制单元的同步复制。如果控制单元是 9393 RVA，无须修改 JCL 代码就可以进行快速复制。同样，对于企业存储服务器(Enterprise Storage Server，ESS)，在同一个 ESS 中的数据集也可以被快速复制。

DFSMSdss 在主机上的应用非常广泛，为了保证数据可用性，管理员都需要对数据进行备份，而备份多数是由 DFSMSdss 完成。DFSMSdss 的主要功能由 ADRDSSU 实用程序来完成。

5.4.1 使用 DFSMSdss 的方式

1. ISMF(Interactive Storage Management Facility)

通过 ISMF 面板，用户可以方便地制定出许多使用 DFSMSdss 进行空间管理和备份功能的工作流(Job Streams)。ISMF 支持 COMPRESS, CONVERTV, COPY, DEFRAG, DUMP, RELEASE 和 RESTORE 命令。但是 ISMF 的本质还是对 ADRDSSU 进行调用，所以和后文介绍的使用 JCL 调用 ADRDSSU 其实是一样的，这里不作更多介绍。详细可参考 IBM 红皮书 *DFSMS Using the Interactive Storage Management Facility*(SC26-7411-03)。

2. 应用程序接口

通过从应用程序中使用应用程序接口也可以调用 DFSMSdss，同时通过使用接口也可以收集到一些信息和参数，并且可以指定一些控制变量，简化对 DFSMSdss 的操作。详细可以参考 IBM 红皮书 *DFSMSdss Storage Administration Reference* (SC35 - 0424 - 04) P325“Appendix D”。

3. JCL 作业

DFSMSdss 可以使用 JCL 作业调用。使用 JCL 来调用 DFSMSdss 是最常用的一种方式，此时，ADRDSSV 实用程序将被调用。

5.4.2 DFSMSdss 功能

DFSMSdss 主要完成数据搬运工作，可以通过 JCL 作业调用实用程序 ADRDSSU 的命令来完成其具体工作：

- BUILDSA。
- CONVERTV。
- COPYDUMP。
- DUMP。
- RELEASE。
- COMPRESS。
- COPY。
- DEFRAG。
- PRINT。
- RESTORE。

除此以外，还包括一些扩展命令，下面介绍一些 ADRDSSU 的常用功能。

(1) 建立独立的、启动时可用的核心镜像

使用 BUILDSA 命令可以使用户建立一个独立的、启动时可用的核心镜像。在系统崩溃时，IPL 系统时可以选择使用这个核心镜像来进行系统的恢复。

(2) 备份和恢复

使用 DUMP 和 RESTORE 命令，可以对整个系统进行备份，当发生硬件错误、应用程序错误或者其他用户错误时，可以进行系统复原。ADRDSSU 可以用来对一个或多个数据集，整个盘卷，甚至是指定的磁道进行备份和恢复。顾名思义，DUMP 命令是用来进行转储的，而 RESTORE 用来恢复。

(3) 移动数据

为了维护存储设备、增加存储空间，用户不得不常常将数据进行转移。ADRDSSU 可以帮助用户完成数据的转移，包括如下功能：

- 将一个旧的 DASD 中的数据转移到新的 DASD 中。
- 在 SMS 和非 SMS 管理的卷中进行数据转移。
- 当硬件需要维护时转出数据集。
- 为了其他一些目的而进行的数据转移和复制。

使用 COPY 命令就可以完成这个操作，对数据集、卷和磁道内容进行拷贝或移动。

(4) 将盘卷转成 SMS 管理或非 SMS 管理的

为了让 SMS 管理盘卷，就必须得把盘卷的状态先转换成 SMS 管理的。使用 CONVERTV 命令，就可以将盘卷在 SMS 管理和非 SMS 管理状态之间进行转换。

(5) 空间管理

ADRDSSU 提供合并盘卷的未用空间、压缩 PDS、释放未使用的数据集空间等功能。

- 为了防止在数据集新建时盘卷空间不够所导致的错误，可以使用 DEFRAG 命令来合

并盘卷上的自由空间。

- 使用 COMPRESS 命令，通过回收分区数据集中的自由空间并将之放到数据集的最后，增加数据集的可用空间。
- 使用 RELEASE 命令来释放在顺序数据集、分区数据集以及 VSAM 数据集中的未使用到的自由空间。

(6) 为了诊断目的而进行的打印

使用 PRINT 命令可以将数据集的内容以不同格式打印到 SYSPRINT 中进行诊断。

下面会具体介绍几个常用的命令。但在此之前，先了解这些命令执行过程中涉及的两种不同类型的操作：逻辑操作和物理操作。

5.4.3 逻辑操作和物理操作

使用 DFSMSdss 进行复制(COPY)、转储(DUMP)以及复原(RESTORE)的时候，可以进行逻辑操作或者物理操作。当然，DUMP 和 RESTORE 的操作必须是一致的，即当以逻辑操作进行 DUMP 时，一定要以逻辑操作进行 RESTORE；以物理操作进行 DUMP，则一定要以物理操作进行 RESTORE。

1. 逻辑操作

逻辑操作的对象是数据集。在逻辑操作时，会使用到目录(Catalog)和 VTOC。如果没有指定卷，则会使用前者；如果指定了卷名或者存储组(SG)名，则会使用后者。

以 DUMP 数据集 ABC.FILE 为例，逻辑操作如图 5-2 所示，具体步骤如下。

(1) 管理员根据需要，在程序中指定数据集的名称或者源卷卷名。

(2) 根据管理员的程序参数，检查 Catalog(或者 VTOC)，找出相应的数据集的信息。

(3) 根据找出的信息，找到对应数据集的物理位置(不一定连续)。

(4) 将找到的物理位置的数据转储到磁带上。

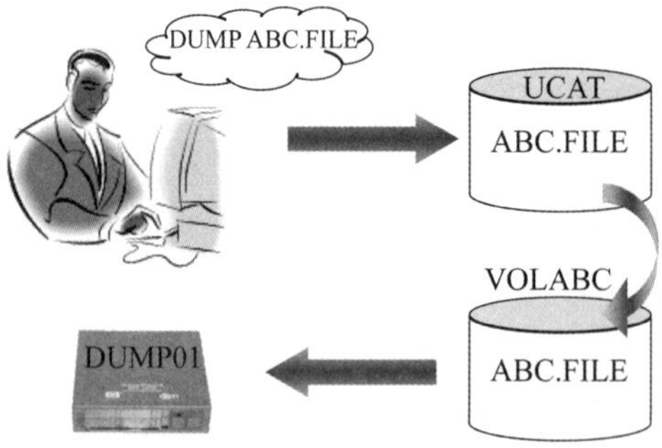

图 5-2 DUMP 逻辑操作示意

适合使用逻辑操作的场景举例如下。

(1) 不同型号的设备之间(比如 3 380 磁盘和 3 390 磁盘)移动数据，只能使用逻辑操作，因为不同型号设备每个磁道包含的字节数可能不同，不能使用物理操作。

(2) 数据复原到一个不同型号的设备。例如从 3 380 备份并复原到 3 390 上，必须要使用逻辑操作。

(3) 对于一些需长期保存的数据，建议使用逻辑操作。

(4) VSAM 编目的别名文件被保护时，必须使用逻辑操作。如果通过物理操作，别名将不再被保护。

(5) 数据集在被转移后希望重命名保存。

(6) 将 PDS 中的数据导入 PDSE 中，则必须使用逻辑操作；反之，亦然。

2. 物理操作

物理操作是基于每个磁道(Track)进行的，即通过磁道一步步进行转移。这就要求两个磁道的大小必须一致，因此，物理操作需要在相同型号的设备之间进行。它可对一个数据集、一个卷或是指定范围磁道内的数据进行操作，如果操作数据集，则会根据卷信息(VTOC 或 VVDS)对这个数据集所在的磁道进行转移。

以 DUMP 盘卷 CACSW3 为例，物理操作如图 5-3 所示，具体步骤如下。

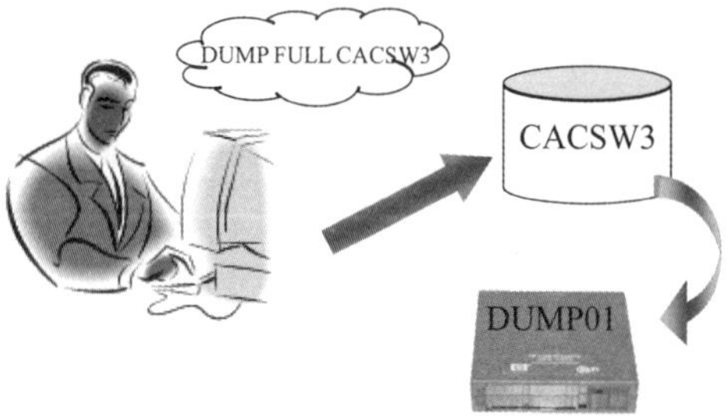

图 5-3 DUMP 物理操作示意

(1) 根据需求，指定一个数据集的名字、磁道范围或者 FULL(表示整个盘卷)。

(2) 系统根据指定的参数，找到其物理位置。

(3) 对相应磁道进行复制。

一些适用于物理操作的场景举例如下。

(1) 独立 DFSMSdss 复原操作(Stand-alone DFSMSdss Restore Operation)时，只能采用物理操作进行备份复原。

(2) 性能要求。物理操作进行的复制、备份和复原要比逻辑操作更快。如果要对整个盘进行备份且选用了相同型号的目标盘时，建议使用物理操作。

(3) 用一个卷覆盖另一个卷时。

(4) 对同一类型但不同容量的设备进行复制或备份时。

5.4.4 批量复制和移动数据集(COPY 命令)

前面提到，DFSMSdss 在系统中充当的是搬运工角色，ADRDSSU 的 COPY 命令对 DFSMSdss 来说很重要。COPY 命令可以用来执行两个盘卷间的数据集移动、盘卷内容移动以及磁道内容移动，可以用于单个或批量数据集的复制，也能通过使用“DELETE”参数来移动单个或多个数据集。

逻辑复制，移动数据集并重新编目的作业如下：

```
//JOB1 JOB accounting information,REGION=nnnnK
//***************************************************************
//*    DFSMSdss Data Set Copy to New Volume and Re-Catalog
//*    This example will copy ALL data sets as identified by
//*    the DATASET (INCLUDE (**)  parameter and REPLACE any
//*    existing data sets with the same name on the TARGET volume.
//***************************************************************
//ADRDSSU EXEC PGM=ADRDSSU,REGION=0K,PARM='UTILMSG=YES'
//SOURCE  DD   UNIT=SYSALLDA,VOL=SER=sourcevol,DISP=SHR
//TARGET  DD   UNIT=SYSALLDA,VOL=SER=targetvol,DISP=SHR
//SYSPRINT DD  SYSOUT=*
//SYSIN   DD   *
  COPY    DATASET (INCLUDE ( -
                      ** -
                 )) -
         INDD (SOURCE) -
         OUTDD (TARGET) -
         DELETE -
         CATALOG -
         REPLACE
/*
```

物理复制，对整个盘卷进行复制的作业如下：

```
//JOB2 JOB accounting information,REGION=nnnnK
//STEP1 EXEC PGM=ADRDSSU
//SYSPRINT DD SYSOUT=A
//DASD1 DD UNIT=3380,VOL= (PRIVATE,SER=111111) ,DISP=OLD
//DASD2 DD UNIT=3380,VOL= (PRIVATE,SER=222222) ,DISP=OLD
//SYSIN DD *
    COPY   INDDNAME (DASD1)   OUTDDNAME (DASD2) -
                ALLDATA (*)   ALLEXCP  CANCELERROR  COPYVOLID
/*
```

逻辑复制，对多卷数据集进行复制的作业如下：

```
//JOB3 JOB accounting information,REGION=nnnnK
//STEP1 EXEC PGM=ADRDSSU
//IVOL1 DD UNIT= (SYSDA,2) ,VOL=SER= (VOL111,VOL222) ,DISP=SHR
//IVOL2 DD UNIT=SYSDA,VOL=SER=VOL222,DISP=SHR
//SYSPRINT DD SYSOUT=A
//SYSIN DD *
 COPY DATASET (      -
 INC (USER.MULTI.VOLUME1)) - /* SELECT THIS DATA SET */
 INDD (IVOL1,IVOL2) - /* IDENTIFY INPUT VOLUMES */
 OUTDYNAM ((338001) , (338002) , (338003)) - /* DYNAM ALLOC VOLS */
 PCTU (80,80,80) - /* PERCENTUTIL = 80 PERCENT */
 RECATALOG (USERCAT2)
/*
```

5.4.5 转储整卷或数据集(DUMP 命令)

DUMP 命令可以把 DASD 中的数据备份(转储)到一个顺序数据集中，然后将这个顺序数据集放到磁带或者磁盘当中。根据不同的需要，可以对数据集、整个盘卷或者是一段指定的磁道进行 DUMP 操作。当使用 FULL 关键字时，就可以备份整个指定的盘卷，而使用 TRACKS 关键字可以备份一段指定的磁道。ADRDSSU 不能 DUMP 在迁移卷(MIGRAT)盘卷中的数据集，推荐使用 ABARS 来完成。

逻辑性操作，DUMP 数据集的示例如下：

```
//**********************************************************************
//*   DFSMSdss JCL to DUMP Data Sets from DASD if the DSN Change Flag
//*   is set. Reset this flag at the completion of the dump.
//*   This example excludes VSAM data sets.
//**********************************************************************
//ADRDSSU  EXEC PGM=ADRDSSU,REGION=0K
//SYSPRINT DD  SYSOUT=*,HOLD=YES
//DUMP     DD  DSN=dump.data.set.name,DISP=(NEW,CATLG),
//             UNIT=(cart,1,DEFER),VOL=(,,,15),
//             LABEL=(1,SL,EXPDT=99000)
//DASDVOL  DD  UNIT=3390,VOL=SER=xxxxxx,DISP=OLD
//SYSIN    DD  *
  DUMP DATASET( -
       BY((DSCHA,EQ,YES),(DSORG,NE,VSAM)) -
       INDD( -
           DASDVOL -
          ) -
       OUTDD(DUMP) -
       RESET -
       TOLERATE(ENQFAILURE)
/*
```

物理性操作，DUMP 整个盘卷的示例如下：

```
//**********************************************************************
//* DFSMSdss Full Volume Physical Dump
//**********************************************************************
//ADRDSSU  EXEC PGM=ADRDSSU,REGION=0K
//SYSPRINT DD  SYSOUT=*
//DASDIN   DD  UNIT=SYSALLDA,VOL=SER=xxxxxx,DISP=SHR
//TAPEOUT  DD  DSN=tape.data.set.name,DISP=(NEW,CATLG),
//             UNIT=CART,LABEL=EXPDT=99000
//SYSIN    DD  *
  DUMP INDD(DASDIN) OUTDD(TAPEOUT)
/*
```

小贴士：COPY、DUMP 和 COPYDUMP 比较

- COPY——盘到盘，即 DASD to DASD。
- DUMP——盘到带，即 DASD to Tape。
- COPYDUMP——带到带，即 Tape to Tape。

这里所说的盘到盘，即从一个磁盘复制到另一个磁盘；而盘到带则一般为对某个磁盘内容作备份到磁带上；带到带，则是针对转储出来的备份再进行拷贝，因此称为 COPYDUMP(复制<动词>转储<名词>)。

通过对比，可以快速而清晰地理解三条命令之间的区别和联系了。它们显然是被用在不同的场合下、针对不同的介质进行操作的。

5.4.6 批量删除数据集(DUMP 命令)

DUMP 除了可以备份数据之外，还可以用来批量删除数据集，即采用通配符匹配，批量删除整个系统中符合过滤条件的数据集。代码示例如下，其中目标卷 TAPE 必须为空(Dummy)：

```
//MOVEDS1 JOB  NOTIFY=&SYSUID
//**************************************** **
//STEP1 EXEC PGM=ADRDSSU,REGION=5000K
//TAPE DD DUMMY
//SYSPRINT DD  SYSOUT=*
//SYSUDUMP DD  SYSOUT=V,OUTLIM=3000
//SYSIN    DD   *
 DUMP DATASET (          -
   INCLUDE (ST*.JCL.**)) -
   OUTDD (TAPE)  -
   DELETE
//
```

也可以指定一个或多个盘卷来删除盘卷上的指定数据集，如下示例就是批量删除TSO001盘卷上匹配“ST＊.JCL.＊＊”模式的数据集：

```
//MOVEDS1 JOB  NOTIFY=&SYSUID
//**************************************** **
//STEP1 EXEC PGM=ADRDSSU,REGION=5000K
//TAPE DD DUMMY
//SYSPRINT DD  SYSOUT=*
//SYSUDUMP DD  SYSOUT=V,OUTLIM=3000
//SYSIN    DD   *
 DUMP DATASET (          -
   INCLUDE (ST*.JCL.**)) -
   OUTDD (TAPE)  -
   LOGINDYNAM (TSO001)  -
   DELETE
//
```

5.4.7 恢复整卷或数据集(RESTORE 命令)

RESTORE 命令和 DUMP 恰恰相反，一般用来将 DUMP 操作所备份的数据从磁带恢复到磁盘中。和 DUMP 一样，用户可以使用 RESTORE 恢复数据集、整个盘卷，也可以恢复指定磁道中的数据。

逻辑性操作，数据集恢复示例：

```
//*****************************************************************
//*    DFSMSdss Logical Data Set Restore from TAPE to DISK as
//*    identified by OUTDY (xxxxxx)
//*    This example will process ALL data sets on the dump tape.
//*    The DATASET (INCLUDE (**)  identifies all data sets.
//*****************************************************************
//ADRDSSU  EXEC PGM=ADRDSSU,REGION=0K
//TAPE     DD  DSN=dump.data.set.name,DISP=SHR
//SYSPRINT DD  SYSOUT=*
//SYSIN    DD   *
  RESTORE  INDD (TAPE)  -
         DATASET (INCLUDE ( -
                        ** -
                      ) -
               ) -
         OUTDY (xxxxxx)  -
         CATALOG
/*
```

物理性操作，整卷恢复示例：

```
//*****************************************************************
//*       DFSMSdss Full Volume RESTORE from TAPE
//*****************************************************************
//ADRDSSU  EXEC PGM=ADRDSSU,REGION=0K
```

```
//SYSPRINT DD  SYSOUT=*
//TAPEIN   DD  DSN=tape.dump.data.set,DISP=SHR
//DASDOUT  DD  UNIT=SYSALLDA,VOL=SER=xxxxxx,DISP=SHR
//SYSIN    DD  *
 RESTORE INDD (TAPEIN)  OUTDD (DASDOUT)  CANCELERROR PURGE
//
```

5.4.8 SMS 盘卷的转换(CONVERT 命令)

CONVERT 命令是用来将非 SMS 管理的盘卷转成 SMS 管理的盘卷,或者将 SMS 管理的盘卷转成非 SMS 管理的盘卷。它主要包括以下三个功能:

- 使用 PREPARE 关键字将盘卷锁住准备转换,以免新的数据集被分配在该盘卷上。
- 使用 TEST 关键字测试盘卷是否能够被转成 SMS 管理。在这种情况下,不会真正发生转化,但是,会将不能转化的数据集及其不能转化的理由告知用户。
- 进行真正的盘卷转化。

在对盘卷进行转化(CONVERT)的时候要考虑是否要将数据进行转移,在把数据集转化成 SMS 管理时,通常用户可能更倾向于进行数据转移,这样可以让 SMS 系统来决定重新将数据集放在哪里,有利于确保数据集所在盘卷能够满足其相应的可用性(Availability)和性能(Performance)要求。

使用 TEST 关键字测试转换示例:

```
//JOB1 JOB accounting information,REGION=nnnnK
//STEP1 EXEC PGM=ADRDSSU
//SYSPRINT DD SYSOUT=A
//SYSIN DD *
     CONVERTV SMS -
     DYNAM ((VOL001,3380) , (VOL002,3380) , (VOL003))  -
     TEST
/*
```

把 SMS 管理的盘卷转换为非 SMS 管理的盘卷示例:

```
//JOB1 JOB accounting information,nnnnK
//STEP1 EXEC PGM=ADRDSSU
//SYSPRINT DD SYSOUT=*
//SYSIN DD *
     CONVERTV -
     DYNAM (338003)  -
     NONSMS
/*
```

把非 SMS 管理的盘卷转换为 SMS 管理的盘卷示例:

```
//JOB1 JOB accounting information,REGION=nnnnK
//STEP1 EXEC PGM=ADRDSSU
//SYSPRINT DD SYSOUT=*
//DVOL1 DD UNIT=SYSDA,VOL=SER=338001,DISP=OLD
//DVOL2 DD UNIT=SYSDA,VOL=SER=338002,DISP=OLD
//SYSIN DD *
     CONVERTV -
     DDNAME (DVOL1,DVOL2)  -
     SMS -
     INCAT (SYS1.ICFCAT.V338002)  -
     SELECTMULTI (FIRST)  -
     CATALOG
/*
```

以上简单介绍了几个常用的 ADRDSSU 命令，查看更多的命令或者具体的参数以及它们的含义，请参看 IBM 红皮书 *DFSMSdss Storage Administration Reference*（*SC*35-0424-04）中的第三章和第四章。

5.5 空间管理和可用性管理

空间管理和可用性管理（DFSMShsm）是一个自动化存储管理工具，它通过使用自动空间管理提高数据的有效性，改善存储空间的使用情况。DFSMShsm 提供备份、还原、转移、空间管理以及灾难性恢复等功能。这使得存储空间利用率大大提高，同时数据可用性得到增强。

DFSMShsm 的主要功能分为两点：可用性管理和空间管理。

（1）可用性管理（Availability Management）：自动将新建的数据集或者发生改变的数据集复制到备份盘中，以保证数据的可用性。

（2）空间管理（Space Management）：将不活跃的数据搬离快速访问存储设备，从而创造出更多的具有高访存速度的磁盘空间以供系统使用。

由于很多操作都涉及权限的问题，DFSMShsm 与主机安全管理也密切相连。对于 DFSMShsm 的操作有两种用户：授权用户和未授权用户。

（1）授权用户：可以执行所有 DFSMShsm 的命令，且所执行的命令可以影响其他用户的数据集。

（2）未授权用户：未授权用户只能执行部分 DFSMShsm 命令，且只能影响自己的数据集。

［例］ 假设备份一个未编目的数据集，用户可以执行如下命令：

- BACKDS dsname UNIT(unittype) VOLUME(volser)。
- HBACKDS dsname UNIT(unittype) VOLUME(volser)。

其中，HBACKDS 可以被任何用户使用，而 BACKDS 命令只能由授权用户执行。由于 DFSMShsm 在没有告诉位置的情况下，不能对一个未编目数据集进行操作，所以必须指定 UNIT 和 VOLUME 参数。

引进 DFSMShsm 最主要的一个原因是为了使系统自动化（Automatic）。其实，使用 DFSMSdss 管理就可以进行空间管理和可用性管理，但这仅限于手动操作，面对主机巨大的数据量，可操作性较差；DFSMShsm 作为一个管理器，不对数据直接操作，它只负责进行策略的制定和指挥实施。正如上文所说，DFSMShsm 的工作是依赖于 DFSMSdss 的。

5.5.1 存储设备等级

层次存储设备是由一组拥有不同价格、不同存储容量、不同访存速度的存储设备组成的。DFSMShsm 将它们分为三个层次用以进行空间管理。

（1）Level 0：是 DFSMShsm 管理中最高层次的存储设备，程序可以直接访问该层存储器中的数据。

(2) Level 1:相对较低层次的存储设备。Level 1 中的数据是经过 DFSMShsm 压缩的,所以对于用户而言这些数据是不能被直接使用的,必须通过 DFSMShsm 将这些数据放入 Level 0 才能使用。该层的设备相对较为廉价,访存速度较慢。一般,Level 1 的数据必须经过压缩。Level 1 的数据是从 Level 0 转出的。

(3) Level 2:Level 2 和 Level 1 不同的是,它的层次更低,访存速度更慢,容量更大。一般而言,Level 2 会使用磁带,数据可以从 Level 0 或者 Level 1 中转出。

5.5.2 盘卷类型

DFSMShsm 支持的盘卷类型主要如下。

(1) L0 盘卷(Level 0 Volumes):包含了可以被用户或程序直接访问的数据集。所谓的 DFSMShsm 管理卷指的就是由 DFSMShsm 自动功能管理的 L0 卷。这些卷必须是安装的(Mounted)且在线(Online)的。

(2) ML1 盘卷(Migration Level 1 Volumes):该卷内的数据是以 DFSMShsm 特定的格式存放的,并由 DFSMShsm 进行维护,该卷通常也是在线的。此卷上可以存放从 L0 盘卷转移过来的数据集,或者存放由 BACKDS 或 HBACKDS 命令执行后产生的备份数据。

(3) ML2 盘卷(Migration Level 2 Volumes):是 DFSMShsm 所支持的磁带卷或者以 DFSMShsm 特定格式存储的磁盘卷。这类卷一般来说是未安装的或不在线的,用来存放从 ML1 层和 L0 层转出的数据。

(4) 日备份盘卷(Daily Backup Volumes):是 DFSMShsm 所支持的磁带卷或者以 DFSMShsm 特定格式存储的磁盘卷。这些卷通常是被安装的并在线的,存放了近期从 L0 卷中复制过来的备份,同时也可以存放多个更早些的备份。

(5) 溢出备份盘卷(Spill Backup Volumes):是 DFSMShsm 所支持的磁带卷或者以 DFSMShsm 特定格式存储的磁盘卷。这些卷一般未被安装或不在线,存放从日备份卷中移出的早期数据备份。

(6) 转储盘卷(Dump Volumes):是 DFSMShsm 支持的磁带卷。存放由 DFSMShsm 调用、DFSMSdss 执行的整卷的镜像拷贝。

(7) 聚集式备份盘卷(Aggregate Backup Volumes):是 DFSMShsm 支持的磁带卷,一般未安装或不在线。通常存放由用户定义的数据集组的拷贝,也包括这些数据集的控制信息。这些数据集及其控制信息以组的形式储存,并由 ABARS 中的聚集式恢复过程在必要时作为一个整体进行复原。

(8) 快速复制目标盘卷(Fast Replication Target Volumes):包含在拷贝池备份存储组(Copy Pool Backup Storage Groups)中。包括了 DFSMShsm 快速复制过程中产生的拷贝。

以上各类型盘卷之间的关系如图 5-4 所示。

5.5.3 空间管理

空间管理的目标是能够有效地管理存储设备,使存储空间对于用户而言是充足的。为了达到这个目标,空间管理会自动定时地执行如下操作:

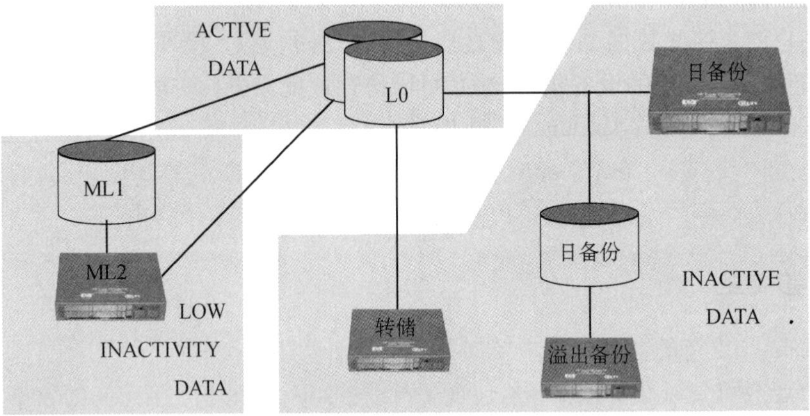

图 5-4　各类型盘卷间的关系

- 将不活跃的数据集从用户可访问的卷移到 DFSMShsm 卷。
- 通过释放闲置的空间，减少在用户可访问卷和 DFSMShsm 卷上所占据的空间。

DFSMShsm 空间管理的过程如图 5-5 所示。空间管理主要包含以下六项功能。

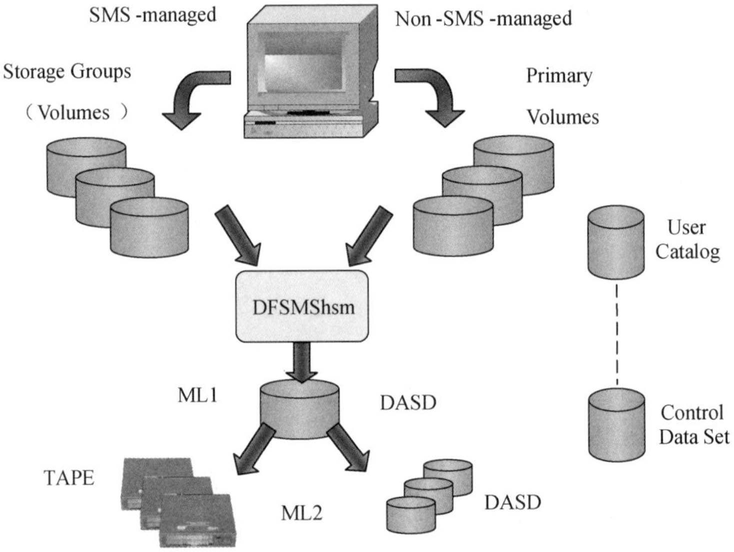

图 5-5　DFSMShsm 空间管理过程

(1) 管理 L0 盘卷，包括以下具体工作。

① 删除临时数据集。

② 删除到期的数据集。

③ 释放未使用的、开辟过多的空间。

④ 将数据进行压缩并转移到 DFSMShsm 中的 ML1 盘卷中。

(2) 管理 ML1 盘卷，包括以下具体工作。

① 删除到期的被转移的数据集以及一些相关的转移控制数据集(MCDS)记录。

② 将转移到 ML1 的数据复制到 ML2 盘卷中。

(3) 当 DFSMShsm 管理的盘卷的空间使用超过一定限度时，自动间断性地转移数据集。

(4) 当转移出去的数据集重新被系统访问时，自动将数据集放回到 L0 盘卷中。

(5) 通过命令进行空间管理。

(6) 空间节省功能，包括以下内容。

① 数据紧缩和压缩。

数据紧缩(Compaction)：通过减少数据碎片来达到节省空间的目的。

数据压缩(Compression)：提供了一种更为紧凑的存储数据的方式。

② 压缩 PDS 的自由空间。

③ 小型数据集打包技术：能将小型数据集打包后放在一个磁道上。

④ 数据集重分块。

5.5.4 可用性管理

数据的可用性对于用户尤为重要，可用性管理的目标是保证在数据被破坏或者损失的情况下能够通过数据的备份尽快恢复。为了达到这个目标，可用性管理会自动定时地将在磁盘卷上的所有数据集进行备份，或者将在磁盘卷上改动过的数据集通过增量备份的方式进行备份。

可用性管理主要包含以下几点功能：

- 聚集式备份和恢复(ABARS)。
- 自动化物理整卷转储。
- 自动化增量备份。
- 自动化控制数据集备份。
- 命令式转储及备份。
- 命令恢复。
- 灾难备份。
- 备份删除。
- 快速复制备份及恢复。

5.6 SMS 环境部署

为了实现对数据的自动化管理，必须有一套存储管理的策略。为了完成这一套策略，管理员需要创建一套 SMS 控制信息数据集(Control Data Set，CDS)，CDS 包括 SCDS、ACDS 和 COMMDS，用来存放 SMS 的管理信息。然后在这些数据集中定义 SMS 的一种特殊结构体(Constructs)，主要包括如下几类。

- Data Class(DC)：用来定义新建数据集所需的各种参数。
- Storage Class(SC)：用来定义数据集的性能和可用性要求。
- Management Class(MC)：用来定义数据集的备份、复原、转移等方面的具体需求。

- Storage Group(SG)：将多个卷在逻辑上合并为一个存储组。
- Aggregate Group(AG)：一组相关的数据集及其控制信息的集合，用来满足已定义的备份复原策略，与 ABARS 相关，在此不作详细介绍。

定义了上述 Constructs 之后，存储管理员需要编写 ACS 例程（Automatic Class Selection Routine）。通过 ACS 例程，系统可以自动为数据集分配符合要求的 Constructs，来满足数据集在空间、性能、可用性等各方面的要求，从而完成自动化数据管理的功能。这一步很重要，ACS 例程和 Constructs 的定义奠定了 SMS 自动化存储管理基础。

举例来说，管理员可以为需要高性能的数据集定义一种 SC，为一般性能的数据集定义另一种 SC。然后，管理员根据数据集名字或者其他条件，将上述两种 SC 根据情况指定给符合要求的数据集。数据集被创建后，其关联的 SC 保障数据集具有相应的性能属性。

DFSMS 还提供了 ISMF(Interactive Storage Management Facility)交互工具给存储管理员使用，来实现 SMS 环境的具体部署。ISMF 使得定义 Constructs、测试和激活 ACS 例程以及其他数据管理的任务变得更为简单。同时，存储管理员还可以使用 NaviQuest 做一些批量操作，实现 SMS 环境的实施、验证及维护。本章将不对 NaviQuest 进行介绍，详细请参考 IBM 红皮书 *Maintaining Your SMS Environment*（SG24-5484-00）。

5.6.1 SMS 概述

存储管理子系统(SMS)是专门为自动化、集中化存储管理设计的，管理可以利用 SMS 对数据集的各项参数包括数据集类型、记录格式、空间需求、数据集性能和可用性要求、备份和恢复需求、系统存储需求等进行描述。SMS 提高了数据空间的使用率，允许外围存储器集中式管理，而且能够更有效地对数据的增长进行控制。

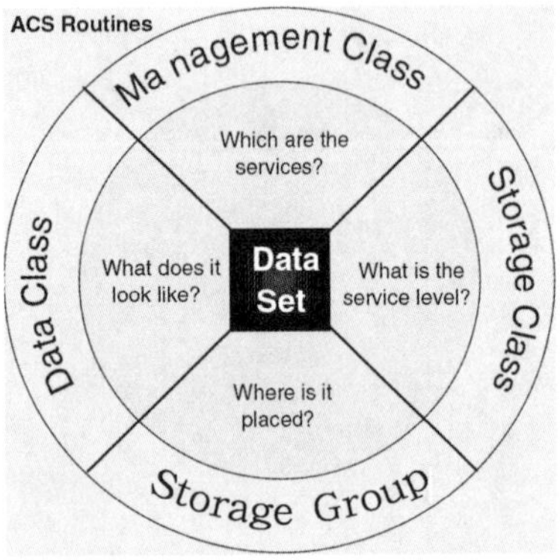

图 5-6 4 个 Constructs 的影响和作用

SMS 对数据的管理主要是通过 4 个 Constructs 和 ACS 例程来实现的。4 个 Constructs 对数据集的影响和作用如图 5-6 所示。

图 5-7 所示为 SMS 环境下一个数据集的创建流程。

(1) 当创建一个新数据集的命令发出之后(比如通过 3.2 面板)，系统会自动执行 DC ACS 例程，为数据集选择合适的 DC，DC 中包含记录格式、空间大小等必要的信息。

(2) 系统执行 SC ACS 例程，判断数据集是否有 SC，拥有 SC 的数据集则被 SMS 管理，没有 SC 的数据集是非 SMS 管理的。这是判断一个数据集是不是被 SMS 管理的重要标志。

(3) 拥有 SC 的数据集会继续执行后面的 MC ACS 例程和 SG ACS 例程，系统会为数据集选择合适的 MC 和 SG，实现数据集日常的自动化管理，并为数据集选择存放的盘卷。

综上所述，SMS 是由 Constructs 和 ACS 例程构成的，一个数据集是否被 SMS 管理，关键看它是否有 SC Construct。

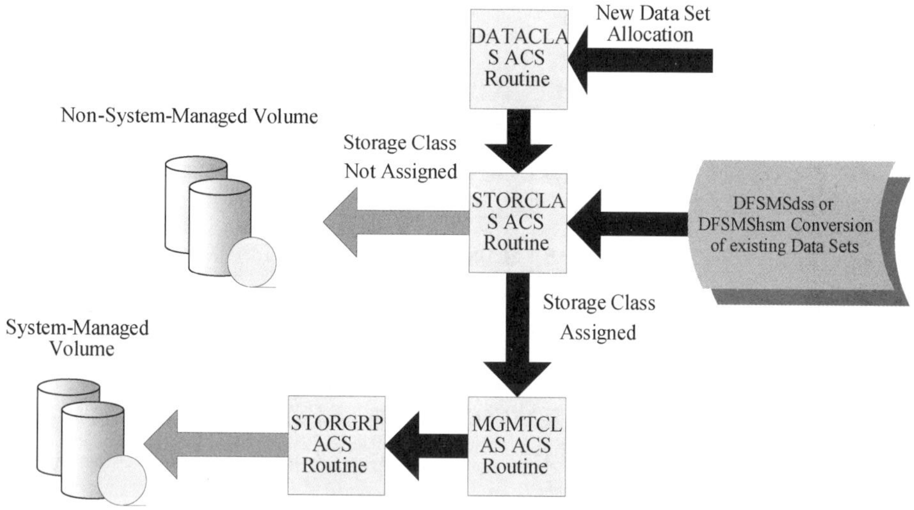

图 5-7 SMS 环境下一个数据集的创建流程

5.6.2 控制数据集

部署 SMS 存储管理策略之前，用户需首先为存储策略找一个"安身之所"——SMS 控制数据集(Control Data Set，CDS)。它是一个 VSAM 线性数据集，可以使用访问方法服务(IDCAMS 工具)或者 TSO 命令来创建，其内容可以使用 ISMF 进行定义及修改。

CDS 中一般包括如下信息：

- SMS 基本配置信息，包括默认的 MC、默认的设备类型、存储管理子系统(SMS)的安装信息。
- 一组 DC，MC，SC，SG。
- 一套 ACS 例程。
- 光媒介库和驱动器的定义。
- 磁带库的定义。

根据用途的差别，可以将 CDS 分为 SCDS(Source Control Data Set)，ACDS(Active Control Data Set)和 COMMDS(Communications Data Set)三类，详细描述如下。

(1) SCDS

存储管理策略存放在一个 SCDS 中。在系统中，用户可以定义多个 SCDS，可以理解为 SCDS 是一些候选的存储策略控制数据集，只有一个 SCDS 可以被激活生效，激活的 SCDS 将成为 ACDS。

(2) ACDS

ACDS 是用来存放正在被使用的存储管理策略及其相关信息的数据集。它与 SCDS 的结构是一样的。在 z/OS 中，对一个 SCDS 激活就是将该 SCDS 的内容复制到 ACDS 中，如图 5-8 所示。

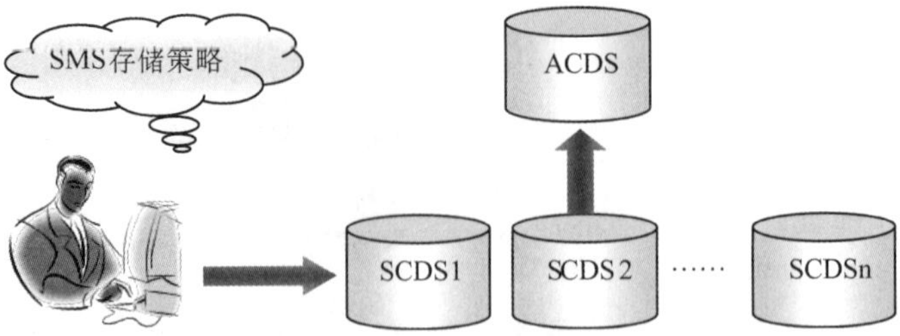

图 5-8　SCDS 和 ACDS 的关系

(3) COMMDS

COMMDS 数据集包含了 ACDS 的名字、SG 卷的统计表、空间统计表和 SMS 状态等。它允许在多系统的环境下各个 SMS 系统之间的交流。因此，COMMDS 必须放在所有系统都可以访问到的设备上。不过，通常不将其与 ACDS 放在同一个设备中。一旦 COMMDS 无法访问，在多系统环境中，SMS 将无法使用。因此，为了防止因硬件损坏或特殊事件引起的数据损坏，需要建立备用的 COMMDS。

5.6.3　数据类

数据类(Data Class, DC)是一组由管理员定义的数据集属性的集合。该类只有在数据集被创建时才会被使用到。而且无论是不是 SMS 管理的数据集，都可以使用 DC。

DC 设定的内容为数据集新建时所需的各种属性，例如记录和空间属性(Record and Space Attributes)、盘卷和 VSAM 属性(Volume and Vsam Attrivutes)、数据集属性(Data Set Attributes)等(图 5-9)。

- Record and Space Attributes

Key length and offset
Record format
Record length
Record organization
Space(primary,secondary, Avg Rec, Avg Value)

- Volume and VSAM Attrivutes

Compaction
Control interval size
Media type and recording technology
Rercent free space
Retention period or expiration date
Share options (Cross Region, Cross System)
Volume count

- Data Set Attributes

Backup-while open
Data set name type
Extended addressability
Extended format
Initial load (speed,recovery)
Log and logstream ID
Record access bias
Reuse
Space constrait relief and reduce space usage percentage
Spanned/non-Spanned

图 5-9　DC 的内容

DC中所设定的属性一般可以在JCL的DD语句、TSO/E ALLOCATE命令以及IDCAMS的DEFINE命令中设定。如果没有DC，这些属性都必须由用户来指定，这就要求用户需要熟悉所有的属性，增加了任务复杂性。使用了DC之后，由系统存储管理人员通过DC来设定数据集创建的各种属性，普通用户就省去许多精力，不用再为数据集新建时如何对各种属性赋值而烦恼。

给一个数据集指定DC主要有如下两种方式：

- 在JCL中的DD语句，通过DATACLAS参数进行指派。
- 根据DC ACS例程自动指派。

如果用户显式地在JCL中指定属性，则可以覆盖DC中原来的属性。如指派数据集的DC为“DCSDS”(记录长为80的顺序数据集)，但同时用户又指定了数据集记录的长度为120，则最终新建数据集的长度为120，会覆盖原有的80，但DC仍然为“DCSDS”。

5.6.4 存储类

存储类(Storage Class, SC)定义了数据集的性能目标和可用性需求。与DC不同的是，只有被SMS系统管理的数据集才能被指派SC。因此，SC是判断一个数据集是不是被SMS管理的重要标志。具备SC的数据集，系统会选择符合其性能要求和可用性需求的存储设备来存放数据集，用户不需要人工指定。SC的内容如图5-10所示。

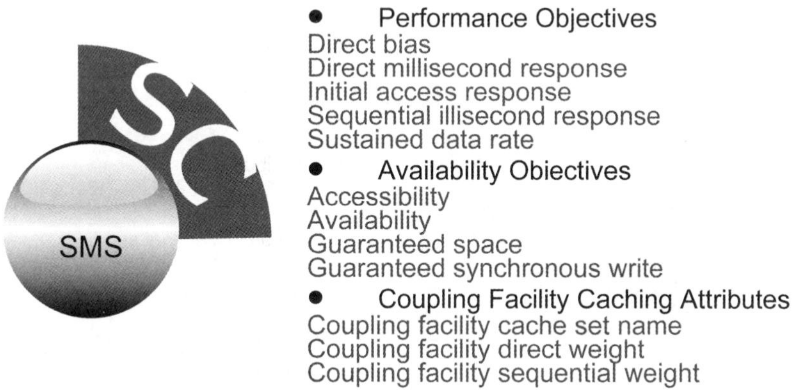

图5-10 SC的内容

在熟悉SC之前，必须要了解性能要求和可用性需求是什么。

- 性能要求：主机不同的存储设备之间，性能是存在差异的，有些存储设备访存速度快，而有些相对较慢。因此，生产系统中要求将数据集放到适合其访问性能的存储设备上。
- 可用性需求：通过数据备份等方式，保证无论在什么情况下系统都能得到所需要的正确数据。举例来说，一个数据集可以被放置到一个双重复制(Dual Copy)的卷，保证其连续可用。双重复制是指把两份同步的数据集放置在不同的磁盘卷上，具体操作由控制单元决定，如果包含主要备份文件的那个卷损坏了，备份卷将会自动上线，以保证数据集的持续可用，而且由于是同步的，其保证了数据的正确性。

和 DC 类似，它可以通过以下两种方式赋值 SC：

- 在 JCL 中的 DD 语句、ALLOCATE 或者 DEFINE 命令中的"STORCLAS"参数进行指派。
- 根据 SC ACS 例程自动指派 SC。

5.6.5 管理类

管理类（Management Class，MC），顾名思义，是在对数据集进行管理时使用的。它包含了一组与数据集的转移、备份和保持时间相关的属性值，也包含了对象的删除条件等，具体属性可以分为以下七类：

- 空间管理属性（Space Management Attributes）。
- 过期和保留属性（Expiration and Retention Attributes）。
- 转移属性（Migration Attributes）。
- GDG 管理属性（GDG Management Attributes）。
- 数据集备份属性（Backup Attributes）。
- 对象类转移的条件（Object Class Transition Criteria）。
- 集中备份属性（Aggregate Backup Attributes）。

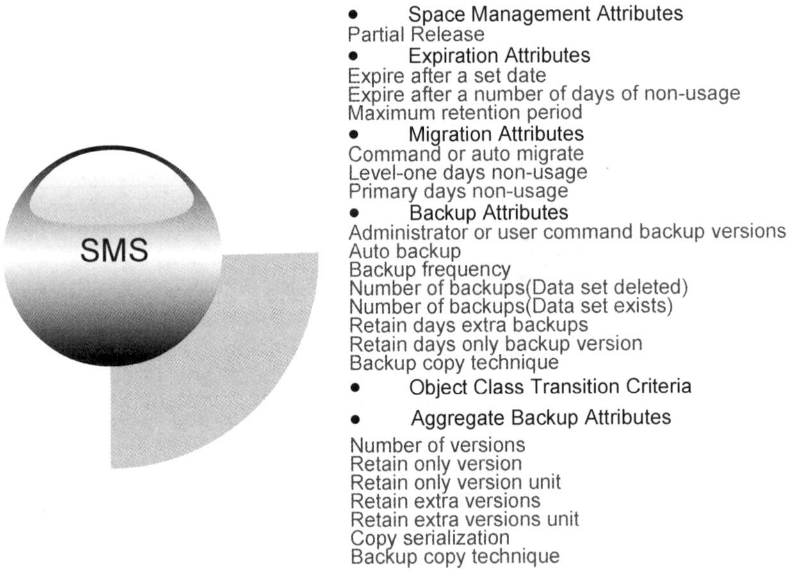

SMS
Space Management Attributes
Partial Release
Expiration Attributes
Expire after a set date
Expire after a number of days of non-usage
Maximum retention period
Migration Attributes
Command or auto migrate
Level-one days non-usage
Primary days non-usage
Backup Attributes
Administrator or user command backup versions
Auto backup
Backup frequency
Number of backups(Data set deleted)
Number of backups(Data set exists)
Retain days extra backups
Retain days only backup version
Backup copy technique
Object Class Transition Criteria
Aggregate Backup Attributes
Number of versions
Retain only version
Retain only version unit
Retain extra versions
Retain extra versions unit
Copy serialization
Backup copy technique

图 5-11 MC 的部分内容

MC 的部分内容如图 5-11 所示。MC 不但允许用户定义一个单个数据集的管理需求，同时也可以对整个卷制定出其管理需求。所有这些管理需求，不管是单个数据集还是整个盘卷，都是由 DFSMShsm 控制执行，并由 DFSMSdss 完成具体操作。

同时，和 SC 一样，如果更改了 MC 的定义，更改将会影响到被赋值该 MC 的数据集或对象（Object）。而且当数据集被重命名时，也可以重新指定新的 MC。

MC 具有如下功能：

- 转移 GDG 中的陈旧或过期的数据代。
- 在磁盘卷中，删除选中的陈旧或未被使用过的数据集。
- 释放在数据集中被分配但未被使用的空间。
- 将不使用的数据集转移到磁盘卷或者磁带卷上。
- 指定多久对数据集进行一次备份，同时决定是否在备份中使用同步拷贝（Concurrent Copy）技术。
- 指定为数据集保存多少个版本的备份。
- 指定多久保存一次备份版本。
- 建立对象的删除期限和转移条件。
- 指定对象是否需要自动备份。
- 指定 ABARS 的版本数量以及如何保持这些版本。

如果没有特别指定一个 MC 给一个数据集或者对象，那么，系统就会使用默认管理类，而这个默认的管理类必须先在 SMS 基本配置信息中指定。

前面提到过，区分数据集是不是被 SMS 管理的关键是看其有没有在通过 SC ACS 例程时被赋予 SC 值，一旦数据集被赋予了 SC 值，即被 SMS 管理，该数据集也必须有 MC。但是如果 MC ACS 例程并没有为该数据集赋值 MC，且用户也没有明确指定 MC，在这种情况下，系统就会使用默认的 MC，而这个 MC 是设置在 SMS 基本配置信息中的，如图 5-12 所示。

```
 Panel  Utilities  Help
 ------------------------------------------------------------------------------
                             CDS BASE DISPLAY

CDS Name   . : SYS1.SCDS
CDS Status   : VALID

Description  : BASE CONFIGURATION FOR HFS
==> . . . . :
Default Management Class : STANDEF      Default Device Geometry :
Default Unit . . . . . . : SYSDA          Bytes/track . . . . . : 56664
                                          Tracks/cylinder . . . : 15
DS Separation Profile :
System: P390     S01A     S01B     S02A     S390


Sysgrp:



Use HELP Command for Help; Use END Command to Exit.




Command ===> ___________________________________________________________________
 F1=Help     F2=Split    F3=End      F4=Return   F7=Up       F8=Down     F9=Swap
F10=Left    F11=Right   F12=Cursor
```

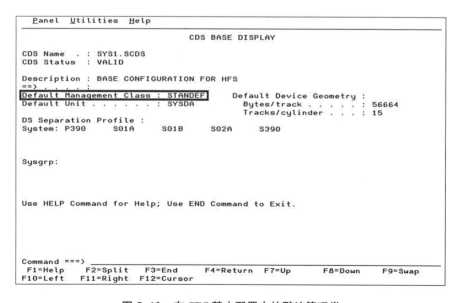

图 5-12　在 CDS 基本配置中的默认管理类

和 DC，SC 类似，可以通过以下两种方式赋值 MC：

- 在 JCL 中的 DD 语句、ALLOCATE 或者 DEFINE 命令中的 MGMTCLAS 参数进行指派。

● 根据 MC ACS 例程自动指派。

5.6.6 存储组

存储组(Storage Group，SG)是指一组存储设备。一个 SG 可以是一组下列存储器组成的设备集合：

● 系统换页卷(System Paging Volumes)。

● 磁盘卷。

● 磁带卷。

● 光盘卷。

● 相似的磁盘和光盘的联合。

● 由磁盘、磁带和光盘组成的被视为一个对象的存储层次体系。

简而言之,SG 就是将多个相似的卷放在一起,作为一个大的存储缓冲池来存放和管理。在每个 SG 中,管理员可以定义系统应该如何管理这些设备,之所以要将一些设备放在一起,是因为这些设备在某种程度上有其共性,管理员可用相同的方式去管理它们。SG 的内容如图 5-13 所示。

- Pool Storage Group Attributes
Allocation/migration high threshold
Allocation/migration low threshold
Auto backup
Auto dump
Auto migrate
Backup system name
Dump classes
Dump system name
Guarteed backup frequency
Migrate system name
Storage group status
Storage management subsystem volume status
Volume list
- VIO Storage Group Attributes
Storage group status
VIO maxsize
VIO unit
- Dummy Storage Group Attributes
Volume list
- Object Storage Group Attributes
Library names
Cycle start time
Cycle end time
Drive start threshold
Mark volume full on first write failure
Volume full threshold
- Object Backup Storage Group Attributes
Library names
Drive start threshold
Mark volume full on first write failure
Volume full threshold
- Tape Storage Group Attributes
Library names

图 5-13 SG 的内容

列举 SG 的一些类型如下,每种类型的用途各异。

● Pool:包含了被 SMS 管理的磁盘卷序列号,临时数据集和永久数据集都可以存放在该组中,是最常用的一种存储组类型。

- Tape：包含 SMS 管理的磁带卷。
- VIO：与盘卷是没有联系的，其实这种类型的存储组不包含真正的磁盘卷，它是一种虚拟的 I/O，只是模仿磁盘卷的动作，通常用于存放临时数据集。
- Copy Pool Backup：包含的盘卷必须能够保证满足在相关 Copy Pool（复制池）中指定的备份需求条件。
- Object：该组包含了光设备卷、磁盘卷以及磁带卷，用来存放对象。
- Object Backup：用来存放 Object 的备份，通常它们是光设备卷或磁带卷。

SG 与 SC 紧密相关，系统一般会根据指派给数据集（或者对象）的 SC 值来为其分配 SG，SG 的定义对用户是透明的，用户不知道自己的数据集将会被存放到 SG 中的哪个卷上，只有存储管理员能够对 SG 进行定义、显示以及修改操作。

举个例子，被 SMS 管理的磁盘卷可以分为多个不同的 SG，这样系统数据集、大数据集、DB2 数据、IMS 数据、CICS 数据分别存放在不同的 SG 中，分开存放，不会相互影响。

需要注意，SG 的指定只能通过 SG ACS 例程来做。这和 SG 的特性有关，SG 一般是通过判断 SC 来赋值的，如果强行指定，SC 就失去了其意义，SMS 的目的之一就是使用户摆脱烦琐的物理设备细节，只要用户提出数据集的性能和可用性需求，系统就能够自动选择最合适的盘卷来存放它们，这样能够将数据的逻辑访问需求与数据的物理存储需求分开，用户不需要了解存储硬件设备的细节，从而解放用户，提高效率。

5.6.7 ACS 例程

ACS 例程（Automatic Class Selection Routines）是 SMS 系统管理中贯穿并连接整个系统的重要组成部分，如果说四个 Constructs 是四颗珍珠，那么，ACS 例程就是一条将它们串起来的线。当新建一个数据集时，ACS 例程会根据各种条件判断，从每类 Constrcuts 中最多选择一个关联到数据集上。

ACS 例程分为四种，分别对应前文介绍的四种 Constructs，ACS 例程的先后执行次序应该是：DC ACS 例程、SC ACS 例程、MC ACS 例程和 SG ACS 例程。在编写 ACS 例程的时候，每种类型的例程都可以编写多个，但每种类型生效的例程最多只能有一个，其翻译后存储在 SMS 的控制数据集中。

ACS 例程的常规操作主要包括以下几种，这些操作可以通过 ISMF 控制面板来实现。

- 编写 ACS 例程：使用 ACS 高级语言编写，有严格的语法要求。
- 转移 ACS 例程：将 ACS 例程翻译（Translate）到 SCDS 控制数据集中。
- 激活 ACS 例程：将 SCDS 中的 ACS 例程放入 ACDS 控制数据集中。
- 测试 ACS 例程：使用前应该先测试，保证 ACS 例程的语义正确。

5.6.8 交互存储管理工具（ISMF）

ISMF 是管理员用来制定 SMS 策略、分析和管理数据和设备的重要的工具。DFSMS 所有的功能组件（DFSMSdfp、DFSMShsm、DFSMSdss、DFSMSrmm）都可以通过 ISMF 操作。

ISMF 是 ISPF 的一个控制面板，它可以与下面一些应用程序相互合作。

- ISPF/PDF：提供对数据集、库的编辑浏览的功能。
- TSO/E：TSO CLISTs 以及其命令。
- DFSORT：提高记录级操作的功能（如排序等）。
- RACF：提供 z/OS 系统安全服务的组件。
- 设备支持工具(Device Support Facilities，ICKDSF)：提供对存储设备的支持和分析功能。

进入 ISMF 的 End User 版界面，如图 5-14 所示。这个界面是提供给普通用户使用的，如果是存储管理员，则需要通过配置转换成管理员（Storage Administrator）版界面，如图 5-15 所示。

```
 Panel  Help
------------------------------------------------------------------------------
                   ISMF PRIMARY OPTION MENU - z/OS DFSMS V1 R5

Select one of the following options and press Enter:

0  ISMF Profile              - Change ISMF User Profile
1  Data Set                  - Perform Functions Against Data Sets
2  Volume                    - Perform Functions Against Volumes
3  Management Class          - Specify Data Set Backup and Migration Criteria
4  Data Class                - Specify Data Set Allocation Parameters
5  Storage Class             - Specify Data Set Performance and Availability
9  Aggregate Group           - Specify Data Set Recovery Parameters
L  List                      - Perform Functions Against Saved ISMF Lists
R  Removable Media Manager   - Perform Functions Against Removable Media
X  Exit                      - Terminate ISMF




Use HELP Command for Help; Use END Command to Exit.



Enter Selection or Command ===> ______________________________________________
 F1=Help     F2=Split    F3=End      F4=Return   F7=Up       F8=Down     F9=Swap
F10=Left    F11=Right   F12=Cursor
```

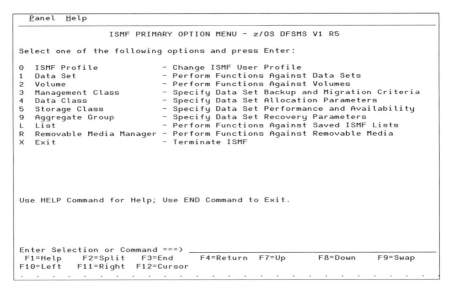

图 5-14　ISMF 的 End User 版界面

```
 Panel  Help
------------------------------------------------------------------------------
                   ISMF PRIMARY OPTION MENU - z/OS DFSMS V1 R5

Select one of the following options and press Enter:
0  ISMF Profile              - Specify ISMF User Profile
1  Data Set                  - Perform Functions Against Data Sets
2  Volume                    - Perform Functions Against Volumes
3  Management Class          - Specify Data Set Backup and Migration Criteria
4  Data Class                - Specify Data Set Allocation Parameters
5  Storage Class             - Specify Data Set Performance and Availability
6  Storage Group             - Specify Volume Names and Free Space Thresholds
7  Automatic Class Selection - Specify ACS Routines and Test Criteria
8  Control Data Set          - Specify System Names and Default Criteria
9  Aggregate Group           - Specify Data Set Recovery Parameters
10 Library Management        - Specify Library and Drive Configurations
11 Enhanced ACS Management   - Perform Enhanced Test/Configuration Management
C  Data Collection           - Process Data Collection Function
L  List                      - Perform Functions Against Saved ISMF Lists
P  Copy Pool                 - Specify Pool Storage Groups for Copies
R  Removable Media Manager   - Perform Functions Against Removable Media
X  Exit                      - Terminate ISMF
Use HELP Command for Help; Use END Command or X to Exit.



Enter Selection or Command ===> ______________________________________________
 F1=Help     F2=Split    F3=End      F4=Return   F7=Up       F8=Down     F9=Swap
F10=Left    F11=Right   F12=Cursor
```

图 5-15　ISMF 的 Storage Administrator 版界面

ISMF 主界面的多个选项的功能介绍如下。

0—ISMF Profile：定制 ISMF，例如在终端用户视图和存储管理员视图之间的切换。

1—Data Set：管理数据集，可以进行数据集查找，数据集信息查看等多种工作。

2—Volume：管理盘卷，包括磁盘、磁带以及光介质的盘卷。

3—Management Class：制定、查看、修改、删除 MC。

4—Data Class：制定、查看、修改、删除 DC。

5—Storage Class：制定、查看、修改、删除 SC。

6—Storage Group：制定、查看、修改、删除 SG。

7—Automatic Class Selection：编辑、转化、激活、测试、查看、删除 ACS 例程。

8—Control Data Set：显示、定义、更改、激活 CDS 数据集。

9—Aggregate Group：制定、查看、修改、删除 Aggregate Group。

10—Library Management：库管理接口，包括光介质设备以及磁带管理。

11—Enhanced ACS Management：增强型的 ACS 管理，主要是 NaviQuest 的接口（对 SMS 策略进行批量式操作）。

C—Data Collection：进行数据收集的工作。

L—List：对创建出的列表进行操作。

P—Copy Pool：指定用于复制的存储池组（DB2 中常会使用到）。

R—Removable Media Manager：DFSMSrmm 的操作接口。

5.7 SMS 环境配置案例

本案例将带领用户建立一个基本的 SMS 环境。更多 SMS 环境配置内容可以参考 IBM 红皮书 *DFSMS Storage Administration Reference*（SC26-7402-06）。

5.7.1 修改 ISMF 用户模式

ISMF 有两种用户管理模式——用户模式和管理员模式。要对所有的 Constructs 进行定义和编写 ACS 例程，就必须使用管理员模式。ISMF 在不同的系统中可能存在不同的选项入口，比如在本案例的 z/OS 1.8 系统中，ISMF 的选项为 13.5。操作步骤如下。

（1）进入 ISMF 后，选择 0（ISMF Profile），再选择 0（User Mode Selection），然后将 1（EU）改为 2（SA）（EU 为普通用户，SA 为存储管理员用户）。

（2）选择完后，必须先退出 ISMF（三次“F3”键），再进入 ISMF，此时就可以看到所有的选项了，即进入了 SA 的界面。修改后 ISMF SA 主界面如图 5-16 所示。

5.7.2 创建 CDS

1. 查看系统当前的 CDS

先来查看一下系统中正在使用的 SMS 的控制数据集 CDS。操作步骤如下：

```
  Panel  Help
ssssssssssssssssssssssssssssssssssssssssssssssssssssssssssssssssssssssss
                ISMF PRIMARY OPTION MENU - z/OS DFSMS V1 R5
Enter Selection or Command ===>

Select one of the following options and press Enter:
0  ISMF Profile               - Specify ISMF User Profile
1  Data Set                   - Perform Functions Against Data Sets
2  Volume                     - Perform Functions Against Volumes
3  Management Class           - Specify Data Set Backup and Migration Criteria
4  Data Class                 - Specify Data Set Allocation Parameters
5  Storage Class              - Specify Data Set Performance and Availability
6  Storage Group              - Specify Volume Names and Free Space Thresholds
7  Automatic Class Selection  - Specify ACS Routines and Test Criteria
8  Control Data Set           - Specify System Names and Default Criteria
9  Aggregate Group            - Specify Data Set Recovery Parameters
10 Library Management         - Specify Library and Drive Configurations
11 Enhanced ACS Management    - Perform Enhanced Test/Configuration Management
C  Data Collection            - Process Data Collection Function
L  List                       - Perform Functions Against Saved ISMF Lists
P  Copy Pool                  - Specify Pool Storage Groups for Copies
R  Removable Media Manager    - Perform Functions Against Removable Media
X  Exit                       - Terminate ISMF
Use HELP Command for Help; Use END Command or X to Exit.




 F1=Help    F2=Split   F3=End     F4=Return  F7=Up      F8=Down    F9=Swap
F10=Left   F11=Right  F12=Cursor
```

图 5-16　ISMP SA 的主界面

（1）进入 SDSF 界面。

（2）在 SDSF 界面下，在 COMMAND INPUT 中输入“/D SMS”，即可查看系统中的 CDS。

（3）在本例中，系统使用的 ACDS 为“SYS1.SMS.PROD.ACDS”；已经被激活、正在被系统所使用的 SCDS 数据库为“SYS1.SMS.PROD.SCDS”，如图 5-17 所示。

```
  Display  Filter  View  Print  Options  Help
 ---------------------------------------------------------------------------
 SDSF SYSLOG      2.101 MVST MVST 06/10/2008 0W   91531      COLUMNS  51 130
 COMMAND INPUT ===>                                            SCROLL ===> CSR
0290   D SMS
0090   IGD002I 17:35:34 DISPLAY SMS 600
0090   SCDS = SYS1.SMS.PROD.SCDS
0090   ACDS = SYS1.SMS.PROD.ACDS
0090   COMMDS = SYS1.SMS.PROD.COMMDS
0090   DINTERVAL = 150
0090   REVERIFY = NO
0090   ACSDEFAULTS = NO
0090       SYSTEM      CONFIGURATION LEVEL    INTERVAL SECONDS
0090       TESTMVS     2008/06/10 17:35:20           15
0090       TESTMVS2    ---------- --------          N/A
0090       TESTMVS3    ---------- --------          N/A
```

图 5-17　命令 D SMS 的执行结果

2. 创建新的 CDS

假设存储管理员想为系统部署另外一套存储策略，并不想改变原 SCDS 中的存储策略，那么，存储管理员需要建立一个新的 CDS。CDS 本质上是一个 LDS 类型的 VSAM 数据集，可以通过 IDCAMS 建立，与一般的 VSAM 数据集的建立没有什么不同。下面提供一个计算 CDS 所需空间的计算公式：

$$\text{CDS 占用空间(Bytes)} = 150\,000 + 14\,000 \times SG + 2\,312 \times (MC + SC + DC + AG + CS) + 12\,000 \times (DRV + LIB + VOL)$$

式中，SG, MC, SC, DC, AG 分别表示在该 CDS 中，预期创建的存储组(SG)、管理类(MC)、存储类(SC)、数据类(DC)和聚集组(AG)的数量；CS 表示在该 CDS 的基本配置信息中的缓冲集(Cache Set)的数量，为记录级共享(Record-Level Sharing, RLS)使用；DRV, LIB, VOL 分别表示在该 CDS 所制定的存储策略中，预期被 SMS 管理的光盘驱动器(DRV)、光介质或磁带库(LIB)以及磁盘卷(VOL)的数量。

根据种类的不同，需要进行具体的计算。在本案例中，假定要建立一个名称为"yourid.SMS.SCDS"的 LDS，大小为首次建立 6 个磁道，追加 6 个磁道；并且建立在 volser 卷上。示范 JCL 如下，执行该作业即可完成 SMS 系统库的构建。

```
//STEP EXEC PGM=IDCAMS
//SYSUDUMP DD SYSOUT=*
//SYSPRINT DD SYSOUT=*
//SYSIN DD *
   DEFINE CLUSTER (NAME (yourid.SMS.SCDS) LINEAR VOL (volser) -
   TRK (6 6) SHAREOPTIONS (2,3)) -
   DATA (NAME (yourid.SMS.SCDS.DATA) REUSE)
/*
```

3. 配置新的 CDS

新建 CDS 之后，需要先对该 CDS 进行配置再开始使用。操作步骤如下。

(1) 进入 ISMF，选择"8 Control Data Set"，进入 CDS 操作界面。

(2) 在 CDS NAME 中输入刚才新建的 CDS"yourid.SMS.SCDS"，并选择"2 Define"，如图 5-18 所示。

```
  Panel  Utilities  Help
ssssssssssssssssssssssssssssssssssssssssssssssssssssssssssssssssssssssssssssss
                        CDS APPLICATION SELECTION

To Perform Control Data Set Operations, Specify:
  CDS Name . . yourid.SMS.SCDS
                            (1 to 44 Character Data Set Name or 'Active')

Select one of the following Options:

  2  1. Display        - Display the Base Configuration
     2. Define         - Define the Base Configuration
     3. Alter          - Alter the Base Configuration
     4. Validate       - Validate the SCDS
     5. Activate       - Activate the CDS
     6. Cache Display  - Display CF Cache Structure Names for all CF Cache Sets
     7. Cache Update   - Define/Alter/Delete CF Cache Sets

If CACHE Display is chosen, Enter CF Cache Set Name . . *
```

图 5-18 配置新的 CDS 界面 1

(3) 按“回车”键,进入定义界面,并在“Default Management Class”中输入“MCTEST”(MCTEST 必须在后面进行创建);在 Default Unit 中输入“3390”;在“Bytes/Track”中填入“56664”,并在“Tracks/Cylinder”中填入“15”(这个是针对 3390 设备而定的),如图 5-19 所示。

```
  Panel  Utilities  Scroll  Help
ssssssssssssssssssssssssssssssssssssssssssssssssssssssssssssssssssssssssssssssssss
                              SCDS BASE ALTER                  Page 1 of 2

SCDS Name . : yourid.SMS.SCDS
SCDS Status : VALID

To ALTER SCDS Base, Specify:

 Description ===>
             ===>

 Default Management Class  . . MCTEST    (1 to 8 characters)
 Default Unit  . . . . . . . . 3390     (esoteric or generic device name)
 Default Device Geometry
   Bytes/Track . . . . . . . . 56664     (1-999999)
   Tracks/Cylinder . . . . . . 15        (1-999999)
 DS Separation Profile                   (Data Set Name)
  Panel  Utilities  Scroll  Help
Specify one of the following options . .           (1 Add, 2 Delete, 3 Rename)
  Specify System Name . . . . . SOW1          or Sys Group Name . .

  New System/Sys Group Name . .             (For option 3, Rename)

System: P390
```

图 5-19　配置新的 CDS 界面 2

(4) 按“F8”键,进入下一页,必须先填写该 CDS 适用的系统,假设希望存储策略用于 TESTMVS 系统,需要先在“Specify one of the following options”中选择“1 Add”,然后在“Specify System Name”中填入“TESTMVS”(每个系统不同,需要咨询系统管理员),按“回车”键添加成功。

(5) 如上设置成功,则可按“F3”键退出,系统提示 CDS 基本配置已被保存(显示为“CDS BASE SAVED”)。

4. 创建新的 ACS 例程库

用来存放 ACS 例程源码的数据集就是一般的 PDS 数据集。如果需要使用新的数据集/库来存放 ACS 例程,假设数据集名称为“yourid.SMS.ACS”,逻辑记录长度为“80”,格式为“FB”,数据集类型为“PDS”,则可以按照如下步骤进行数据集创建。

(1) 进入“3.2 Data Set Utility”创建新的数据集,指定名称为“yourid.SMS.ACS”,并指定该数据集的参数,如图 5-20 所示。

(2) 后续所有的 ACS 都在该数据集中编写。这样,前期的准备工作就算做完了,下面就可以正式开始制定 SMS 存储策略。

```
  Menu  RefList  Utilities  Help
------------------------------------------------------------------------------
                        Allocate New Data Set
                                                                  More:     +
Data Set Name  . . . : yourid.SMS.ACS

Management class . . .                 (Blank for default management class)
Storage class  . . . .                 (Blank for default storage class)
 Volume serial . . . .                 (Blank for system default volume) **
 Device type . . . . .                 (Generic unit or device address) **
Data class . . . . . .                 (Blank for default data class)
 Space units . . . . . TRACK           (BLKS, TRKS, CYLS, KB, MB, BYTES
                                        or RECORDS)
 Average record unit                   (M, K, or U)
 Primary quantity  . . 2               (In above units)
 Secondary quantity    1               (In above units)
 Directory blocks  . . 2               (Zero for sequential data set) *
 Record format . . . . FB
 Record length . . . . 80
 Block size  . . . . . 800
 Data set name type                    (LIBRARY, HFS, PDS, LARGE, BASIC, *
Command ===>
 F1=Help      F2=Split     F3=Exit      F7=Backward  F8=Forward   F9=Swap
F10=Actions  F12=Cancel
```

图 5-20 创建新的 ACS 例程库

5.7.3 创建 DC

在本案例中，只制定四个 DC，分别表示顺序数据集、分区数据集(PDS)、扩展分区数据集(PDSE)以及 KSDS 类型的 VSAM 数据集。并且在 DC ACS 例程中根据数据集的名称的 LLQ，为数据集赋值 DC。

1. 创建 DC：DCSDS

顺序数据集是所有数据集中最为简单的一种，类似于 Windows 中的文本文件。创建一个名称为 DCSDS 的 DC。该 DC 的具体参数如下：

- DC NAME —— DCSDS。
- LRECL —— 80。
- AVG REC —— U。
- SPACE SECONDARY —— 100。
- DATA SET NAME TYPE EXTENDED —— PREFERRED。
- RECFM —— FB。
- AVG VALUE —— 80。
- SPACE PRIMARY —— 1 000。

详细操作步骤如下。

(1) 进入 ISMF 后，键入 4，进入“DATA CLASS APPLICATION SELECTION”界面。首先，要在建立的 SCDS 中定义一个 DC。

(2) 在“CDS Name”中输入建立的 SCDS“yourid.SMS.SCDS”，在“Data Class Name”中输入拟定的 DC 名“DCSDS”，最后在选项里选择“3. Define”，如图 5-21 所示。

```
  Panel  Utilities  Help
--------------------------------------------------------------------------------
                              DATA CLASS APPLICATION SELECTION

To perform Data Class Operations, Specify:
  CDS Name . . . . . . 'yourid.SMS.SCDS'
                              (1 to 44 character data set name or 'Active' )
  Data Class Name  . . DCSDS    (For Data Class List, fully or partially
                                specified or * for all)

Select one of the following options  :
  3  1. List    - Generate a list of Data Classes
     2. Display - Display a Data Class
     3. Define  - Define a Data Class
     4. Alter   - Alter a Data Class

If List Option is chosen,
   Enter "/" to select option       Respecify View Criteria
                                    Respecify Sort Criteria


Command ===>
 F1=Help    F2=Split   F3=End      F4=Return  F7=Up       F8=Down     F9=Swap
F10=Left   F11=Right  F12=Cursor
```

图 5-21　创建 DC 图界面 1

（3）按“回车”键后，就进入了 DC 的设定界面，填入相应的值，如图 5-22 所示。

```
  Panel  Utilities  Scroll  Help
--------------------------------------------------------------------------------
                              DATA CLASS DEFINE                Page 1 of 5

SCDS Name . . . : yourid.SMS.SCDS
Data Class Name : DCSDS

To DEFINE Data Class, Specify:
  Description ==>
              ==>
  Recfm . . . . . . . . . . FB            (any valid RECFM combination or blank)
  Lrecl . . . . . . . . . . 80            (1 to 32761 or blank)
  Override Space  . . . . . N             (Y or N)
  Space Avgrec  . . . . . . U             (U, K, M or blank)
        Avg Value . . . . . 80            (0 to 65535 or blank)
        Primary . . . . . . 1000          (0 to 999999 or blank)
        Secondary . . . . . 100           (0 to 999999 or blank)
        Directory . . . . .               (0 to 999999 or blank)
  Retpd or Expdt  . . . . .               (0 to 93000, YYYY/MM/DD or blank)
  Volume Count  . . . . . . 1             (1 to 255 or blank)
  Add'l Volume Amount . . .               (P=Primary, S=Secondary or blank)
Command ===>
 F1=Help    F2=Split   F3=End      F4=Return  F7=Up       F8=Down     F9=Swap
F10=Left   F11=Right  F12=Cursor
```

图 5-22　创建 DC 图界面 2

（4）按“F8”键，进入下一个设置界面，输入完参数之后，直接按“F3”键退出即可自动保存。

（5）创建成功后，可以通过在“DATA CLASS APPLICATION SELECTION”面板中选择“2. Display”选项查看 DC 的信息，如图 5-23 所示。

DC 中所有属性的意义可以查看 IBM 红皮书 *DFSMS Storage Administration Reference*（SC26-7402-06）P118。

```
  Panel  Utilities  Scroll  Help
ssssssssssssssssssssssssssssssssssssssssssssssssssssssssssssssssssssssssssssssss
                              DATA CLASS DISPLAY                   Page 1 of 4

CDS Name  . . . : yourid.SMS.SCDS
Data Class Name : DCSDS

Description :

Recfm  . . . . . . . . . . : FB
Lrecl  . . . . . . . . . . : 80
Space Avgrec . . . . . . . : U
      Avg Value  . . . . . : 80
      Primary  . . . . . . : 1000
      Secondary  . . . . . : 100
      Directory  . . . . . :
```

图 5-23　查看 DC 图

2. 创建 DC：DCPDS

PDS 是 z/OS 中非常常见的一种数据集，类似于 Windows 中的文件夹（包括文件夹下的文件）。这里定制一个 PDS 文件使用的 DC，使其记录为变长。在本案例策略中，以 PDS 作为 LLQ 的数据集使用该 DC。该 DC 的具体参数如下：

- DC NAME —— DCPDS。
- LRECL —— 255。
- AVG REC —— U。
- SPACE SECONDARY —— 100。
- Data Set Name Type —— PDS。
- RECFM —— VB。
- AVG VALUE —— 255。
- SPACE PRIMARY —— 1 000。
- SPACE Directory —— 100。

这样建立的数据集是一个变长的、大约能存放 500 个成员的 PDS 数据集。操作步骤如下。

（1）进入 ISMF 后，选择选项 4 进入“DATA　CLASS APPLICATION　SELECTION”界面。

（2）在“CDS Name”中输入建立的 SCDS“yourid.SMS.SCDS”，在“Data Class Name”中输入拟定的 DC 名“DCPDS”，最后在选项里选择“3. Define”。

（3）在 DC 新建界面，按照如上假定，填入相应的值。

（4）按“F3”键，保存并退出。

3. 创建 DC：DCPDSE

PDSE 数据集类似于 PDS 数据集，但是在性能方面要更高于 PDS，能够有效地避免磁盘碎片，提高磁盘空间的使用率。操作步骤类似 DCPDS 的创建，只要将 Data Set Name Type 设置为 LIB 即可建立 PDSE 数据集。

4. 创建 DC：KSDS

KSDS 类型的 VSAM 数据集是一种非常重要的数据集类型，因其键值索引的特性，保证了数据集读取性能的高效，许多系统以及应用程序的信息都是使用 KSDS 进行存储。虽然 KSDS 数据集非常好用，但是在 SMS 设定中，使用默认的 KSDS 却不是一个好主意。需要在 KSDS 中指定键值的长度及键值的位置。下面是一个键值长度为 6、偏移位置为 0，记录长度为 80 的 KSDS 数据集创建 DC。该 DC 的具体参数如下：

- DC NAME —— DCKSDS。
- LRECL —— 80。
- AVG REC —— U。
- SPACE SECONDARY —— 100。
- Keylen —— 6。
- AVG VALUE —— 80。
- SPACE PRIMARY —— 1 000。
- Recorg —— KS。
- Keyoff —— 0。

这样建立的数据集是 KSDS 数据集，其键值从第 1 个字节起，取 6 个字节，记录长度为 80。在本存储策略中，LLQ 为 KSDS 的数据集，会使用该 DC。操作步骤同上。

5. 查看、修改或者删除 DC

在“DATA CLASS APPLICATION SELECTION”界面中，可以看到，除了“3. Define”之外，还有 3 个选项分别是 List、Display 和 Alter。使用 List 可以找到所有在该 CDS 中定义的 DC，通过使用 Display 和 Alter 可以对一个已经存在的 DC 进行查看和修改。下面来看看如何删除一个 DC。操作步骤如下。

（1）进入 ISMF 后，选择选项 4 进入“DATA CLASS APPLICATION SELECTION”界面。

（2）在“CDS Name”中输入 SCDS 名称，比如“yourid.SMS.SCDS”，在“Data Class Name”中输入“*”(表示所有)。最后在选项里选择“1. List”，如图 5-24 所示。

```
 Panel  Utilities  Help
------------------------------------------------------------------------------
                        DATA CLASS APPLICATION SELECTION

To perform Data Class Operations, Specify:
  CDS Name . . . . . . 'yourid.SMS.SCDS'
                            (1 to 44 character data set name or 'Active' )
  Data Class Name  . . *      (For Data Class List, fully or partially
                              specified or * for all)

Select one of the following options   :
  1  1. List     - Generate a list of Data Classes
     2. Display  - Display a Data Class
     3. Define   - Define a Data Class
     4. Alter    - Alter a Data Class

If List Option is chosen,
   Enter "/" to select option       Respecify View Criteria
                                    Respecify Sort Criteria


Command ===>
 F1=Help     F2=Split    F3=End      F4=Return   F7=Up       F8=Down     F9=Swap
F10=Left    F11=Right   F12=Cursor
```

图 5-24　查看所有 DC

(3) 按下回车,进入“DATA CLASS LIST”界面,这里可以查看到该CDS中所有的DC,包括它们的所有属性。

(4) 在新建的LDS左边的“LINE OPERATOR”中输入“del”,表示删除该DC,如图5-25所示。

```
  Panel  List  Utilities  Scroll  Help
------------------------------------------------------------------------------
                              DATA CLASS LIST
                                                  Entries 1-1 of 1
                                                  Data Columns 3-9 of 50
CDS Name : yourid.SMS.SCDS

Enter Line Operators below:

    LINE       DATACLAS                                                 AVG
    OPERATOR   NAME      RECORG  RECFM  LRECL  KEYLEN  KEYOFF  AVGREC  VALUE
   ---(1)----  --(2)---  -(3)--  -(4)-  -(5)-  -(6)--  -(7)--  -(8)--  -(9)-
   del         DCSDS     --      FB       80   ---     -----   U          80
   ----------  --------  ------  BOTTOM  OF  DATA  ------  --------  ----------




Command ===>                                             Scroll ===> HALF
 F1=Help    F2=Split   F3=End      F4=Return  F7=Up      F8=Down    F9=Swap
F10=Left   F11=Right  F12=Cursor
```

图5-25 删除DC

(5) 按“回车”键,进入确定界面,在“Perform Deletion”左边的小空格内输入“/”,表示执行,按“回车”键,系统返回到前一界面,并提示该DC已经被删除。

5.7.4 创建DC ACS例程

1. 编写DC ACS例程

创建好DC后,需要编写DC的ACS例程,取名为PRODDC。假设DC分配策略如下。

(1) 当数据集的LLQ为“SDS”时,将DC设置为“DCSDS”,即创建顺序数据集。

(2) 当数据集的LLQ为“PDS”时,将DC设置为“DCPSD”,即创建分区数据集。

(3) 当数据集的LLQ为“PDSE”时,将DC设置为“DCPSDE”,即创建扩展分区数据集。

(4) 当数据集的LLQ为“KSDS”时,将DC设置为“DCKSDS”,即创建KSDS数据集。

(5) 否则为空,根据用户定义的文件类型来创建数据集。

满足上面要求的DC ACS例程示例代码如下,可以在yourid.SMS.ACS库中创建成员(假设成员名字为DC):

```
PROC DATACLAS
SELECT
   WHEN (&LLQ = 'SDS')
      DO
         SET &DATACLAS = 'DCSDS'
         EXIT
```

```
     END
   WHEN  (&LLQ = 'PDS')
     DO
       SET &DATACLAS = 'DCPDS'
       EXIT
     END
   WHEN  (&LLQ = 'PDSE')
     DO
       SET &DATACLAS = 'DCPDSE'
       EXIT
     END
   WHEN  (&LLQ = 'KSDS')
     DO
       SET &DATACLAS = 'DCKSDS'
       EXIT
     END
   OTHERWISE
     SET &DATACLAS = ''
   END
 END
```

2. 翻译 DC ACS 例程

虽然已经编写好了 DC ACS 例程，但例程还没有放入 SCDS 中。必须使用翻译(Translate)，将写好的 DC ACS 例程转化成可执行代码，存储到 SCDS 中。操作步骤如下。

(1) 进入 ISMF 后，选择选项 7 进入"ACS APPLICATION SELECTION"界面。

(2) 在"CDS Name"中输入 SCDS"yourid.SMS.SCDS"，然后选择"2. Translate"进行翻译，如图 5-26 所示。

```
  Panel  Utilities  Help
ssssssssssssssssssssssssssssssssssssssssssssssssssssssssssssssssssssssssssssss
                         ACS APPLICATION SELECTION

Select one of the following options:
2  1. Edit            - Edit ACS Routine source code
   2. Translate       - Translate ACS Routines to ACS Object Form
   3. Validate        - Validate ACS Routines Against Storage Constructs
   4. Test            - Define/Alter Test Cases and Test ACS Routines
   5. Display         - Display ACS Object Information
   6. Delete          - Delete an ACS Object from a Source Control Data Set


If Display Option is Chosen, Specify:

  CDS Name  . . yourid.SMS.SCDS
                               (1 to 44 Character Data Set Name or 'Active')



Use ENTER to Perform Selection;
Use HELP Command for Help; Use END Command to Exit.
```

图 5-26　翻译 DC ACS 例程界面 1

(3) 按"回车"键后，进入"TRANSLATE ACS ROUTINES"界面，在"SCDS Name"中输入要翻译的 SCDS"yourid.SMS.SCDS"，在"ACS Source Data Set"中输入启动数据集名称"yourid.SMS.ACS"，在"ACS Source Member"中输入所要翻译的 ACS 例程"DC"，最后在"Listing Data Set"中输入"yourid.LIST"，这样会再创建一个数据集存放翻译结果，如

图 5-27 所示。按"回车"键可看到 ACS 翻译成功的结果(显示 TRANSLATION RETURN CODE：0000)。

```
  Panel  Utilities  Help
ssssssssssssssssssssssssssssssssssssssssssssssssssssssssssssssssssssssssssssss
                          TRANSLATE ACS ROUTINES

To Perform ACS Translation, Specify:

   SCDS Name . . . . . . . yourid.SMS.SCDS
                                    (1 to 44 Character Data Set Name)

   ACS Source Data Set . . yourid.SMS.ACS
                                    (1 to 44 Character Data Set Name)

   ACS Source Member . . . DC           (1 to 8 characters)


   Listing Data Set  . . . yourid.LIST
                                    (1 to 44 Character Data Set Name)




Use ENTER to Perform ACS Translation;
Use HELP Command for Help; Use END Command to Exit.
```

图 5-27 翻译 DC ACS 例程界面 2

(4) 完成后，退回"ACS APPLICATION SELECTION"界面(图 5-28)，选择"5.Display"来显示翻译成功的 ACS 对象，"CDS NAME"必须是"yourid.SMS.SCDS"。

```
 . . . . . . . . . . . . . . . . . . . . . . . . . . . . . . . . . . . . . .
  Panel  Utilities  Help
------------------------------------------------------------------------------
                          ACS APPLICATION SELECTION

Select one of the following options:
5  1. Edit                - Edit ACS Routine source code
   2. Translate           - Translate ACS Routines to ACS Object Form
   3. Validate            - Validate ACS Routines Against Storage Constructs
   4. Test                - Define/Alter Test Cases and Test ACS Routines
   5. Display             - Display ACS Object Information
   6. Delete              - Delete an ACS Object from a Source Control Data Set



If Display Option is Chosen, Specify:

  CDS Name  . . 'yourid.SMS.SCDS'
                              (1 to 44 Character Data Set Name or 'Active')


Command ===>
 F1=Help    F2=Split   F3=End     F4=Return  F7=Up      F8=Down    F9=Swap
F10=Left   F11=Right  F12=Cursor
```

图 5-28 显示 ACS 例程信息界面 1

(5) 如果显示如图 5-29 所示的信息，则表明 DC ACS 例程已经翻译成功，至此，就算成功地完成 DC ACS 例程的编写和翻译了。

```
 . . . . . . . . . . . . . . . . . . . . . . . . . . .
  Panel  Utilities  Help
 ------------------------------------------------------------------------------
                           ACS OBJECT DISPLAY

 CDS Name   : yourid.SMS.SCDS

 ACS Rtn    Source Data Set ACS       Member    Last Trans  Last Date  Last Time
 Type       Routine Translated from   Name      Userid      Translated Translated
 --------   -----------------------   --------  ----------  ---------- ----------
 DATACLAS   yourid.SMS.ACS             DC        yourid     2018/04/09  19:46


 MGMTCLAS   -----------------------   --------  --------    ----------  -----


 STORCLAS   -----------------------   --------  --------    ----------  -----


 STORGRP    -----------------------   --------  --------    ----------  -----

 Command ===>
  F1=Help     F2=Split    F3=End      F4=Return   F7=Up       F8=Down     F9=Swap
 F10=Left    F11=Right   F12=Cursor
```

图 5-29　显示 ACS 例程信息界面 2

5.7.5　创建 SC

SC 是数据集是否被 SMS 管理的重要标志，如果 SC 被指定，则该数据集是 SMS 管理的数据集，放在 SMS 管理的盘卷上。

本案例的存储策略如下。

(1) 默认情况下，系统中所有数据集都被 SMS 管理，不存在数据集 SC 为空的情况，因此系统必须需要一个默认的 SC，取名为 BASE。

(2) 数据库 DB2 的系统数据和用户数据访问需求相似，统一采用一个 SC，取名为 DB2DASD，有备份需求。

(3) 中间件 CICS 的系统数据集和交易数据集访问需求统一采用一个 SC，取名为 SCCISC，数据访问性能要求较高。

综上所述，本案例中的 Storage Class 将分为三类：BASE，DB2DASD 和 SCCICS，其中 BASE 作为默认的 Storage Class。

BASE 设置：参数全部默认。

DB2DASD 设置：采用如下 Method 1 backup device 设置。

- Availability —— N。
- Versioning —— N。
- Guaranteed Space —— N。
- Parallel Access Volume Capability —— N。
- Accessibility —— C。
- Backup —— Y。
- Guaranteed synchronous Write —— N。

SCCICS 设置：

- Initial Access Response Seconds —— 2。
- Availability —— N。
- Guaranteed Space —— N。
- Parallel Access Volume Capability —— N。
- Accessibility —— N。
- Guaranteed synchronous Write —— N。

1. 创建 BASE

该 SC 是本策略中的默认类，所以对于它的参数，全部使用默认值，操作步骤和下面 SC 的创建过程相似（过程略）。

2. 创建 DB2DASD

该类 SC 用于服务 DB2 数据，详细的创建步骤如下。

（1）进入 ISMF 后，选择选项 5 进入“STORAGE CLASS APPLICATION SELECTION”界面。

（2）在“CDS Name”中输入“yourid. SMS. SCDS”，在“Storage Class Name”中输入“DB2DASD”，并选择“3. Define”。

（3）按“回车”键后，在“STORAGE CLASS DEFINE”界面，在“Description”里输入描述后，根据分析里的参数设置，在“Accessibility”中输入“N”，“Versioning”中输入“N”，“Backup”中输入“Y”。由于第二页的设置没有需要改变的，所以按“F3”键，保存退出。如图 5-30 所示。

```
  Panel  Utilities  Scroll  Help
------------------------------------------------------------------------------
                              STORAGE CLASS DEFINE              Page 1 of 2

SCDS Name . . . . . : yourid.SMS.SCDS
Storage Class Name  : DB2DASD
To DEFINE Storage Class, Specify:
  Description ==>
              ==>
  Performance Objectives
   Direct Millisecond Response . . . .          (1 to 999 or blank)
   Direct Bias . . . . . . . . . . . .          (R, W or blank)
   Sequential Millisecond Response . .          (1 to 999 or blank)
   Sequential Bias . . . . . . . . . .          (R, W or blank)
   Initial Access Response Seconds . .          (0 to 9999 or blank)
   Sustained Data Rate (MB/sec)  . . .          (0 to 999 or blank)
   OAM Sublevel  . . . . . . . . . . .          (1, 2 or blank)
  Availability . . . . . . . . . . . . N        (C, P ,S or N)
  Accessibility  . . . . . . . . . . . N        (C, P ,S or N)
   Backup  . . . . . . . . . . . . . . Y        (Y, N or Blank)
   Versioning  . . . . . . . . . . . . N        (Y, N or Blank)
Command ===>
 F1=Help    F2=Split   F3=End     F4=Return  F7=Up      F8=Down    F9=Swap
F10=Left   F11=Right  F12=Cursor
```

图 5-30 创建 SC:DB2DASD

3. 创建 SCCICS

该类 SC 用于存储 CICS 的数据，详细的创建步骤如下。

（1）进入 ISMF 后，键入 5，进入“STORAGE CLASS APPLICATION SELECTION”界面。

(2) 在“CDS Name”中输入“yourid. SMS. SCDS”，在“Storage Class Name”中输入“SCCICS”，并选择“3. Define”。

(3) 按“回车”键后，在“STORAGE CLASS DEFINE”界面，在“Description”里输入描述后，根据分析里的参数设置，在“Initial Access Response Seconds”中输入“2”。由于第二页的设置没有需要改变的，所以按“F3”键，保存退出。如图 5-31 所示。

```
 Panel  Utilities  Scroll  Help
------------------------------------------------------------------------------
                              STORAGE CLASS DEFINE              Page 1 of 2

SCDS Name . . . . . : yourid.SMS.SCDS
Storage Class Name  : SCCICS
To DEFINE Storage Class, Specify:
  Description ==>
              ==>
  Performance Objectives
   Direct Millisecond Response . . . .             (1 to 999 or blank)
   Direct Bias . . . . . . . . . . . .             (R, W or blank)
   Sequential Millisecond Response . .             (1 to 999 or blank)
   Sequential Bias . . . . . . . . . .             (R, W or blank)
   Initial Access Response Seconds . . 2           (0 to 9999 or blank)
   Sustained Data Rate (MB/sec)  . . .             (0 to 999 or blank)
   OAM Sublevel  . . . . . . . . . . .             (1, 2 or blank)
  Availability . . . . . . . . . . . . N           (C, P ,S or N)
  Accessibility  . . . . . . . . . . . N           (C, P ,S or N)
   Backup  . . . . . . . . . . . . . .             (Y, N or Blank)
   Versioning  . . . . . . . . . . . .             (Y, N or Blank)
Command ===>
 F1=Help    F2=Split   F3=End    F4=Return  F7=Up     F8=Down    F9=Swap
F10=Left   F11=Right  F12=Cursor
```

图 5-31　创建 SC:SCCICS

5.7.6　创建 SC ACS 例程

1. 编写 SC ACS 例程

本例中，SC ACS 例程的名称为 PRODSC，策略如下。

(1) 查看用户创建时有没有设定 SC，若有则使用用户设定的。

(2) 判断是否为 DB2 数据库文件，判断 DSNAME 是否为“DB2 *. **”(这是一个示意，并非实际情况)，若是则将其设定为 DB2DASD。

(3) 判断其是否为 CICS 所使用的数据集，判断 DSNAME 是否为“CICS *. **”(这是一个示意，并非实际情况)，若是则设定为 SCCISC。

(4) 如果都没有设定，则将 SC 定义为默认值，即 BASE。

具体示例代码如下，以成员(假设为 SC)形式存储在 yourid.SMS.ACS 库中：

```
PROC STORCLAS
FILTLIST DSNDB2    INCLUDE (DB2*.**)
FILTLIST DSNCICS   INCLUDE (CICS*.**)
SELECT
  WHEN  (&STORCLAS NE '')
    DO
      EXIT
    END
  WHEN  (&DSN = &DSNDB2)
    DO
```

```
      SET &STORCLAS = 'DB2DASD'
      EXIT
    END
  WHEN (&DSN = &DSNCICS)
    DO
      SET &STORCLAS = 'SCCICS'
      EXIT
    END
  OTHERWISE
    DO
      SET &STORCLAS = 'BASE'
      EXIT
    END
  END
END
```

2. 翻译 SC ACS 例程

虽然已经编写好了 SC ACS 例程，但该例程还没有翻译成可执行代码放入 SCDS 中。必须使用翻译将写好的 SC ACS 例程翻译到 SCDS 中。过程类似 DC ACS 例程的翻译过程（此处略）。完成了对 SC 的设定，接下来就要对 MC 进行设定。

5.7.7 创建 MC

MC 的使用需要与 DFSMShsm 联系起来，DFSMShsm 监测每个被 SMS 管理的数据集的 MC，并通过 DFSMSdss 处理。在 SMS 中，至少要有一个默认的 MC，被设定在 SMS 基本配置信息中。在本案例中，MC 的分类假设如下：

- 设置一个 MCBANK，Migration Attributes 设置为“30，60，BOTH”，系统选择没有使用的数据在 30 d 内从 L0 卷中转移到 ML1 卷上，60 d 没有使用的数据集从 ML1 中转移到 ML2 上，同时允许操作员手工转移；将 Backup Frequency 设置为 1，即每天备份一次，考虑到除了系统例行自动备份外，也允许操作员手动备份，因此把“Admin or User Command Backup”设置为“BOTH”。
- 由于 MC 需要一个默认的 MC，设置其为“MCTEST”，简单地保持 MC 定义时的默认值。

综上所述，本案例中的 MC 将分为 MCBANK 和 MCTEST 两类，其中，MCTEST 是默认的 MC 值。

MCBANK 参数设置如下：

- Migration Attributes。
- Primary Days Non-usage —— 30。
- Level 1 Days Non-usage —— 60。
- Command or Auto Migrate —— BOTH。
- Backup Frequency —— 1。
- Admin or User command Backup —— BOTH。

1. 创建 MCTEST

该 MC 的参数全部使用默认值，操作步骤和下面 MC 的创建过程相似（此处略）。

2. 创建 MCBANK

（1）进入 ISMF 后，选择选项 3 进入“MANAGEMENT CLASS APPLICATION

SELECTION”界面。

(2) 在“CDS Name”中输入“yourid.SMS.SCDS”,在“Management Class Name”中输入“MCBANK”,并选择“3. Define”。

(3) 按“回车”键后,进入“MANAGEMENT CLASS DEFINE”界面,根据设定好的参数,填入相关区域。结果如图 5-32 所示。

```
  Panel  Utilities  Scroll  Help
------------------------------------------------------------------------------
                        MANAGEMENT CLASS DEFINE              Page 1 of 5

SCDS Name . . . . . . : yourid.SMS.SCDS
Management Class Name : MCBANK

To DEFINE Management Class, Specify:

  Description ==>
              ==>

  Expiration Attributes
    Expire after Days Non-usage  . . NOLIMIT     (1 to 93000 or NOLIMIT)
    Expire after Date/Days . . . . . NOLIMIT     (0 to 93000, yyyy/mm/dd or
                                                 NOLIMIT)

  Retention Limit  . . . . . . . . . NOLIMIT     (0 to 93000 or NOLIMIT)



Command ===>
 F1=Help    F2=Split   F3=End     F4=Return  F7=Up      F8=Down     F9=Swap
F10=Left   F11=Right  F12=Cursor
```

图 5-32　创建 MC 界面 1

(4) 按“F8”键,设定相关参数,如图 5-33 所示。

```
  Panel  Utilities  Scroll  Help
------------------------------------------------------------------------------
                        MANAGEMENT CLASS DEFINE              Page 2 of 5

SCDS Name . . . . . . : yourid.SMS.SCDS
Management Class Name : MCBANK

To DEFINE Management Class, Specify:

  Partial Release . . . . . . . . . N           (Y, C, YI, CI or N)

  Migration Attributes
    Primary Days Non-usage  . . . . 30          (0 to 9999 or blank)
    Level 1 Days Non-usage  . . . . 60          (0 to 9999, NOLIMIT or blank)
    Command or Auto Migrate . . . . BOTH        (BOTH, COMMAND or NONE)


  GDG Management Attributes
    # GDG Elements on Primary . . .             (0 to 255 or blank)
    Rolled-off GDS Action . . . . .             (MIGRATE, EXPIRE or blank)

Command ===>
 F1=Help    F2=Split   F3=End     F4=Return  F7=Up      F8=Down     F9=Swap
F10=Left   F11=Right  F12=Cursor
```

图 5-33　创建 MC 界面 2

（5）按“F3”键保存退出。

5.7.8　创建 MC ACS 例程

1. 编写 MC ACS 例程

该 MC ACS 的名称取为 MC，策略如下。

（1）当 SC 不为 BASE 时（系统中的 DB2 数据和 CICS 数据），使用 MCBANK。

（2）当 SC 为 BASE 时使用默认的 MC：MCTEST。

具体 MC ACS 例程示例代码如下：

```
PROC MGMTCLAS
/*************************************************/
/*       WRITEN BY TERRY     2008-APRIL        */
/*************************************************/
IF &STORCLAS NE 'BASE'
   THEN
     DO
       SET &MGMTCLAS = 'MCBANK'
     END
ELSE
     DO
   SET &MGMTCLAS = 'MCTEST'
     END
END
```

2. 翻译 MC ACS 例程

编写好的 MC ACS 例程还需放入 SCDS 中。必须使用翻译将写好的 MC ACS 例程翻译到 SCDS 中。操作步骤与 DC ACS 例程及 SC ACS 例程的翻译过程类似（此处略）。

5.7.9　创建 SG

创建 SG，SG 的策略如下：

- 创建三个存储组 SGDB2，SGCICS 和 SGDFLT，分别用于存放 DB2 数据、CICS 数据和其他数据。
- 存储组 SGDB2 用来存放 DB2 的数据，可用性要求很高，要对数据进行定期备份。
- 存储组 SGCICS 用来存放 CICS 的相关数据，对实时性的要求比较高。
- 对于其他数据，可以放置在存储组 SGDFLT 中，创建时使用默认参数。

综上所述，本案例中的 SG 将分为 SGDB2，SGCICS 和 SGDFLT 三类。

1. 创建 SGDB2

（1）进入 ISMF 后，选择选项 6 进入“STORAGE GROUP APPLICATION SELECTION”界面。

（2）在“CDS Name”中输入“yourid.SMS.SCDS”，在“Storage Group Name”中输入“SGDB2”，同时在“Storage Group Type”中输入“POOL”，并选择“3. Define”进行定义。如图 5-34 所示。

```
  Panel  Utilities  Help
------------------------------------------------------------------------------
                      STORAGE GROUP APPLICATION SELECTION

To perform Storage Group Operations, Specify:
  CDS Name . . . . . . 'yourid.SMS.SCDS'
                                (1 to 44 character data set name or 'Active' )
  Storage Group Name    SGDB2             (For Storage Group List, fully or
                                           partially specified or * for all)
  Storage Group Type    POOL              (VIO, POOL, DUMMY, COPY POOL BACKUP,
                                           OBJECT, OBJECT BACKUP, or TAPE)
Select one of the following options  :
  3  1. List     - Generate a list of Storage Groups
     2. Display  - Display a Storage Group (POOL only)
     3. Define   - Define a Storage Group
     4. Alter    - Alter a Storage Group
     5. Volume   - Display, Define, Alter or Delete Volume Information

If List Option is chosen,
   Enter "/" to select option      Respecify View Criteria
        Space Info in GB           Respecify Sort Criteria
Command ===>
 F1=Help    F2=Split   F3=End     F4=Return  F7=Up      F8=Down    F9=Swap
F10=Left   F11=Right  F12=Cursor
```

图 5-34　创建 SG 界面 1

(3) 按“回车”键后，进入“POOL STORAGE GROUP DEFINE”界面，根据设定好的参数，将“Allocation/migration Threshold”的“High”值设定为“85”，“Low”值设定为“20”，“Guaranteed Backup Frequency”的值设定为“1”，如图 5-35 所示。

```
  Panel  Utilities  Scroll  Help
------------------------------------------------------------------------------
                          POOL STORAGE GROUP DEFINE         Page 2 of 2

SCDS Name . . . . . : yourid.SMS.SCDS
Storage Group Name  : SGDB2

To DEFINE Storage Group, Specify:

 Allocation/migration Threshold :     High    85    (1-100)  Low . . 20  (0-99)
 Alloc/Migr Threshold Track-Managed:  High    85    (1-100)  Low . . 20  (0-99)
 Guaranteed Backup Frequency  . . . . . . . 1       (1 to 9999 or NOLIMIT)
 BreakPointValue  . . . . . . . . . . . .           (0-65520 or blank)







Command ===>
 F1=Help    F2=Split   F3=End     F4=Return  F7=Up      F8=Down    F9=Swap
F10=Left   F11=Right  F12=Cursor
```

图 5-35　创建 SG 界面 2

(4) 按“F3”键保存退出。

（5）添加盘卷需退回到“STORAGE GROUP APPLICATION SELECTION”界面，在“CDS Name”中输入“yourid.SMS.SCDS”，在“Storage Group Name”中输入“SGDB2”，并选择“5. Volume”。如图 5-36 所示。

```
 Panel  Utilities  Help
-----------------------------------------------------------------------------
                  STORAGE GROUP APPLICATION SELECTION          SGDB3 SAVED

To perform Storage Group Operations, Specify:
  CDS Name . . . . . . 'yourid.SMS.SCDS'
                              (1 to 44 character data set name or 'Active' )
  Storage Group Name    SGDB2           (For Storage Group List, fully or
                                        partially specified or * for all)
  Storage Group Type                    (VIO, POOL, DUMMY, COPY POOL BACKUP,
                                        OBJECT, OBJECT BACKUP, or TAPE)
Select one of the following options  :
  5  1. List     - Generate a list of Storage Groups
     2. Display  - Display a Storage Group (POOL only)
     3. Define   - Define a Storage Group
     4. Alter    - Alter a Storage Group
     5. Volume   - Display, Define, Alter or Delete Volume Information

If List Option is chosen,
   Enter "/" to select option      Respecify View Criteria
        Space Info in GB           Respecify Sort Criteria
Command ===>
 F1=Help     F2=Split    F3=End     F4=Return  F7=Up       F8=Down     F9=Swap
F10=Left    F11=Right   F12=Cursor
```

图 5-36　增加盘卷界面 1

（6）按“回车”键后，进入“STORAGE GROUP VOLUME SELECTION”界面，在该面板中选择“3. Define”选项，并在下方的空格填上要添加的盘卷（如“USER02”），如图 5-37 所示。需要注意的是，一般情况下存储组里的盘卷都是多个，在此作了简化，只添加一个盘卷。

```
 Panel  Utilities  Help
-----------------------------------------------------------------------------
                     STORAGE GROUP VOLUME SELECTION

CDS Name . . . . . : yourid.SMS.SCDS
Storage Group Name  : SGDB2
Storage Group Type  : POOL

Select One of the following Options:
  2  1. Display - Display SMS Volume Statuses (Pool & Copy Pool Backup only)
     2. Define  - Add Volumes to Volume Serial Number List
     3. Alter   - Alter Volume Statuses (Pool & Copy Pool Backup only)
     4. Delete  - Delete Volumes from Volume Serial Number List

Specify a Single Volume (in Prefix), or Range of Volumes:
      Prefix    From     To     Suffix  Type
      ______   ______  ______   _____    _
 ===> USER02
 ===>
 ===>
 ===>
Command ===>
 F1=Help     F2=Split    F3=End     F4=Return  F7=Up       F8=Down     F9=Swap
F10=Left    F11=Right   F12=Cursor
```

图 5-37　增加盘卷界面 2

(7) 按“F3”键保存并退出。

2. 创建 SGCICS 和 SGDFLT

采用相同的方法制定 SGCICS 和 SGDFLT，设定的类型均为 POOL，并添加相应的盘卷，假设 SGCICS 中添加 CICSV1，CICSV2 和 CICSV3 盘卷；SGDFLT 中添加 DFLTV1-DFLTV9 共 9 个盘卷，这里省略具体过程。

5.7.10 创建 SG ACS 例程

1. 编写 SG ACS 例程

该 SG ACS 例程的名称取为 PRODSG。策略如下。

(1) 判断数据集的 SC，若 SC 为 DB2DASD，则设置 SG 为 SGDB2。

(2) 若 SC 为 SCCICS，则设置 SG 为 SGCICS。

(3) 若 SC 为 BASE，则设置 SG 为 SGDFLT。

具体 SG ACS 例程示例代码如下，假设成员名为 SG，存放在 yourid.SMS.ACS 中：

```
PROC STORGRP
/*************************************************/
/*       WRITEN BY TERRY   2008-APRIL          */
/*************************************************/
SELECT
   WHEN  (&STORCLAS EQ 'DB2DASD')
      DO
         SET &STORGRP = 'SGDB2'
         EXIT
      END
   WHEN  (&STORCLAS EQ 'SCCICS')
      DO
         SET &STORGRP = 'SGCICS'
         EXIT
      END
   WHEN  (&STORCLAS EQ 'BASE')
      DO
         SET &STORGRP = 'SGDFLT'
         EXIT
      END
   END
END
```

2. 翻译 SG ACS 例程

编写好的 SG ACS 例程需放入 SCDS 中。必须使用翻译将写好的 SG ACS 例程翻译到 SCDS 中。过程与上文的翻译过程类似(此处略)。

5.7.11 验证和激活 SCDS

前面已经完成了 SCDS 的定制，但是系统真正使用的并非 SCDS 而是 ACDS，要想激活上面配置的这套存储策略，需要把 SCDS 中的存储策略翻译到 ACDS 中。这个过程分如下两步来做。

(1) 验证(Validate)，这样保证 SCDS 中的 SMS 存储策略是正确的。

(2) 验证之后，采用激活(Active)把 SCDS 的存储策略放入到 ACDS 中。

1. 验证 SCDS

(1) 进入 ISMF 后，选择选项 8 进入“CDS APPLICATION SELECTION”界面。在“CDS Name”中输入 SCDS“yourid. SMS. SCDS”，然后选择“4. Validate”确认。如图 5-38 所示。

```
  Panel  Utilities  Help
------------------------------------------------------------------------------
                          CDS APPLICATION SELECTION

To Perform Control Data Set Operations, Specify:
  CDS Name . . 'yourid.SMS.SCDS'
                           (1 to 44 Character Data Set Name or 'Active')

Select one of the following Options:
4     1. Display       - Display the Base Configuration
      2. Define        - Define the Base Configuration
      3. Alter         - Alter the Base Configuration
      4. Validate      - Validate the SCDS
      5. Activate      - Activate the CDS
      6. Cache Display - Display CF Cache Structure Names for all CF Cache Sets
      7. Cache Update  - Define/Alter/Delete CF Cache Sets
      8. Lock Display  - Display CF Lock Structure Names for all CF Lock Sets
      9. Lock Update   - Define/Alter/Delete CF Lock Sets
If CACHE Display is chosen, Enter CF Cache Set Name . . *
If LOCK Display is chosen, Enter CF Lock Set Name . . . *
                           (1 to 8 character CF cache set name or * for all)
Command ===>
 F1=Help     F2=Split    F3=End      F4=Return   F7=Up       F8=Down     F9=Swap
F10=Left    F11=Right   F12=Cursor
```

图 5-38　验证 SCDS-1

(2) 按“回车”键，进入“VALIDATE ACS ROUTINES OR ENTIRE SCDS”界面，这里确认所需要的确认的内容。在“ACS Routine Type”处输入“ * ”，表示对所有 ACS 例程进行验证。

(3) 按“回车”键，系统会提示用户成功或者失败。如果失败了，会提示用户失败的原因；如果成功，则显示“Validation Successful”信息。验证通过后，就可以放心对 SCDS 进行激活。

2. 激活 SCDS

(1) 进入 ISMF 后，选择选项 8 进入“CDS APPLICATION SELECTION”界面。在“CDS Name”中输入 SCDS“yourid.SMS.SCDS”，然后选择“5. Activate”。

(2) 按“回车”键，系统会提示，是否确认要激活，在 Perform Activation 前输入斜杠“/”，表示确定，如图 5-39 所示。

(3) 按“回车”键，系统会提示用户是否成功。验证通过后，激活一般都能成功，除非操作者不具备激活的权限，如图 5-40 所示。这就表示，新的 SMS 存储策略已经被激活。

```
 Panel  Utilities  Help
------------------------------------------------------------------------------
                          CONFIRM ACTIVATE REQUEST

 To Confirm Activation on the following Control Data Set:

     CDS : yourid.SMS.SCDS


Specify the following:
     Enter "/" to select option    /  Perform Activation









Command ===>
 F1=Help    F2=Split   F3=End     F4=Return  F7=Up      F8=Down    F9=Swap
F10=Left   F11=Right  F12=Cursor
```

图 5-39　激活 SCDS 界面 1

```
IGD008I NEW CONFIGURATION ACTIVATED FROM SCDS yourid.SMS.SCDS
***
```

图 5-40　激活 SCDS 界面 2

5.7.12　转换盘卷状态

SMS 管理的盘卷必须要进行 SMS 状态的转换，且转换的前提条件是该盘卷已经包含在一个激活的 SG 中，否则不能进行转换。以 SGDB2 中的 USER02 为例，在转换之前，可以现做一下测试，看看需要转换的 USER02 盘卷是否可以被正确转换。示例 JCL 代码如下：

```
//CONVTEST JOB NOTIFY=&SYSUID,REGION=0K
//STEP1 EXEC PGM=ADRDSSU
//CONVERT  DD  UNIT=3390,VOL=SER=USER02,DISP=SHR
//SYSPRINT DD SYSOUT=*
//SYSIN DD *
  CONVERTV SMS DDNAME (CONVERT)  TEST
/*
//
```

一旦转换测试成功后，就可以删除 TEST 关键字真正对该盘卷进行转换操作了。以相同的方式来转换系统中使用到的其他卷，包括 CICSV1-CICSV3 和 DFLTV1-DFLTV9。至此，新的 SMS 存储策略部署完毕。

5.7.13　测试 SMS 环境

上述 SMS 存储策略部署成功后，来看 SMS 到底有没有起作用。可以使用最简单的

ISPF 中 3.2 用户界面新建数据集测试一下。

1. 新建数据集“yourid.TEST.KSDS”

数据集“yourid.TEST.KSDS”根据制定的策略，其 HLQ 并不符合 SMS 管理的条件，因此，它并非是一个由 SMS 管理的数据集，但却能通过执行 DC 例程将数据集新建为 KSDS 数据集。测试的操作步骤如下。

（1）进入 ISPF 后，键入 3.2，进入“Data Set Utility”界面。在“Data Set Name”中输入“yourid.TEST.KSDS”，同时在 Option 中输入“A”，表示新建。按“回车”键，进入“Allocate New Data Set”界面，将其中所有的域都清空。如图 5-41 所示。按“回车”键，系统会提示新建成功。

```
  Menu  RefList  Utilities  Help
ssssssssssssssssssssssssssssssssssssssssssssssssssssssssssssssssssssssssssssssss
                          Allocate New Data Set

Data Set Name  . . . : yourid.TEST.KSDS

Management class . . .                (Blank for default management class)
Storage class  . . . .                (Blank for default storage class)
 Volume serial . . . .                (Blank for system default volume) **
 Device type . . . . .                (Generic unit or device address) **
Data class . . . . . .                (Blank for default data class)
 Space units . . . . .                (BLKS, TRKS, CYLS, KB, MB, BYTES
                                       or RECORDS)
 Average record unit                  (M, K, or U)
 Primary quantity  . .                (In above units)
 Secondary quantity                   (In above units)
 Directory blocks  . .                (Zero for sequential data set) *
 Record format . . . .
 Record length . . . .
 Block size  . . . . .
 Data set name type                   (LIBRARY, HFS, PDS, LARGE, BASIC, *
                                       EXTREQ, EXTPREF or blank)
 Expiration date . . .                (YY/MM/DD, YYYY/MM/DD
Enter "/" to select option             YY.DDD, YYYY.DDD in Julian form
   Allocate Multiple Volumes           DDDD for retention period in days
                                       or blank)

( * Specifying LIBRARY may override zero directory block)

( ** Only one of these fields may be specified)
```

图 5-41　测试 SMS 环境界面 1

（2）之后输入“＝3.4”进入“Data Set List Utility”界面，在 Dsname Level 中输入“yourid”，按“回车”键，可以看到该数据集确实新建成功了，其盘卷是“DFLTV2”。由于该数据集不属于 DB2 和 CICS，所以应该放在 DFLTV1－DFLTV9 卷中，与预期相同，如图 5-42 所示。

```
  Menu  Options  View  Utilities  Compilers  Help
ssssssssssssssssssssssssssssssssssssssssssssssssssssssssssssssssssssssssssssssss
DSLIST - Data Sets Matching yourid.**.KSDS                          Row 1 of 3

Command - Enter "/" to select action                  Message          Volume
-------------------------------------------------------------------------------
         yourid.TEST.KSDS                                              *VSAM*
         yourid.TEST.KSDS.DATA                                         DFLTV2
         yourid.TEST.KSDS.INDEX                                        DFLTV2
***************************** End of Data Set list ****************************
```

图 5-42　测试 SMS 环境界面 2

2. 新建数据集"CICSV3R1.TEST.SDS"

(1) 进入 ISPF 后，输入"3.2"，进入"Data Set Utility"界面。在 Data Set Name 中键入"CICSV3R1.TEST.SDS"，同时在 Option 中输入"A"，表示新建。

(2) 按"回车"键，清空所有的域，按"回车"键。数据集新建成功。

(3) 进入"Data Set List Utility"界面，在"Dsname Level"中输入"CICSV3R1.TEST.SDS"，按"回车"键，看到该数据集，在其左边操作域输入"I"(Information)，如图 5-43 所示。

```
  Menu  Options  View  Utilities  Compilers  Help
ssssssssssssssssssssssssssssssssssssssssssssssssssssssssssssssssssssssssssssssss
DSLIST - Data Sets Matching   CICSV3R1.TEST.SDS                     Row 1 of 1

Command - Enter "/" to select action                  Message           Volume
-------------------------------------------------------------------------------
 I       CICSV3R1.TEST.SDS                                              CICSV1
***************************** End of Data Set list ****************************
```

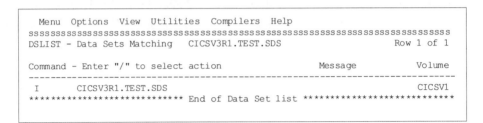

图 5-43 测试 SMS 环境界面 3

(4) 按"回车"键，进入"Data Set Information"界面，可以看到该数据集的所有信息，最醒目的就是 SMS 的相关信息：

"Management class：MCBANK"　　"Storage class：SCCICS"

"Volume serial：CICSV1"　　"Data class：DCSDS"

这正是根据用户所制定的 SMS 策略来创建的数据集。

第6章　安全管理(RACF)

众所周知，大型主机称得上业界最安全的平台，主机的安全管理涉及方方面面，相关工具也很多，但最重要的莫过于RACF，本章介绍RACF是如何保障主机安全的。RACF安全防备主要包括以下两个功能。

(1) 控制用户对系统的访问。

(2) 限制授权用户在系统文件和程序上可以执行的功能。

除了RACF，主机的安全服务器还包括以下组件。

(1) DCE安全服务器(Distributed Computing Environment，DCE)

运行在z/OS上，提供具有完整功能的OSF DCE 1.1级别的安全服务器。

(2) 轻量级目录访问协议(LDAP)服务器

该服务器基于客户/服务器端(C/S)模式，允许客户访问LDAP服务器。LDAP目录提供了一种在中央位置维护目录信息的简单方法，包括存储、更新、修复检索和交换目录信息。

(3) z/OS防火墙技术

这是z/OS中使用的IPV4网络安全防火墙程序。在本质上，z/OS防火墙既有传统的防火墙功能，也支持虚拟个人专用网(VPN)。

内置防火墙意味着如果需要的话，主机可以直接与互联网连接，而不需要硬件介入，并且可以提供所需安全级别的安全性来保护公司的重要资源。使用VPN技术，可以通过互联网建立由客户端到主机的安全加密信道。

(4) z/OS的网络认证服务

不需要购买或使用像分布式计算环境(DCE)这样的中间件就可以提供基于Kerberos的安全认证服务。

(5) 企业身份映射匹配(EIM)

提供了一种用低成本的解决方案轻松管理企业中多用户注册和多用户标识身份的方法。

(6) PKI服务

允许建立公钥基础设施，为内部或外部用户建立公钥基础设施，并提供证书授权机构服务，根据公司的政策来发布和管理数字证书。

安全的话题可以单独成为一门课程。在本书中，篇幅有限，仅介绍主机安全服务器中最重要的RACF工具以及如何应用它的特性来实现z/OS的安全策略。

6.1 RACF概述

RACF是Resource Access Control Facility的缩写，意为“资源访问控制工具”，它是一个附加的软件产品，给z/OS系统提供最基本的安全保护。RACF需要单独授权和付费。同时，用户必须明白系统保护的质量不仅取决于RACF的安装，更取决于客户如何使用RACF来部署自己的安全管理策略。因此，业界流传着这样一句话：“当用户的主机系统安全方面出现问题时，请不要抱怨RACF，而要看看用户的主机安全系统管理员是否不够专业。”

RACF提供了非常灵活的方法来定义何种用户可以使用何种资源。当需要为整个系统提供安全保障时，RACF可以用来定义和保护所有的系统资源。基本上，只要用户能够想到的资源，RACF都可以帮用户保护起来。对于用户来说，关键在于如何使用RACF功能实现客户需要的理想安全目标。

RACF最基本的结构包含用户、组和资源，如图6-1所示。RACF不但授权用户访问系统，也能根据用户的意图(如读或写)来控制用户访问资源的方式。

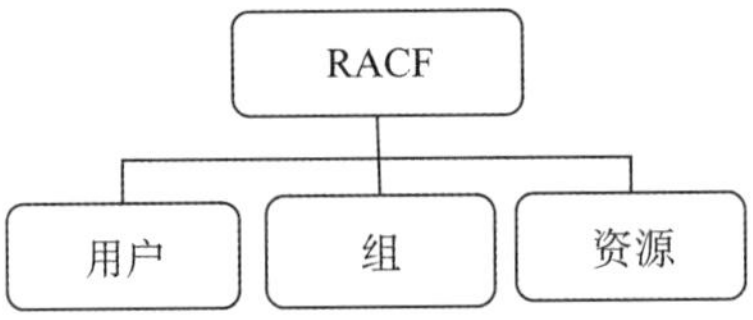

图6-1 RACF基本结构

RACF将关于用户、资源和访问权限的信息都保存在Profile里，存入RACF数据库中，并且根据这些Profile决定哪些用户获准访问被保护的系统资源。Profile可以理解为RACF数据库中的记录。

RACF中，用户至少隶属于一个组(缺省组)。组是RACF用户的集合，同一个组中的用户对被保护的资源往往有相同的访问需求。RACF将用户的信息记录到用户Profile上，将组的信息记录到组的Profile上。

为满足用户的安全需要，RACF提供了以下几个具体功能。

(1) 识别和验证用户。

(2) 授权用户访问被保护的资源。

(3) 用户安全管理。

(4) 记录和报告试图访问被保护的资源。

6.1.1 识别和验证用户

RACF使用用户标识(UID)和口令(PWD)来验证一个用户。当一个用户试图通过TSO登录系统时，RACF系统要检查如下内容。

(1) 用户在RACF中是否存在。

(2) 口令是否有效。

(3) 用户是否已被挂起(Revoke)。

(4) 用户是否被授权使用这个终端。

(5) 用户是否被授权使用 TSO 应用。

(6) 用户是否允许此时登录,终端是否允许此时登录。

所有的检查通过后,用户允许登录进入系统。

RACF 定义用户时,会给用户一个暂时的初始口令,用户首次登录时,RACF 会强制用户改变初始口令,并且口令在 RACF 中是加密存储的,RACF 系统管理员也无法读取用户的口令,只能帮用户重置初始口令。

每一个 RACF 用户均有一个 Profile,其内容包括用户 UID、所有者(Owner)、口令(Password)、属性、安全级别、组及段(Segment)等信息。为了管理方便,用户要属于至少一个组,当用户成为一个组中的成员时,即用户连接到该组,同时用户也具有了这个组的权限。图 6-2 所示为 RACF 识别和验证用户的功能。

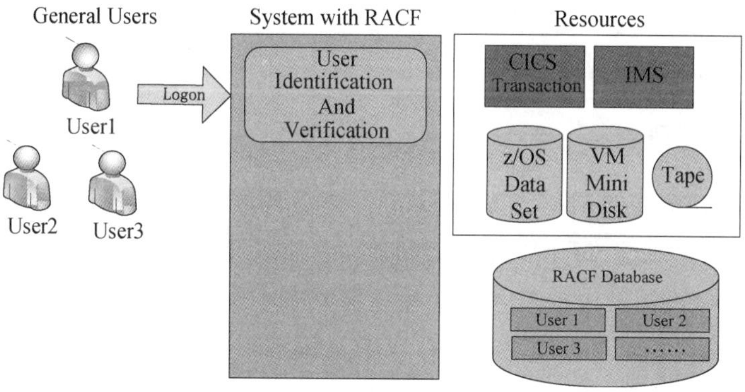

图 6-2　RACF 识别和验证用户功能

6.1.2　授权用户访问被保护的资源

当一个用户企图访问一个特定的资源时,系统会调用 RACF 去确定用户是否允许使用该资源。RACF 控制用户如何去访问资源,比如是只读还是可读可写,或者必须通过某种手段(诸如通过特定的程序)访问。RACF 可以保护的系统资源包括数据集、终端、控制台、CICS 和 IMS 交易、程序等。RACF 对资源的控制也通过 Profile 进行,资源 Profile 的主要内容包括 Profile 名、所有者、UACC(通用访问权限)、访问控制列表、安全级别(Security Classification)及审计信息等。

RACF 资源授权检查的流程如图 6-3 所示,详细解释如下。

(1) 用户通过一个资源管理器(比如 TSO, CICS 或 IMS)请求访问资源。

(2) 资源管理器发布一个 RACF 请求以确定用户是否可以访问资源。在大多数情况下,这是一个 RACROUTE 宏。

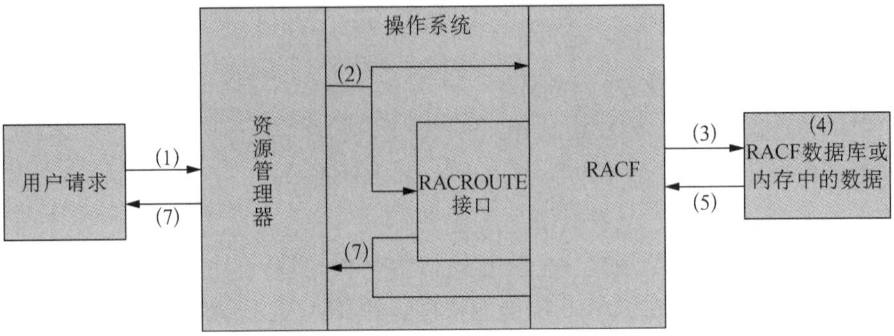

图 6-3　资源授权检查流程

(3) RACF 访问 RACF 数据库。

(4) 检查合适的资源 Profile。

(5) 传递 Profile 中的内容。

(6) 通过 Profile,RACF 获悉安全规则,将请求的状态(即用户是否可以访问资源)通知资源管理器。

(7) 资源管理器允许或拒绝用户的请求。

6.1.3　用户安全管理

在 RACF 中,除了普通用户,RACF 还可以定义特权用户,这些特权用户具有 Special, Operations, Audit 等属性,每个属性都代表了一定的系统管理、特殊访问权限和审计功能。

(1) Special 属性:该类用户是 RACF 系统管理员,可以在 RACF 数据库中定义、改变、查看和删除各类 Profile。这种用户并没有权限直接访问资源,但可以授权其他用户对资源访问。

(2) Operations 属性:该类用户负责维护系统中的磁盘,可对数据集进行拷贝、编目等工作,甚至可改变删除数据集。

(3) Audit 属性:该类用户可以规定系统的审计策略。

用户的 Special, Operations, Audit 属性一般赋给系统中不同的用户,使他们只拥有某一种权力。除了系统级别的特权属性,在组的级别上 RACF 也有 Special, Operations, Audit 属性,分别称为 Group-Special, Group-Operations, Group-Audit 属性,具有组级别特权的用户只能在本组范围内行使相应权力。图 6-4 所示为不同角色的用户在系统中的工作职责。

6.1.4　记录和报告试图访问被保护的资源

RACF 决定是否允许用户访问资源后,它会检查是否要把发生的资源访问事件(不管是否成功)记录下来。具有 Auditor 属性的用户可以指定哪些事件需要记录,比如所有访问失败的资源访问事件或更改成功的资源访问事件。如果需要记录,则写到 SMF 数据集中,同时送至系统控制台,指定通知一个特定的用户。

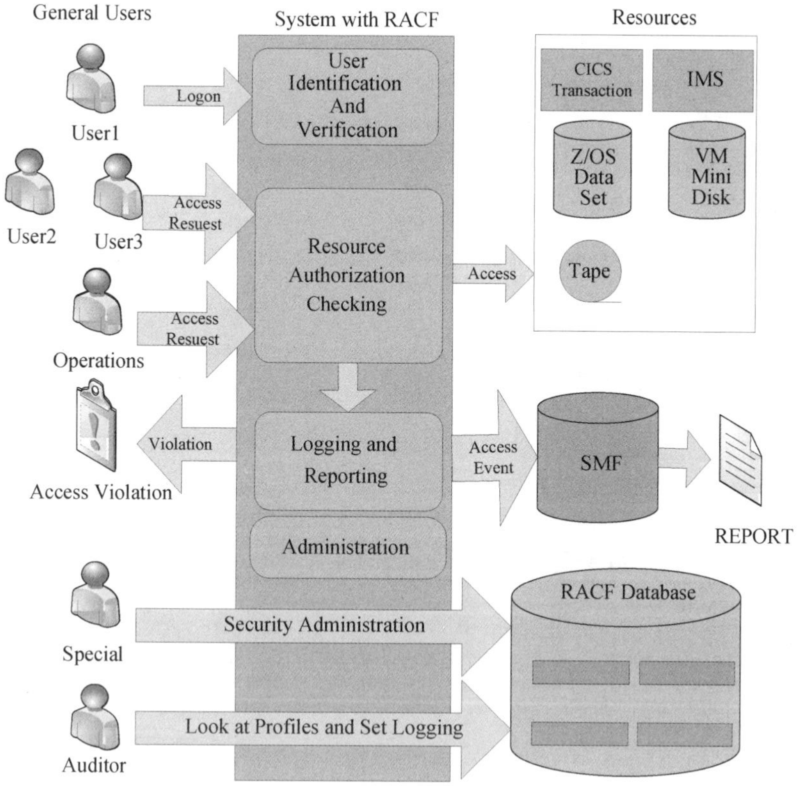

图 6-4　RACF 不同用户角色在系统中的工作职责

具有 Auditor 属性的用户可以查看 Profile,可以设置是否记录资源访问事件或在什么条件下记录,但无权修改 Profile,也无权访问系统资源。

6.2　组的管理

用户代表登录到系统上的人,每个用户有唯一的 UID。用户隶属于一个组,通常,组中的用户彼此之间有一些逻辑联系,比如同属一个部门。定义用户和组可以使用多种方式,包括使用 RACF 菜单、RACF 命令以及 JCL 作业。

RACF 组的最高级别为 SYS1 组。这是 RACF 系统安装自动定义的。用户可以在 SYS1 组之下定义其他组,作为 SYS1 组的子组。

RACF 中组的结构类似于一个单位中的树状组织管理结构。组下面可以有子组和用户,一个组中最多可以有 5 900 个用户。RACF 的一个组往往对应单位中的一个部门。RACF 中每一个组,除了 SYS1 以外,均有一个父组。

图 6-5 所示为组的树形结构图,图中最上面的组叫 DIVA,也叫做高级组;它的所有者为 SECADMIN,该组下面有 DIVASALE 和 DIVAUADM 两个子组,它们的所有者都是它们的父组 DIVA。在 DIVASALE 组下,又可以看到 DIVACUST 和 DIVAORDR 两个子组,这两个组的所有者为它们的父组 DIVASALE。图中的四个用户 TOM,SUE,JOE 和 ANN

分别是组的成员，TOM 和 SUE 隶属于 DIVAORDR 和 DIVAUADM 组，JOE 和 ANN 隶属于 DIVACUST 和 DIVAUADM 组。

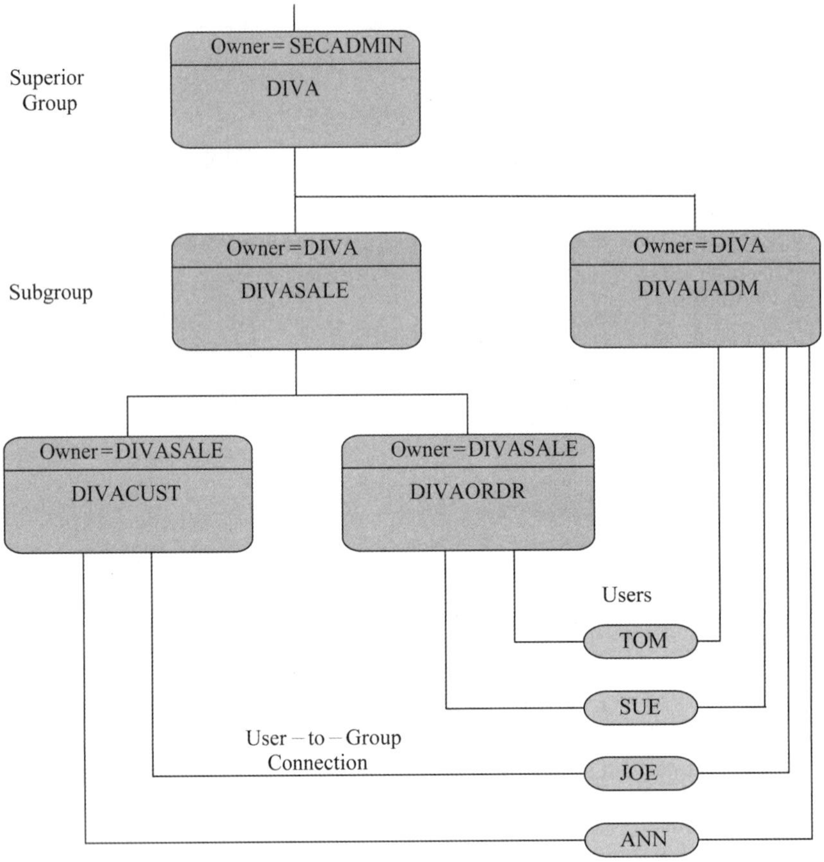

图 6-5　组的树形结构图

6.2.1　组的 Profile

用户在 RACF 中定义一个组时，RACF 会在数据库中创建一个组的 Profile。一个组的 Profile 由基本段和可选段组成，可选段又包含 DFP，OMVS 和 OVM 段等。

每个 Profile 的段（Segment）都包含一些字段（Field）：当用户定义或修改一个组的 Profile 时，用户可以指定包含在每个 Field 的信息。用户也可以使用 LISTGRP 命令列出组 Profile 的所有内容。组 Profile 内容如图 6-6 所示。

Group NAME	OWNER	SUBGroup	DATA	TERMUACC	MODEL	DFP	OMVS

图 6-6　组 Profile 内容

图 6-6 中部分段的解释如下。

(1) GroupNAME：组的名字，不得超过 8 个字符，由 A～Z 的字母、0～9 的数字和特殊字符＃，＄，@组成，并且不得以数字开头。新组不能与其他组或用户重名。

(2) OWNER：组 Profile 的所有者，可以是组的父组也可以是一个用户，默认为定义此组的用户。Profile 的所有者最好是一个组而不是一个用户，因为如果是一个用户，当这个用户被删除后(比如离开了工作岗位)，对该用户拥有的所有 Profile 可能出现安全上的漏洞。

(3) SUPGroup：父组的名字。

(4) DFP：要定义或改变组 Profile 中的 DFP 段，用户必须具有 Special 属性。它由以下 Field 组成(具体含义详细参见“存储管理”章节)。

- DATAAPPL：组的 DFP 数据应用标识符。
- DATACLAS：组默认的数据类。
- MGMTCLAS：组默认的管理类。
- STORCLAS：组默认的存储类。

(5) OMVS：指定组相关的 z/OS UNIX 组信息，该段包括以下字段。

- GID：UNIX 组标识符。
- HOME：用户工作目录。
- PROGRAM：默认的 Shell 脚本。

6.2.2　组的种类

按照功能，RACF 组可以大致划分为以下几类。

(1) Administrative 组

该组的成员为系统管理员。

(2) Holding 组

Holding 组的使用更多来说是一种技巧，为了将用户集中定义和管理。集中定义所有用户，把用户都连接到一个 Holding 组上，给予他们最小的使用权限。Holding 组不出现在任何资源或数据集的访问列表中。

(3) Data Control 组

该组是为了保护数据集而建立的。比如说建立 GRP1 组，来控制用户对以 GRP1 为 HLQ 的数据集的访问。RACF 系统有规定，如果要对数据集进行保护，该数据集必须是 RACF 用户数据集或者 RACF 组数据集，用户数据集是指以用户的名字 UID 为 HLQ 的数据集，组数据集就是指以组的名字为 HLQ 的数据集。若数据集既不是用户数据集也不是组数据集，则该数据集不能够被 RACF 保护。这也是 Data Control 组诞生的原因。

图 6-7 是一个 Data Control 组的例子。组的名字为 CUST，与数据集的 HLQ 同名，目的是保护“CUST. ** ”数据集的访问。

(4) Functional 组

当多个用户对系统资源访问权限相同时，可以把他们放入一个组中，系统把相关的权限赋予给组，而不再赋予给每个用户，用户通过组的隶属关系来自动继承组的权限。这样的组

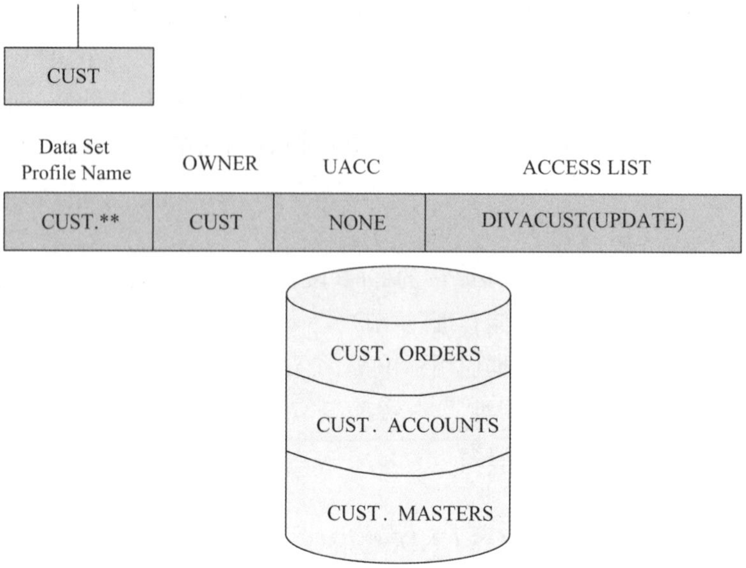

图 6-7　Data Control 组

属于 Functional 组。比如一个金融分析师需要对账务、市场、支出等有所了解，所以需要通过 RACF 对金融分析师赋权，如果又新来了一位金融分析师，也必须对这位新的金融分析师重新进行赋权，很麻烦。解决方法就是可以创建一个组，一次性地赋予这个组相关权限。当公司有新的人员加入时，只要把新进人员放入这个组就可以了。

图 6-8 所示是一个 Functional 组，一组用户都需要对“CUST. * * ”数据集有 UPDATE 的权限，可以将这些用户集中加入组 DIVACUST，省去了分别授权的时间和工作量。

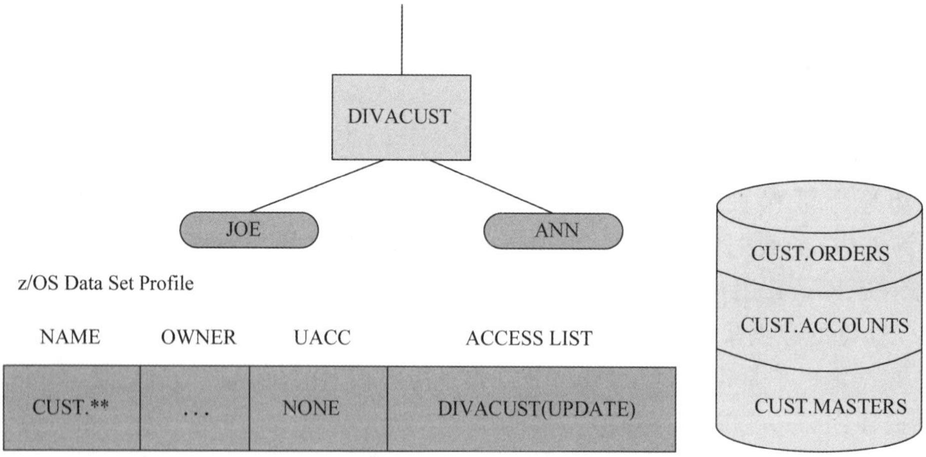

图 6-8　Functional 组

组的成员可以通过组共享对某个受保护资源的访问权限。RACF 提供了一些命令对组进行操作，如图 6-9 所示。

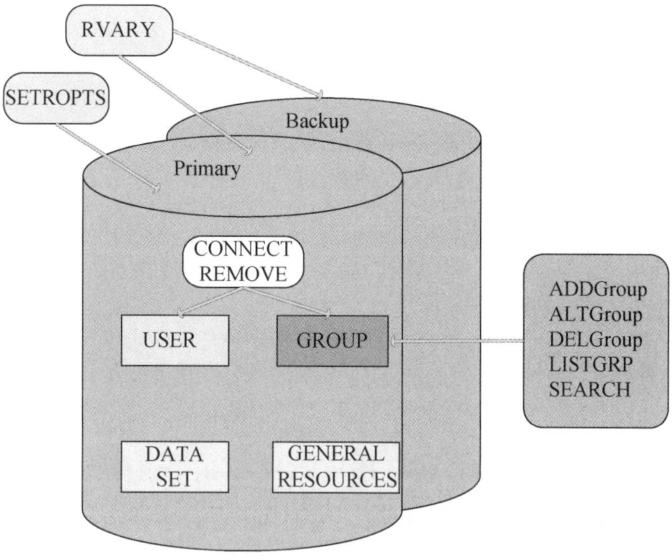

图 6-9 RACF 对组操作的命令

下面来看一下这些命令的用处。

- ADDGroup:定义一个新组。
- ALTGroup:修改组的信息。
- DELGroup:删除组。
- LISTGRP:显示组(Profile)的信息。
- CONNECT:将用户连接至组,并可以同时对用户进行组级别的赋权。
- REMOVE:从组中移除用户。
- SEARCH:搜索组。

添加、删除组,将用户连接到组、从组中移除,搜索系统中的组,这些都是管理员的日常工作。

6.2.3 定义组

为了能够成功定义一个组,用户必须具有以下权限之一。

(1) 具有 RACF 系统 Special 属性。

(2) 具有 Group-Special 属性,并且要定义组的父组在 Group-Special 的管理范围之内。

(3) 用户是要定义的组的父组的所有者(Owner)。

(4) 具有要定义的组的父组的 JOIN 授权。

在用 ADDGroup 创建一个组或用 ALTGroup 改变一个组时,用户可指定组 Profile 的所有者(Owner)。如果不指定所有者,则创建者会成为所有者。组的所有者或连接到该组的具有 Group-Special 属性的用户具有以下权限。

(1) 在该组中定义新用户(前提是在 USER CLASS 中具有 CLAUTH 属性)。

(2) 把用户从该组中删除或连接到该组。

(3) 改变该组的属性,授权其他用户管理该组。

(4) 改变、显示、删除该组的 Profile。

(5) 定义、删除、显示该组的子组。

定义一个组的命令语法如下:

```
ADDGroup/AG (组名) DATA('注释')
[DFP([DATAAPPL(应用名)]
[DATACLA(DATA CLASS 名)]
[MGMTCLAS(MANAGEMENT CLASS 名)]
[STORCLAS(STORE CLASS 名)]
[MODEL(模板名)])]
[OMVS([GID( 组标识)])]
[OWERN( 用户或组名)]
[SUPGroup( 组名)]
```

[例] 用户想要定义一个新组,名为 DIVASALE;这个组作为 DIVA 的子组而存在,组的所有者为其父组 DIVA,如图 6-10 所示。命令如下:

```
ADDGroup DIVSALE OWNER(DIVA) SUPERGRP(DIVA)
```

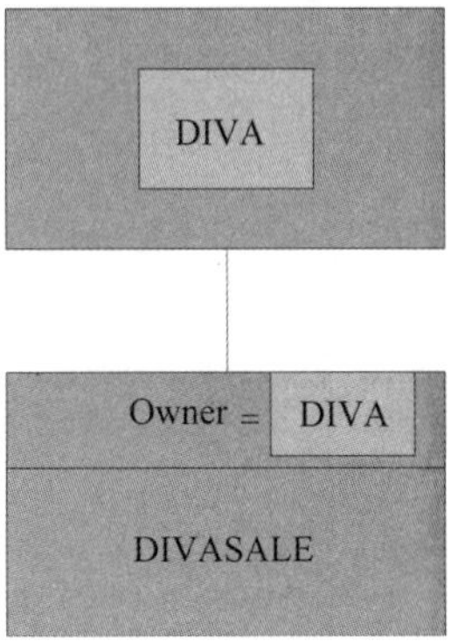

图 6-10 定义新组

6.2.4 修改组

修改组信息的语法如下:

```
ALTGroup/ALG (组名)
[ OWNER(用户名或组名) ]
[ SUPGroup (组名) ]
[ DATA('描述信息') | NODATA ]
[ TERMUACC | NOTERMUACC ]
[ MODEL(数据集名字) | NOMODEL ]
[ DFP(类名 | NOclass) | NODFP ]
[ OMVS([ AUTOGID | GID (组标识 ) [ SHARED ] | NOGID ]) | NOOMVS ]
```

用户需要修改组的所有者信息,将 DIVASALE 组的所有者从 DIVA 变成用户 ADMIN,命令如下:

```
ALTGroup DIVASALE OWNER(ADMIN)
```

6.2.5 删除组

删除一个组时,这个组首先必须存在,并且没有子组和用户,也不再拥有组或用户。命令格式如下:

```
DELGroup/DG (组名)
```

将 DIVASALE 组(Profile)从 RACF 数据库中删除的示例如下:

```
DG DIVASALE
```

该例使用命令删除组,但是并未删除 RACF 数据库中资源访问列表(Access List) 中的组名,这样 RACF 数据库中会遗留一些垃圾信息。所以删除一个组的命令虽然简单,但是删除之前必须确保删除后系统的完整性，为了实现这个目标，需要遵照以下六个步骤来删除组。

(1) 移去组中的所有用户(REMOVE 命令)。

(2) 找出所有与该组有关的数据集，一般来讲也就是 HLQ 是该组组名的数据集，把它们删除或改名。

(3) 对该组下的子组进行更改，把子组的父组一栏改为已存在的组。

(4) 找出把该组作为所有者(Owner)的所有 Profile，把所有者改为其他组或用户。

(5) 在所有 Profile 的访问列表中删除该组。

(6) 最后用 DELGroup 命令删除组的 Profile。

如果用户觉得步骤过多操作不便，那后面将介绍 RACF 实用程序 IRRRID00，用它来删除组对用户来说更加容易，并能保证系统完整性和准确性。

6.2.6　查看组

LISTGRP 命令用于显示出组 Profile 的详细内容。包括组的父组、所有者、终端特性、所有子组、注释信息、模板 Profile 名、组中的用户信息(包括用户 ID、用户在组中的授权、用户以该组为连接组进入系统的次数、用户的连接属性、Revoke 或 Resume 的日期等)以及 DFP、OMVS 段的信息。要使用该命令，用户应具有以下四个权限之一。

(1) 具有系统 Special 或 Auditor 属性。

(2) 在要显示的组中具有 Group-Special 或 Group-Auditor 属性。

(3) 是组的所有者。

(4) 在组中具有 JOIN 或 CONNECT 权限。

LISTGRP 的命令格式如下：

```
LISTGRP/LG [（组名）/*]
[DFP]
[NORACF]
[OMVS]
```

如果要查看组 DIVASALE 的信息，则使用如下命令：

```
LISTGRP DIVASALE
```

6.2.7　连接用户和移除用户

每一个用户在连接到一个组中时，必须以一定的授权级别连接进来，这些授权级别可以是以下四类。

(1) USE：这是用户连接到一个组中最低的授权级别，也是默认的授权级别，意味着用户可以自动继承父组的权限。

(2) CREATE：较高权限级别，包含了 USE 的权限，且用户可以创建新的组数据集(以组名为 HLQ 的数据集)并且控制这些数据集的访问权限。

(3) CONNECT：较高权限级别，包含了 USE 和 CREATE 的权限，且用户可以把其他用户连接到组中。

(4) JOIN:最高权限级别,包含了 USE、CREATE 和 CONNECT 的权限,且用户可以在该组下创建新的子组和用户。当然,要创建新用户,具有 JOIN 授权的用户还需要在 USER CLASS 下具有 CLAUTH 属性。

CONNECT 和 REMOVE 是一对命令,用来在组中进行连接和移除用户的操作。

- CONNECT 命令:

```
CONNECT/CO (Userid. . .)
[ Group(组名) ]
[ OWNER(用户名或组名) ]
[ AUTHORITY(USE, CREATE, CONNECT, JOIN) ]
[ Special | NOSpecial ]
[ Operation | NOOperations ]
[ Auditor | NOAuditor ]
[ Revoke [ (日期) ] ]
[ Resume [ (日期) ] ]
[ UACC(访问权限) ]
[ GRPACC | NOGRPACC ]
[ ADSP | NOADSP ]
```

- REMOVE 命令:

```
REMOVE/ RE (userid . . .)
Group(组名)
OWNER(用户名或组名)
```

图 6-11 所示为一个连接用户示例,图中,用户 TOM 连接至 DIVAUADM 组,所有者为 DIVAUADM。命令如下:

```
CONNECT TOM Group(DIVAUADM) OWNER(DIVAUADM)
```

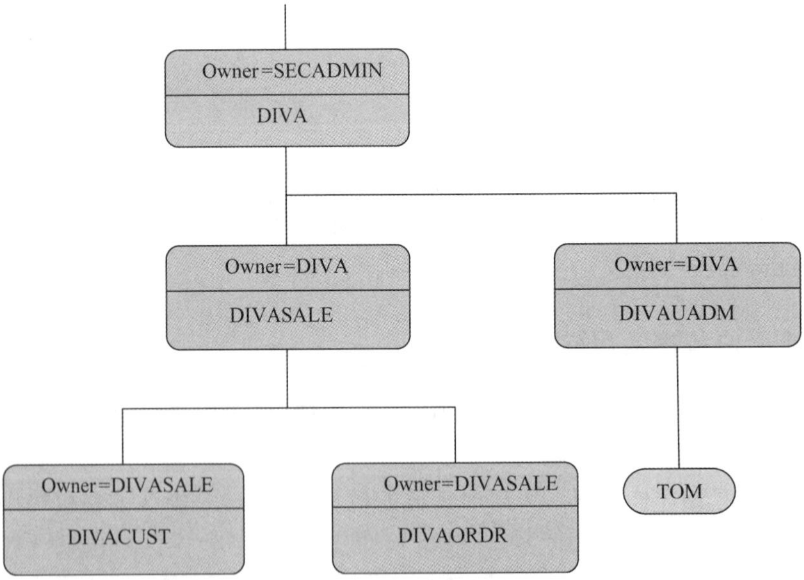

图 6-11 连接用户示例

与连接相反的命令就将 TOM 从 DIVAUADM 组中移除，命令如下：

```
REMOVE TOM Group (DIVAUADM)
```

6.2.8 搜索组

如果用户需要知道系统中到底存在多少个组以及这些组的名字，或者用户需要按照某个命名规则搜索系统中有无符合要求的组，就需要使用 SEARCH 命令。

SEARCH 命令可用于列出 RACF Profile 的清单。在命令中用户可以查找如下内容：

- 名字中含有特定的字符串的 Profile。
- 在指定的天数内从来未访问过的资源 Profile。
- 作为模板的 Profile。
- 查找与用户指定的安全级别相匹配的 Profile。
- 在特定卷上的数据集的 Profile。

图 6-12 所示为 SEARCH 命令的语法结构。

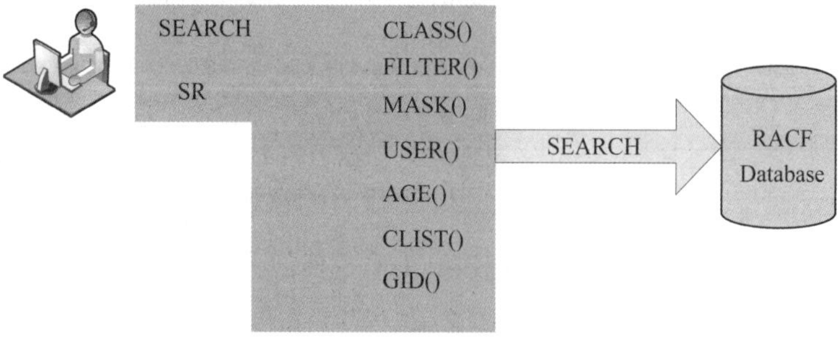

图 6-12　SEARCH 命令的语法结构

命令中的多数参数都很好理解，在此只介绍几个参数。FILTER 和 MASK 是相互排斥的。用 FILTER 可以指定通配符，而用 MASK 则可指定 Profile 中开头的字符。CLIST 表示找到特定的 Profile 后执行指定的命令。比如，用户要先查找以 G 为首字母的组，查找完成后删除它们，因此需键入以下命令，系统将会找到所有以 G 开头的组名并删除它们：

```
SEARCH CLASS (Group) MASK (G) CLIST ('DELGroup')
```

6.3 用户的管理

对于需要登录主机系统、访问系统资源的用户都必须为他们在 RACF 中创建用户 Profile 来进行管理和进行资源访问控制。

6.3.1 用户的 Profile

当用户在 RACF 中定义一个用户时，就相当于在 RACF 数据库中创建一个用户 Profile。一个用户 Profile 包括一个基本段和一些可选段，用户 Profile 的基本段包含需要定义一个用户的基本信息，如图 6-13 所示。

User ID	Owner	Password	Name	Default Group	Group/Authority
TOM	DIVAUADM	DIVAUADM	TOM SIMITH	DIVAUADM	DIVAUADM/USE

图 6-13 用户 Profile 的基本段

基本段的详细介绍如下。

- User ID：用户标识符。
- Owner：用户 Profile 的所有者。
- Password：用户密码。
- Name：用户名字。
- Default Group：用户的默认组。
- Authority：用户在默认组中的授权。

用户 Profile 的可选段也包含很多特定信息，如图 6-14 所示。

User ID		TSO	DFP	CICS	OPERPARM	WORKATTR	OMVS	NETVIEW	DCE	LANGUAGE
	…									

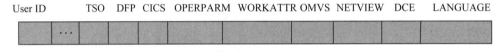

图 6-14 用户 Profile 的可选段

限于篇幅，这里只介绍常用的 TSO 段和 OMVS 段。

(1) 用户 Profile 的 TSO 段

当定义一个新的 TSO 用户或改变现有用户的 TSO 属性时，可以操作 TSO 段中的信息，主要包括如下部分。

- ACCTNUM：用户默认的账户信息。
- COMMAND：TSO 成功登录后自动执行的命令。
- PROC：用户默认的登录过程。
- SIZE：用户默认区大小。
- SECLABEL：安全标签。

如果用户需要登录 TSO，那用户需要定义 TSO 段。用户需要对 TSO 段中定义的资源(如账户和登录过程)有访问权限才能够成功登录。如果用户尝试登录 TSO 却缺少 TSO 段信息，TSO 将检查 SYS1.UADS 数据集是否有用户相关条目，如果有，则为用户创建会话；否则就拒绝用户访问。

(2) 用户 Profile 的 OMVS 段

如图 6-15 所示。当定义一个新的 z/OS UNIX 用户或改变现有用户的 z/OS UNIX 属性时，可以指定 OMVS 段的信息如下。

- Home：用户的 z/OS UNIX 初始目录路径名。
- Program：用户的 z/OS UNIX 程序路径名，比如默认的 shell 程序。

- Userid(UID):用户的 z/OS UNIX 用户标识符。
- CPUTIMEMAX:用户的 z/OS UNIX RLIMIT_CPU(最大 CPU 时间)。
- ASSIZEMAX:用户的 z/OS UNIX RLIMIT_AS(最大地址空间大小)。
- FILEPROCMAX:用户的 z/OS UNIX 每个进程可以处理的最大文件数量。
- PROCUSERMAX:用户的 z/OS UNIX 每个 UID 可以处理的最大进程数量。
- THREADSMAX:用户的 z/OS UNIX 每个进程可以处理的最大线程数量。
- MMAPAREAMAX:用户的 z/OS UNIX 最大内存映射大小。

Userid	Default Group	Connect Groups	TSO	OMVS		
				UID	Home	Program
JSMITH	GRPA	GRPA GRPB	···			

图 6-15　用户 Profile 的 OMVS 段

6.3.2　用户的种类

为了满足不同用户日常工作不同的需求,RACF 提供给用户很多不同的特权属性。这些属性分别对应着不同的系统权限,部分属性如图 6-16 所示。

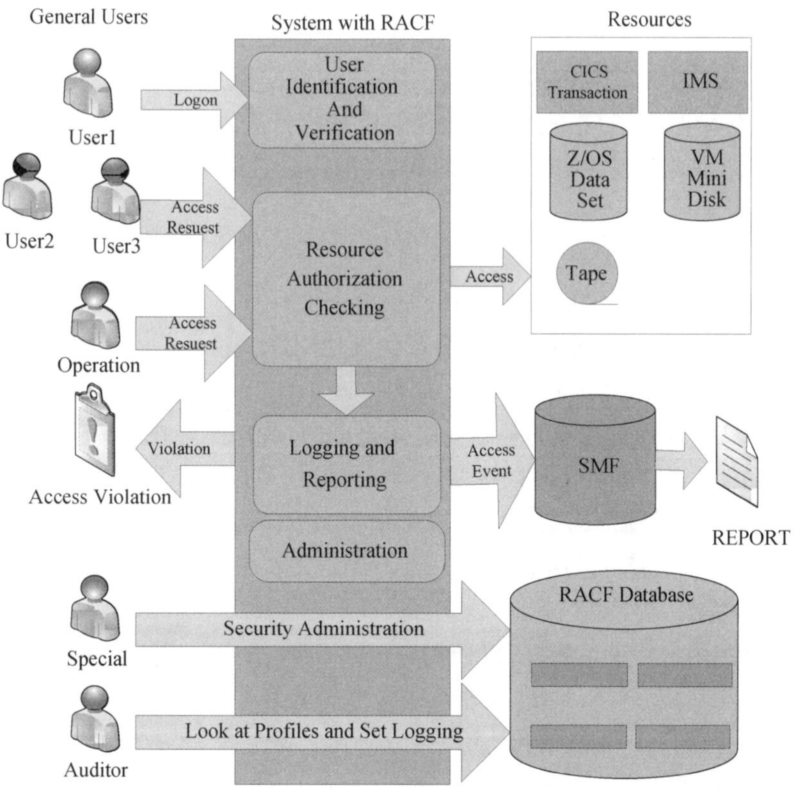

图 6-16　用户属性与系统权限

下面将详细介绍不同种类的用户属性。

(1) Special 属性

拥有 Special 属性的用户对于 RACF 数据库中的所有的资源 Profile 有控制权限。RACF 也提供组级的 Special 属性，叫 Group-Special。拥有 Group-Special 的用户对于该组范围内的所有资源 Profile 有控制权限。

(2) Auditor 属性

拥有 Auditor 属性的用户有指定对命令(ALTDSD、ALTUSER、RALTER)和 SETROPTS 的记录日志相关选项的权限。除此之外，拥有 Auditor 属性的审计员用户还可以用 LISTDSD，RLIST，LISTUSER，LISTGRP 和 SEARCH 命令以及 IRRUT100 程序列出审计信息。Auditor 属性让审计员有对 SMF 数据集的控制权限。

和拥有 Special 属性的系统管理员一样，拥有 Auditor 属性的用户也可以列出所有 Profile 的信息。但是，Auditor 用户并不能保护数据集，也不能做改变 RACF 数据库的操作。

要赋予他人 Auditor 属性，自己必须先拥有 Special 或 Auditor 属性。同时，也可以在组级别上赋予 Auditor 属性，称为 Group-Auditor。拥有 Group-Auditor 的用户的权限将被限制于该组范围内。

一般情况下，Special 和 Auditor 属性不会同时赋给同一个人。

(3) Operations 属性

拥有 Operations 属性的用户对于 RACF 保护的资源(DATASET，DASDVOL，GDASDVOL，PSFMPL，TAPEVOL，VMBATCH，VMCMD，VMMDISK，VMNODE 和 VMRDR 这些类中)都有完全的读写权限。需要注意的是存在例外：如果这类用户和用户所在的组出现在某个资源 Profile 的访问列表(Access List)中，那他们就只拥有访问列表中所指定的权限。

因此，如果一个用户需要有 Operations 属性，但是对于某个特定的资源，又想限制该用户的读写权限时，就可以使用在资源 Profile 的访问列表中定义该用户的读写权限。

Operations 属性只能由 Special 用户分配给其他用户。

(4) CLAUTH(Class Authentication)属性

由于 CLAUTH 属性是在类的基础上建立起来的，所以不能在用户或者组的级别上赋予 CLAUTH 属性。某个类拥有 CLAUTH 属性意味着可以在该类中自行定义 Profile。用户可以在 USER 类和其他任何的通用资源类中定义 CLAUTH 属性。拥有对 USER 类的 CLAUTH 属性，就意味着可以用 ADDUSER 命令定义新用户。

(5) Revoke 属性

为了防止某些用户登录系统，可以使用 ALTUSER 给这些用户加上 Revoke 属性。拥有该属性的用户将不能够登录系统，除非系统管理员把 Revoke 属性改为 Resume 属性。只有拥有 Special 属性的用户才能给其他用户赋 Revoke 属性。

(6) Restricted 属性

为了防止授权大意而产生错误，可以对某些特定的用户使用 Restricted 属性。这样，除非这些用户被特定地加入某些被保护资源的访问列表中,否则,他们将不能访问该资源。只有一个用户 Profile 的拥有者或者 Special 用户才能管理 Restricted 属性。

了解 RACF 用户 Profile 和用户类型之后,需要了解 RACF 提供的用户命令,如图 6-17 所示。

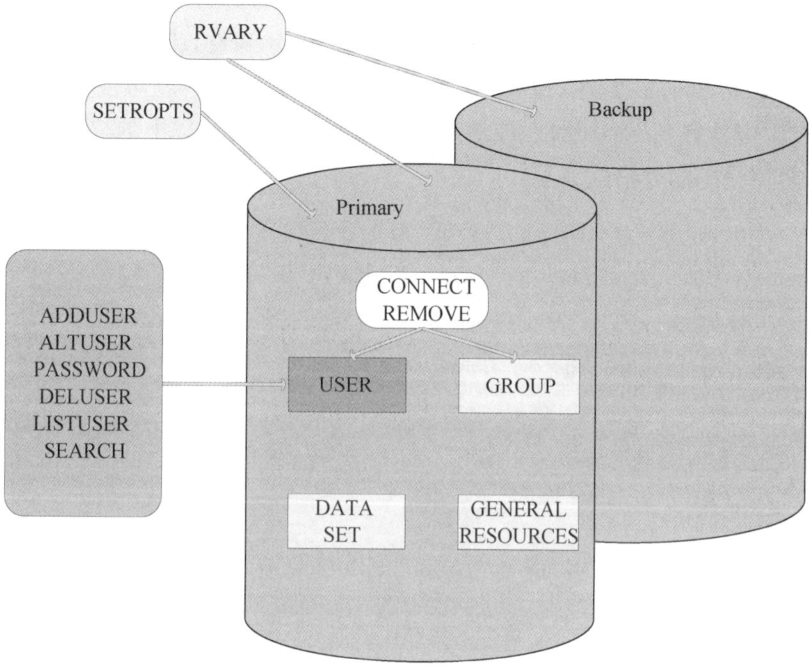

图 6-17 用户命令

下面来看一下这些命令的用处。

- ADDUSER:创建用户。在 RACF 中添加一个用户 Profile。
- ALTUSER:修改用户属性。改变一个用户 Profile。
- PASSWORD:修改用户密码。
- DELUSER:删除用户。在 RACF 中删除一个用户 Profile 并移除该用户和所有组的连接。
- LISTUSER:列出一个用户 Profile 的内容。
- SEARCH:搜索用户。

知道了命令的用处,还要学会如何使用这些命令来帮助用户完成日常工作。对于主机安全系统管理员来说,添加、删除用户,改变用户属性,列出用户信息,改变用户密码和搜索用户等都是日常工作,以下详细介绍这些命令的用法。

6.3.3 创建用户

创建用户,即定义用户,就是在 RACF 数据库中创建一个用户 Profile。每一个用户都有一个 Profile,每一个 Profile 均有一个拥有者(Owner):一个用户或一个组。Profile 的拥有者一般拥有对这个 Profile 所有段的修改权限。定义一个用户应具备以下权限之一。

(1) 具有系统 Special 属性。

(2) 是用户父组的拥有者,且拥有 USER CLAUTH 授权。

(3) 是用户父组中具有 JOIN 授权的用户,且拥有 USER CLAUTH 授权。

(4) 用户父组在其 Group-Special 属性管辖范围之内,且拥有 USER CLAUTH 授权。

如果用户要给新用户 Operations、Special 或 Auditor 属性,或给用户分配安全类别,则用户必须具有系统 Special 属性。如果用户要同时定义除 RACF 基本段以外其他可选段的内容,则用户必须具有 Special 属性,或对这些段具有 UPDATE 以上的权限。

定义一个用户的命令格式如下:

```
ADDUSER/AU （ 用户 ID）
[ADDCATEGORY（）]
[ADSP/NOADSP]
[AUDIT/NOAUDIT]
[AUTHRITY（ 授权）]
[CLAUTH（ 类名）/NOCLAUTH]
[DATA（ 注释）] [DFLTGRP（ 组名）]
[DFP（DATAAPPL（ 应用名））
    [DATACLAS（DATACLASS 名）]
    [MGMTCLAS（MANAGEMENT CLASS 名）]
    [STORCLAS（STORAGE CLASS 名）]]
[GRPACC/NOGRPACC]
[MODEL（ 数据集名）]
[NAME（'用户名'）]
[OMVS（[HOME（工作目录名）]
    [PROGRAM（SHELL 程序名）]
    [UID（用户标识）]）]
[Operations/NOOperations]
[OWNER（ 用户或组名）]
[PASSWORD（ 口令）/NOPASSWORD]
[SECLABEL（ 安全标识名）]
[SECLEVEL（ 安全级别名）]
[Special/NOSpecial]
[UACC（访问权限）]
[WHEN（[DAYS（日期）]
    [TIME（时间）]）]
```

[例] 定义一个用户 TOM,它是 DIVAUADM 的成员,拥有者就是其父组 DIVAUADM,用户真正的名字是 TOM SMITH,指定初始登录时的口令是 R316VQX,当然在用户第一次登录后,RACF 会强制用户修改这个口令。添加用户后,用户的 Profile 如图 6-18 所示,添加用户的示范 RACF 命令如下:

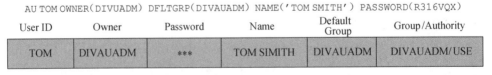

```
AU TOM OWNER(DIVUADM) DFLTGRP(DIVAUADM) NAME('TOM SMITH') PASSWORD(R316VQX)
```

User ID	Owner	Password	Name	Default Group	Group/Authority
TOM	DIVAUADM	***	TOM SIMITH	DIVAUADM	DIVAUADM/USE

图 6-18 用户 Profile

6.3.4 修改用户属性

改变用户的属性可用 ALTUSER(缩写 ALU)命令,其语法格式与创建用户一样。当改变一个用户时,如果这个用户正好在系统中,如果用户用 LISTUSER 命令显示出的属性已改变，则其改变的属性(除 Owner 和 Authority 外)并不起作用，只有用户退出系统，再次登录进来，才会起作用。

改变一个用户属性所需的授权根据用户要改变的属性而定，遵循的一些规则如下。

- 如果用户具有系统 Special 属性，用户可以改变任何属性。
- 如果用户是 Group-Special，在用户的管辖范围内，用户可以改变除 Special、Auditor 及 Operations 之外的任何属性。
- 如果用户是 User Profile 的拥有者，用户可以改变 User Profile 的如下属性：MODEL/NOMODEL，PASSWORD/NOPASSWORD，DATA /NODATA ，NAME，DFLGRP，GRPACC/NOGRPACC，OWNER，RESUME/REVOKE，WHEN。
- 每个用户都可改变其名字(NAME)、默认的组及 MODEL 文件(NAME，DFLGRP，MODEL)。

6.3.5　修改用户密码

PASSWORD 命令，SETR PASSWORD 命令和 ALTUSER 命令中的一些参数都与密码有关联，可以完成更改密码规则等相关操作。SETR PASSWORD 命令在下面有详细介绍，此处不再赘述，该命令从系统全局的角度制定密码规则，但是有一些例外情况，需要用 PASSWORD 命令和 ALTUSER 命令特别为用户制定一些特殊的规则。

默认情况下，RACF 系统的密码规则规定用户密码在 90 d 后失效，并规定用户第一次登录系统时，需要强制修改密码。如果希望用户 TESTID 的密码无须修改，并且在 6 个月中不失效，用户可以用以下命令满足要求：NOEXPIRED 指定用户第一次登录系统时无须更改密码，INTERVAL(180)指定密码将在 180 d 后失效，示例如下：

```
ALTUSER TESTID NOEXPRIRED
PASSWORD INTERVAL (180)
```

改变一个用户的口令也可用 PASSWORD 命令，其具体语法格式为：

```
PASSWORD/PW
[INTERVAL (口令间隔时间) /NOINTERVAL]
[PASSWORD (当前口令 新口令) ]
[USER (用户 ID) ]
```

该命令中“口令间隔时间”指用户必须改变自己的口令的天数时限。使用 PASSWORD 参数可以改变自己的口令，当然用户必须知道自己的旧口令。如果使用了 PASSWORD 参数，就不能使用 USER 参数。USER 参数用于授权的用户 RESET 其他用户的口令，所谓 RESET 用户的口令，指把一个用户的口令改为默认的口令，默认的口令是用户默认的父组的组名。如果同时指定了这两个参数，PASSWORD 参数会被忽略。

如果是一个普通用户，在第一次登录或口令被 RESET 之后第一次登录，或者口令间隔时间已到，用户都必须改变口令。比如使用下面命令将用户 TOM 的口令重置为 TOM 默认的父组名称，TOM 下次登录时系统将提示其修改密码：

```
PASSWORD USER (TOM)
```

6.3.6 删除用户

命令 DELUSER 用来删除用户，其命令格式如下：

```
DELUSER/DU （用户 ID）
```

要删除一个用户，必须具有以下权限之一。

(1) 具有系统 Special 属性

(2) 如果具有 Group-Special，则要删除的用户必须在其管辖范围内。

(3) 是用户 Profile 的拥有者。

用一条命令删除多个用户，只需把多个用户的用户 ID 用括号括起来即可。当然，用户必须首先存在，并且用户不再拥有 RACF 保护的数据集。删除一个用户的详细步骤如下。

(1) 使用以下命令挂起这个用户：

```
ALTUSER TOM Revoke
```

(2) 如果用户已登录在系统中，或有作业在运行，请求系统操作员将其删除。

(3) 找出所有与该用户有关的数据集，如果数据集是该用户的，将其删除或改变拥有者，当然如果数据集的 Profile 是离散(Discrete)的，则应当将其 Profile 也一并删除；如果用户在资源 Profile 的访问列表中，则将用户 ID 从访问列表中删除。该步骤通常使用 IRRRID00 这个实用程序。在以后的章节将有详细介绍。

(4) 删除这个用户：

```
DELUSER TOM
```

6.3.7 查看用户属性

LISTUSER 命令的语法格式如下：

```
LISTUSER/LU
[（用户 ID）/*]
[CICS]
[DCE]
[DFP]
[LANGUAGE]
[NETVIEW]
[NORACF]
[OMVS]
[OPERPARM]
[OVM]
[TSO]
[WORKATTR]
```

其中的参数大多指定所要显示的段。NORACF 表示不显示 RACF 基本段的内容。以下是一个用 LISTUSER 命令列出系统中用户 GZ 的内容：

```
USER=GZ NAME=Gao Zhen OWNER=SYS1 CREATED=98.077
DEFAULT-Group=SYS1 PASSDATE=99.349 PASS-INTERVAL= 30
ATTRIBUTES=Special Operations
Revoke DATE=NONE Resume DATE=NONE
……
LOGON ALLOWED （DAYS） （TIME）
--------------------------------------------
```

```
ANYDAY ANYTIME
Group=SYS1 AUTH=USE CONNECT-OWNER=SYS1 CONNECT-DATE=98.077
CONNECTS= 2, 994 UACC=NONE LAST-CONNECT=99.358/16: 35: 30
CONNECT ATTRIBUTES=NONE
Revoke DATE=NONE Resume DATE=NONE
……
TSO INFORMATION
---------------
ACCTNUM= ACCT#
PROC= IKJACCNT
SIZE= 00004096
……
NO DFP INFORMATION
NO CICS INFORMATION
……
OMVS INFORMATION
----------------
UID= 0000000000
HOME= /
PROGRAM= /bin/sh
```

从上述命令的输出结果可以看出，用户名为 GZ，真实姓名 Gao Zhen，拥有者 SYS1，默认组 SYS1，口令每隔 30 d 必须修改一次，属性有 Special 和 Operations，连接到 SYS1 和 USER 组中，可以在任何时间登录，无安全标识和安全级别，无 DFD 和 CICS 段。TSO 段的账户为 ACCT #，登录过程为 IKJACCNT。OMVS 段的 UID 为 0，工作目录为/，SH 为/bin/sh，这意味着该用户在 OMVS 中是超级用户。此外还记录了用户的创建时间、上次登录时间和口令的修改时间。

6.3.8　搜索用户

搜索用户的命令与组的命令类似，此处不再赘述。例如，搜索以“S”开头的所有用户的命令如下：

```
SEARCH CLASS (USER) MASK (S)
```

6.4　用户和组的管理方式

对于用户和组，RACF 支持集中式安全管理(也称集中管理)和分散式安全管理(也称分散管理)两种管理方式。具体选用哪一种管理方式可根据实际情况，也可选择折衷的方法。

6.4.1　集中管理

在 RACF 系统中，拥有系统级别的 Special 权限的用户可以管理整个 RACF 数据库。Special 用户可以是一个或是多个。Special 管理员负责维护整个系统的安全环境，他控制所有的 RACF Profiles，允许和阻止用户或组访问被 RACF 保护的资源；定义、删除组和用户等。Special 管理员还要负责监控系统安全环境和实现安装程序的保护措施。集中管理一般是指系统中仅设置系统 Special 管理员，他们负责整个系统的安全管理。

6.4.2　分散管理

相对于集中管理，分散管理是指 RACF 中不仅有系统 Sepcial 用户，也有 Group-Special

用户。系统安全控制权限分别赋予不同级别的管理员,每个管理员只对 RACF 的一部分环境负责管理。比如,一个或几个系统级别拥有 Special 权限的管理员管理系统级别的权限,而其他拥有组级别 Special 权限的管理员控制组范围内的资源。拥有组级别 Special 管理员往往是组内成员,实际联系起来更方便,所以相对于系统级别 Special 的管理员,Group-Special 用户能更好地理解组内的各种特定、详细的需求。所有管理员都将被同样级别的拥有 Auditor 或 Group-Auditor 权限的用户所监督。一个分散管理的层次结构如图 6-19 所示,图中 LEADSA 是系统 Special 用户,能够管理所有资源;而 FRED 和 TOM 都是 Group-Special 用户,管理组内的资源 Profile;FRED 能够管理的组包括 DIVASALE,DIVACUST,DIVAORDE,而 TOM 能够管理的组只有 DIVAORDE。

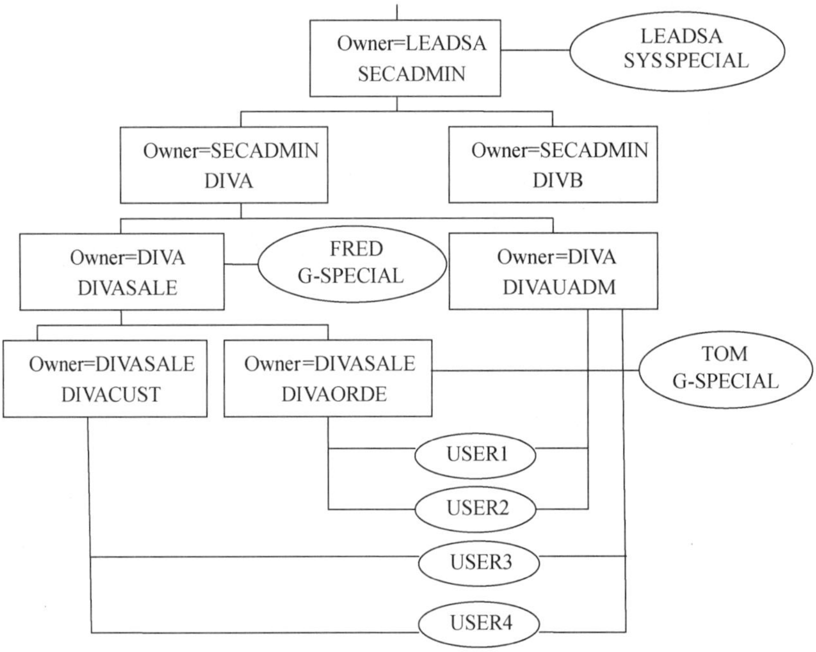

图 6-19　分散管理层次结构示意

6.4.3　两种管理方式的比较

选择用哪种管理方式来实施 RACF 安全策略时,需要从多方面考虑二者的利弊。表 6-1展示了集中管理和分散管理在四个方面的比较。

表 6-1　集中管理和分散管理的比较

比较指标	集中管理	分散管理
反应速度	对于一个用户需求,通常需要自下而上的途径汇报,再付诸实施,反应速度比较慢	对于一个用户需求,可以作出一个较快的反应
一致性	由于权限在一个人手中,所以如果对数据库作更改,很容易保证其一致性	由于权限分散在各种阶层的管理员手中,如果对数据库作更改,比较难保证不同管理员之间的一致性

续表 6-1

比较指标	集中管理	分散管理
标准性	由于管理员比较集中，可以体现更高的标准性	由于管理人员不很集中，如果要保证 RACF 数据库的高标准性，要确保对分散的管理员都进行标准化的培训和监控
人力管理	集中管理往往需要更多的人力投入，需要一些集中式管理员。并且集中管理员要对整个系统的 RACF 情况了解	分散管理则需要很少的集中式管理员和一些分散管理员。集中管理员需要对整个系统的 RACF 情况有所了解。更多的分散式管理员无需对 RACF 整体情况了解，只需对自己管辖区域的情况了解即可

综上所述，如果在大型企业中部署 RACF，推荐使用分散管理的方法。如果在小型企业部署 RACF，推荐使用集中管理的方法。如果是中型企业，可以采取集中管理和分散管理相结合的管理方式。

6.5　数据集的保护

数据的安全对于任何一个系统来说都很重要。在主机上，用户的数据集，系统的数据集和一些内容具有私密性的数据集都需要被保护起来，不能让用户随意修改甚至删除，避免数据丢失和数据误操作。

6.5.1　数据集 Profile

数据集的 Profile 用来保护数据集，包含内容如图 6-20 所示。

(1) 数据集 Profile 名称：Profile 名称往往是数据集的名字，用来保护同名的数据集，可以包含通配符。

(2) 数据集所有者：所有者可以更改此 Profile。

(3) UACC：全称为 Universal Access，表示用户对此数据集拥有的通用访问权限。

(4) 访问列表：对此数据集有特殊访问权限的用户列表。

(5) 审计信息：决定对数据集的哪些操作进行日志的记录。

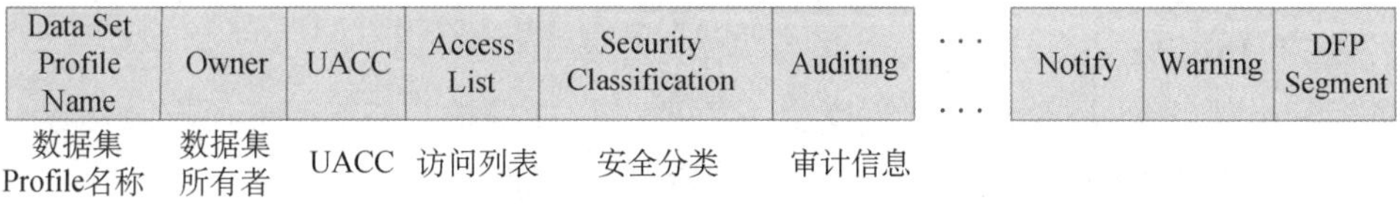

图 6-20　数据集 Profile

数据集 Profile 的形式有离散 Profile 或通用 Profile 两种。离散 Profile 是指 Profile 的名字就是数据集的名字，一个 Profile(如 TE02.JCL)保护一个同名的数据集。通用 Profile 中一般包含通配符，一个 Profile(如 TE02. **)保护很多数据集(以 TE02 开头的所有数据集)。

一般情况下，数据集都采用通用(Generic) Profile 保护，只有当某个数据集需要特别保护和对待时，才使用离散(Discrete)Profile。二者的区别如图 6-21 所示。

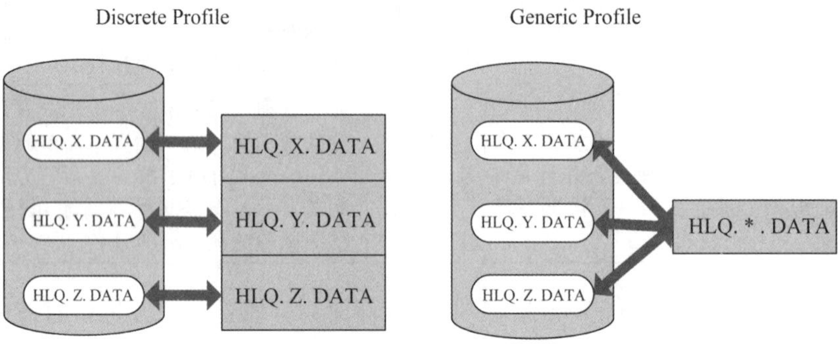

图 6-21　离散 Profile 和通用 Profile

1. 离散 Profile

离散 Profile 单独保护一个有特殊安全需求的数据集，其名字必须和被保护的数据集名字完全匹配。在数据集被删除的同时，对应的离散 Profile 也会被自动删除；反之，并不如此。

通过指定用户对数据集的访问权限来控制对数据集的访问。可以指定的访问权限级别从低到高有以下六种。

(1) NONE：该权限不允许用户访问该数据集。

(2) EXECUTE：该权限对于一个私人的可执行程序模块库，只允许用户装载和执行程序，并不允许用户读或复制程序。

(3) READ：该权限允许用户读数据集。

(4) UPDATE：该权限允许用户读和更新数据集，但不允许用户删除、重命名、移动该数据集。

(5) CONTROL：该权限对于非 VSAM 的数据集来说和 UPDATE 权限相同，但对于 VSAM 数据集来说，CONTROL 权限意味着能对 VSAM 的数据集的 CI(Control Interval)进行更改等操作。

(6) ALTER：该权限是最高权限，允许用户读、更新、删除、重命名和移动数据集。

2. 通用 Profile

通用 Profile 指的是 RACF 数据库中一条 Profile 能保护其所匹配的所有数据集。当被保护的某个数据集被删除时，系统不会自动删除对应的通用 Profile。

通用 Profile 的名字通常包含一个或多个通配字符(%，*，**)。这些通配符代表的含义如下："%"表示一个任意字母；"*"表示零个或多个字母或是一级限定词(Qualify)；"**"表示零个或多个字母或多级限定词。通用 Profile 保护数据集的例子如图 6-22 所示。

什么情况下要使用通用 Profile 呢？一般是当用户想用一个 Profile 保护多个数据集。但如果用户有一个数据集经常需要删除，然后再创建，而其权限又保持不变，用户也可以创建一个不含通配符的通用数据集 Profile 来长期保护这个文件。

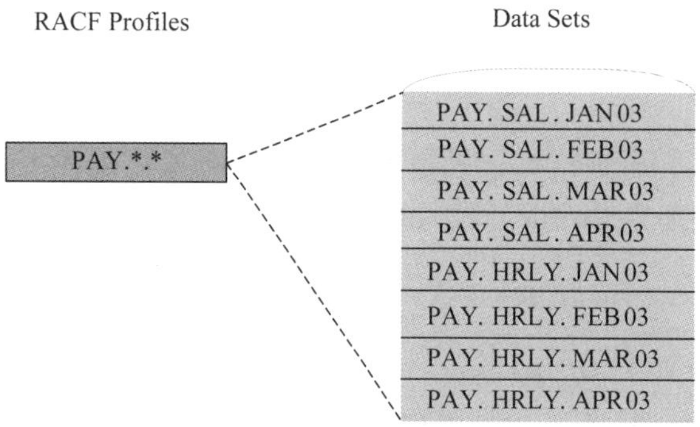

图 6-22　通用 Profile 保护数据集

RACF 可以控制谁可以以何种访问级别去访问某个数据集。在用户要去访问一个数据集的时候，RACF 检查用户 Profile 的信息和数据集 Profile 的信息，然后决定是否允许用户访问该数据集。RACF 为管理员提供了一些命令来操作数据集 Profile，如图 6-23 所示。

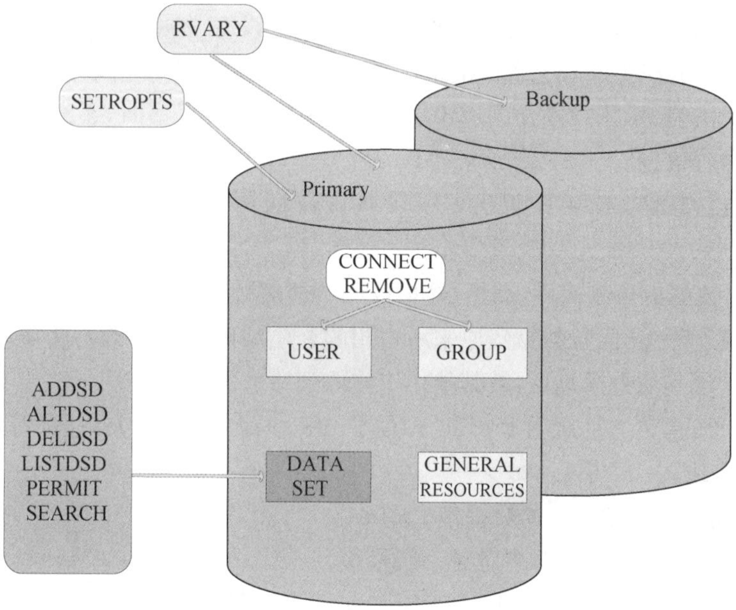

图 6-23　数据集保护命令

下面来看一下这些命令的用处。

- ADDSD：定义数据集 Profile。在 RACF 中定义一个新数据集 Profile。
- ALTDSD：修改数据集 Profile。
- DELDSD：删除数据集 Profile。
- LISTDSD：查看数据集 Profile。
- PERMIT：修改访问列表。通过修改访问列表来授权或禁止用户访问数据集。
- SEARCH：搜索数据集。

这些命令都是安全系统管理员日常管理所需使用的，下面给出这些命令的用法和示例。

6.5.2 定义数据集 Profile

定义数据集 Profile 就是在 RACF 数据库中添加一条数据集 Profile 记录。可以使用 ADDSD 命令来定义数据集 Profile，语法如下：

```
ADDSD/AD Profile 名
[OWNER（ 用户或组名）]
[UACC（ 访问权限）]
[AUDIT（NONE/ALL/SUCCESS/FAILURES） [READ/UPDATE/CONTROL/ALTER] ]
[WARNING]
[NOTIFY（用户）]
[ERASE]
[SECLEVEL（ 安全级别名）]
[ADDCATEGORY（CATEGORY 名）]
[SECLABEL（安全标识名）]
[GENERIC/MODEL/TAPE]
[FROM（模板名）]
[FCLASS（模板属于的类）]
[FVOLUME（卷名）]
[DFP（RESOWNER（用户或组））]
```

命令中多数选项在前文已介绍，在此只介绍一部分没有说明的选项。

- AUDIT：指示在哪种情况下作记录，比如更改数据集成功和读取数据集失败时。
- WARNING：指示用户在访问其没有权限而访问的数据集时，系统会放行，但会给用户一个警告信息。
- NOTIFY：指示当 RACF 否决了一个对该数据集的访问请求时，通知一个特定的用户。
- ERASE：数据集被删除后，数据被"擦掉"。被"擦掉"是指当数据集被删除时，不仅从逻辑上被删除掉，而且数据集原来所占用的介质空间也全部改写为零，以防当这部分空间分配给其他数据集后，被其他用户读取到原来的数据集。
- GENERIC：指定这是通用 Profile，即使 Profile 的名字中不包含通配符。
- MODEL：建立一个模板。
- TAPE：建立一个磁带上的数据集 Profile。
- FROM：创建该 Profile 时参考哪一个模板。
- FCLASS：模板所属的类。
- FVOLUME：在哪一个卷上找模板。
- DFP：创建数据集时找指定的用户或组的 DFP 段，取出其 SMS 结构体 Constructs，分配给数据集。

下例是创建一个通用 Profile 的示例：

```
AD 'HR.PUBLIC.**' UACC（READ） FROM （'HR.*.**'）
```

该命令创建一个数据集 Profile，名字是 HR.PUBLIC. * *，保护所有以 HR.PUBLIC 开头的数据集，通用访问权限是 READ，其他属性参数从名字为 HR. *. * * 的 Profile 继承过来。

下例给出了一个创建离散 Profile 的语法：

```
AD 'HR.UNION.CONTRACT' OW (HR) UACC (NONE) AUDIT (FAILURES SUCCESS (UPDATE))
```

该例创建一个通用的 Profile，名字是 HR.UNION.CONTRACT。这个 Profile 的拥有者是 HR，通用访问权限是 NONE，当用户访问此数据集失败，或者更改数据集成功时，系统将记录这一事件。

6.5.3　修改数据集 Profile

使用 ALTDSD 命令来修改数据集 Profile 的信息，语法如下：

```
ALTDSD (Profile 名)
[GLOBALAUDIT (NONE/ALL/SUCCESS/FAILURES) ]
[DELCATEGORY (CATEGORY-NAME) ]
[NOSECLEVEL]
[NOSECLABEL]
[NONOTIFY]
[NOERASE]
[NOWARNING]
[NODFP]
```

参数解释和 ADDSD 命令有多处重复，此处不再赘述。下例为一个修改数据集 Profile 的示例，用来修改数据集的审计选项：

```
ALTDSD 'HR.UNION.CONTRACT' AUDIT (FAILURES (UPDATE) SUCCESS (ALTER))
```

6.5.4　删除数据集 Profile

删除一个数据集 Profile，仅仅是在 RACF 数据库中删除了 Profile，并不真正删除其数据集，但原来受该 Profile 保护的数据集失去了保护。如图 6-24 所示，删除数据集 Profile，但是并不删除其对应的数据集。

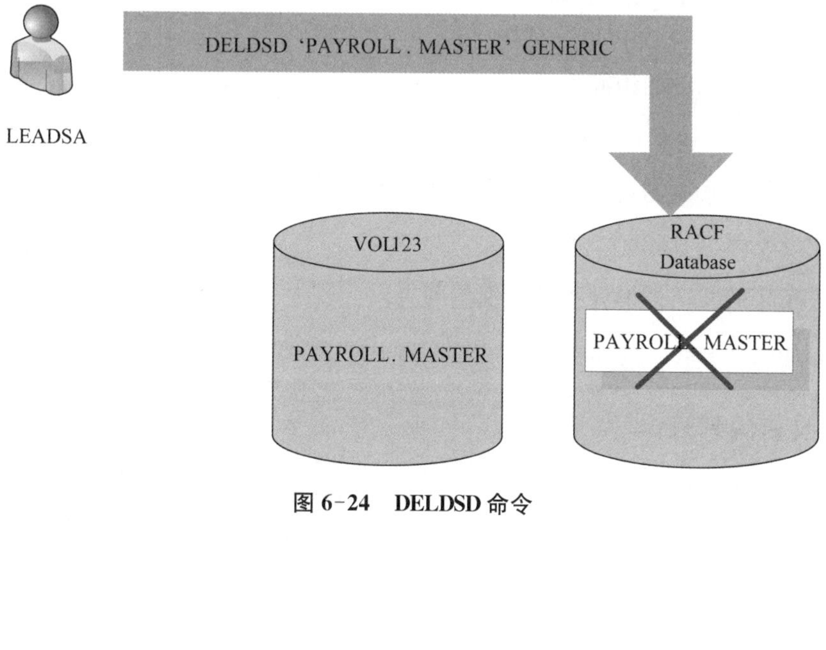

图 6-24　DELDSD 命令

删除命令 DELDSD 的语法如下：

```
DELDSD （Profile 名） [GENERIC]
```

6.5.5 查看数据集 Profile

查看数据集 Profile 内容的语法如下：

```
LISTDSD
[DATASET（Profile 名）/ID（ 用户 ID）/PREFIX（ 字符串）]
[GENERIC/NOGENERIC]
[AUTHUSER]
[HISTORY]
[STATISTICS]
[ALL]
[DSNS]
[DFP]
[NORACF]
```

其中参数的解释如下。

- ID:列出指定用户或组的数据集 Profile。
- PREFIX:列出以指定的字符串开头的 Profile。
- GENERIC:指定 RACF 只列出通用 Profile 信息。如果用户指定 GENERIC 和 DATASET，RACF 列出与数据集名字最匹配的通用 Profile 的信息。
- AUTHUSER:显示访问列表。
- HISTORY:显示 Profile 的创建时间，上次访问修改时间。
- STATISTICS:只对离散 Profile 有效，显示访问、修改的统计。
- ALL:显示所有信息。
- DSNS:显示由此 Profile 保护覆盖的数据集。
- DFP:显示 DFP 段。
- NORACF:不显示 RACF 基本段的信息。

以下举例说明 LISTDSD 的常见用法。

列出数据集 Profile 的访问列表：

```
LD DA（'PAY.HRLY.JAN03'） AU
```

列出数据集 Profile 的访问列表和用于保护该数据集的通用 Profile 的名字：

```
LD DA（'PAY,HRLY.JAN03'） AU GEN
```

列出该通用 Profile 能够保护的数据集列表：

```
LD DA（'HR.PUBLIC.**'） DSNS
```

6.5.6 修改访问列表

修改访问列表可以使用命令 PERMIT，其格式如下：

```
PERMIT/PE Profile 名
[GENERIC]
[ID（用户或组名）]
```

```
[ACCESS（权限）/DELETE]
[WHEN（PROGRAM（ 程序名））]
[RESET [ALL/STANDARD/WHEN]]
[FROM（Profile 名）]
[FGENERIC]
[FCLASS（类名）]
```

参数解释具体如下。

- Profile 名：要改变的 Profile 名。
- GENERIC：这个 Profile 是一个通用的 Profile。
- ID：访问列表中的用户或组。
- WHEN：是一个“条件访问列表”，用户只能通过指定的程序访问数据集，而不能直接访问数据集。如果要使用“条件访问列表”，必须用命令 SETROPT WHEN (PROGRAM)来激活“条件访问列表”。
- RESET：删除访问列表。（ALL：删除所有访问列表；STANDARD：删除标准访问列表；WHEN：删除条件访问列表。）
- FROM：从指定的 Profile 中复制访问列表。
- FGENERIC：指定的 Profile 是通用的。
- FCLASS：指定的 Profile 所在的类。

图 6-25 所示为一个 PERMIT 的使用案例：允许一般情况下，PRUSER 对 PAY.SAL.** 数据集有 READ 权限，在通过程序 PAYUPD 访问数据集时，允许 PRUSER 有 UPDATE 权限。

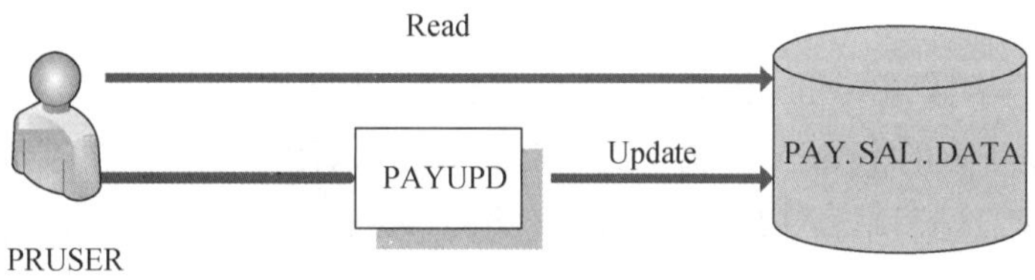

PERMIT'PAY.SAL.**' ID(PRUSER) ACCESS(READ)

PERMIT'PAY.SAL.**' ID(PRUSER) ACCESS(UPDATE) WHEN(PROGRAM(PAYUPD))

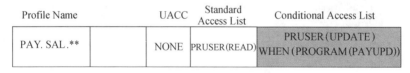

Profile Name		UACC	Standard Access List	Conditional Access List
PAY.SAL.**		NONE	PRUSER(READ)	PRUSER(UPDATE) WHEN(PROGRAM(PAYUPD))

图 6-25　PERMIT 命令案例

6.5.7　搜索数据集

搜索用户的命令与组的命令类似，此处不再赘述。下面给出 SEARCH 命令的几个用法。

- 找出 HR.开头的数据集 Profile。

```
SEARCH MASK（HR.） 或者 SEARCH FILTER（HR.**）
```

- 找出用户自己的 ID 为 HLQ 的数据集 Profile。

```
SEARCH
```

- 找出 TEST 为中间限定词(Qualify)的数据集 Profile。

```
SEARCH CLASS (DATASET) FILETER (*.TEST.**)
```

- 找出符合条件的数据集 Profile 并对它们执行 CLIST 命令,如图 6-26 所示。

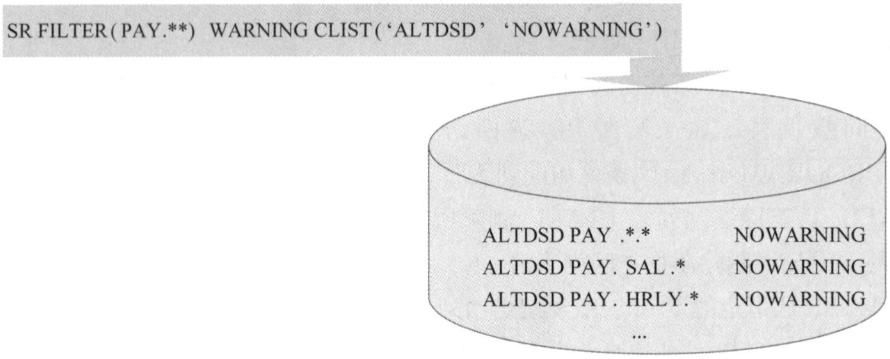

图 6-26 SEARCH 命令

6.6 通用资源的保护

在 RACF 中,除了用户 Profile(代表用户)、组 Profile(代表组)和数据集 Profile(用于保护数据集)之外,其他所有的 Profile 都属于通用资源 Profile,用来保护主机系统中除数据集之外的所有资源,包括 DASD/TAPE 卷、程序、终端、MVS 命令、CICS 和 IMS 交易、DB2 表等。如图 6-27 所示。

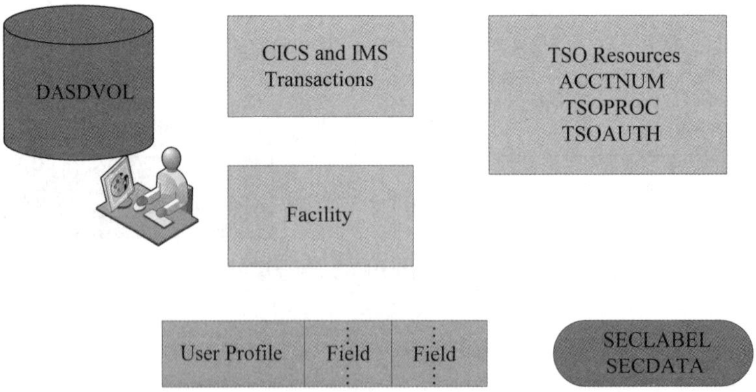

图 6-27 通用资源

当用户试图访问一个被保护资源时,RACF 检查用户 Profile 和资源 Profile,然后决定是否允许用户访问资源。资源 Profiles 描述资源信息和访问这些资源需要的授权级别。一个资源 Profile 包含如下内容。

- Name:资源 Profile 名字。
- Owner:Profile 所有者。
- UACC:默认访问权限,规定了普通大众用户的访问权限。
- Access List:访问列表,包含了一列特殊的用户名/组名,以及其资源使用方式。
- Audit:审计信息,RACF 可以审计每个资源被访问的情况。

RACF 为保护通用资源,提供了如下的针对通用资源的命令。

- RDEFINE:添加一个通用资源 Profile。
- RALTER:改变一个通用资源 Profile。
- RLIST:列出一个通用资源 Profile 的信息。
- RDELETE:删除一个通用资源 Profile。
- SEARCH:搜索通用资源 Profile。
- PERMIT:修改访问列表,授权特殊用户对资源的访问权限。

要保护通用资源,首先需要了解如何定义一个通用资源 Profile。和数据集不一样,通用资源由于种类太多,所以 RACF 系统将它们进行了分类,在定义通用资源 Profile 之前,需要先确定通用资源所属的"类"(Class)。此外,通用资源的 Profile 名称如何指定,一般需参考 IBM 红皮书,其内涵一般也被 RACF 事先定义好了。

[例] 保护 TSO 中提交 JCL 作业的权限。该类权限(资源)属于 TSOAUTH 类,Profile 名称为 JCL 表示对 JCL 作业资源的保护,将该 Profile 的所有者设为 JOBADMIN,UACC 设置为可读,这意味着所有人都可以通过 TSO 来提交 JCL 作业。使用 RDEFINE 命令来定义资源 Profile,命令如下:

```
RDEFINE TSOAUTH JCL OWNER (JOBADMIN) UACC (READ)
```

主机上的各个子系统是非常重要的组成部分,用户在日常工作中常常会使用到各种子系统,比如 JES, OMVS, TSO, SMS, IMS, CICS 和 DB2 子系统等。为了主机系统的安全,非常有必要使用 RACF 对这些子系统资源进行保护。这些子系统都属于通用资源,除此以外,通用资源还包括终端、控制台、程序等。

6.6.1 程序的保护

通过创建通用资源 Profile 来保护程序,这类 Profile 属于 Program 类。可以结合 Program 类和 Dataset 类来保护这些特殊的可执行代码。

RACF 对程序的保护有三种模式:

- 基本模式。
- 增强模式。
- 增强警告模式。

和基本模式相比,增强模式提供额外的保护和限制,同时也需要用户在建立程序的 Profile 时做更多工作。

增强警告模式提供一个从基本模式到增强模式的迁移路径。它的操作与增强模式类似，但是如果用户发出一个在基本模式下被允许，但是在增强模式下不被允许的访问请求时，RACF 仍旧允许用户访问程序，但会同时发出警告信息。

可以在 FACILITY 类中的 IRR.PGMSECURITY 中可以指定 Program(PROG)保护模式，如图 6-28 所示。

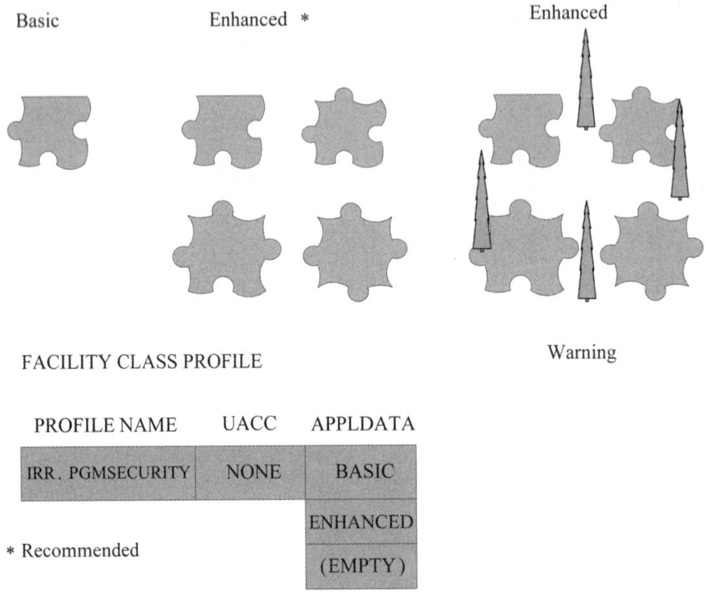

图 6-28　Program 保护模式

［例］　需要控制用户对 PROGA 程序的访问，规定除了管理员(SYSMGT 组)之外的用户都不能访问 PROGA。详细见图 6-29。

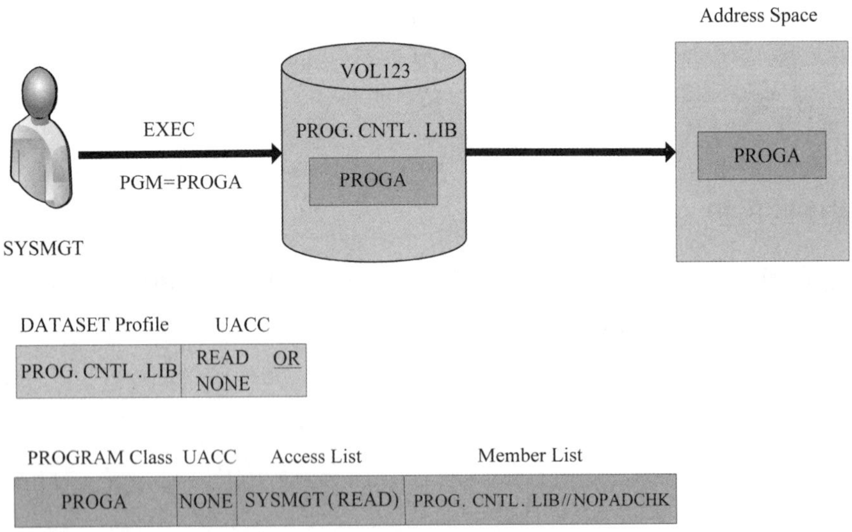

图 6-29　保护 PROGA

具体应该采取的保护步骤如下。

(1) 开启/激活用户保护程序的类:Program。

```
SETROPTS WHEN (PROGRAM)
```

(2) 保护程序所在的库(一般为 PDS 或者 PDSE 数据集),所有人不能访问。

```
ADDSD 'PROG.CNTL.LIB' OWNER (SECADMIN) UACC(NONE) GENERIC
```

(3) 保护程序本身,默认情况下所有人不能执行,只有 SYSMGT 组的用户可以执行。

```
RDEFINE PROGRAM PROGA UACC(NONE) ADDMEM('PROG.CNTL.LIB'//NOPADCHK)
PE PROGA CLASS(PROGRAM) ID(SYSMGT) ACCESS(R)
```

(4) 在内存中刷新 PROGRAM 类的 Profile。

```
SETROPTS REFRESH WHEN(PROGRAM)
```

需要注意的是,在保护程序时所使用的 UACC 为 READ 或 NONE。如果只想让用户执行程序,却并不想让用户查看程序或拷贝程序,那可以将访问权限设为 EXECUTE。修改后的命令如图 6-30 所示。基本模式和增强模式对于 EXECUTE 的处理方式有所不同,二者的区别在于:当运行在增强模式下时,程序必须符合以下任意一点才被允许使用 EXECUTE。

(1) 建立当前程序环境的父程序必须拥有属性 MAIN。

(2) 在当前任务或 MVS 父任务中执行的程序必须有 BASIC 属性。

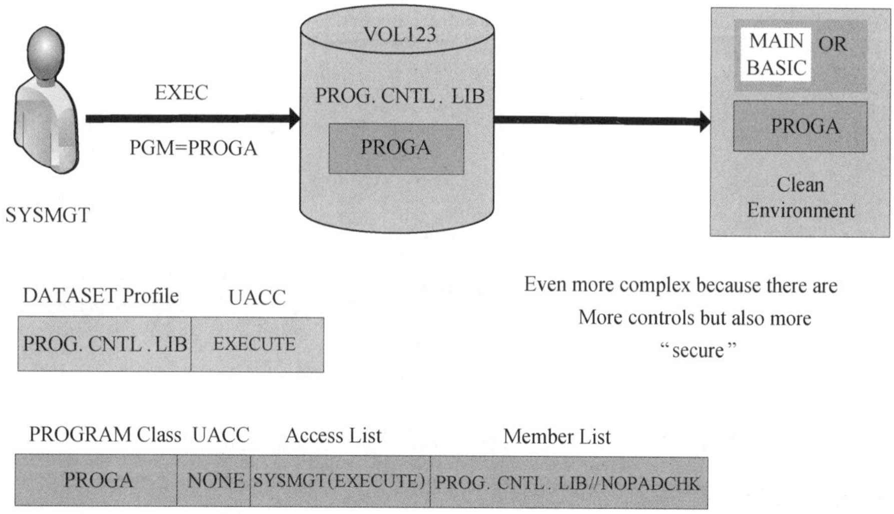

图 6-30　修改图 6-29 命令后的保护 PROGA

除了普通的访问列表,还可经常利用条件访问列表来满足保护程序的各种需求。比如,可以控制在某个系统中对程序的访问:在条件访问列表中添加 WHEN(SYSID(SYS1))表示只有在 SYS1 系统才能访问 PROGA。如图 6-31 所示。

类似地,在条件访问列表中添加语句 WHEN(PROGRAM(PAYUPD))可以用来帮助用户控制程序对数据集的访问。图 6-32 所示为用户 PERS 在使用程序 PAYUPD 访问数据

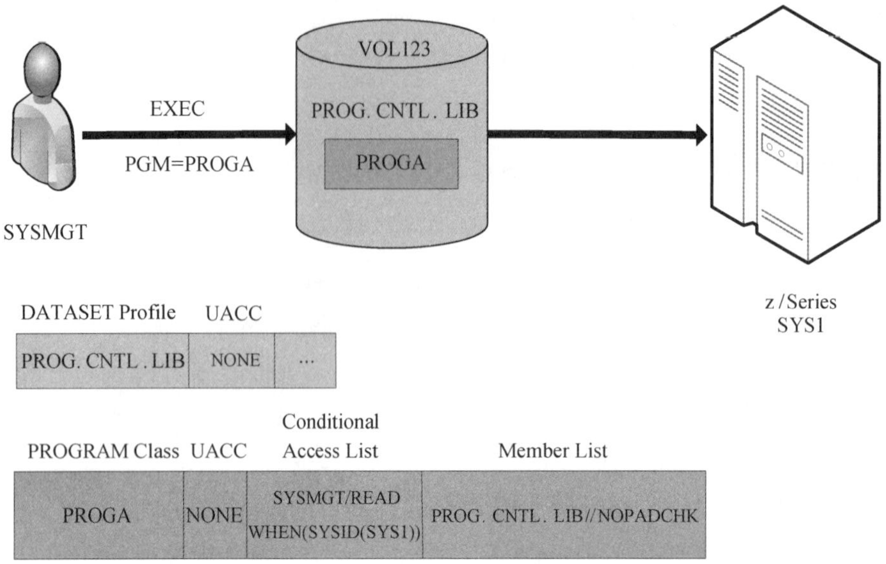

图 6-31　控制系统对程序的访问

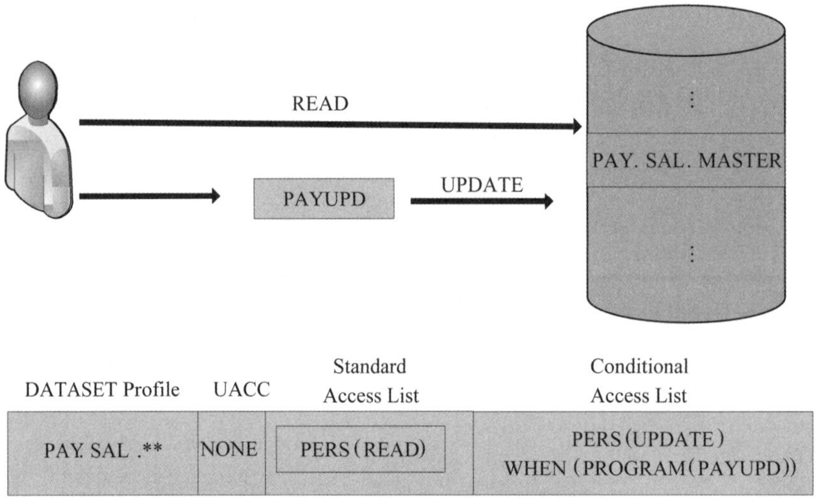

图 6-32　通过程序访问数据集

集 PAY.SAL. ** 时拥有 UPDATE 权限;否则,其只能读数据集。

6.6.2　TSO 资源保护

主机的用户非常熟悉分时选项环境(Time Sharing Option, TSO), TSO 是 z/OS 操作系统的一个组成部分,为用户提供了很强的交互功能,具体说来 TSO 可为用户提供以下功能。

(1) 命令包:提供功能完备的 TSO 命令包,可完成大多数处理功能。

(2) 会话管理:提供菜单驱动式界面 ISPF,使 TSO 更易于使用。

(3) 信息传送:管理数据和消息的发送与接收,使用户和用户以及用户和系统之间交互性更强。

(4) CLIST程序语言:提供一种命令解释语言,使程序设计简化。

(5) REXX语言支持:和CLIST类似,也是一种脚本语言,提高系统管理工作的效率。

(6) 在线帮助:用户在使用TSO过程中随时可获得系统详细的提示和帮助。

用户使用TSO有一个登录和注销的过程,该过程被称为终端会话期间(Terminal Session),即一次登录到注销之间的时间。

用户登录后,系统会为用户开辟一个虚拟空间,并提供一个屏幕驱动式接口,使用户更易于进入数据处理环境。传统的主机应用环境下,用户通过专用哑终端和服务器连接,哑终端本身无任何处理能力。通过专用的接口和协议与主机进行字符流方式的数据交换。

对于TSO资源,RACF提供了以下类进行保护。

(1) TSOPROC类:保护TSO登录过程。

(2) ACCTNUM类:保护TSO账户。

(3) TSOAUTH类:保护TSO用户属性,包括OPER,JCL,ACCT,MOUNT,RECOVER,PARMLIB,TESTAUTH和CONSOLE。

(4) PERFGRP类:保护TSO性能组(Performance Group)。

如果在用户Profile中定义了TSO段,则必须通过激活上述特定的类来保护TSO资源。如果不激活TSOPROC和ACCTNUM类,用户Profile尽管拥有了TSO段内容,还是无法登录TSO。

6.6.3 USS资源保护

USS全称是UNIX System Services。USS/OMVS子系统是主机上实施分布计算平台开放策略的重要组成部分。将OMVS部署在主机上可以增强主机平台的开放性,许多开放平台可以运行的Java程序也可以在主机平台上运行。OMVS子系统将MVS和UNIX这两种不同的平台融合在一起。OMVS子系统类似于UNIX系统,OMVS系统安全保护主要包括:定义超级用户,利用BPX.SUPERUSER来授权,利用UNIXPRIV类管理z/OS UNIX权限以及管理UID/GID的分配等。

1. 定义超级用户

将用户的UID设为0即可以将用户定义为超级用户。为了安全考虑,必须将超级用户的范围尽量缩小。可以使用FACILITY类和UNIXPRIV类来控制超级用户权限。

超级用户可以拥有以下权限。

(1) 可以通过所有的安全检查,访问文件系统中的所有文件。

(2) 管理进程。

(3) 拥有可以无限量并发进程的权限。

(4) 可以改变用户Profile中UID的值。

(5) 使用Setrlimit()来增加系统进程的限制数。

(6) 如果开始任务的属性为Trusted或Privileged,那么,即便它们的z/OS UNIX的UID不是0,也能拥有超级用户权限。

要定义超级用户有三种方法。

(1) 利用 UNIXPRIV 类中的 Profile(推荐使用)

利用 UNIXPRIV 类中 Profile 保护对应的 OMVS 资源。如果用户对某些 Profile 有读写权限,那就说明用户对其保护的 OMVS 资源有访问权限。

(2) 利用 FACILITY 类的 Profile:BPX.SUPERUSER

BPX.SUPERUSER 允许用户用“SU”命令,从一般用户权限切换到超级用户权限,完成一些需要超级用户权限的工作,然后再转换回普通用户权限。在不使用 SU 命令前,用户并没有超级用户权限。当一些用户或系统功能需要超级用户权限时,尽量不要直接将用户 ID 的 UID 设为 0。而是可以采用 BPX.SUPERUSER 的方式来授权。

(3) 分配一个为 0 的 UID(不推荐使用)

UID 为 0 的用户,被系统自动认为是 OMVS 的超级用户,拥有所有超级用户所拥有的权限。

2. 利用 BPX.SUPERUSER 来授权

建立 BPX.SUPERUSER Profile 的步骤如下。

(1) 在 FACILITY 类中定义 Profile(BPX.SUPERUSER)。

```
RDEFINE FACILITY BPX.SUPERUSER OWNER (SECADM) UACC (NONE)
```

(2) 允许所有的需要有超级用户权限的用户或组对 BPX.SUPERUSE 有 READ 的权限。当然,必须保证这些用户都要有 OMVS 段。

```
PE BPX.SUPERUSER CLASS (FACILITY) ID (USSMNT SECMNT SECADM) ACCESS (READ)
```

(3) 当用户需要有超级用户权限时,就使用 SU 命令切换到一个 shell。在这个 shell 中,用户拥有超级用户权限。

3. 利用 UNIXPRIV 类管理 z/OS UNIX 权限

可以通过定义 UNIXPRIV 类中的 Profile 来保护和授权用户访问 MVS 资源。UNIXPRIV 类必须在激活后才能有效。

4. 管理 UID/GID 的分配

OMVS 将 UID 作为用户标识,将 GID 作为组标识。为了让管理员方便地给用户和组分配 UID/GID,且做到不重复分配,可以使用 AutoUID 和 AutoGID 参数。系统中的 BPX. NEXT. USER Profile 支持 AutoUID 和 AutoGID 参数。BPX. NEXT. USER 是在 FACILITY 类中的一个 Profile,用来保存没有被使用过的 UID 值和 GID 值。当创建一个 BPX.NEXT.USER 的 Profile 时,Profile 的 APPLDATA 字段包括了两个数字,由“/”分割开,“/”左边的是 UID 的起始 UID 值或可供分配的 UID 值段,“/”右边的是 GID 的起始 GID 值或可供分配的 GID 值段。RACF 会从起始值开始找,直到找到一个未被使用过的值而停止。

例如,如果要让 RACF 自动定义 UID 和 GID, UID 从 1 开始,GID 从 0 开始。命令如下:

```
RDEFINE FACILITY BPX.NEXT.USER APPLDATA ('1/0') OWNER (SECADM) UACC (NONE)
```

如果要让 RACF 自动定义 UID 和 GID，UID 值从 50 000 到 80 000，GID 的值从 3 000 到 10 000，命令如下：

```
RDEFINE FACILITY BPX.NEXT.USER APPLDATA ('50000-80000/3000-10000')
```

6.6.4　JES 资源保护

作业入口子系统 JES 是 z/OS 操作系统的一个子系统，它管理着系统中执行的批处理作业。JES 系统接收 JCL 作业，按照作业优先级来调度执行作业，处理作业输出然后把作业从系统中清除。JES 中的资源都可以通过 RACF 来保护，这些资源包括 JES 命令，JES 作业队列等等。保护 JES 资源涉及一些类，如图 6-33 所示，这里介绍最常用的 OPERCMDS 类的用法。

OPERCMDS 类可以用来授权给用户使用一些 MVS 或者 JES 的命令，反之，也可以限制用户使用一些 MVS 或者 JES 的命令。比如为了让用户 JACK 有权限执行 JES 命令，可以执行如下授权：

```
PERMIT JES2.* CLASS (OPERCMDS)  ID (JACK)  ACCESS (CONTROL)
```

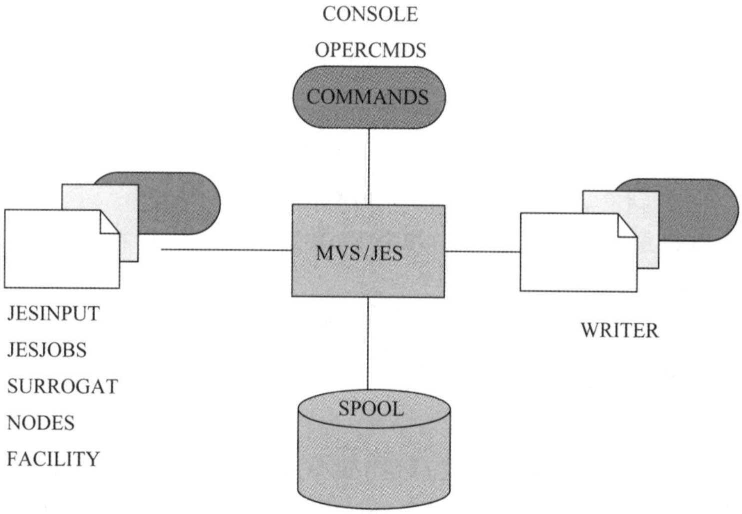

图 6-33　RACF 管理 JES 资源类示意

6.6.5　DB2 资源保护

RACF 对于 DB2 资源的保护主要体现在 DB2 的外部数据集的访问控制。RACF 也提供一些通用资源类来控制 DB2 表、表空间等 DB2 对象的访问，但是用户更多地会使用 DB2 自身的权限控制功能去管理用户对这些 DB2 对象的访问。

图 6-34 所示为 DB2 在 z/OS 中的安全概貌图。RACF 对 DB2 的保护分为以下几部分。

(1) 鉴定：不管通过何种方式(TSO，CICS 等)，用户访问 DB2 资源时都要通过 RACF 进行身份验证和权限鉴定。

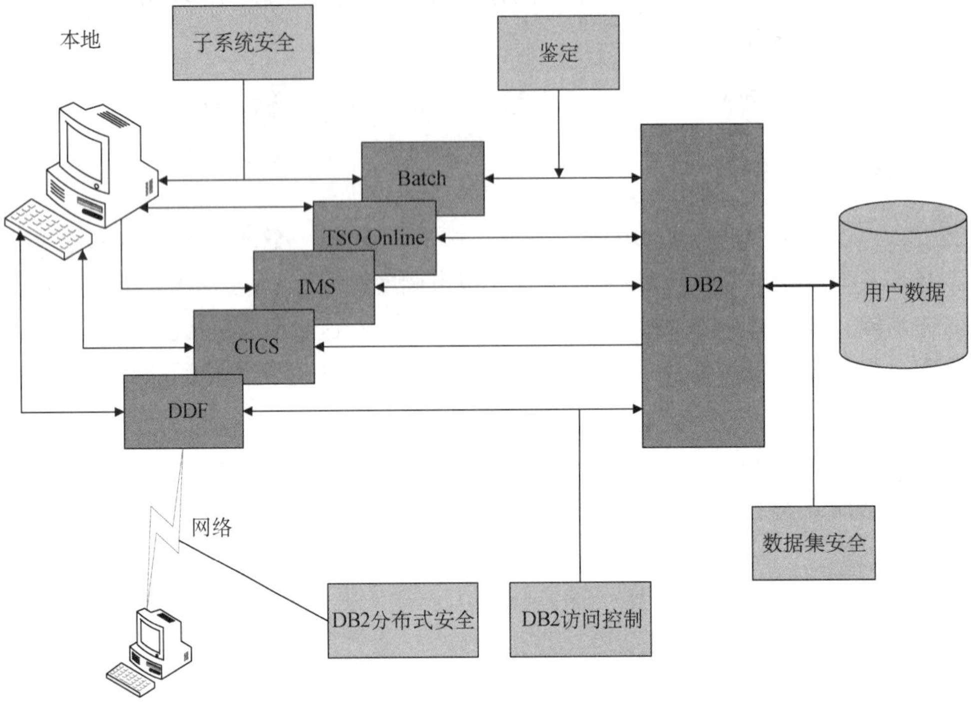

图 6-34　DB2 安全概貌

(2) DB2 访问控制:RACF 安全可以用来控制哪些地址空间连接至 DB2。

(3) 子系统安全:当一个用户登录到 CICS 或 IMS,他都将提供一个 ID 和密码以供系统检查。RACF 可以控制哪些用户使用 CICS 或 IMS 中的交易,然后通过这些交易访问 DB2 中的数据。

(4) 数据集安全:RACF 可以保护 DB2 数据集。

(5) DB2 分布式安全:使用网络安全技术来鉴定远程用户。z/OS 的 DB2 使用 Kerberos 安全。

通过 RACF 来保护 DB2 也有其优点,比如可以通过一套 RACF 数据库来统一保护 SYSPLEX 中的多个 DB2 系统;和 DB2 自身的保护机制不一样,即使 DB2 对象不存在,RACF 也可以事先为他们创建和实施保护策略。

具体如何通过 RACF 来保护 DB2 对象,可以参考 IBM 红皮书 *DB2 Version 9.1 for z/OS RACF Access Control Module Guide*(SC18-9852-01)。

6.6.6　CICS 资源保护

CICS 是一个商业在线业务服务器(Online Transaction Server),使用分布式计算环境 DCE 的安全功能,并支持 TCP/IP 通信协议。CICS 客户机/服务器功能可以在局域网和广域网上通过分布和共享资源实现工作负荷均衡安排。CICS 凭借其杰出的可靠性和每秒处理数千事务的能力,为大多数企业巨头,特别是银行、金融企业所喜爱。CICS 上的应用及数据都非常敏感，需要 RACF 的严格保护。

使用 RACF 对数据集保护的机制，可以保护 CICS 系统数据集、程序库、用户数据集等。RACF 提供一系列的类，激活后可以实施对 CICS 资源的保护，这些类列举如下。

(1) CICS 交易(Transactions)

- TCICSTRN 类：一个 Profile 保护单个 CICS 交易。
- GCICSTRN 类：一个 Profile 保护多个 CICS 交易。

以下命令可以用来保护 CICS 中的某个交易 CEDA，保护策略是大家都没有访问权限，只有 CICSADM 才能够执行该交易：

```
SETROPTS CLASSACT (TCICSTRN)
RDEFINE TCICSTRN CEDA UACC (NONE)
PE CEDA CLASS (TCICSTRN)  ID (CICSADM)  ACC (READ)
```

(2) CICS 文件控制表(File Control Table)

- FCICSFCT 类：一个 Profile 保护单个文件。
- HCICSFCT 类：一个 Profile 保护多个文件。

(3) CICS 程序控制表(Program Control Table)

- MCICSPPT 类：一个 Profile 保护单个程序。
- NCICSPPT 类：一个 Profile 保护多个程序。

(4) CICS 临时存储队列(Temporary Storage Queues)

- SCICSTST 类：一个 Profile 保护单个队列。
- UCICSTST 类：一个 Profile 保护多个队列。

详细可参考 IBM 红皮书 *CICS RACF Security Guide*(SC34-6011-12)。

6.6.7 SMS 资源保护

RACF 可以保护 SMS 资源，主要包括如下两点。

(1) 提供通用资源类(如 MGMTCLAS 类和 STORCLAS 类)来保护 SMS 类。

(2) 用户和组 Profile 均有 DFP 段，指定默认的 SMS 结构体(Constructs)。

[例] 要控制用户使用两个 SMS 结构体：管理类(MC)和存储类(SC)，必须要经过四个步骤。

(1) 使用 SETROPTS CLASSACT 命令来激活 RACF 通用资源类 MGMTCLAS 和 STORCLAS。

```
SETROPTS CLASSACT (MGMTCLAS STORCLAS)
```

(2) 使用 RDEFINE 命令定义一个 Profile 保护某个 SMS 结构体后，如果系统中有一个 DB2STOR 的存储类，且用户要保护它，可以使用以下命令：

```
RDEFINE STORCLAS DB2STOR UACC (NONE)
```

(3) 使用 PERMIT 命令创建该 Profile 的访问列表条目，允许一些特权用户来使用该存储类。

```
PERMIT DB2STOR CLASS (STORCLAS) ID (SMITH JONES) ACCESS (READ)
```

(4) 用户需要使用 SETROPTS RACLIST 命令对内存中的 Profile 进行刷新。

```
SETROPTS RACLIST (STORCLAS) REFRESH
```

6.7 RACF 选项

RACF 提供 SETROPTS 命令(Set RACF Options)来更改 RACF 的系统选项,定制 RACF 以满足系统需求,诸如密码规则、类的激活和审计功能的设置等等。这些功能从全局角度来设置 RACF 的管理选项。用户使用 RACF 选项如图 6-35 所示。

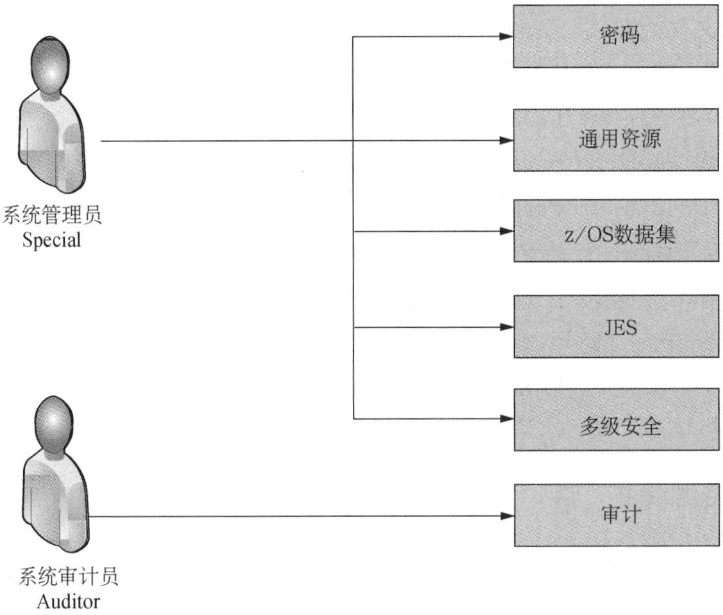

图 6-35 RACF 选项

RACF 选项的设置既可以用命令 SETROPTS,又可以使用 RACF 菜单。大多数的 SETROPTS 功能需要 Special 或 Auditor 属性。如果用户没有 Special 或 Auditor 属性。用户只能用 SETROPTS 命令做如下操作。

(1) 如果用户有 Group-Special 属性或 Group-Auditor 属性,则可以使用 LIST。

(2) 如果用户有 Group-Special 属性、Group-Auditor 属性、Auditor 属性、Operations 属性、Group-Operations 属性之一,或用户有指定的类的授权,则可以使用 REFRESH GENERIC。

(3) 如果用户有 Operations 属性,或用户有指定的类的授权,则可以使用 REFRESH GLOBAL。

(4) 如果用户有程序类的授权,则可以使用 REFRESH PROGRAM。

图 6-35 中如果要使用 SETROPTS 命令,需要有系统 Special 或 Auditor 权限。下面将

详细介绍 RACF 选项的具体使用。

6.7.1　口令规则设置

口令规则的设置可用如下命令：

```
SETROPTS/SETR PASSWORD
[HISTORY（数目）/NOHISTORY]
[REVOKE（次数）/NORevoke]
[INTERVAL（天数）]
[WARNING（天数）/NOWARNING]
[RULEn（LENGTH（m1, m2） KEYWORD（位置））/NORULEn/NORULES]
```

其中的参数解释如下：

● HISTORY

指定以前的多少条口令不能使用(1～32)。NOHISTORY 则表示无此限制。

● REVOKE

指定一个用户输入多少次(1～254)不正确口令后被挂起。NOREVOKE 则表示无此限制。一旦账号被挂起，用户即使口令输入正确，也暂时不能登录系统。

● INTERVAL

指示口令在多少(1～254)天后必须改变。

● WARNING

指示口令在到期多少(1～254)天前会通知用户。NOWARNING 则表示无此限制。

● RULEn(LENGTH(m1,m2) KEYWORD(位置))

指示第 n 个口令的规则。m1 表示口令的最长长度，m2 表示口令的最短长度，KEYWORD 表示口令中指定的某个位置必须是什么字符。如果口令长度只指定了一个数字，则表示口令必须是定长的。KEYWORD 可以是 ALPHA(字母)、ALPHANUM(字母数字)、VOWEL(元音字母)、NOVOWEL(非元音字母)、CONSONANT(辅音字母)、NUMERIC(数字)，它表示在指定的位置必须是指定的字符。

● NORULEn

表示取消第 n 条规则。用户可以指定多个口令规则。NORULES 表示无任何规则。

6.7.2　数据集保护设置

有关数据集的设置可用如下命令：

```
SETROPTS/SET
[ADSP/NOADSP]
[EGN/NOEGN]
[PROTECTALL（FAILURES/WARNING）/NOPROTECTALL]
[CATDSNS（FAILURES/WARNING）/NOCATDSNS]
[ERASE（ALL/SECLEVEL（））/NOERASE]
```

其中的参数解释如下。

● ADSP/NOADSP

是否强制创建一个离散数据集 Profile。

● EGN/NOEGN

指示在本系统上通用 Profile 的命名习惯。

- PROTECTALL(FAILURES/WARNING)/NOPROTECTALL

指示是否所有的数据集都需要保护。FAILURES 表示未保护的数据集不允许访问。WARNING 表示未保护的数据集允许访问，但会给用户和管理员一个警告信息。

- CATDSNS(FAILURES/WARNING)/NOCATDSNS

指示是否所有的数据集都必须编目。FAILURES 指未编目的数据集不允许访问。WARNING 指未编目的数据集允许访问，但会给用户和管理员一个警告信息。

- ERASE(ALL/SECLEVEL())/NOERASE

指示是否删除数据集时必须彻底从磁盘上删除。ALL 表示所有的数据集都必须这样。SECLEVEL(安全级别名)表示只有高于此安全级别的数据集被删除时才会被彻底从磁盘上删除。

6.7.3 授权检查选项

关于授权检查的选项的命令格式如下：

```
SETROPTS/SETR
WHEN (PROGRAM) /NOWHEN (PROGRAM)
GRPLIST/NOGRPLIST
TERMINAL (READ/NONE)
```

其中的参数解释如下。

- WHEN(PROGRAM)/NOWHEN(PROGRAM)

指示激活/不激活程序类。

- GRPLIST/NOGRPLIST

指示资源授权检查时检查用户归属的所有组，还是只检查用户当前连接的组。

- TERMINAL(READ/NONE)

指示对 RACF 未定义的终端的默认访问权限。

6.7.4 类选项

关于类选项的命令格式如下：

```
SETROPTS/SETR
CLASSACT (类名/*) /NOCLASSACT (类名/*)
AUDIT (类名/*) /NOAUDIT (类名/*)
GENERIC (类名/*) /NOGENERIC (类名/*)
STATISTICS (类名/*) NOSTATISTICS (类名/*)
GLOBAL (类名/*) /NOGLOBAL (类名/*)
GENERICOWNER/NOGENERICOWNER
REFRESH
```

其中的参数解释如下。

- CLASSACT(类名/ *)/NOCLASSACT(类名/ *)

激活或不激活指定的类或全部类。

- AUDIT(类名/ *)/NOAUDIT(类名/ *)

当指定的类或全部类 Profile 改变时，是否写到 SMF 记录中。

● GENERIC(类名/ *)/NOGENERIC(类名/ *)

是否对指定的类或全部类进行通用的 Profile 检查。

● STATISTICS(类名/ *)NOSTATISTICS(类名/ *)

是否保存指定的类或全部类的统计。

● GLOBAL(类名/ *)/NOGLOBAL(类名/ *)

指示对指定的类或全部类进行全局访问检查。

● GENERICOWNER/NOGENERICOWNER

只对通用资源有效,而对数据集无效。指是否限制用户对某一个特定的资源创建比已有 Profile(当然也是保护这个资源的)更细致的 Profile。这个限制对所有用户有效,但不包括:①具有 Special 属性的用户,如图 6-36 所示的 MIKE;②已存在的 Profile 的拥有组的 Group-Special 用户,如图 6-36 中的 JOE;③已存在的 Profile 的拥有者用户,如图 6-36 中的 ANN。

● REFRESH

刷新在内存中的 Profile。

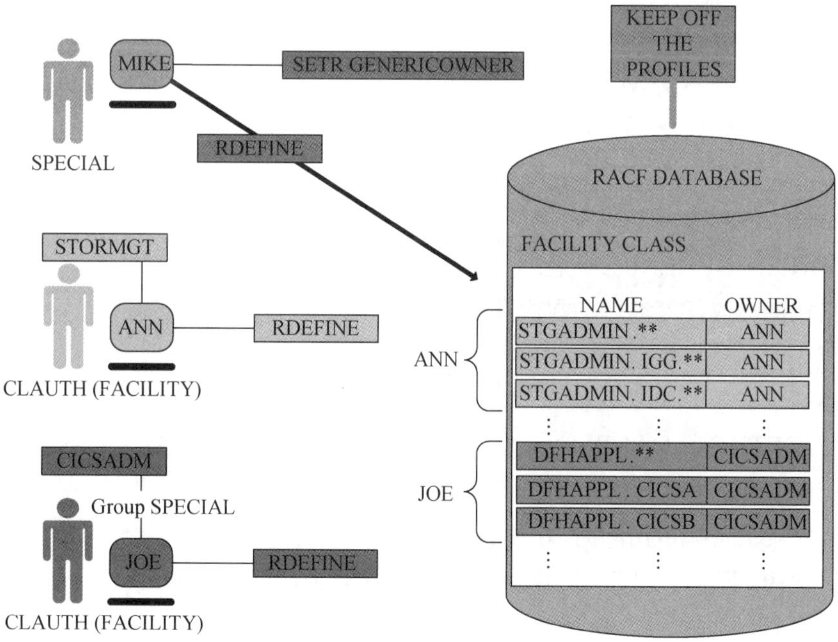

图 6-36　GENERICOWNER 图示

6.7.5　审计选项

关于审计选项设置的命令格式如下:

```
SETROPTS/SETR
SAUDIT/NOSAUDIT
OPERAUDIT/NOOPERAUDIT
CMDVIOL/NOCMDVIOL
```

```
    SECLEVELAUDIT（安全级别）/NOSECLEVELAUDIT
    SECLABELAUDIT/NOSECLABELAUDIT
    AUDIT（类名/*）/NOAUDIT（类名/*）
    APPLAUDIT/NOAPPLAUDIT
    REFRESH GENERIC（类名/*）
    LIST
    [LOGOPTIONS(ALWAYS(类名)/NEVER(类名)/SUCCESSES(类名) /FAILURES(类名)/DEFAULT
(类名))]
```

其中的参数解释如下。

- SAUDIT/NOSAUDIT

是否记录所有由 Special 或 Group-Special 发布的 RACF 命令。

- OPERAUDIT/NOOPERAUDIT

是否记录所有 Operations 或 Group Operations 用户的访问行为。

- CMDVIOL/NOCMDVIOL

是否记录用户的安全违规行为。

- SECLEVELAUDIT(安全级别)/NOSECLEVELAUDIT

是否审计对安全级别高于指定级别的资源的访问。

- SECLABELAUDIT/NOSECLABELAUDIT

是否审计对有安全标识的资源的访问。

- AUDIT(类名/ *)/NOAUDIT(类名/ *)

当指定的类或任何类(*)的 Profile 改变时,是否写 SMF 记录。

- APPLAUDIT/NOAPPLAUDIT

是否审计 APPC 交易。

- REFRESH GENERIC(类名/ *):

刷新指定的类或任何类(*)在内存中的 Profile。

- LIST

列出系统中当前的 RACF 选项值。

- LOGOPTIONS (ALWAYS (类 名)/NEVER (类 名)/SUCCESSES (类 名) / FAILURES(类名)/DEFAULT(类名))

指示指定类的资源被访问时,在什么情况下进行记录。

[例] 使用 SETROPTS LIST 命令,显示系统目前已经生效的所有 RACF 选项。输入"SETROPTS LIST"命令后,得到输出如下:

```
     ATTRIBUTES = INITSTATS WHEN（PROGRAM -- BASIC）
     STATISTICS = NONE
     ACTIVE CLASSES = DATASET USER Group APPL DSNR FACILITY UNIXPRIV TSOPROC
ACCTNUM PERFGRP TSOAUTH OPERCMDS JESSPOOL SDSF GSDSF          CSFSERV  CSFKEYS
GCSFKEYS  LOGSTRM  STARTED  CBIND  SERVER  UNIXMAP
     GENERIC Profile CLASSES =  DATASET RVARSMBR RACFVARS SECLABEL DASDVOL       ......
     GENERIC COMMAND CLASSES =  DATASET RVARSMBR RACFVARS SECLABEL DASDVOL       ......

      GENLIST CLASSES =  NONE
      GLOBAL CHECKING CLASSES =  DATASET
      SETR RACLIST CLASSES =  FACILITY UNIXPRIV TSOAUTH OPERCMDS CSFSERV CSFKEYS
                         LOGSTRM STARTED CBIND SERVER
      GLOBAL=YES RACLIST ONLY =  NONE
      AUTOMATIC DATASET PROTECTION IS IN EFFECT
```

6.8 RACF 数据库管理

RACF 系统一般都有两个数据库：主数据库(Primary)和备份数据库(Backup)。其中，主数据库是 RACF 系统使用的、正在活跃的数据库，为了提高 RACF 的可用性，备份数据库的内容要和主数据库的内容保持一致，在主数据库损坏时，系统管理员可以用 RVARY 命令迅速切换到备份数据库上工作。

6.8.1 定义 RACF 数据库

RACF 数据库必须编目，也应该存储在一个永久的卷上。选择将 RACF 数据库存放在能快速访问的设备上，将会提高系统的性能。建立一个 RACF 数据库的 JCL 代码如下：

```
//RACRDSP JOB (ACCT#),'PGMRNAME'
// CLASS=A,MSGCLASS=X,MSGLEVEL=(1,1),
// NOTIFY=,
// TIME=30
//*
//* LIB: CBIPO - IPO1.INSTLIB(RACRDSP)
//* GDE: CBIPO MVS INSTALLATION
//* DOC: THIS JOB ALLOCATES, CATALOGS, AND INITIALIZES A
//* PRIMARY RACF RESTRUCTURED DATA BASE
//* ON THE SYS627 VOLUME.
//*
//INIT1 EXEC PGM=IRRMIN00,REGION=512K,
// PARM='NEW'
//STEPLIB DD DSN=IPO1SYS.SYS1.LINKLIB,DISP=SHR
//SYSPRINT DD SYSOUT=*
//SYSTEMP DD DSN=IPO1SYS.SYS1.MODGEN(IRRTEMP1),DISP=SHR
//SYSRACF DD DSN=IPO1SYS.SYS1.RACF, /*R1*/
// DISP=(NEW,CATLG,DELETE),
// UNIT=3380,VOL=SER=SYS627,
// SPACE=(4096,(900),,CONTIG),
// DCB=(RECFM=F,BLKSIZE=4096,DSORG=PS)
/*
//CATG2 EXEC PGM=IDCAMS,REGION=512K,
// COND=(0,LT,INIT1)
//SYSPRINT DD SYSOUT=*
//SYSIN DD *
     ALTER -
     IPO1SYS.SYS1.RACF /*R1*/-
     NEWNAME(SYS1.RACF) /*R1*/-
     CATALOG(CATALOG.MVSICFM.VMVSCAT/PWUPDATE)
     IF LASTCC = 0 THEN -
     DEFINE ALIAS( -
     NAME(IPO1SYS.SYS1.RACF) /*R1*/-
     RELATE(SYS1.RACF) ) /*R1*/-
     CATALOG(CATALOG.MVSICFM.VMVSCAT/PWUPDATE)
/*
```

6.8.2 定义 RACF 数据库名字表格

在系统每次重启时，如果在数据库名字表格(ICHRDSNT)中找不到对应系统的 RACF 数据库名称，都会要求手动指定 RACF 主要数据库和备份数据库的名字。所以，创建了 RACF 数据库之后，还应该为系统定义数据库名字表格，以便 IPL 时 z/OS 能够顺利查找到 RACF 数据库。

数据库名字表格是一个描述 RACF 信息的装载模块(Load Module),在该表中,可以指定如下信息。

(1) RACF 数据库的数量。

(2) RACF 数据库的名字(主数据库和备份数据库)。

(3) 常驻内存数据块的数量。

(4) 如何对 RACF 备份数据库进行写操作。

定义 RACF 数据库名字表格的 JCL 代码如下:

```
//RDSNT    JOB  ,'DATA SET NAME TABLE',MSGLEVEL=(1,1),REGION=4096K
//STEP1    EXEC HLASMCL
//C.SYSIN DD *
ICHRDSNT CSECT
       DC    AL1(1)            INDICATES ONE RACF DATA SET
       DC    CL44'SYS1.RACF'   PRIMARY RACF DS NAME
       DC    CL44'SYS1.RACFSEC' BACKUP RACF DS NAME
       DC    AL1(10)           NUMBER OF RESIDENT DATA BLOCKS
       DC    X'80'            FLAGS. UPDATES DUPLICATED ON BACKUP DS
       END
/*
//L.SYSLMOD DD DSN=SYS1.LINKLIB,    **MUST BE LIBRARY WITH**
//             DISP=SHR,UNIT=3390,      **NEW RELEASE OF RACF **
//             VOL=SER=Z6RES3
//L.SYSIN   DD *
     NAME ICHRDSNT(R)
/*
```

在标志位,可以指定不同的位以选择 RACF 的不同选项。表 6-2 所示为标志位的所有格式和其代表的意义。

表 6-2 RACF 标志位的所有格式及其意义

位设置	意义
00..	不更新备份数据库。在系统要进行某些有风险的更新时,备份 RACF 数据库应该设置成为不更新。这样,如果主数据库遭到破坏,可以直接替换到备份数据库
10..	更新备份数据库,但不包括统计信息。如此设置下,备份数据库随着主数据库的更新而更新。如果 SETROPTS INITSTATS 选项开启时,一些诸如用户每天第一次如何登录系统的信息便会在 RACF 备份数据库中维护
11..	更新备份数据库,包括统计信息。如此设置下,一旦主数据库有任何更新,备份数据库也会随之更新,这将加重系统运行的负担,所以一般不推荐使用
.... 1...	开启 Sysplex 通信
.... .1..	开启 RACF 数据库的数据共享。默认为 0
....1	在主要数据库中使用常驻内存数据块。在非可重组化的数据库中,常驻内存数据块被经常使用到。最后位若指定为 1,就表示将最大限度地索引,BAM(block-availability-mask)和 Profile 块常驻内存。常驻内存数据块可以减少 I/O 次数,所以对于非可重组化的数据库,强烈推荐使用常驻内存数据块;对于可重组化的数据库,默认使用常驻内存数据块,所以第七位不设置也将使用默认值

在设置好这些参数后,提交作业,在系统库中就会生成一个可执行的装载模块。将这个库(上例中为 SYS1.LINKLIB)加入 Linklist 中,以便系统 IPL 时能访问该库。

6.8.3　在 Sysplex 环境下共享 RACF 数据库

随着 Sysplex 的广泛使用,主机在负载平衡上发挥了更大的优势。而在 Sysplex 系统中,往往是多个 z/OS 系统成员共享一个 RACF 数据库。这种情况下,只需要定义一个 RACF 数据库,然后再将该 RACF 数据库共享,这样既节约了磁盘空间,也利于管理员的集中管理,保证安全策略的一致性,避免重复工作。

要在 Sysplex 环境下共享 RACF 数据库,首先要知道背后的原理:每个系统都有各自的本地缓冲区,用于存放 RACF 数据。在两个系统同时更新 RACF 数据库时,耦合器 CF 先将内容写入本地缓冲区,再序列化更新 RACF 数据库。具体如图 6-37 所示。

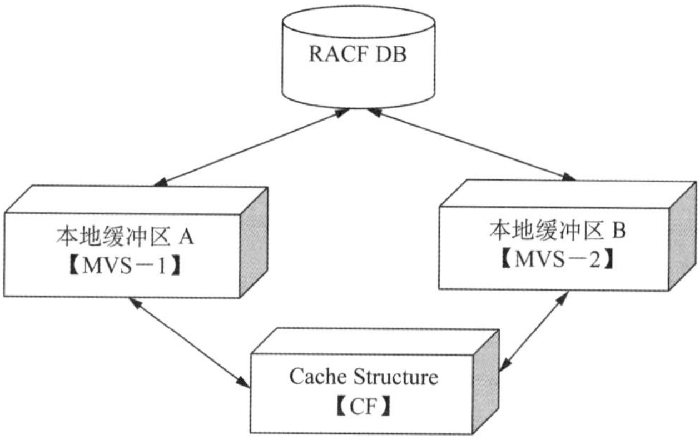

图 6-37　RACF 在 Sysplex 环境中的共享

要开启 RACF 共享,必须先开启 RACF 的数据共享模式。否则,多个系统同时更新 RACF 数据库时,容易因为更新的非序列化造成数据的错误和不同步。以下详细介绍开启 RACF 的数据共享模式的几个步骤。

(1) 定义 CF 结构。

在开启 RACF 的数据共享模式之前,需要先在 CF 资源管理器(CFRM)策略中定义一个结构。样例作业如下:

```
//ADCF EXEC PGM=IXCMIAPU
//SYSPRINT DD SYSOUT=*
//SYSABEND DD SYSOUT=*
//SYSIN DD *
    DATA TYPE (CFRM) REPORT (YES)
    DEFINE POLICY NAME (CFRM01) REPLACE (YES)
    CF NAME (CF01)
    TYPE (009672)
    MFG (IBM)
    PLANT (02)
    SEQUENCE (000000040104)
    PARTITION (1)
    CPCID (00)
    DUMPSPACE (2000)

    CF NAME (CF02)
    TYPE (009672)
    MFG (IBM)
    PLANT (02)
```

```
    SEQUENCE (000000040104)
    PARTITION (1)
    CPCID (01)
    DUMPSPACE (2000)

    STRUCTURE NAME (IXC1_GRS)
    SIZE (1024)
    PREFLIST (CF01,CF02)

    STRUCTURE NAME (IXC1_DEFAULT)
    SIZE (4096)
    PREFLIST (CF02,CF01)

    STRUCTURE NAME (IRRXCF00_P001)  //for primary database
    SIZE (1644)
    PREFLIST (CF01,CF02)

    STRUCTURE NAME (IRRXCF00_B001)  // for backup database
    SIZE (329)
    PREFLIST (CF02,CF01)

    EXCLLIST (IRRXCF00_P001)
/*
```

(2) 激活 CF 结构。

当用户定义结构成功后,包含新定义内容的 CFRM 策略必须被激活,激活命令如下:

```
SETXCF START,POLICY,TYPE=CFRM,POLNAME=CFRM01
```

(3) 激活 RACF Sysplex 数据共享模式。

当策略和结构都已被激活,RACF 可以通过 RVARY 命令开启数据共享模式:

```
RVARY DATASHARE
```

如果命令执行成功,应该得到如下类似输出:

```
ICH15013I RACF DATABASE STATUS:
ACTIVE USE NUMBER VOLUME DATASET
------ --- ------ ------ -------
YES PRIM 1 TOTSM1 SYS1.RACFESA
YES BACK 1 TOTRS1 SYS1.RACF.BKUP1
MEMBER xxxx IS IN DATA SHARING MODE.
ICH15020I RVARY COMMAND HAS FINISHED PROCESSING.
```

(4) 在 RACF 名字表空间中更改对应的标志位,使得更改在下次 IPL 后也能生效。对照 RACF 标志位表,更改后的标志位应该为:B“10001100”。

6.8.4 RACF 数据库结构

RACF 数据库和一般数据库概念不同,它具有独特的结构,如图 6-38 所示。

(1) ICB(Inventory Control Block)的相对地址为 0。RACF 使用它来定位 RACF 数据库中的其他块。

(2) Template:RACF 为每种类型的 Profile(用户、组、数据集和通用资源)提供模板。每个 Profile 都包含一个基本段和其他段。每个模板会记录与其对应的 Profile。

(3) Segment Table:包含了模板中每个段的映射,描述和 Profile 相关的段。

(4) BAM(Block Availability Mask,块可用映射):块大小为 4K,用来描述 RACF 数据库中对应的块的可用性。

(5) Data/Index Blocks：RACF 使用多层索引定位 Profile。RACF 数据库最多支持 10 层索引。所有的搜索都从最高层的索引块开始。最高层索引块的 RBA 包含在 ICB 中。

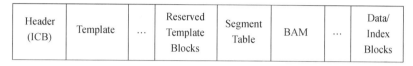

Header (ICB)	Template	…	Reserved Template Blocks	Segment Table	BAM	…	Data/ Index Blocks

图 6-38　RACF 数据库结构

使用 RACF 工具 IRRUT200 可以查看 RACF 数据库中的一些结构，比如 BAM 和 Index 结构。下面给出一个 BAM 结构的输出结果示例：

```
            *   BAM=ALLOC    , ACTUAL=ALLOC
            0   BAM=UNALLOC  , ACTUAL=UNALLOC
            .   BAM=ALLOC    , ACTUAL=UNALLOC
            +   BAM=UNALLOC  , ACTUAL=ALLOC
            I   INDEX BLOCK WITH LEVEL IN NEXT POSITIONS
            B   BAM BLOCK
            T   TEMPLATE BLOCK
            S   SEGMENT TABLE BLOCK
            F   FIRST BLOCK (ICB)
            -   BAM=UNALLOC  , ACTUAL=ALLOC  I,B,OR F BLK
            $   BAM=UNALLOC  , ACTUAL=ALLOC  Special BLK
            ?   BAM=ALLOC    , ACTUAL=ALLOC  UNKNOWN BLK
            %   BAM=UNALLOC  , ACTUAL=ALLOC  UNKNOWN BLK
            @   BAM=ALLOC    , DUPLICATE ALLOCATION
            #   BAM=UNALLOC  , DUPLICATE ALLOCATION
            /   UNDEFINED STORAGE
     -BLOCK 000 RBA 00000000C000
      014 FFFFFFFF FFFFFFFF TTTTTTTT TTTTTTTT TTTTTTTT TTTTTTTT TTTTTTTT TTTTTTTT
 TTTTTTTT TTTTTTTT TTTTTTTT TTTTTTTT
      021 TTTTTTTT TTTTTTTT TTTTTTTT TTTTTTTT TTTTTTTT TTTTTTTT TTTTTTTT TTTTTTTT
 TTTTTTTT SSSSSSSS SSSSSSSS BBBBBBBB
      02E BBBBBBBB BBBBBBBB BBBBBBBB BBBBBBBB
```

6.8.5　使用 RVARY 命令

上面介绍了 RACF 数据库，可以使用 RVARY 命令来完成 RACF 主数据库和 RACF 备份数据库的切换工作(比如在主要数据库损坏时，使用备份数据库)。除此以外，RVARY 还可以完成以下任务。

(1) 查看 RACF 数据库信息。

(2) 激活或关闭 RACF 功能。

(3) 关闭或重新激活主数据库和备份数据库。关闭主数据库将使得所有访问请求都失败；关闭备份数据库将导致 RACF 停止复制信息至该数据库中。

(4) 选择 RACF 的操作模式，是否在 Sysplex 环境下数据共享。

图 6-39 所示为 RVARY 的命令示意图。

假设某用户是公司的 RACF 安全管理员，用户需要时刻监控 RACF 数据库的使用情况，并有效合理地管理 RACF 数据库，用户就需要对以下情况熟悉并能作出快速反应。

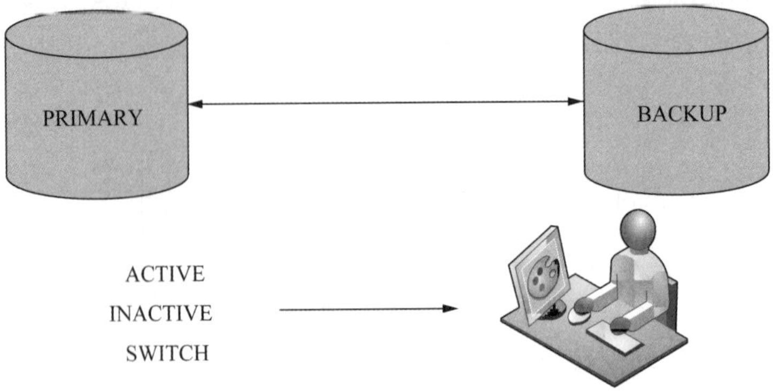

图 6-39　RVARY 命令示意

[情况 1]　假设 RACF 的备用数据库损坏,无法使用。为了系统安全性考虑,需要重新定义一个备用数据库并将它激活。具体做法如下。

(1) 使用 RVARY LIST 命令来查看 RACF 数据集信息。

```
RVARY LIST
```

输出结果样例如下:

```
ICH15013I RACF DATASET STATUS:
ACTIVE USE NUMBER VOLUME DATASET
------ --- ------ ------ -------
YES     PRIM 1     D94RF0  RACF.PRIM1
NO      BACK 1     D94RF1  RACF.BACK1
```

该输出显示了 RACF 数据库的名称、所在的卷、数量以及使用情况和状态。可知,RACF.PRIM1 是活动的,而 RACF.BACK1 是不活动的。

(2) 使用 IRRUT200 检测主要数据库 RACF.PRIM1 的准确性并复制至 RACF.BACK2。注意,为了安全考虑,一般主数据库和备份数据库应当放置在不同的磁盘卷上。

(3) 使用 RVARY ACTIVATE 命令激活 RACF.BACK2 数据库。

```
RVARY ACTIVE,DATASET(RACF.BACK2)
```

输出结果如下:

```
ICH15013I RACF DATASET STATUS:
ACTIVE USE NUMBER VOLUME DATASET
------ --- ------ ------ -------
YES     PRIM 1     D94RF0  RACF.PRIM1
YES     BACK 1     D94RF1  RACF.BACK2
```

可知,RACF.PRIM1 和 RACF.BACK2 都处于活动状态。这也意味着,如果 RACF 主数据库出错,系统将会自动切换到 RACF 备份数据库,增强了系统的可用性。

[情况 2]　假设用户需要人为切换 RACF 数据库,那首先需要关闭主数据库,然后再作切换。具体步骤如下。

(1) 关闭主数据库。

```
RVARY INACTIVE,DATASET(RACF.PRIM1)
```

（2）切换主数据库和备份数据库。

```
RVARY SWITCH,DATASET (RACF.PRIM1)
```

（3）激活之前关闭的数据库。

```
RVARY ACTIVE,DATASET (RACF.PRIM1)
```

输出结果如下：

```
ICH15013I RACF DATASET STATUS:
ACTIVE USE NUMBER VOLUME DATASET
------ --- ------ ------ -------
YES    PRIM 1     D94RF0  RACF.BACK2
YES    BACK 1     D94RF1  RACF.PRIM1
```

6.9　RACF 实用程序介绍

和其他子系统或工具一样，RACF 提供了一些实用程序(Utility)来完成安全管理和维护任务。

6.9.1　IRRUT100 实用程序

IRRUT100 实用程序的功能：列出一个用户名或一个组名在 RACF 数据库中出现的所有地方。

以下为一个 IRRUT100 程序使用的示例，该例中，IRRUT100 定位到了用户名 JACK 和 TOM 在 RACF 数据库中出现的所有地方：

```
//JOB1 JOB 0,'LQ',NOTIFY=&SYSUID
//STEP1 EXEC PGM=IRRUT100
//SYSUT1 DD UNIT=3390,SPACE= (TRK, (5,1))
//SYSPRINT DD SYSOUT=*
//SYSIN DD *
JACK TOM
/END
```

作业输出结果如下：

```
******************** TOP OF DATA **********************************
Occurrences of JACK
In standard access list of general resource Profile SDSF ISFOPER.SYSTEM
In access list of group SYS1
User entry exists
 (G) - Entity name is generic.

Occurrences of TOM
Owner of FACILITY MAINSTAR.SYSPARM.CRPLUS.CATSYS*  (G)
In access list of group SYS1
User entry exists
 (G) - Entity name is generic.
```

由作业输出结果可以看到：

- JACK 出现在 SDSF 类中的 ISFOPER.SYSTEM 的访问列表中。
- TOM 为 FACILITY 类中 MAINSTAR.SYSPARM.CRPLUS.CATSYS * 的所有者。

6.9.2　IRRUT200 实用程序

IRRUT200 实用程序可以用来检查数据库在内部组织上的不一致处，并且拷贝一个

RACF 数据库。它的功能具体如下。

(1) 扫描 RACF 数据库的索引块，并且把索引块链接信息打印出来。

(2) 比较正在使用的数据库段信息和按照 BAM 块分配的段信息，并且把不一致处打印出来。

(3) 创建一个 RACF 数据库的拷贝用作备份数据库(这里的 IRRUT200 只是拷贝数据库，并不扩大数据库)。

(4) 检查所有 Profile 的基本段中段相对字节地址的正确性并产生报告。

(5) 确保所有索引条目指向正确的 Profile。

(6) 检查数据库格式是否正确。

(7) 发出有关信号验证错误的返回码。

以下是使用 IRRUT200 时候可以选用的一些参数。

(1) INDEX：指定程序执行扫描索引的功能。

(2) INDEX FORMAT：指定将所有的索引块按照格式列出来。

(3) MAP：指定执行检查 BAM(Block Availability Mask)。

(4) MAP ALL：指定数据库中每个 BAM 块打印出来时加上编码映射(Encoded Map)信息。

(5) END：结束这个程序。

［例］ IRRUT200 将一个 RACF 数据库拷贝到 SYSUT1 里指定的数据集中。一个索引块的总结报告随即打印列出，任何包含不一致错误信息的 BAM 也会以表格的形式将这些错误所在的位置打印出来。

```
//JOB1 JOB 0,NOTIFY=&SYSUID
//STEP1 EXEC PGM=IRRUT200
//SYSRACF DD DSN=SYS1.RACF,DISP=SHR
//SYSUT1 DD UNIT=3390,SPACE=(CYL,(10)),DCB=(LRECL=1024,RECFM=F)
//SYSUT2 DD SYSOUT=*
//SYSPRINT DD SYSOUT=*
//SYSIN DD *
INDEX
MAP
END
/*
```

作业的返回值为零，表明数据库结构正确无误；否则表示数据库内部存在结构错误。

6.9.3 IRRUT400 实用程序

RACF 数据库在使用一段时间后，随着用户和组的数量增加，数据库的容量可能会不够用。于是就需要将一个数据库复制至一个更大容量的数据库中，或是将一个大的数据库分离成多个小的数据库。IRRUT400 提供如下这些功能。

(1) 拷贝 RACF 数据库到一个更大或更小的数据库中。

(2) 分离一个 RACF 数据库到多个 RACF 数据库中。

(3) 合并多个 RACF 数据库到一个或多个 RACF 数据库中。

(4) 检查不一致性。

与此同时，IRRUT400 在物理上重组数据库，将 Profile 的所有段整理到连续的磁盘空间上。IRRUT400 可以使用以下控制语句。

（1）LOCKINPUT：RACF 数据集在 IRRUT400 处理时不能被更新。

（2）FREESPACE：可以指定在输出数据库中索引块的空余空间的大小。可以指定 0 到 50％的空余空间。

（3）ALIGN：允许用户控制 Profile 空间分配。

（4）DUPDATASETS：控制不同输入数据库中有相同名字的数据集条目。

将 SYS1.RACF2 复制到 SYS2.RACF2 中，SYS2.RACF 是一个在 VOL1 上的数据集。示例如下：

```
//JOB1 JOB
//STEP1 EXEC PGM=IRRUT400,PARM=' FREESPACE (20) '
//SYSPRINT DD SYSOUT=*
//INDD1 DD DSN=SYS1.RACF2,DISP=OLD
//OUTDD1 DD DSN=SYS2.RACF2,DISP= (,KEEP) ,VOL=SER=VOL1,
// UNIT=3390,SPACE= (CYL,10,,CONTIG)
```

将 SYS1.RACF 分离成为两个 RACF 数据库，分别为 SYS2.RACF1 和 SYS2.RACF2。示例如下：

```
//JOB1 JOB
//STEP1 EXEC PGM=IRRUT400,PARM=' NOLOCKINPUT,TABLE (SELECT) '
//SYSPRINT DD SYSOUT=*
//INDD1 DD DSN=SYS1.RACF,DISP=OLD
//OUTDD1 DD DSN=SYS2.RACF1,DISP= (,KEEP) ,VOL=SER=VOL1,
// UNIT=3390,SPACE= (CYL,5,,CONTIG)
//OUTDD2 DD DSN=SYS2.RACF2,DISP= (,KEEP) ,VOL=SER=VOL2,
// UNIT=3390,SPACE= (CYL,5,,CONTIG)
//STEPLIB DD DSN=INSTALL.LINKLIB,DISP=SHR
```

6.9.4　IRRDBU00 实用程序

IRRDBU00 实用程序的功能：转储 RACF 数据库，把其内容导入到一个顺序数据集中。这个顺序数据集可以被用于多种用途：直接查询、作为其他实用程序的输入数据集、对其使用 SORT 和 MERGE 程序整理数据以及保存到数据库，例如让 DB2 开展一些复杂的查询。图 6-40 所示为 IRRDBU00 的用途。

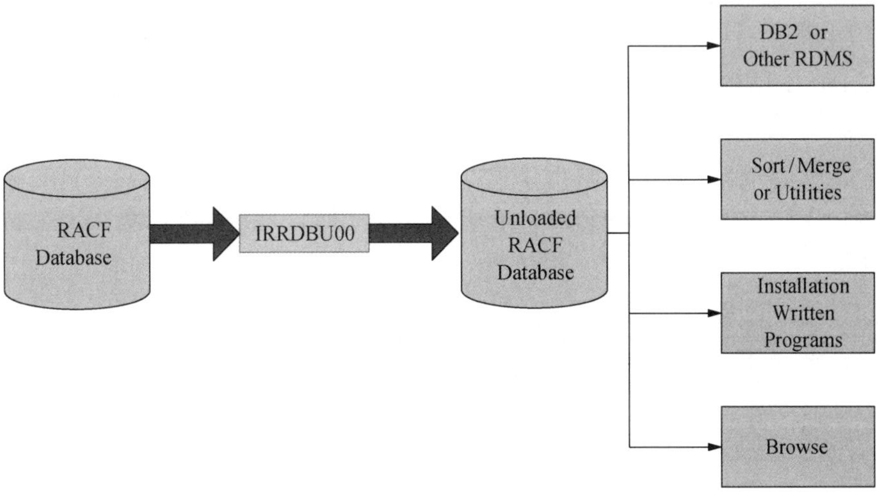

图 6-40　IRRDBU00 的用途

IRRDBU00 程序可以对一个激活的 RACF 数据库、一个 RACF 数据库的拷贝或一个 RACF 备份数据库进行操作。使用 IRRDBU00 的用户必须对 RACF 数据库有 UPDATE 的权限。IRRDBU00 在操作数据库时，如果数据库有更新，容易造成产生的顺序数据集内容和 RACF 数据库不一致，所以建议使用 LOCKINPUT 选项，阻止 RACF 数据库在程序执行期间更新。如果对 RACF 数据库的拷贝进行操作时，推荐使用 NOLOCKINPUT 选项。

当 IRRDBU00 程序执行时，会串行化地处理每一条 Profile。拷贝一条 Profile 完毕，就释放这一行数据。基于此考虑，如果选择在一个激活中的 RACF 数据库进行操作，则整个系统性能会受到影响。

IRRDBU00 的输出记录由 RACF 数据库的结构来决定，它转储 RACF 数据库中的所有 Profile。IRRDBU00 的参数如下。

(1) SYSPRINT DD

定义一个顺序数据集用来存放实用程序执行情况的信息。

(2) INDDn DD

定义一个输入数据集，也就是 RACF 数据库。如果系统上只有一个 RACF 数据库，那只需要指定 INDD1 即可。如果系统上的 RACF 数据库被分为多个数据集，则需要转储每个数据集，n 的指定要与 RACF 数据集名字表格的内容相对应，比如 INDD1 表示第一个数据集名字；INDD2 表示第二个数据集名字。

(3) OUTDD DD

定义一个顺序输出数据集。该数据集是非定长的，大小大约是 RACF 数据库已用大小的 2 倍。可以用 IRRUT200 程序去检查 RACF 数据库使用了多少空间。

(4) PARM

该参数可以定义成为 LOCKINPUT，NOLOCKINPUT 和 UNLOCKINPUT。

- NOLOCKINPUT：IRRDBU00 程序在处理时，并不给 RACF 数据库上写锁，RACF 数据库依旧可以变更。
- LOCKINPUT：在程序处理数据库的同时，给数据库加锁，数据库因此不能更新。
- UNLOCKINPUT：该参数可以给一个已经上锁的数据库解锁，以便让数据库继续更新。

如下案例为处理三个分离的数据库（SYS1. RACFDB. PART1，SYS1. RACFDB. PART2 和 SYS1. RACFDB. PART3），合并它们输出到一顺序数据集 SYS1. RACFDB. FLATFILE 中：

```
//USER01 JOB 0,,MSGLEVEL= (1,1) ,NOTIFY=&SYSUID
//UNLOAD EXEC PGM=IRRDBU00,PARM=NOLOCKINPUT
//SYSPRINT DD SYSOUT=*
//INDD1 DD DISP=SHR,DSN=SYS1.RACFDB.PART1
//INDD2 DD DISP=SHR,DSN=SYS1.RACFDB.PART2
//INDD3 DD DISP=SHR,DSN=SYS1.RACFDB.PART3
//OUTDD DD DISP=SHR,DSN=SYS1.RACFDB.FLATFILE
```

下例将 RACF 数据库 SYS1.RACF 转储成一个顺序文件 USER.IRRDBU00.DATA：

```
//IRRDBU00  JOB  0,,MSGLEVEL=(1,1),NOTIFY=&SYSUID
//UNLOAD    EXEC PGM=IRRDBU00,PARM=NOLOCKINPUT
//SYSPRINT  DD   SYSOUT=*
//INDD1     DD   DISP=SHR,DSN=SYS1.RACF
//OUTDD     DD   DSN=USER.IRRDBU00.DATA,DISP=SHR
```

作业执行成功后,可以使用“B”命令浏览输出数据集“USER.IRRDBU00.DATA”,部分结果示意如下:

```
0102 AOP      IBMUSER  JOIN
0100 AOP      SYS1     2004-11-05 IBMUSER  NONE     NO
0102 ASM      IBMUSER  JOIN
0100 ASM      SYS1     2004-11-05 IBMUSER  NONE     NO
0102 ASU      IBMUSER  JOIN
```

6.9.5　IRRRID00 实用程序

IRRRID00 实用程序的功能是删除 RACF 用户 UID 或者组 GID。该程序不仅可删除用户或者组的 Profile,还会一并删除所有用户名或组名出现的地方。IRRRID00 利用 IRRDBU00 程序的输出数据集作为输入,内部使用 DFSORT 程序将它排序后创建一个列表,再将要删除的用户名、组名与列表中的字段作比较,得出结果。这些字段主要有以下内容。

(1) 标准访问列表。

(2) 条件访问列表。

(3) 一些通用资源类中的 Profile 名字。

(4) OWNER 字段。

(5) NOTIFY 字段。

(6) APPLDATA 字段。

IRRRID00 程序还能自动生成删除用户名、组名以及删除其引用的 RACF 语句,这些语句包括以下几类。

(1) PERMIT 语句,用来删除出现在 Access List 中的组名或用户名。

(2) 删除数据库中含有指定用户名或组名的 Profile。

(3) 在指定用户名或组名被引用处,将用户名或组名改成其他值。

程序 IRRRID00 删除用户名的步骤(图 6-41)如下。

(1) 使用数据库转储程序 IRRDBU00,产生一个顺序数据集。这个数据集是 IRRRID00 程序的主要输入文件。

(2) 指定 SYSIN 输入,要删除的用户名或者组名在此指定,如果此处没有指定任何内容或指定为 DUMMY,则表明系统只要清理数据库中存在的冗余信息,即清除掉已经不存在但仍被一些 Profile 引用到的用户和组。

(3) IRRRID00 程序根据 SYSIN 参数的不同分别进行处理:首先找到所有冗余的用户名和组名,对它们进行排序;然后生成清除它们的 RACF 语句;再根据用户指定的用户名或组名进行查找;最后生成清除它们的 RACF 语句。

(4) 运行步骤(3)中产生的输出文件,执行删除命令。

以下是两个 IRRRID00 的案例。

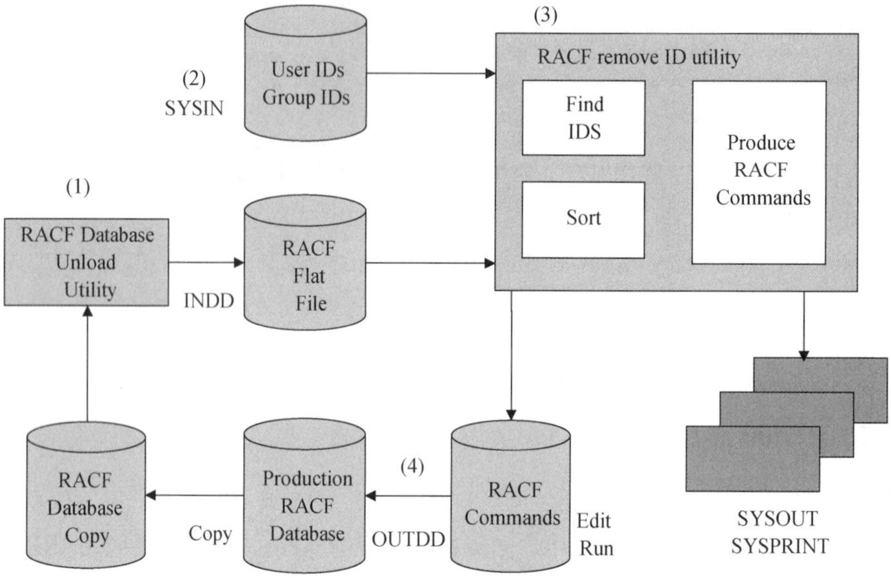

图 6-41　删除用户名的步骤

［例 1］　查找所有的系统冗余 ID：只需指定 SYSIN DD DUMMY 即可。

```
//USER01 JOB Job card...
//CLEANUP EXEC PGM=IRRRID00,REGION=25M
//SYSPRINT DD SYSOUT=*
//SYSOUT DD SYSOUT=*
//SORTOUT DD UNIT=SYSALLDA,SPACE= (CYL, (5,5))
//SYSUT1 DD UNIT=SYSALLDA,SPACE= (CYL, (3,5))
//INDD DD DISP=OLD,DSN=USER.IRRDBU00.DATA
//OUTDD DD DISP=OLD,DSN=USER.IRRRID00.CLIST
//SYSIN DD DUMMY
/*
```

［例 2］　删除指定用户名或组名：需要指定被删除的用户名和组名。

```
//USER01 JOB Job card...
//CLEANUP EXEC PGM=IRRRID00,REGION=25M
//SYSPRINT DD SYSOUT=*
//SYSOUT DD SYSOUT=*
//SORTOUT DD UNIT=SYSALLDA,SPACE= (CYL, (5,5))
//SYSUT1 DD UNIT=SYSALLDA,SPACE= (CYL, (3,5))
//INDD DD DISP=OLD,DSN=USER.IRRDBU00.DATA
//OUTDD DD DISP=OLD,DSN=USER.IRRRID00.CLIST
//SYSIN DD *
MARK
BRUCE
JUNO
/*
```

例 1 和例 2 作业执行成功后，可以在输出文件 USER.IRRRID00.CLIST 中查看删除用户和组的 CLIST 作业。首先用户需要更改“?”所在处的内容，然后确认被删除的内容无误，最后移除作业中的 EXIT 语句后提交，修改后的 USER.IRRRID00.CLIST 内容示例如下。如果用户不认可这些语句，也可以根据自己的要求修改作业：

```
ALTDSD 'DASDDEF.VCE313S' GENERIC OWNER (?JUNO )
PERMIT D12* CLASS (DASDVOL ) ID (MARK ) DELETE
PERMIT 111111 CLASS (DASDVOL ) ID (BRUCE ) DELETE
```

```
PERMIT 222222 CLASS (DASDVOL ) ID (JUNO ) DELETE
/******************************************************************/
/* The following commands delete Profiles. You must review */
/* these commands, editing them if necessary, and then remove */
/* the EXIT statement to allow the execution of the commands. */
/******************************************************************/
EXIT
DELUSER BRUCE
DELUSER JUNO
DELUSER MARK
/******************************************************************/
/* IRRRID00 has successfully completed */
/******************************************************************/
```

最后，执行 USER.IRRRID00.CLIST 中的 CLIST 命令：

```
//TSOBAT01  EXEC PGM=IKJEFT01
//SYSTSPRT  DD SYSOUT=*
//SYSPRINT  DD SYSOUT=*
//SYSUADS   DD DSN=SYS1.UADS,DISP=SHR
//SYSLBC    DD DSN=SYS1.BRODCAST,DISP=SHR
//SYSTSIN   DD *
  EXEC 'USER.IRRRID00.CLIST'
/*
```

6.10 RACF 安全环境审计

审计 RACF 安全环境非常重要，可以使用数据安全监控器(DSMON)来完成审计的大部分工作。DSMON 会产生一系列报告，提供系统数据安全环境的现状信息。它的功能如图 6-42 所示。

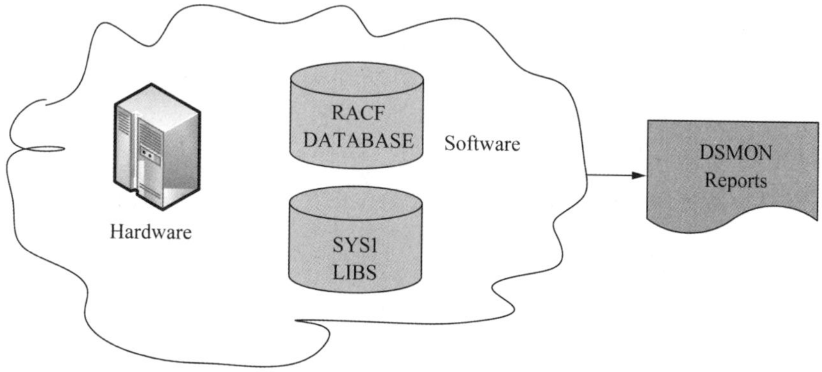

图 6-42　DSMON 的功能

以下是一个 DSMON 的 JCL 作业样例，该例要求输出所有报告：

```
//DSMON  JOB  0,,MSGLEVEL= (1,1) ,MSGCLASS=A,NOTIFY=&SYSUID
//STEPNAME EXEC PGM=ICHDSM00
//SYSPRINT DD SYSOUT=A
//SYSUT2 DD SYSOUT=A
//SYSIN DD *
 LINECOUNT 55
 FUNCTION ALL
 USEROPT USRDSN PRODUCT.PLANS.SECRET
/*
```

使用 DSMON 程序将会生成多种不同类型的报告，下面介绍部分输出报告。

(1) 系统报告

显示系统信息，包括系统 CPU ID、型号、操作系统版本、常驻系统卷等信息，报告显示如下例。

```
CPU-ID 111606
CPU MODEL 2064
OPERATING SYSTEM/LEVEL z/OS 1.2.0 HBB7705 Test System
SYSTEM RESIDENCE VOLUME DR250B
SMF-ID IM13
RACF FMID HRF7705 IS ACTIVE
```

(2) 树形组报告

显示了系统中组的树形结构。从下面的示例中，可以看到 SYS1 是 1 级组，其上没有父组；而 SYS1 组下有多个子组，这些子组的级别为 2；同理，2 级组的子组为 3 级组。

```
LEVEL Group (OWNER)
--------------------------------------------------
1 SYS1 (IBMUSER )
|
2 | BIN (WELLIE )
|
2 | BSP
| |
3 | | CATALOG
```

(3) 程序特性表报告

显示程序名，该程序是否跳过密码保护，是否有系统密钥。比如，下例报告中程序 ISTINM01 跳过密码保护，并拥有系统密钥。

```
PROGRAM BYPASS PASSWORD SYSTEM
NAME     PROTECTION      KEY
-------------------------------------------------------------------------
IEDQTCAM NO              YES
ISTINM01 YES             YES
IKTCAS00 NO              YES
AHLGTF   NO              YES
```

(4) RACF 授权调用表报告

显示模块是否被授权使用 RACINIT 和 RACLIST。由下例可知，系统授权调用表中并无模块。

```
MODULE RACINIT     RACLIST
NAME   AUTHORIZED  AUTHORIZED
---------------------------------------------------------------------------
NO ENTRIES IN RACF AUTHORIZED CALLER TABLE
```

(5) RACF 类描述表报告

描述了 RACF 类的状态，是否接受审计和记录数据，该类的默认 UACC 值以及是否允许操作。下面的示例中，TERMINAL 类在系统中并未被激活，也没有审计数据。

```
CLASS                                  DEFAULT Operation
NAME     STATUS   AUDITING STATISTICS  UACC    ALLOWED
------------------------------------------------------------------------
RVARSMBR INACTIVE NO       NO          NONE    NO
DASDVOL  ACTIVE   NO       YES         ACEE    YES
TERMINAL INACTIVE NO       NO          ACEE    NO
GTERMINL INACTIVE NO       NO          ACEE    NO
APPL     INACTIVE NO       NO          NONE    NO
```

(6) RACF 出口程序报告

显示出口模块名字和模块的长度。下例中，出口程序 ICHPWX01 模块的长度是 1 360。

```
EXIT MODULE MODULE
NAME         LENGTH
---------------------------------------------
ICHPWX01      1360
ICHDEX01       224
```

(7) RACF 全局访问检查表报告

显示了全局访问表内容，包括类名、Profile 名字和访问级别。下例中，DATASET 类中，ISPF. ** 数据集的访问级别为 READ; SYS1. BRODCAST 数据集的访问级别为 UPDATE; &RACUID. ** 数据集的访问级别为 ALTER。

```
CLASS    ACCESS ENTRY
NAME     LEVEL   NAME
-----------------------------------------------------------
DATASET READ    ISPF.**
        UPDATE SYS1.BRODCAST
        ALTER  &RACUID.**
RVARSMBR -- NO ENTRIES --
SECLABEL -- NO ENTRIES -
```

(8) RACF 启动任务表报告

显示了在 STARTED 类中的 Profile 的相关用户和组，以及该 Profile 是否有特权、被信任和被追踪。比如，启动任务 JES2. * 负责初始化 JES2 子系统。该 Profile 的相关用户是 STCUSR，相关组是 SYS1，它没有特权，不被追踪，但是被信任。

```
FROM ProfileS IN THE STARTED CLASS:
---------------------------------------------------------------------------
Profile          ASSOCIATED ASSOCIATED
NAME             USER       Group           PRIVILEGED TRUSTED TRACE
---------------------------------------------------------------------------
MVS*  (G)        =MEMBER                    YES        NO      NO
DCEKERN.*  (G)   DCEKERN    DCEGRP          NO         NO      NO
JES2.*  (G)      STCUSR     SYS1            NO         YES     NO
OMVS.*  (G)      OMVSKERN   OMVSGRP         NO         YES     YES
```

(9) 用户属性报告

显示特殊用户的权限属性。下面示例中，用户 DCEKERN 拥有系统级别的 Special 和 Operations 权限。

```
USERID ---------- ATTRIBUTE TYPE ---------- ASSOCIATIONS -------------
        Special Operations Auditor Revoke  NODE.USERID PASSWORD
---------------------------------------------------------------------------
DCEKERN  SYSTEM   SYSTEM
EPO      SYSTEM   SYSTEM
FILLE             Group              Group
```

(10) 用户属性总结报告

总结了系统中定义的用户总数并按照权限类型统计用户数目。下例报告中，拥有系统级别的 Special 权限的有 5 人，有系统级别的 Operations 权限的有 6 人。

```
---------------------------------------------------------------------------
TOTAL DEFINED USERS: 163
TOTAL SELECTED ATTRIBUTE USERS:
ATTRIBUTE BASIS     Special Operations Auditor Revoke
---------------    -------- ----------- ------- ------
```

```
SYSTEM              5          6          0      0
Group               0          1          0       2
Revoke
```

(11) 数据集属性报告

记录了数据集的所在卷名、选择标准、是否被 RACF 标识、是否被 RACF 保护，以及这些数据集的 UACC。下例中，数据集 SYS1.CMDLIB 在 JS2RES 卷上存放，被选择显示出来的原因是 APF，没有被 RACF 标识，但是被 RACF 保护，UACC 为 READ。

```
                             VOLUME SELECTION       RACF      RACF
DATA SET NAME                SERIAL CRITERION       INDICATED PROTECTED UACC
----------------------------------------------------------------------------
BROWN.SDSF.V1R3M1.JES2313 USER23 APF              NO        YES       READ
BROWN.SDSF.V1R3M1.JES2410 USER23 APF              NO        YES       READ
ISP.PPLIB.ISPLLIB            M80LIB LNKLST - APF    NO        YES       READ
SYS1.CMDLIB                  JS2RES APF             NO        YES       READ
                                    LNKLST - APF
                                    SYSTEM
SYS1.COBLIB                  M80LIB LNKLST - APF    NO        YES       READ
```

6.11 RACF 工作方式

6.11.1 RACF 常用命令

用户可以使用 RACF 命令来添加、修改或删除 RACF Profile 以及定义系统范围的 RACF 选项。在用户使用 RACF 命令前，必须确认自己拥有足够的系统权限。图 6-43 显示了常用的 RACF 命令，RACF 命令可以在 TSO 环境下执行。

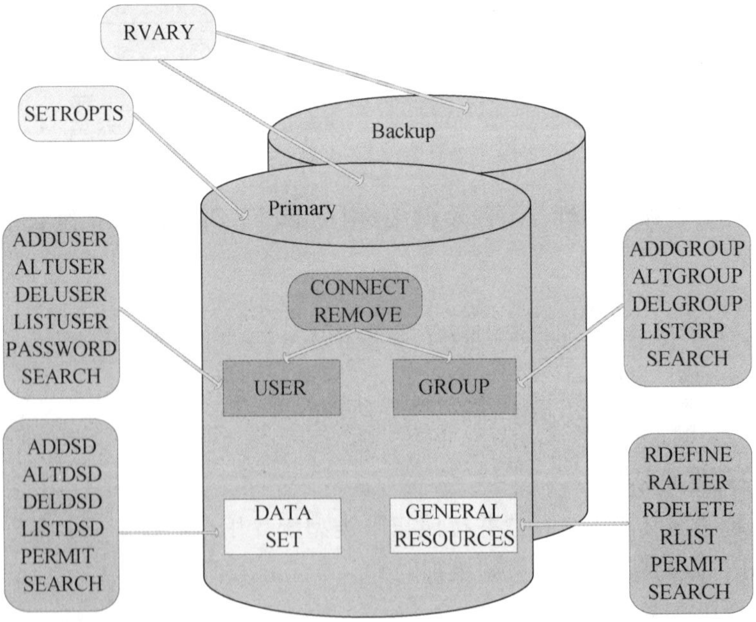

图 6-43　RACF 命令概览

6.11.2　RACF 的 ISPF 菜单操作

基本上 RACF 的所有操作都可以通过 ISPF 控制面板来实现，当然这些面板操作的背后仍然是使用 RACF 命令来最终实现系统的安全管理。RACF 的 ISPF 面板如图 6-44 所示。

```
                          RACF - SERVICES OPTION MENU

     SELECT ONE OF THE FOLLOWING:

        1  DATA SET ProfileS
        2  GENERAL RESOURCE ProfileS
        3  Group ProfileS AND USER-TO-Group CONNECTIONS
        4  USER ProfileS AND YOUR OWN PASSWORD
        5  SYSTEM OPTIONS
        6  REMOTE SHARING FACILITY
        7  DIGITAL CERTIFICATES AND KEY RINGS
       99  EXIT

    OPTION ===>
      F1=HELP      F2=SPLIT     F3=END       F4=RETURN    F5=RFIND     F6=RCHANGE
      F7=UP        F8=DOWN      F9=SWAPLIST F10=LEFT      F11=RIGHT    F12=RETRIEVE
```

图 6-44　RACF 的 ISPF 面板

其主要选项的功能如下。

(1) 选项 1:部署数据集的安全管理。

(2) 选项 2:部署通用资源的安全管理。

(3) 选项 3:组的管理。

(4) 选项 4:用户的管理。

(5) 选项 5:RACF 系统选项的管理。

6.12　安全管理案例

某用户是某大型公司主机的系统安全管理员，需要根据公司的实际情况、规划组和用户来规划产品的安全管理，采用 RACF 进行安全策略的实施，并且做好后期的维护工作。

作为安全管理员，用户必须从以下三个方面考虑保护系统(图 6-45)。

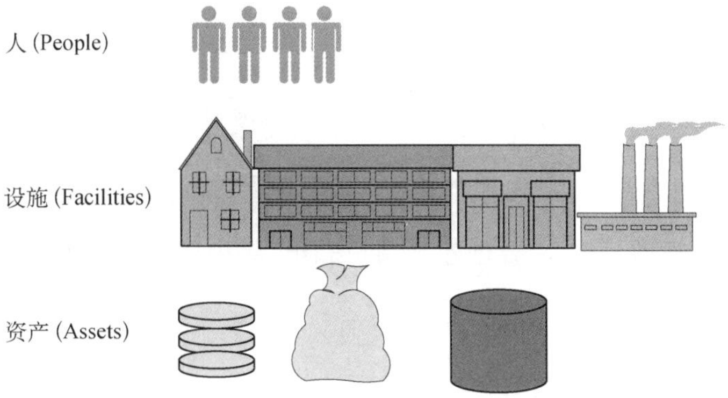

图 6-45　安全保护总览

- 人的角度:包括用户和组的规划。
- 设施的角度:包括通用资源类的规划。
- 资产的角度:包括数据集的保护规划。

经过分析和调查,发现该公司有两个部门,分别为 DIVA 和 DIVB。这里关注 DIVA 部门,将该部门的用户分为以下两类。

- DIVASALE:主管销售,下面有子组 DIVACUSR 和 DIVAORDE。
- DIVAUADM:人员组。

DIVA 部门有 4 个组员:TOM, JOE, SUE 和 ANN。用户所规划的组的用户结构如图 6-46 所示。

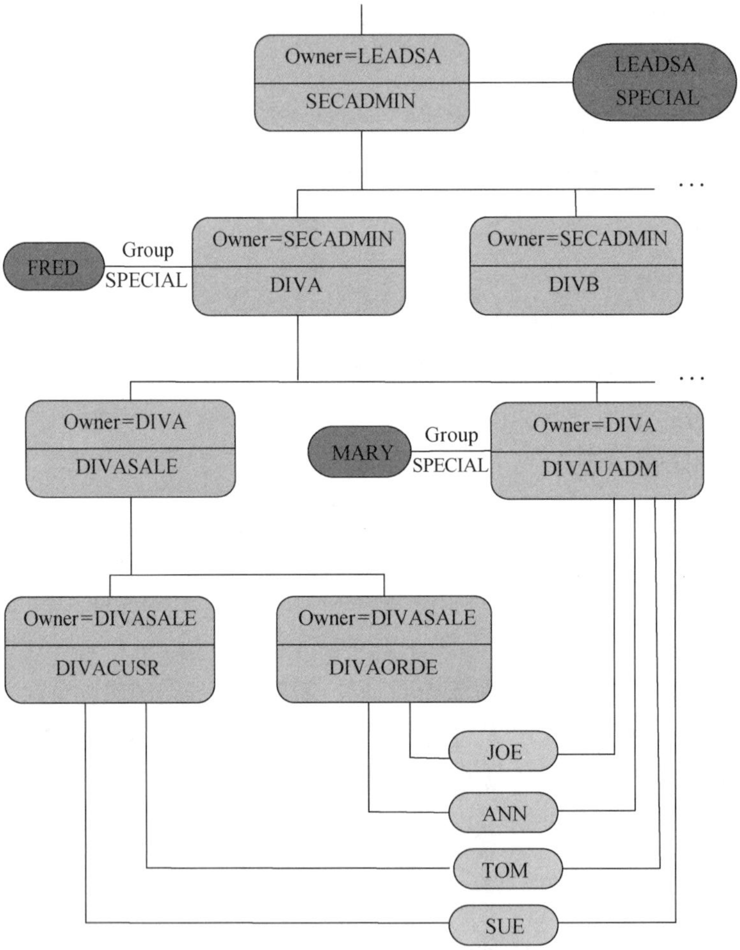

图 6-46　组的用户结构

按照图 6-46 的规划,用户需要创建新用户和组,保护用户的数据集,并允许用户访问 TSO 和 USS 系统,下面详细介绍其操作。

6.12.1　创建新用户和组

在系统中，一般可用“ADDUSER”命令定义用户；用“ADDGroup”命令定义组，创建上述规划的新用户和组的 RACF 命令样例如下（这些命令也可以通过在 JCL 作业中调用 IKJEFT01 实用程序来执行）：

```
ADDGroup SECADMIN SUPGroup (SYS1)  GID (AUTOGID)
ADDGroup DIVA SUPGroup (SECADMIN)  GID (AUTOGID)
ADDGroup DIVASALE SUPGroup (DIVA)  GID (AUTOGID)
ADDGroup DIVAUADM SUPGroup (DIVA)  GID (AUTOGID)
ADDGroup DIVACUSR SUPGroup (DIVASALE)  GID (AUTOGID)
ADDGroup DIVAORDE SUPGroup (DIVASALE)  GID (AUTOGID)

ADDUSER TOM DFLTGRP (DIVAUADM )  NAME ('TOM')  -
          DATA ('TOM')  PASSWORD (AA22AA)  OWNER (DIVAUADM )  -
          TSO (ACCTNUM (ACCT#)  SIZE (4096)  UNIT (3390)  PROC (IKJACCNT))
ADDUSER SUE DFLTGRP (DIVAUADM )  NAME ('SUE')  -
          DATA ('SUE')  PASSWORD (AA22AA)  OWNER (DIVAUADM )  -
          TSO (ACCTNUM (ACCT#)  SIZE (4096)  UNIT (3390)  PROC (IKJACCNT))
ADDUSER ANN DFLTGRP (DIVAUADM )  NAME ('ANN')  -
          DATA ('ANN')  PASSWORD (AA22AA)  OWNER (DIVAUADM )  -
          TSO (ACCTNUM (ACCT#)  SIZE (4096)  UNIT (3390)  PROC (IKJACCNT))
ADDUSER JOE DFLTGRP (DIVAUADM )  NAME ('JOE')  -
          DATA ('JOE')  PASSWORD (AA22AA)  OWNER (DIVAUADM )  -
          TSO (ACCTNUM (ACCT#)  SIZE (4096)  UNIT (3390)  PROC (IKJACCNT))

CONNECT TOM Group (DIVACUSR)  OWNER (DIVACUSR)
CONNECT SUE Group (DIVACUSR)  OWNER (DIVACUSR)
CONNECT ANN Group (DIVAORDE)  OWNER (DIVAORDE)
CONNECT JOE Group (DIVAORDE)  OWNER (DIVAORDE)
```

6.12.2　授权用户使用 TSO 和 USS

如果要让用户使用 TSO 和 USS，只定义用户是不够的，必须要定义用户的 TSO 段和 USS 段，并使用 PERMIT 命令授权用户使用 TSO 资源和 USS 资源(包括在 USS 中创建用户工作目录)。

首先，用户要授权给用户 TSO 相关类的权限，包括 TSOPROC 和 ACCTNUM，之后要使用 SETR RACLIST 命令刷新内存中该类的 Profile，让修改生效。其次，要为用户创建 USS 下的工作目录，并把目录的管理权限赋予用户。最后，要为用户赋予 USS 下的 UID，为组赋予 USS 下的 GID，并同时指定用户目录和程序目录。具体 RACF 命令样例如下：

```
RDEF ACCTNUM ACCT# UACC (NONE)
RDEF TSOPROC IKJACCNT UACC (NONE)

PERMIT ACCT# CLASS (ACCTNUM)  ID (DIVAUADM )  ACCESS (R)
PERMIT IKJACCNT CLASS (TSOPROC)  ID (DIVAUADM )  ACCESS (R)

SETR RACLIST (ACCTNUM)  REFRESH
SETR RACLIST (TSOPROC)  REFRESH

ALU TOM OMVS (AUTOUID HOME ('/u/tom')  PROGRAM ('/bin/sh'))
ALU JOE OMVS (AUTOUID HOME ('/u/joe')  PROGRAM ('/bin/sh'))
ALU SUE OMVS (AUTOUID HOME ('/u/sue')  PROGRAM ('/bin/sh'))
ALU ANN OMVS (AUTOUID HOME ('/u/ann')  PROGRAM ('/bin/sh'))
```

6.12.3 用户数据集的保护

DIVAUADM组的用户需要保护自己的用户数据集，使数据集允许他人可读。这就需要创建相应的数据集Profile。用户可以选择离散Profile和通用Profile。保护用户数据集的RACF命令示例如下：

```
ADDSD 'TOM.**' OWNER(TOM) UACC(READ)
ADDSD 'JOE.**' OWNER(JOE) UACC(READ)
ADDSD 'SUE.**' OWNER(SUE) UACC(READ)
ADDSD 'ANN.**' OWNER(ANN) UACC(READ)
```

6.12.4 通用资源的保护

此处以CICS为例。CICS有三个交易需要RACF保护：ORST，CUAC和OENT。制定安全策略如下。允许DIVACUSR组用户执行这三个交易，且其他用户不能执行。相关的RACF命令如下：

```
RDEFINE TCICSTRN ORST OWNER(DIVA) UACC(NONE)
RDEFINE TCICSTRN CUAC OWNER(DIVA) UACC(NONE)
RDEFINE TCICSTRN OENT OWNER(DIVA) UACC(NONE)
PERMIT ORST CLASS(TCICSTRN) ID(DIVACUSR) AC(R)
PERMIT CUAC CLASS(TCICSTRN) ID(DIVACUSR) AC(R)
PERMIT OENT CLASS(TCICSTRN) ID(DIVACUSR) AC(R)
```

第 7 章　硬件设备管理(HCD)

由于主机系统的复杂性和出于安全性的考虑，主机一般不支持设备的“即插即用”，所有的设备都需要事先被定义好。为了能够使用主机硬件，z/OS 操作系统、PR/SM 和通道子系统(CSS)都必须先识别主机硬件资源的配置信息，这些配置信息一般由操作员在安装硬件时提供。硬件加电(POR)以及系统启动(IPL)时都需要检查这些配置信息。

硬件配置信息包括了硬件的物理属性(如设备类型)及逻辑属性(如设备逻辑编号)，除此以外，该硬件资源是否可用、硬件资源间的关联信息等也是硬件配置信息的一部分。

7.1　主机中的硬件设备

主机中的硬件设备种类繁多，结构复杂，设备大致可以分为如下几类。

(1) 通道子系统(Channel Subsystem，CSS)。

(2) 逻辑分区(Logical Partition，LPAR)。

(3) 通道(Channel)。

(4) 交换机(Switch)。

(5) 控制单元(Control Unit，CU)。

(6) I/O 设备(Device)。

这些设备不是各自独立的，而是按照一定的结构相互连接起来，形成一个有机的整体，如图 7-1 所示。

7.1.1　通道和通道子系统

通道子系统一般只在大型计算机系统中才会有。在大型计算机系统中，外围设备的台数一般较多，设备的种类、工作方式和工作速度的差别也较大。为了把对外围设备的管理工作从 CPU 中分离出来，从 IBM 360 系列机开始，普遍采用通道处理机技术。通道技术能使 CPU 摆脱繁重的输入输出负担和共享 I/O 接口，通道处理机能够负担外围设备的大部分 I/O工作。通道处理机虽然不是一台具有完整指令系统的处理机，但是可以看作是一台能够执行有限 I/O 指令并且能够被多台外围设备共享的小型专用处理机。大型计算机系统中可以有多个通道，一个通道可以连接多个设备控制器，而一个设备控制器又可以管理一台或多台外围设备，这样就形成了一个非常典型的 I/O 系统的多级层次结构。

通道子系统主要由系统辅助处理器和通道两部分构成。系统辅助处理器(System Assist Processor，SAP)与中央处理器(Central Processor，CP)唯一的不同之处在于二者拥

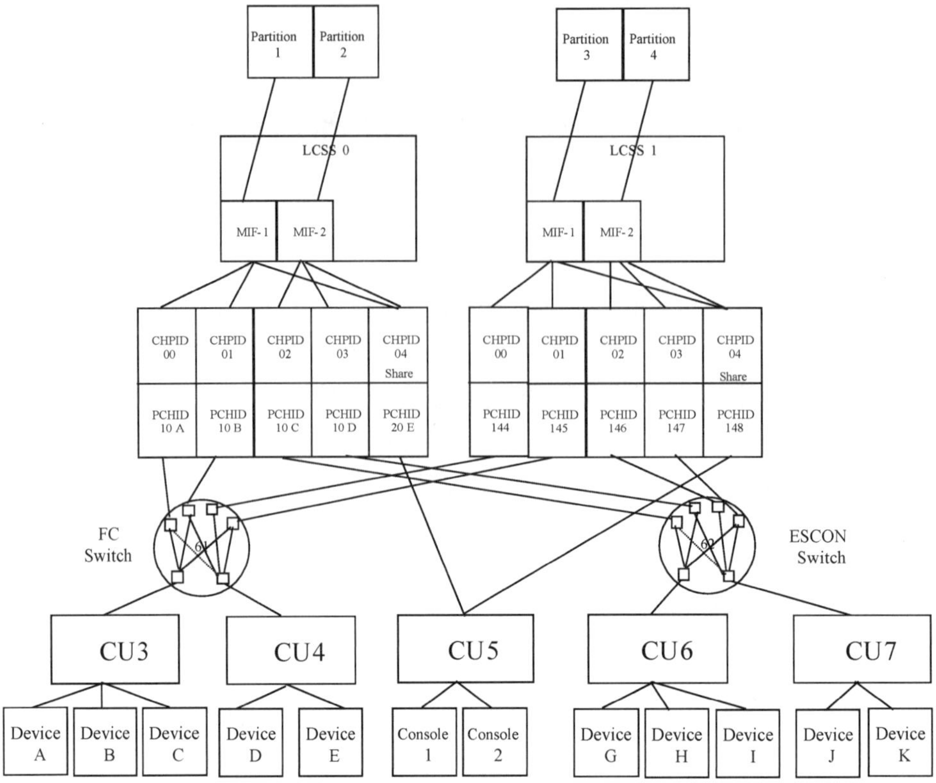

图 7-1　硬件设备连接示意

有不同的指令集，这主要是由于二者的职责不同。SAP 的主要功能是接受 CPU 的调用，并为即将执行的 I/O 操作寻找可用的通道(Channel)和控制单元(Control Unit)。但是，SAP 并不负责数据在主存和外设之间的具体流动，通道负责进行 I/O 操作，即在内存和外设之间进行数据传输。

通道子系统接受 CP 发出的 I/O 指令，根据各通道的状态信息选择一条路径进行相关 I/O 操作，操作完成后将相关信息返回给 CP。

7.1.2　逻辑分区

逻辑分区 LPAR 是一种通过 PR/SM(Processor Resource/System Manager)划分出来的虚拟机。每个逻辑分区上都可以运行一个单独的操作系统。通过 LPAR 技术可以将一台主机划分为多个逻辑上独立的机器，并在其上运行不同的操作系统，满足不同的系统需求。每一个 LPAR 所占的内存是相互独立的，但是 CPU、通道等则是可以共享的。

7.1.3　交换机

交换机是一种将通道和控制单元连接起来的中间设备，包含多个端口，这些端口在物理上是两两相连的，操作员可以根据实际需要，在定义交换机的配置文件时，规定哪些端口是相连的，哪些端口是断开的。

当然，通道与控制单元的连接也不一定要通过交换机来实现，也可以直接将通道和控制单元连接，但是这样一个通道只能连接到一个设备；如果使用交换机，则可以实现一个通道与多个设备连接，从而增加了通路，提高了并发性和可用性。一个交换机的简单逻辑结构如图 7-2 所示。

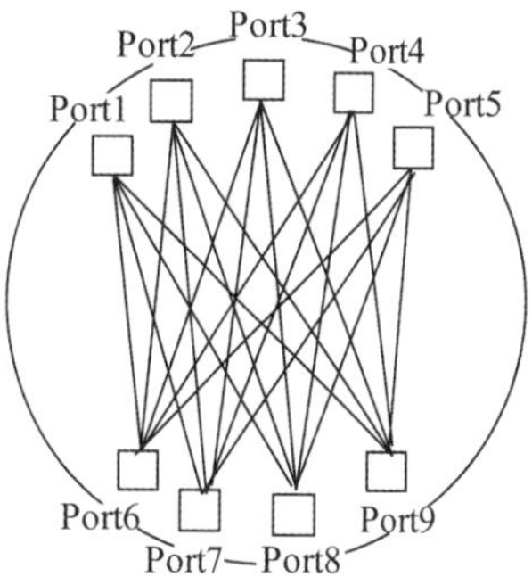

图 7-2　一个交换机的简单逻辑结构示意

7.1.4　控制单元和 I/O 设备

控制单元是通道与 I/O 设备之间的接口，它接收通道命令，控制 I/O 设备工作。一个控制单元提供了操作和控制一个 I/O 设备所必要的逻辑能力，并适应每个设备的特点，以便能够响应标准形式的通道子系统提供的控制命令。可以认为一个控制单元就是一个通道与一组同类设备之间连接的接口，提供了包括差错控制、中断接入控制、数据接收和发送在内的控制设备相关的功能。

I/O 设备也称输入输出设备，包括打印机、打孔机、磁带、磁盘、控制台等。大型机中最常用的存储设备称为直接访问存储设备(Direct Access Storage Device，DASD)，也称为"磁盘卷"或"卷"。

大致了解了主机硬件之后，介绍一个实用工具 HCD，通过 HCD 可以很方便地配置这些硬件设备。

7.2　HCD 概述

7.2.1　HCD 简介

HCD(Hardware Configuration Definition)即硬件配置定义。HCD 是 z/OS 的一个重要组件，它提供 ISPF 交互界面，用户可以用它来描述硬件资源，如服务器、逻辑通道子系统、逻辑分区、通道、交换机、控制单元、设备等。HCD 可以很方便地生成一个输入/输出定义文件(Input-Output Definition File，IODF)和输入/输出配置数据集(Input-Output Configuration Data Set，IOCDS)，主机开机硬件加电(POR)时将会读取 IOCDS 文件使各硬件配置生效，系统 IPL 时将读取 IODF 文件来识别硬件，因此，IOCDS 和 IODF 的配置信息要保持一致。

7.2.2　HCD 的作用

在 HCD 出现以前，也有其他的方式可以定义硬件配置，但是比较复杂。用户不仅需要使用 I/O 配置程序(I/O Configuration Program，IOCP)来定义 POR 所需的硬件配置信息；同时，还需使用 MVS 配置程序(MVS Configuration Program，MVSCP)来定义操作系统启动时所需要的硬件配置信息。并且每一个硬件配置数据集只能定义一个服务器或一个操作系统。这意味着当用户通过 MVSCP 和 IOCP 来定义硬件配置时，用户可能需要多个不同的数据集来描述这些配置。

而在 HCD 出现以后，所有的硬件配置最终都被包含在一个单一中央库中，称为 IODF。当用户想要定义一个资源的配置时，用户需要同时提供资源的物理信息和逻辑信息。HCD 提供了一个交互式界面，可以让用户定义这个硬件的同时，就把硬件关联到通道子系统和操作系统上，而不需要通过 IOCP 和 MVSCP 来分别定义。IODF 包含了所有的硬件定义和软件定义，即使是多个服务器或者多个逻辑分区的定义，也可以包含在一个 IODF 中。它消除了配置对多个 IOCP 和 MVSCP 数据集的依赖。具体如图 7-3 所示。

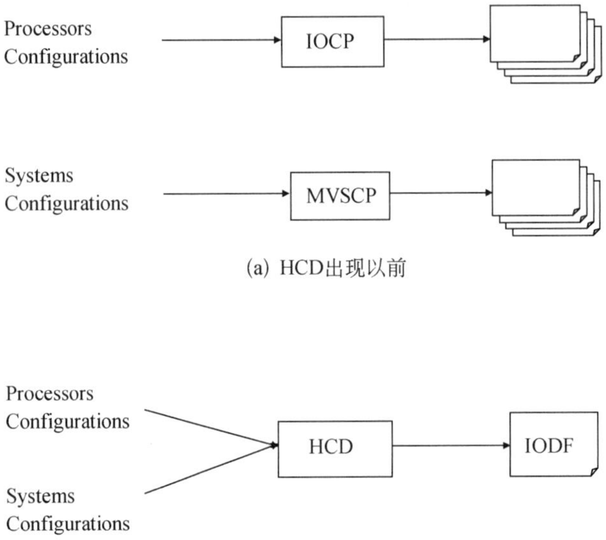

图 7-3　引入 HCD 前后配置定义的比较

7.2.3　HCD 的功能

HCD 的主要功能(图 7-4)如下。

(1) 单点控制。在 HCD 中，所有的配置信息都包含在一个单一的数据源中，就是 IODF 数据集。

(2) 增强了系统的可用性。在配置信息输入后，HCD 会自动检查信息，从而减少由于不一致的定义所导致的系统意外中断。

(3) 动态改变硬件配置。HCD 提供动态 I/O 重配置管理。这个功能允许用户在系统运行时改变硬件和软件的定义。用户可以在不进行 POR 或 IPL 的情况下增加或改变设备、通道路径以及控制单元。用户还可以只改变软件配置，即使关联的硬件还没有安装。但是动态增加新的逻辑分区(LPAR)或逻辑通道子系统(LCSS)是不允许的。

(4) 并行系统综合体激活。HCD 为并行系统综合体中的系统提供了一个单点控制，用户可以动态激活并行系统综合体内的硬件配置和软件配置的改变，只要这些主机可以通过同一个 HMC 进行控制。

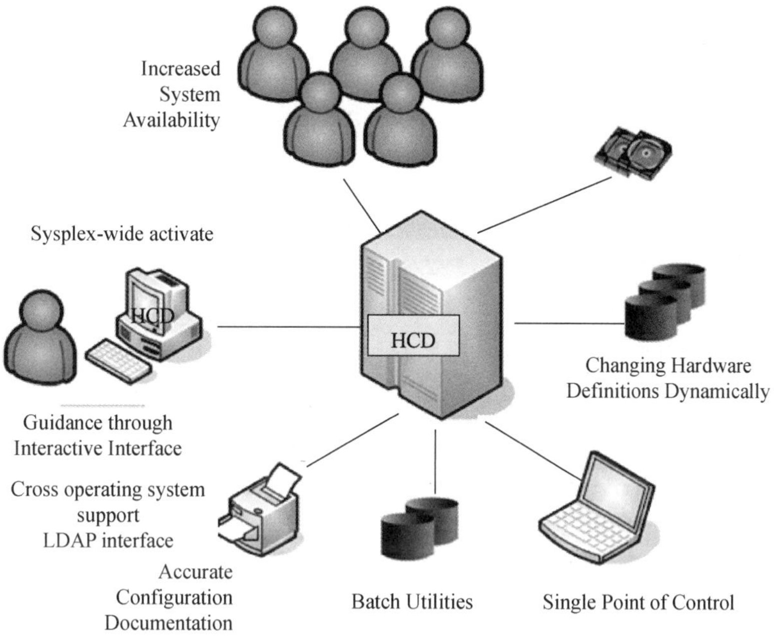

图 7-4　HCD 的主要功能

(5) 精确的文档配置。在 IODF 中的实际配置定义，是用户通过 HCD 生成报告的基础。这意味着这些报告是精确的并且反映了用户当前的配置定义。HCD 提供了文本报告和图形报告两种形式，既可以打印出来也可以只是显示。打印出来的文档可以为将来的配置计划做参考；显示功能可以让用户对逻辑硬件配置的概况有一个直观的了解。

(6) 交互式界面的配置向导。HCD 提供了一个 ISPF/TSO 下的交互式用户界面，支持硬件和软件的配置定义。它包含了一些面板来指导用户完成配置定义的所有方面。同时 HCD 还提供了一个全面在线帮助，有关面板、命令、数据显示以及可以进行的操作等帮助信息都可以在帮助中找到，使用户可以很快上手。

(7) 批处理工具。HCD 不仅提交互式界面，还提供许多批处理工具，来转移已有的配置数据，维护 IODF 以及打印配置报告等。

(8) 跨操作系统的支持。HCD 不仅允许用户定义 MVS 类(如 z/OS)的操作系统配置，也允许用户定义 VM 类的操作系统配置。

(9) LDAP 界面功能。轻量级目录访问协议(Lightweight Directory Access Protocol, LDAP)是一个基于 TCP/IP 的网络协议。利用 LDAP，可以通过 HCD 对 IODF 中的数据进行更新和查找。

7.2.4　IODF 数据集

如前所述，HCD 最主要的功能之一就是通过交互式界面的方式方便地生成 IODF 数据集。一个 IODF 数据集是由 HCD 生成并维护的 LDS 类型的 VSAM 数据集，并且 IODF 数据集一般不让 SMS 管理，存放位置由操作员手动指定。

主机系统中有 work IODF 和 production IODF 两类 IODF 数据集。work IODF 允许修改，用户可以在其中创建一个新的 I/O 配置定义或者修改一个已经存在的 I/O 配置。而 production IODF 是由 work IODF 生成的，不能修改，只能查看和被激活。无论是 work IODF 还是 production IODF，在主机中都可以允许存在多个，但是有且只有一个 production IODF 可以被激活。

work IODF 和 production IODF 有各自的命名规则。所有的 work IODF 名字必须符合规则“hhhhhhhh. IODFxx. yyyyyyyy. yyyyyyyy”，其中 hhhhhhhh 是 8 位的 HLQ；xx 是十六进制的数字，取值范围从 00 到 FF；yyyyyyyy 是可选的 8 位限定符。

而 production IODF 的名字必须遵照规则“hhhhhhhh. IODFxx”，其中 hhhhhhhh 是 8 位的 HLQ；xx 是十六进制的数字，取值范围从 00 到 FF。

为了能够更好地区分 work IODF 和 production IODF，推荐用户分别按照如下规则对 work IODF 和 production IODF 进行命名：“hhhhhhhh. IODFxx. WORK”和“hhhhhhhh. IODFxx”。

7.2.5　动态 I/O 重配置

动态 I/O 重配置是指无需进行 POR 或 IPL 便可对硬件进行重新配置。早期，主机中如果要添加设备，需要在添加完这些硬件的配置之后重新 IPL 或 POR 才能使这些硬件生效。之后，随着技术的进步，新的设备开始支持动态 I/O 重配置，就避免了 IPL 或 POR。在现在的主机环境中，除了 LCSS 和 LPAR 不可以动态重配置之外，其他的硬件一般都支持动态 I/O重配置。从支持动态 I/O 重配置的角度来看，主机中的设备分为以下三种类型，如图 7-5所示。

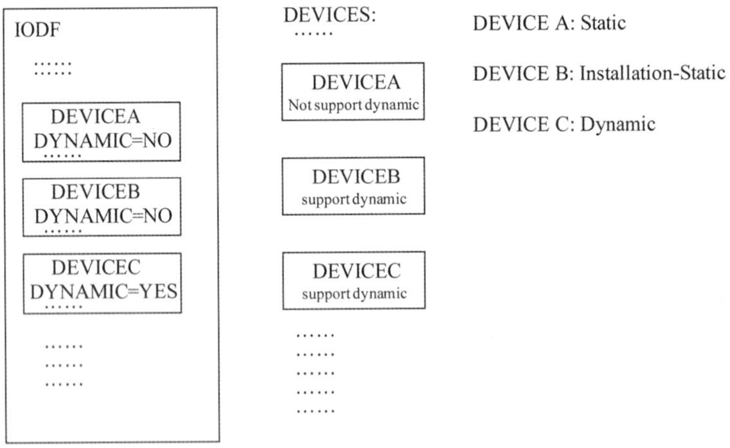

图 7-5　三种类型的 I/O 设备

（1）Static：设备本身不支持动态 I/O 重配置。

（2）Installation-Static：设备本身是支持动态 I/O 重配置的，但在 HCD 配置中，设置该设备为静态。

(3) Dynamic:设备本身支持动态 I/O 重配置，在 HCD 配置时，也将该设备设置为动态。

对于不同类型的设备，激活的过程也不同，如图 7-6 所示。Static 的设备不支持动态重配置，配置完成后，只有到下一次系统 IPL 或者 POR 之后才能生效。对于 Dynamic 的设备，要使它生效，只需要修改 IODF，然后激活 IODF 即可。对于 Installation-Static 的设备，要使之生效须完成以下四步。

(1) 修改 IODF 中该设备的配置，令 Dynamic＝YES。

(2) 激活 IODF。

(3) 在 IODF 中对该设备的配置进行重配置。

(4) 再次激活 IODF。

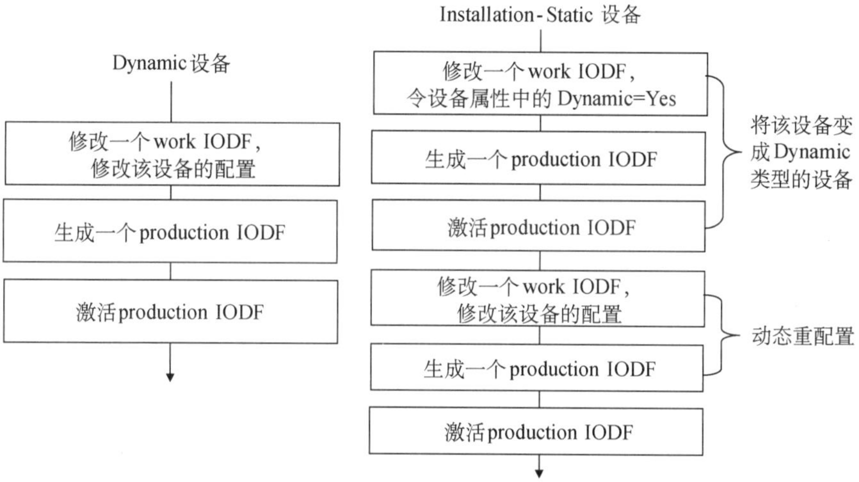

图 7-6　不同 I/O 设备激活过程

7.3　硬件配置流程

HCD 允许用户按照任何顺序进行硬件配置定义，但如果不按照一定的顺序而随意定义硬件配置，很可能会导致逻辑混乱，影响硬件配置定义的工作。因此，最好有一个逻辑上的顺序作为参考，推荐的配置定义顺序如图 7-7 所示。后面的章节将依照以下顺序详细介绍各种设备的硬件配置过程。

(1) 配置操作系统(Operating Systems):包括 EDTs 定义和 Esoterics 定义。

(2) 配置交换机(Switches)。

(3) 配置服务器(Processors):包括逻辑通道子系统定义、逻辑分区定义和通道定义。

(4) 配置控制单元(Control Units)。

(5) 配置设备(Devices)。

(6) 配置控制台(Consoles)。

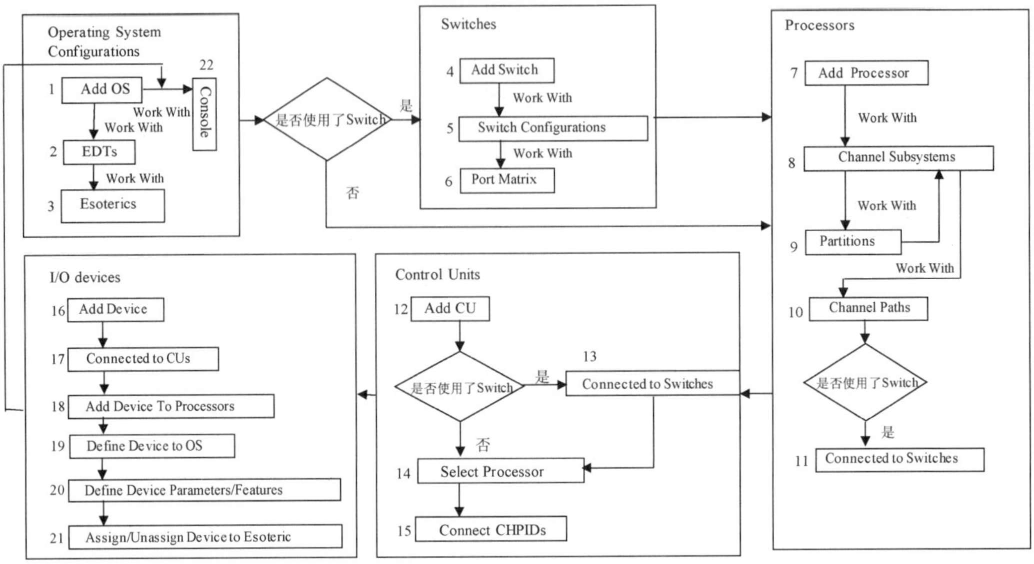

图 7-7　硬件配置定义顺序

7.3.1　创建 work IODF

在进行具体的硬件配置之前，需要创建一个 work IODF 数据集来存放这些配置。在 ISPF 主面板中输入 12.2（不同的系统选项可能不同）进入 HCD 主面板，如图 7-8 所示。

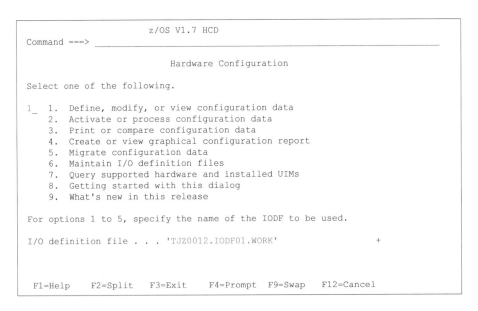

```
                          z/OS V1.7 HCD
Command ===> ________________________________________________________

                              Hardware Configuration

Select one of the following.

1_  1.  Define, modify, or view configuration data
    2.  Activate or process configuration data
    3.  Print or compare configuration data
    4.  Create or view graphical configuration report
    5.  Migrate configuration data
    6.  Maintain I/O definition files
    7.  Query supported hardware and installed UIMs
    8.  Getting started with this dialog
    9.  What's new in this release

For options 1 to 5, specify the name of the IODF to be used.

I/O definition file . . . 'TJZ0012.IODF01.WORK'                +


 F1=Help    F2=Split    F3=Exit    F4=Prompt  F9=Swap   F12=Cancel
```

图 7-8　HCD 主面板

在“I/O definition file ...”后面可以输入用户想要的 IODF 数据集名，然后选择“1”，如果该 IODF 已经存在，则直接进入 IODF 主面板；否则，进入 IODF 定义面板，如图 7-9 所示。

```
                 Create Work I/O Definition File


The specified I/O definition file does not exist. To create a new
file, specify the following values.

IODF name . . . . . . 'TJZ0012.IODF01.WORK'

Volume serial number . IODFVL  +

Space allocation . . . 1024    (Number of 4K blocks)

Activity logging . . . Yes     (Yes or No)

Description  . . . . . Add A New IODF____________________________
                       __________________________________________
                       __________________________________________


 F1=Help    F2=Split    F3=Exit    F4=Prompt   F9=Swap    F12=Cancel
```

图 7-9　IODF 定义面板

填写完相关内容后就会自动进入配置定义主面板，如图 7-10 所示。

```
   Goto  Backup  Query  Help
 - -------------- Define, Modify, or View Configuration Data ---------------
   |                                                                      |
 C |     Select type of objects to define, modify, or view data.         |
   |                                                                      |
 S |      1_ 1. Operating system configurations                           |
 a |              consoles                                                |
   |              system-defined generics                                 |
 / |              EDTs                                                    |
 _ |                esoterics                                             |
 * |                user-modified generics                                | ***
   |         2. Switches                                                  |
   |              ports                                                   |
   |              switch configurations                                   |
   |                port matrix                                           |
   |         3. Processors                                                |
   |              channel subsystems                                      |
   |                partitions                                            |
   |                channel paths                                         |
   |         4. Control units                                             |
   |         5. I/O devices                                               |
   | F1=Help    F2=Split    F3=Exit    F9=Swap    F12=Cancel              |
   ----------------------------------------------------------------------- d
  F8=Forward   F9=Swap     F10=Actions  F11=Add      F12=Cancel
```

图 7-10　配置定义主面板

7.3.2　配置操作系统

一个全新的 IODF 的定义，从操作系统(Operating System，OS)的配置定义开始。在配置定义主面板中选择“1”，进入操作系统列表面板，开始定义操作系统。按 F11 键，添加一个 OS 的配置定义，如图 7-11 所示。

```
  Goto  Backup  Query  Help
- ----------------- Add Operating System Configuration ------------------
  |                                                                      |
C |                                                                      |
  | Specify or revise the following values.                              |
S |                                                                      |
a | OS configuration ID  . . . . . OSTEST1_                              |
  | Operating system type  . . . . MVS        +                          |
/ |                                                                      |
* | Description  . . . . . . . . . OS1 Configuration______________       | *****
  |                                                                      |
  |  F1=Help    F2=Split    F3=Exit    F4=Prompt   F5=Reset   F9=Swap    |
  | F12=Cancel                                                           |
  -----------------------------------------------------------------------

 F1=Help      F2=Split      F3=Exit      F4=Prompt     F5=Reset     F7=Backward
 F8=Forward   F9=Swap      F10=Actions  F11=Add       F12=Cancel
```

图 7-11　OS 定义面板

定义了 OS 之后，接下来就要定义属于该 OS 的 EDT(Eligible Device Table)和 Esoteric 组了。EDT 是一个描述系统中可用 I/O 设备的表，它可以关联到设备的 Esoteric 组。而一个 Esoteric 组则是由操作人员定义的一组 I/O 设备，可将不同设备类型号的设备关联到一个组中，如可将 3 390 和 3 380 的磁盘定义为一个 Esoteric 组。

一个 OS 中可以有多个 EDT，但是只能有一个 EDT 是被激活的。除了磁盘 DASD 和磁带 TAPE 之外，一个 Esoteric 组只能包含同一类的设备。不同的设备必须在不同的 Esoteric 组中。EDT 与 Esoteric 组之间的关系如图 7-12 所示，其中 SYSDA，PRODDSK 和 TESTDSK 都是 Esoteric 组。

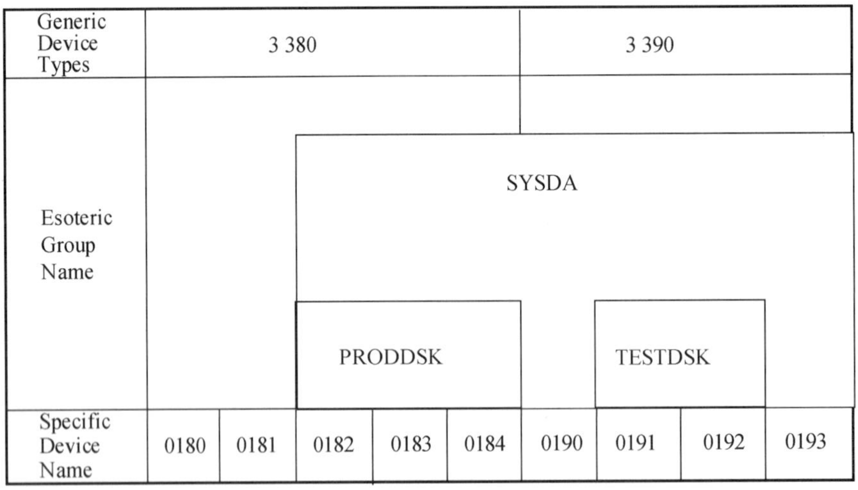

图 7-12　EDT 与 Esoteric 组之间的关系

在 ID 前输入“/”号，选中刚才定义的操作系统 OSTEST1，按“回车”(主机的“回车”键通常都是指右“Control”键)键，然后选择“5”进入 EDT 列表面板，定义 OSTEST1 的 EDT，如图 7-13 所示。

```
  Goto  Backup  Query  Help
------------- ------------ Actions on selected operating systems ------------
              |                                                             |
Command ===>  |                                                             |
              | Select by number or action code and press Enter.            |
Select one or |                                                             |
add, use F11. | 5_   1.  Add like . . . . . . . . . . . . . . (a)           |
              |      2.  Repeat (copy) OS configurations . . (r)            |
/ Config. ID  |      3.  Change . . . . . . . . . . . . . . . (c)           |
/ OSTEST1     |      4.  Delete . . . . . . . . . . . . . . . (d)           |
_ OSTEST2     |      5.  Work with EDTs . . . . . . . . . . . (s)           |
_ OSTEST3     |      6.  Work with consoles . . . . . . . . . (n)           |
_ OSTEST4     |      7.  Work with attached devices . . . . . (u)           |
************* |      8.  View generics by name . . . . . . . (g)            | *
              |      9.  View generics by preference value . (p)            |
              |                                                             |
              |  F1=Help     F2=Split     F3=Exit     F9=Swap    F12=Cancel |
              ---------------------------------------------------------------

 F1=Help      F2=Split     F3=Exit      F4=Prompt    F5=Reset     F7=Backward
 F8=Forward   F9=Swap      F10=Actions  F11=Add      F12=Cancel
```

图 7-13　选择定义 EDT

在 EDT LIST 面板上按“F11”键，添加 EDT，如图 7-14 所示。

```
   ------------------------------ EDT List --------------------------------
 - |   Goto  Backup  Query  Help                                          |
   | --------------------------------- Add EDT --------------------------------
 C | |                                                                        |
   | |                                                                        |
 S | | Specify the following values.                                          |
 a | |                                                                        |
   | | Configuration ID . : OSTEST1      OS1 Configuration                    |
 / | |                                                                        |
 / | | EDT identifier . . . E1                                                |
 _ | | Description  . . . . EDT1 Of OSTEST1_________________                  |
 _ | |                                                                        |
 _ | |  F1=Help     F2=Split     F3=Exit     F5=Reset     F9=Swap    F12=Cancel |
 * | --------------------------------------------------------------------------
   |                                                                      |
   |  F1=Help       F2=Split      F3=Exit       F4=Prompt     F5=Reset    |
   |  F7=Backward   F8=Forward    F9=Swap       F10=Actions   F11=Add     |
   | F12=Cancel                                                           |
   ------------------------------------------------------------------------
```

图 7-14　EDT 定义面板

与添加 EDT 类似，选中刚才定义的 EDT，按“回车”键，选择“4”进入 Esoteric List 面板，定义 Esoteric 组，如图 7-15 所示。

```
 -------------------------------- EDT List ---------------------------------
- |   Goto  Backup  Query  Help                                              |
  | --------- ------------------- Actions on selected EDTs --------------------
C |           |                                                                  |
  | Command = |                                                                  |
S |           | Select by number or action code and press Enter.                 |
a | Select on |                                                                  |
  |           | 4_  1.  Repeat (copy) EDTs . . . . . . . . (r)                   |
/ | Configura |     2.  Change . . . . . . . . . . . . . . (c)                   |
/ |           |     3.  Delete . . . . . . . . . . . . . . (d)                   |
_ | / EDT Las |     4.  Work with esoterics . . . . . . . . (s)                  |
_ | / E1  201 |     5.  Work with generics by name . . . . (g)                   |
_ | ********* |     6.  Work with generics by pref. value . (p)                  |
* |           |                                                                  |
  |           |                                                                  |
  |           |  F1=Help     F2=Split     F3=Exit     F9=Swap     F12=Cancel     |
  |           ------------------------------------------------------------------
  |                                                                           |
  |  F1=Help        F2=Split        F3=Exit        F4=Prompt      F5=Reset    |
  |  F7=Backward    F8=Forward      F9=Swap       F10=Actions    F11=Add      |
  | F12=Cancel                                                                |
  ---------------------------------------------------------------------------
```

图 7-15　定义 Esoteric 组

在 Esoteric List 面板上按“F11”键添加 Esoteric，如图 7-16 示。

```
------------------------------ Esoteric List ------------------------------
|   Goto  Filter  Backup  Query  Help                                        |
| - ---------------------s Add Esoteric ---------------------- ---------     |
|   |                                                       |                |
| C |                                                       | ==> PAGE       |
|   | Specify th| following values.                         |                |
| S |                                                       | 11.            |
|   | Esoteric nam|  . . . SYSDA___                         |                |
| C | VIO eligibl| . . . . No      (Yes or No)              |                |
| E | Token  . . . . . . . ____                             |                |
|   |                                                       |                |
| / |                                                       |                |
| * |  F1=Help    F2=Split    F3=Exit    F5=Reset    F9=Swap  | **********    |
|   | F12=Cancel                                             |               |
|   ---------------------------------------------------------                |
|                                                                            |
|                                                                            |
|                                                                            |
|                                                                            |
|                                                                            |
|  F1=Help        F2=Split        F3=Exit        F4=Prompt      F5=Reset     |
|  F7=Backward    F8=Forward      F9=Swap       F10=Actions    F11=Add       |
| F12=Cancel                                                                 |
 ---------------------------------------------------------------------------
```

图 7-16　Esoteric 定义面板

至此，OS 相关的定义完成。

7.3.3　配置交换机

返回配置定义主面板，在其中选择“2”，进入交换机（Switch）列表面板，开始定义 Switch。按“F11”键添加一个 Switch，如图 7-17 所示。

```
 ---------------------------- Add Switch ----------------------------
- |                                                                  | -----
C | Specify or revise the following values.                          | PAGE
S | Switch ID . . . . . . . . 01   (00-FF)                           |
  | Switch type . . . . . . . 2032          +                        |
  | Serial number . . . . . . __________                             | v
/ | Description . . . . . . . Add a FICON Switch                     | m.
* | Switch address  . . . . . 61   (00-FF) for a FICON switch        | ******
  |                                                                  |
  | Specify the port range to be installed only if a larger range    |
  | than the minimum is desired.                                     |
  | Installed port range  . . 00  -  06  +                           |
  |                                                                  |
  | Specify either numbers of existing control unit and device, or   |
  | numbers for new control unit and device to be added.             |
  |                                                                  |
  | Switch CU number(s) . . . 0001  ____  ____  ____  ____  +        |
  | Switch device number(s) . 0001  ____  ____  ____  ____           |
  |  F1=Help    F2=Split    F3=Exit    F4=Prompt   F5=Reset   F9=Swap |
  | F12=Cancel                                                       | ward
 --------------------------------------------------------------------
```

图 7-17　添加 Switch

其中 Switch type 是 Switch 的类型，因为存在不同类型的 I/O 设备，所以与之连接的 Switch 也会有不同类型，2032 类型的 Switch 用于连接 FICON 通道。在定义 Switch 的时候必须要知道系统所使用的 Switch 是什么类型的，从而在此做正确的配置。

在 Switch 列表中选中刚才定义的 Switch，按“回车”键后选择“7”进入 Switch 配置列表，这里的配置指的是 Switch 各个端口之间的连接配置。在 Switch Configuration List 面板中按“F11”键添加一个配置，如图 7-18 所示。

```
  Goto  Backup  Query  Help
- ------------------ Add or Repeat Switch Configuration -------------------
  |                                                                      |
C |                                                                      |
  | Specify or revise the following values.                              |
S |                                                                      |
  | Switch ID . . . . . . . . : 01     Add a FICON Switch                |
S |                                                                      |
  | Switch configuration ID . SCON01__                                   |
  |                                                                      |
/ | Description . . . . . . . ________________________________           |
* |                                                                      | ***
  | Default connection  . . . 1_  1.  Allow                              |
  |                               2.  Prohibit                           |
  |                                                                      |
  |  F1=Help    F2=Split    F3=Exit    F5=Reset    F9=Swap   F12=Cancel  |
  ------------------------------------------------------------------------

 F1=Help      F2=Split     F3=Exit      F4=Prompt    F5=Reset     F7=Backward
 F8=Forward   F9=Swap      F10=Actions  F11=Add      F12=Cancel
  ----------------------------------------------------------------------
```

图 7-18　添加 Switch 配置 ID

其中，Default connection 指默认情况下端口的连接情况。接下来，选择上一步添加成功的 Switch Configuration——SCON01，按“回车”键后选择“5”，定义端口连接，如图 7-19 所示。其中，A 表示允许连接，P 表示断开连接，* 表示默认值。

```
  Goto  Backup  Query  Help
 ----------------------------------------------------------------------------
                                 Port Matrix                      Row 1 of 7
 Command ===> ____________________________________________ Scroll ===> PAGE

 Select one or more ports, then press Enter.

 Switch ID . . . . . . . . : 01           Add a FICON Switch
 Switch configuration ID . : SCON01       Default connection : Allow

                                        Ded    --Dynamic Connection Ports 0x--
 / Port Name +                        B Con +  0 1 2 3 4 5 6 7 8 9 A B C D E F
 _ 00  _______________________        N __     * * * * * * * - - - - - - - - -
 _ 01  _______________________        N __     * * P P P A A - - - - - - - - -
 _ 02  _______________________        N __     * P * P P * * - - - - - - - - -
 _ 03  _______________________        N __     * P P * P * * - - - - - - - - -
 _ 04  _______________________        N __     * P P P * * * - - - - - - - - -
 _ 05  _______________________        N __     * A * * * * P - - - - - - - - -
 _ 06  _______________________        N __     * A * * * P * - - - - - - - - -
 ****************************** Bottom of data *******************************

  F1=Help      F2=Split     F3=Exit      F4=Prompt    F5=Reset     F7=Backward
  F8=Forward   F9=Swap     F10=Actions  F12=Cancel
```

图 7-19　定义端口连接矩阵

7.3.4　配置服务器

返回到配置定义主面板，在其中选择“3”，进入服务器(Processor)列表面板，开始定义Processor。在HCD中配置的Processor一般指一台物理意义的主机，Processor的定义包含了LCSS的定义、LPAR的定义、Channel的定义以及Channel与Switch的连接定义。

按“F11”键添加一个新的Processor，如图7-20所示。

```
  Goto  Filter  Backup  Query  Help
 ------------------------------ Add Processor ------------------------------
 |                                                                          |
 |                                                                          |
 | Specify or revise the following values.                                  |
 |                                                                          |
 | Processor ID . . . . . . . . . PROCESS1                                  |
 |                                                                          |
 | Processor type . . . . . . . . 2084        +                             |
 | Processor model  . . . . . . . B16         +                             |
 | Configuration mode . . . . . . LPAR        +                             |
 | Number of channel subsystems . . 2         +                             |
 |                                                                          |
 | Serial number  . . . . . . . . __________                                |
 | Description  . . . . . . . . . ________________________________          |
 |                                                                          |
 | Specify SNA address only if part of an S/390 microprocessor cluster:     |
 |                                                                          |
 | Network name . . . . . . . . . ________  +                               |
 | CPC name . . . . . . . . . . . ________  +                               |
 |                                                                          |
 |  F1=Help     F2=Split     F3=Exit     F4=Prompt    F5=Reset     F9=Swap  |
 | F12=Cancel                                                               |
 ----------------------------------------------------------------------------
```

图 7-20　添加 Processor

其中，Processor type和model对应主机的类型和运行模式。实际定义时，要根据主机的真实情况指定。下面举例定义一个包含两个 LCSS 的 Processor。

(1) 定义通道子系统

定义逻辑通道子系统 LCSS。选中上面新增的 Processor,按“回车”键,输入“12”,进入 LCSS 列表,可以看到有两个 LCSS 的记录。因为前文在定义 Processor 的时候已经指定有两个 Channel Subsystems,所以系统自动生成两个 LCSS。

(2) 定义 LPAR

在 LCSS 中可以定义 LPAR。选择 ID 为 0 的 LCSS,按“回车”键,输入“6”,进入 Partition 列表面板,按 F11 键添加 LPAR,如图 7-21 所示。

```
   ----------------------------- Partition List -----------------------------
 - |   Goto  Backup  Query  Help                                              |
   | ---------------------------------------------------------------------    |
 C |                                                                          |
   | Command ===> ________________________________________ Scroll ===> PAGE   |
 S |                                                                          |
   | Select one or more partitions, then press Enter. To add, use F11.        |
 P |                                                                          |
   | Processor ID  . . . . : PROCESS1                                         |
   | Configura -----------------------------------------------------------    
 / | Channel S |                                                         |   |
 / |           |                                                         |   |
 _ | / Partiti | Specify the following values.                           |   |
 * | ********* |                                                         |   |
   |           | Partition name . . . LPAR1___                           |   |
   |           | Partition number . . 1       (same as MIF image ID)     |   |
   |           | Partition usage  . . OS      +                          |   |
   |           |                                                         |   |
   |           | Description  . . . . LPAR1 OF LCSS0_________________    |   |
   |           |                                                         |   |
   |  F1=Help  |                                                         |   |
   |  F7=Backw |  F1=Help    F2=Split   F3=Exit    F4=Prompt  F5=Reset   |   |
   | F12=Cance |  F9=Swap   F12=Cancel                                   |   |
   ----------- -----------------------------------------------------------  --
```

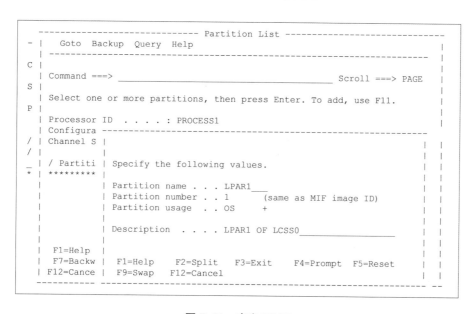

图 7-21　定义 LPAR

(3) 定义通道

返回 LCSS 列表,选择 ID 为 0 的 LCSS,按“回车”键,输入“7”,进入 CHPID 列表面板,按 F11 添加通道 Channel,如图 7-22 所示。

图中,Number of CHPIDs 指一次定义几个同类的 Channel;Operation mode 指 Channel 的操作模式 Dedicated,Shared 和 Spanned。详细说明如下:

- Dedicated,该模式的 Channel 只能被一个 LPAR 使用。
- Shared,该模式的 Channel 可以被同一个 LCSS 中的不同 LPAR 共享。
- Spanned,该模式的 Channel 可以被不同 LCSS 的 LPAR 所共享。

由于选择一次定义多个同类 Channel,所以每个 Channel 的 PCHID(Physical Channel Identifier)和连接 Switch 的端口号还需要分别指定,如图 7-23 所示。

下面选择这两个 Channel 可以被哪些 LPAR 使用,由于刚才定义的 Channel 是 Dedicated 类型,所以只能关联到一个 LPAR,此例中选择 LPAR1,如图 7-24 所示。

```
  Goto  Filter  Backup  Query  Help
- ----------------------------- Add Channel Path ------------------------------
   |                                                                           |
C  |                                                                           |
   | Specify or revise the following values.                                   |
S  |                                                                           |
   | Processor ID . . . . : PROCESS1                                           |
P  | Configuration mode . : LPAR                                               |
C  | Channel Subsystem ID : 0                                                  |
C  |                                                                           |
   | Channel path ID  . . . . 00     +              PCHID . . . 10A            |
   | Number of CHPIDs . . . . 2                                                |
/  | Channel path type  . . . FC     +                                         |
*  | Operation mode . . . . . DED    +                                         |
   | Managed  . . . . . . . . No    (Yes or No)   I/O Cluster ________  +      |
   | Description  . . . . . . ________________________________                 |
   |                                                                           |
   | Specify the following values only if connected to a switch:               |
   | Dynamic entry switch ID  01   + (00 - FF)                                 |
   | Entry switch ID  . . . . 01   +                                           |
   | Entry port . . . . . . . 01   +                                           |
   |  F1=Help      F2=Split    F3=Exit      F4=Prompt    F5=Reset     F9=Swap  |
   | F12=Cancel                                                                |
   -----------------------------------------------------------------------------
```

图 7-22　定义 Channel

```
C |             DynEntry  --Entry +--                |
  | CHPID  PCHID Switch +  Switch Port               |
  | 00     10A    01         01     01               |
/ | 01     10B    01         01     02               |
* | **************** Bottom of data ***************** | ********************
```

图 7-23　分配 PCHID 和 Switch 端口

```
   --------------------------- Define Access List -----------------------------
-  |                                                              Row 1 of 2  |
   | Command ===> ________________________________________   Scroll ===> PAGE  |
C  |                                                                          |
   | Select one or more partitions for inclusion in the access list.          |
S  |                                                                          |
   | Channel subsystem ID : 0                                                 |
P  | Channel path ID  . . : 00      Channel path type  . : FC                 |
C  | Operation mode . . . : DED     Number of CHPIDs . . : 2                  |
C  |                                                                          |
   | / CSS ID Partition Name   Number Usage Description                       |
   | / 0      LPAR1            1      OS    LPAR1 OF LCSS0                    |
/  | _ 0      LPAR2            2      OS    LPAR2 OF LCSS0                    |
*  | *************************** Bottom of data **************************** |
   |                                                                          |
   |                                                                          |
   |                                                                          |
   |                                                                          |
   |                                                                          |
   |                                                                          |
   ----------------------------------------------------------------------     |
   | Not more than one partition can be selected for this channel path. |     |
   ----------------------------------------------------------------------  -----
```

图 7-24　选择 LPAR 示意

7.3.5 配置控制单元

返回配置定义主面板，在其中选择“4”，进入 Control Unit(CU)列表面板，按“F11”键添加一个新的 Control Unit，如图 7-25 所示。

```
  Got -------------------------- Add Control Unit ---------------------------
----- |                                                                      |
      |                                                                      |
Comma | Specify or revise the following values.                              |
      |                                                                      |
Selec | Control unit number . . . . 0003 +                                   |
      | Control unit type . . . . . 2105          +                          |
/ CU  |                                                                      |
_ 000 | Serial number . . . . . . . __________                               |
_ 000 | Description . . . . . . . . ________________________________         |
***** |                                                                      |
      | Connected to switches . . . 01 __ __ __ __ __ __ __ +                |
      | Ports . . . . . . . . . . . 05 __ __ __ __ __ __ __ +                |
      |                                                                      |
      | If connected to a switch:                                            |
      |                                                                      |
      | Define more than eight ports . . 2   1.  Yes                         |
      |                                      2.  No                          |
      | Propose CHPID/link addresses and                                     |
      | unit addresses . . . . . . . . . 2   1.  Yes                         |
      |                                      2.  No                          |
      |  F1=Help    F2=Split    F3=Exit    F4=Prompt   F5=Reset    F9=Swap   |
 F1=H | F12=Cancel                                                           |
 F8=F ------------------------------------------------------------------------
```

图 7-25 添加 Control Unit

控制单元最终要与通道相连，接下来就要为具体的控制单元选择连接到哪些 LCSS 以及哪些通道，如图 7-26 和图 7-27 所示。Link address 是通过的 Switch 的端口号；如果不通过 Switch 来连接，则不用输入内容。

```
                              Select Processor / CU     Row 1 of 2 More:       >
Command ===> ______________________________________________ Scroll ===> PAGE

Select processors to change CU/processor parameters, then press Enter.
Control unit number . . : 0003      Control unit type . . . : 2105
              ---------------Channel Path ID . Link Address + ---------------
/ Proc.CSSID 1------ 2------ 3------ 4------ 5------ 6------ 7------ 8------
/ PROCESS1.0 _______ _______ _______ _______ _______ _______ _______ _______
/ PROCESS1.1 _______ _______ _______ _______ _______ _______ _______ _______
******************************* Bottom of data ********************************
 F1=Help      F2=Split     F3=Exit      F4=Prompt    F5=Reset     F6=Previous
 F7=Backward  F8=Forward   F9=Swap      F12=Cancel
```

图 7-26 选择 LCSS

```
                        Select Processor / CU
 ----------------------------- Add Control Unit -----------------------------
 |                                                                           |
 | Specify or revise the following values.                                   |
 |                                                                           |
 | Control unit number  . : 0003        Type . . . . . . : 2105              |
 | Processor ID . . . . . : PROCESS1                                         |
 | Channel Subsystem ID . : 0                                                |
 |                                                                           |
 | Channel path IDs . . . . 00    01    __   __   __   __   __   __    +    |
 | Link address . . . . . . 6105  6105  ____ ____ ____ ____ ____ ____  +    |
 |                                                                           |
 | Unit address . . . . . . 00    __    __   __   __   __   __   __    +    |
 | Number of units  . . . . 256   ___   ___  ___  ___  ___  ___  ___        |
 |                                                                           |
 | Logical address  . . . . 1_   + (same as CUADD)                           |
 |                                                                           |
 | Protocol . . . . . . . . __   + (D,S or S4)                               |
 | I/O concurrency level  . 2    + (1, 2 or 3)                               |
 |                                                                           |
 |  F1=Help     F2=Split     F3=Exit     F4=Prompt    F5=Reset    F9=Swap    |
 | F12=Cancel                                                                |
 -----------------------------------------------------------------------------
```

图 7-27 选择 Channel

7.3.6 配置设备

返回配置定义主面板，在其中选择“4”，进入设备（Device）列表面板，按“F11”键添加 Device，如图 7-28 所示。

```
  Goto  Filter  Backup  Query  Help
 -------------------------------- Add Device ---------------------------------
 |                                                                           |
 |                                                                           |
 | Specify or revise the following values.                                   |
 |                                                                           |
 | Device number  . . . . . . . . 0003   + (0000 - FFFF)                     |
 | Number of devices  . . . . . . 3                                          |
 | Device type  . . . . . . . . . 3390         +                             |
 |                                                                           |
 | Serial number  . . . . . . . . __________                                 |
 | Description  . . . . . . . . . ________________________________           |
 |                                                                           |
 | Volume serial number . . . . . USER01   (for DASD)                        |
 |                                                                           |
 | Connected to CUs . . 0003  ____  ____  ____  ____  ____  ____  ____  +    |
 |                                                                           |
 |                                                                           |
 |  F1=Help     F2=Split     F3=Exit     F4=Prompt    F5=Reset    F9=Swap    |
 | F12=Cancel                                                                |
 -----------------------------------------------------------------------------

 F1=Help      F2=Split     F3=Exit       F4=Prompt    F5=Reset     F7=Backward
 F8=Forward   F9=Swap      F10=Actions   F11=Add      F12=Cancel
```

图 7-28 添加 Device

其中，“Number of devices”指一次定义同样类型的设备的数量。接下来选择通过哪些 LCSS 连接到这些设备，如图 7-29 和图 7-30 所示。

选择完 LCSS 之后，可以为设备选择关联到哪些操作系统（OS），如图 7-31 所示。

```
---------------------- Device / Processor Definition -----------------------
|                                                             Row 1 of 2 |
| Command ===> ________________________________________ Scroll ===> PAGE  |
|                                                                        |
| Select processors to change device/processor definitions, then press   |
| Enter.                                                                 |
|                                                                        |
| Device number  . . : 0003       Number of devices  . : 3               |
| Device type  . . . : 3390                                              |
|                                                                        |
|                                       Preferred  Device Candidate List |
| / Proc.CSSID  SS+  UA+  Time-Out  STADET  CHPID +    Explicit      Null |
| / PROCESS1.0  _    __   No        Yes     __         No            ___  |
| / PROCESS1.1  _    __   No        Yes     __         No            ___  |
| ***************************** Bottom of data **************************** |
|                                                                        |
|  F1=Help        F2=Split       F3=Exit        F4=Prompt      F5=Reset   |
|  F6=Previous    F7=Backward    F8=Forward     F9=Swap       F12=Cancel  |
-----------------------------------------------------------------------------
```

图 7-29　选择 LCSS 面板 1

```
---------------------- Device / Processor Definition -----------------------
|                                                                        |
------------------------- Define Device / Processor -------------------------
| Specify or revise the following values.                                  |
|                                                                          |
| Device number  . . . : 0003          Number of devices . . . . : 3       |
| Device type  . . . . : 3390                                              |
| Processor ID . . . . : PROCESS1                                          |
| Channel Subsystem ID : 0                                                 |
|                                                                          |
| Subchannel set ID  . . . . . . . _    +                                  |
| Unit address . . . . . . . . . . 03   + (Only necessary when different from |
|                                       the last 2 digits of device number) |
| Time-Out . . . . . . . . . . . . No    (Yes or No)                       |
| STADET . . . . . . . . . . . . . Yes   (Yes or No)                       |
|                                                                          |
| Preferred CHPID  . . . . . . . . __   +                                  |
| Explicit device candidate list . No    (Yes or No)                       |
|  F1=Help     F2=Split     F3=Exit     F4=Prompt    F5=Reset     F9=Swap   |
| F12=Cancel                                                               |
-----------------------------------------------------------------------------
```

图 7-30　选择 LCSS 面板 2

```
------------ Define Device to Operating System Configuration ------------
|                                                          Row 1 of 4 |
| Command ===> _____________________________________ Scroll ===> PAGE |
|                                                                     |
| Select OSs to connect or disconnect devices, then press Enter.      |
|                                                                     |
| Device number  . : 0003          Number of devices  : 3             |
| Device type  . . : 3390                                             |
|                                                                     |
| / Config. ID    Type     SS Description                    Defined  |
| / OSTEST1       MVS         OS1 Configuration                        |
| _ OSTEST2       MVS         OS2 Configuration                        | *****
| / OSTEST3       MVS         OS3 Configuration                        |
| _ OSTEST4       MVS         OS4 Configuration                        |
| ************************* Bottom of data ************************** |
|                                                                     |
|  F1=Help       F2=Split      F3=Exit       F4=Prompt     F5=Reset   |
|  F6=Previous   F7=Backward   F8=Forward    F9=Swap      F12=Cancel  | ard
-------------------------------------------------------------------------
```

图 7-31　关联到 OS

定义设备的一些参数，如图 7-32 所示。比如“DYNAMIC”表示这个设备是否允许动态重配置。

```
--------------------- Define Device Parameters / Features ---------------------
|                                                             Row 1 of 5 |
| Command ===> _____________________________________________ Scroll ===> PAGE |
|                                                                          |
| Specify or revise the values below.                                      |
|                                                                          |
| Configuration ID . : OSTEST1      OS1 Configuration                     |
| Device number  . . : 0003         Number of devices  : 3               |
| Device type  . . . : 3390                                               |
|                                                                          |
| Parameter/                                                               |
| Feature     Value +          R Description                              |
| OFFLINE     No                 Device considered online or offline at IPL |
| DYNAMIC     Yes                Device supports dynamic configuration    |
| LOCANY      No                 UCB can reside in 31 bit storage         |
| SHARED      Yes                Device shared with other systems         |
| SHAREDUP    No                 Shared when system physically partitioned |
| **************************** Bottom of data ***************************** |
|                                                                          |
|  F1=Help       F2=Split      F3=Exit      F4=Prompt     F5=Reset        |
|  F7=Backward   F8=Forward    F9=Swap     F12=Cancel                      |
-----------------------------------------------------------------------------
```

图 7-32　配置设备参数

最后，选择关联设备的 Esoteric 组，通过在“Assigned”下将“NO”改为“YES”来关联。因为 Esoteric 组是直接定义在 EDT 下的，选中一个 Esoteric，对应的 EDT 也就确定了，所以不需要先选择 EDT，如图 7-33 所示。

```
--------------------- Assign/Unassign Device to Esoteric ---------------------
|                                                             Row 1 of 3 |
| Command ===> __________________________________________ Scroll ===> PAGE |
| Specify Yes to assign or No to unassign.  To view devices already       |
| assigned to esoteric, select and press Enter.                            |
|                                                                          |
| Configuration ID : OSTEST1            OS1 Configuration                 |
| Device number  . : 0003               Number of devices  : 3            |
| Device type  . . : 3390               Generic  . . . . . : 3390         |
|                                                                          |
| / EDT.Esoteric  Assigned  Starting Number Number of Devices             |
| _ E1.CONSOLE    No        ____            ____                          |
| _ E1.SYSDA      YES       ____            ____                          |
| _ E1.TESTDA     YES       ____            ____                          |
| **************************** Bottom of data **************************** |
|                                                                          |
|  F1=Help       F2=Split      F3=Exit      F4=Prompt     F5=Reset        |
|  F6=Previous   F7=Backward   F8=Forward   F9=Swap      F12=Cancel       |
-----------------------------------------------------------------------------
```

图 7-33　关联 Esoteric 组

7.3.7　配置控制台

由于控制台(Console)本身也属于设备，所以在定义 Console 之前，首先要定义好 Console 的控制单元以及设备，然后再在 OS 中定义 Console。本例中，Console 对应的控制单元的类型为 3174，设备的类型为 3278-2。

定义 Console 的控制单元和设备之后，返回配置定义主面板，在其中选择"1"，进入操作系统（OS）列表面板，开始修改 OS 定义，添加 Console。选中操作系统，按"回车"键后输入"6"进入 Console 列表，按"F11"键添加 Console，如图 7-34 所示。

```
  ---------------------------- NIP Console List -----------------------------
- |  Goto  Backup  Query  Help                                                |
  | ---------------------------------------------------------------------     |
C |                                                                           |
  | Command ===> _______________________________________  Scroll ===> PAGE    |
S |                                                                           |
a | Select one or more consoles, then press Enter. To add, use F11.           |
  |                                                                           |
/ | Configuration ID . : OSTEST1       OS1 Configuration                      |
/ |                  -------------- Add NIP Console ---------------           |
/ |   Order   Device |                                            |           |
/ | / Number  Number |                                            |           |
/ | **************** | Specify the following values.              | *****     |
* |                  |                                            |           | *
  |                  | Device number of console . . . . . . 0008  |           |
  |                  |                                            |           |
  |                  | Order number . . . . . . . . . . . . 1     |           |
  |                  |                                            |           |
  |                  |  F1=Help    F2=Split    F3=Exit    F5=Reset |           |
  |                  |  F9=Swap   F12=Cancel                      |           |
  |  F1=Help       F  --------------------------------------------            |
  |  F7=Backward   F8=Forward    F9=Swap      F10=Actions    F11=Add          |
  | F12=Cancel                                                                |
  ---------------------------------------------------------------------------
```

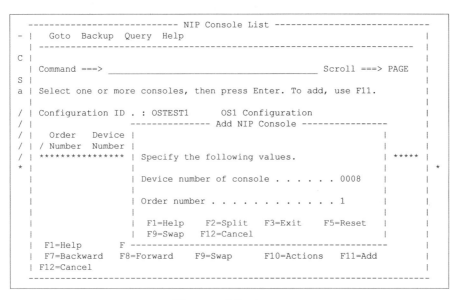

图 7-34　添加 Console

至此，一个完整的 work IODF 定义完成。

7.3.8　验证 work IODF

work IODF 定义完成之后，不可直接使用，因为定义过程很复杂，很可能会有错误，所以在生成 production IODF 之前需要先验证该 work IODF 是否正确。验证过程如下。

返回 HCD 主面板，输入"2"，按"回车"键，如图 7-35 所示。

```
                          z/OS V1.7 HCD
Command ===> _________________________________________________________

                              Hardware Configuration

Select one of the following.

2   1.  Define, modify, or view configuration data
    2.  Activate or process configuration data
    3.  Print or compare configuration data
    4.  Create or view graphical configuration report
    5.  Migrate configuration data
    6.  Maintain I/O definition files
    7.  Query supported hardware and installed UIMs
    8.  Getting started with this dialog
    9.  What's new in this release

For options 1 to 5, specify the name of the IODF to be used.

I/O definition file . . . 'TJZ0012.IODF01.WORK'                  +

 F1=Help    F2=Split    F3=Exit    F4=Prompt  F9=Swap    F12=Cancel
```

图 7-35　HCD 主面板

选择“12”，按“回车”键验证 work IODF，如图 7-36 所示。

```
                         z/OS V1.7 HCD
C ------ Activate or Process Configuration Data -------  ______________________
  | Select one of the following tasks.                 |
S |                                                    |
  | 12  1.  Build production I/O definition file       |
2 |     2.  Build IOCDS                                |
  |     3.  Build IOCP input data set                  |
  |     4.  Create JES3 initialization stream data     |
  |     5.  View active configuration                  |
  |     6.  Activate or verify configuration           |
  |         dynamically                                |
  |     7.  Activate configuration sysplex-wide        |
  |     8.  Activate switch configuration              |
  |     9.  Save switch configuration                  |
  |     10. Build I/O configuration statements         |
F |     11. Build and manage S/390 microprocessor      | sed.
  |         IOCDSs and IPL attributes                  |
I |     12. Build validated work I/O definition file   |         +
  |                                                    |
  |  F1=Help     F2=Split     F3=Exit     F9=Swap      |
  | F12=Cancel                                         |
  ----------------------------------------------------- 12=Cancel
```

图 7-36　验证 work IODF

出现如图 7-37 所示的验证结果，“W”表示 Warning，“E”表示 Error。如果出现 Error，则需要根据 Message Text 中的提示来修改 IODF，然后再次验证 IODF，直到验证结果中没有 Error 为止。

```
 ------------------------------ Message List ------------------------------
|  Save  Query  Help                                                        |
| ----------------------------------------------------------------------    |
|                                                           Row 1 of 26     |
| Command ===> ________________________________________ Scroll ===> PAGE    |
|                                                                           |
| Messages are sorted by severity. Select one or more, then press Enter.    |
|                                                                           |
| / Sev Msg. ID  Message Text                                               |
| _ W   CBDA333I EDT E1 of OS configuration OSTEST1 does not use tokens     |
| #              for its esoterics.                                         |
| _ W   CBDA333I EDT E1 of OS configuration OSTEST2 does not use tokens     |
| #              for its esoterics.                                         |
| _ W   CBDA333I EDT E1 of OS configuration OSTEST3 does not use tokens     |
| #              for its esoterics.                                         |
| _ W   CBDA333I EDT E1 of OS configuration OSTEST4 does not use tokens     |
| #              for its esoterics.                                         |
| _ W   CBDG159I Switch control unit(s) 0001 and device(s) 0001 defined,    |
| #              but not yet connected to both a processor and an           |
| #              operating system.                                          |
| _ W   CBDG075I Switch control unit 0001 of switch 01 is not connected     |
|  F1=Help       F2=Split       F3=Exit       F4=Prompt      F5=Reset       |
|  F7=Backward   F8=Forward     F9=Swap       F10=Actions    F12=Cancel     |
 ---------------------------------------------------------------------------
```

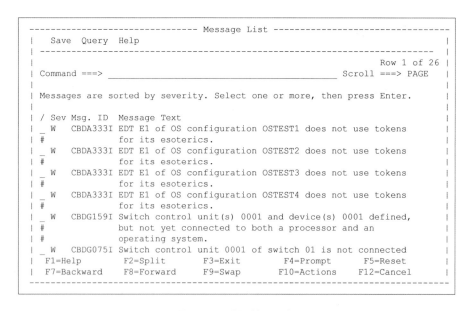

图 7-37　验证结果面板

7.3.9　生成 production IODF

验证 work IODF 无误后，返回 HCD 主面板，输入“2”，按“回车”键；然后选择“1”，按“回车"键生成 production IODF，如图 7-38 所示。

```
                        z/OS V1.7 HCD
C ------ Activate or Process Configuration Data -------  ____________________
  |                                                     |
  |                                                     |
  | Select one of the following tasks.                  |
S |                                                     |
  | 1_   1.  Build production I/O definition file       |
2 |      2.  Build IOCDS                                |
  |      3.  Build IOCP input data set                  |
  |      4.  Create JES3 initialization stream data     |
  |      5.  View active configuration                  |
  |      6.  Activate or verify configuration           |
  |          dynamically                                |
  |      7.  Activate configuration sysplex-wide        |
  |      8.  Activate switch configuration              |
  |      9.  Save switch configuration                  |
  |      10. Build I/O configuration statements         |
F |      11. Build and manage S/390 microprocessor      | sed.
  |          IOCDSs and IPL attributes                  |
I |      12. Build validated work I/O definition file   |          +
  |                                                     |
  |  F1=Help      F2=Split     F3=Exit      F9=Swap     |
  | F12=Cancel                                          |
  ----------------------------------------------------- 12=Cancel
```

图 7-38　生成 production IODF

进入图 7-39 所示界面，指定 production IODF 名以及存放的盘卷。

```
                        z/OS V1.7 HCD
C ------ Activate or Process Configuration Data -------  ____________________
  |                                                     |
  |   --------------- Build Production I/O Definition File ----------------
  | S |                                                                   |
S |   |                                                                   |
  | 1 | Specify the following values, and choose how to continue.        |
2 |   |                                                                   |
  |   | Work IODF name . . . : 'TJZ0012.IODF01.WORK'                      |
  |   |                                                                   |
  |   | Production IODF name . 'TJZ0012.IODF01'                           |
  |   | Volume serial number . IODFVL  +                                  |
  |   |                                                                   |
  |   | Continue using as current IODF:                                   |
  |   | 2   1.  The work IODF in use at present                           |
  |   |     2.  The new production IODF specified above                   |
  |   |                                                                   |
F |   |                                                                   |
  |   |                                                                   |
I |   |  F1=Help     F2=Split     F3=Exit     F4=Prompt  F9=Swap   F12=Cancel |
  |   --------------------------------------------------------------------
  |  F1=Help      F2=Split     F3=Exit      F9=Swap     |
  | F12=Cancel                                          |
  ----------------------------------------------------- 12=Cancel
```

图 7-39　指定 production IODF 名以及存放的盘卷

7.3.10　激活 production IODF

成功生成 production IODF 之后，最后激活该 IODF。需要返回 HCD 主面板，输入"2"，按"回车"键，然后选择"6"，按"回车"键激活 production IODF，如图 7-40 所示。

```
                      z/OS V1.7 HCD
C ------ Activate or Process Configuration Data ------- ____________________
  |                                                    |
  |                                                    |
  | Select one of the following tasks.                 |
S |                                                    |
  | 6_  1.  Build production I/O definition file       |
2 |     2.  Build IOCDS                                |
  |     3.  Build IOCP input data set                  |
  |     4.  Create JES3 initialization stream data     |
  |     5.  View active configuration                  |
  |     6.  Activate or verify configuration           |
  |         dynamically                                |
  |     7.  Activate configuration sysplex-wide        |
  |     8.  Activate switch configuration              |
  |     9.  Save switch configuration                  |
  |     10. Build I/O configuration statements         |
F |     11. Build and manage S/390 microprocessor      | sed.
  |         IOCDSs and IPL attributes                  |
I |     12. Build validated work I/O definition file   |          +
  |                                                    |
  |  F1=Help     F2=Split    F3=Exit     F9=Swap       |
  | F12=Cancel                                         |
  ----------------------------------------------------- 12=Cancel
```

图 7-40　激活 production IODF

7.4　HCD 相关的系统命令

如上所述，HCD 提供的主要功能是创建 IODF 文件。当然，它的功能不仅仅如此，还包括打印、生成、激活、查询等。此外，除了可以用 HCD 面板查看当前活跃的 IODF 外，还可以通过系统命令的方式查看，通过这种方式还可以查看 Device 的状态。用户可以进入 SDSF，在命令行中输入以下系统命令，观察命令输出结果。

［例 1］　命令/D IOS，CONFIG(ALL)，显示当前活跃的 IODF 信息，命令结果如下：

```
D IOS,CONFIG(ALL)
IOS506I 22.38.59 I/O CONFIG DATA 827
ACTIVE IODF DATA SET = IODF.IODF40
CONFIGURATION ID = TEST2          EDT ID = 00
TOKEN:  PROCESSOR DATE      TIME     DESCRIPTION
 SOURCE: CPU1     10-07-09 23:20:11 IODF     IODF40
ACTIVE CSS:  0    SUBCHANNEL SETS IN USE: 0
CHANNEL MEASUREMENT BLOCK FACILITY IS ACTIVE
HARDWARE SYSTEM AREA AVAILABLE FOR CONFIGURATION CHANGES
         7 PHYSICAL CONTROL UNITS
       145 SUBCHANNELS FOR SHARED CHANNEL PATHS
        37 SUBCHANNELS FOR UNSHARED CHANNEL PATHS
         5 LOGICAL CONTROL UNITS FOR SHARED CHANNEL PATHS
         2 LOGICAL CONTROL UNITS FOR UNSHARED CHANNEL PATHS
ELIGIBLE DEVICE TABLE LATCH COUNTS
       0 OUTSTANDING BINDS ON PRIMARY EDT
```

［例 2］　命令/D U，，，dddd，n，显示设备是否在线，dddd 为 Device 的起始地址，n 为要显示的个数，命令结果如下：

```
D U,,,0C80,5
IEE457I 22.41.11 UNIT STATUS 829
UNIT TYPE STATUS        VOLSER     VOLSTATE
```

```
0C80 3390 S          DMTRES    PRIV/RSDNT
0C81 3390 A          DMTCAT    PRIV/RSDNT
0C82 3390 A          DMTOS1    PRIV/RSDNT
0C83 3390 A          DMTOS2    PRIV/RSDNT
0C84 3390 A          DMTOS3    PRIV/RSDNT
```

［例 3］　命令/D M=DEV(dddd)，显示连接到这个设备的通道情况，以及 CU 的情况，dddd 为设备地址，命令结果如下：

```
D M=DEV (0C80)
IEE174I 22.42.31 DISPLAY M 833
DEVICE 0C80   STATUS=ONLINE
CHP                  04   05   10   11   1C   1D   1E   1F
ENTRY LINK ADDRESS    ..   ..   ..   ..   ..   ..   ..   ..
DEST LINK ADDRESS    0D   0D   0D   0D   0D   0D   0D   0D
PATH ONLINE           Y    Y    Y    Y    N    N    N    N
CHP PHYSICALLY ONLINE Y    Y    Y    Y    N    N    N    N
PATH OPERATIONAL      Y    Y    Y    Y    N    N    N    N
MANAGED              N    N    N    N    N    N    N    N
CU NUMBER            3092 3092 3092 3092 3092 3092 3092 3092
MAXIMUM MANAGED CHPID (S)  ALLOWED:  0
DESTINATION CU LOGICAL ADDRESS = 02
SCP CU ND          = 002105.000.IBM.13.000000013309.0000
SCP TOKEN NED      = 002105.000.IBM.13.000000013309.0200
SCP DEVICE NED     = 002105.000.IBM.13.000000013309.0200
```

［例 4］　命令/DS P,dddd，显示链接到这个设备的真实的物理通路的情况，dddd 为设备地址，命令结果如下：

```
DS P,0C80
IEE459I 22.43.58 DEVSERV PATHS 835
UNIT DTYPE  M CNT VOLSER  CHPID=PATH STATUS
    RTYPE   SSID CFW TC   DFW   PIN  DC-STATE CCA  DDC   ALT  CU-TYPE
0C80,33903 ,A,029,DMTRES,04=+ 05=+ 10=+ 11=+ 1C=- 1D=- 1E=- 1F=-
    2105    3092  Y  YS.  YY.    N   SIMPLEX   00   00       2105
************************ SYMBOL DEFINITIONS ************************
A = ALLOCATED                        + = PATH AVAILABLE
- = LOGICALLY OFF, PHYSICALLY OFF
```

［例 5］　命令/D M=CHP(cc)，显示这个通道所连接到设备的通路的情况，cc 为 CHPID，命令结果如下：

```
D M=CHP (11)
IEE174I 22.51.02 DISPLAY M 839
CHPID 11:  TYPE=03, DESC=ESCON POINT TO POINT, ONLINE
DEVICE STATUS FOR CHANNEL PATH 11
    0  1  2  3  4  5  6  7  8  9  A  B  C  D  E  F
0A8 +@ +@ +@ +@ +@ +@ +@ +@ +@ +@ +@ +@ +@ +@ +@ +@
0A9 +@ +@ +@ +@ +@ +@ +@ +@ +@ +@ +@ +@ +@ +@ +@ +@
0B8 +@ +@ +@ +@ +@ +@ +@ +@ +@ +@ +@ +@ +@ +@ +@ +@
0B9 +@ +@ +@ +@ +@ +@ +@ +@ +@ +@ +@ +@ +@ +@ +@ +@
0C8 +  +  +  +  +  +  +  +  +  +  +  +  +  +  +  +
0C9 +  +  +  +  +  +  +  +  +  +  +  +  +  +  +  +
0D8 +@ +@ +@ +@ +@ +@ +@ +@ +@ +@ +@ +@ +@ +@ +@ +@
0D9 +@ +@ +@ +@ +@ +@ +@ +@ +@ +@ +@ +@ +@ +@ +@ +@
0E8 +  +  +  +  +  +  +  +  +  +  +  +  +  +  +  +
0E9 +  +  +  +  +  +  +  +  +  +  +  +  +  +  +  +
0F8 +@ +@ +@ +@ +@ +@ +@ +@ +@ +@ +@ +@ +@ +@ +@ +@
0F9 +  +  +  +  +  +  +  +  +  +  +  +@ +  +  +  +
SWITCH DEVICE NUMBER = NONE
************************ SYMBOL EXPLANATIONS ************************
+ ONLINE    @ PATH NOT VALIDATED   - OFFLINE    . DOES NOT EXIST
* PHYSICALLY ONLINE   $ PATH NOT OPERATIONAL
```

［例 6］　命令/D M=CHP，显示所有通道的状态，命令结果如下：

```
D M=CHP
IEE174I 22.46.49 DISPLAY M 837
CHANNEL PATH STATUS
   0 1 2 3 4 5 6 7 8 9 A B C D E F
0  + + + + + + + + + + + + + + + +
1  + + + + + + + + + + + + . . . .
2  + + + + . . . . . . . . . . . .
3  . . . . . . . . . . . . . . . .
4  . . . . . . . . . . . . . . . .
5  . . . . . . . . . . . . . . . .
6  . . . . . . . . . . . . . . . .
7  . . . . . . . . . . . . . . . .
8  . . . . . . . . . . . . . . . .
9  . . . . . . . . . . . . . . . .
A  . . . . . . . . . . . . . . . .
B  . . . . . . . . . . . . . . . .
C  . . . . . . . . . . . . . . . .
D  . . . . . . . . . . . . . . . .
E  . . . . . . . . . . . . . . . .
F  . . . . . . . . . . . . . . . .
************************ SYMBOL EXPLANATIONS ************************
+ ONLINE    @ PATH NOT VALIDATED   - OFFLINE    . DOES NOT EXIST
* MANAGED AND ONLINE    # MANAGED AND OFFLINE
CHANNEL PATH TYPE STATUS
    0  1  2  3  4  5  6  7  8  9  A  B  C  D  E  F
0  11 11 11 11 03 03 03 04 04 04 04 04 04 04 04 04
1  03 03 04 04 04 04 04 04 04 04 04 04 1A 1D 1A 1D
2  23 23 23 23 00 00 00 00 00 00 00 00 00 00 00 00
3  00 00 00 00 00 00 00 00 00 00 00 00 00 00 00 00
4  00 00 00 00 00 00 00 00 00 00 00 00 00 00 00 00
5  00 00 00 00 00 00 00 00 00 00 00 00 00 00 00 00
6  00 00 00 00 00 00 00 00 00 00 00 00 00 00 00 00
7  00 00 00 00 00 00 00 00 00 00 00 00 00 00 00 00
8  00 00 00 00 00 00 00 00 00 00 00 00 00 00 00 00
9  00 00 00 00 00 00 00 00 00 00 00 00 00 00 00 00
A  00 00 00 00 00 00 00 00 00 00 00 00 00 00 00 00
B  00 00 00 00 00 00 00 00 00 00 00 00 00 00 00 00
C  00 00 00 00 00 00 00 00 00 00 00 00 00 00 00 00
D  00 00 00 00 00 00 00 00 00 00 00 00 00 00 00 00
E  00 00 00 00 00 00 00 00 00 00 00 00 00 00 00 00
F  00 00 00 00 00 00 00 00 00 00 00 00 00 00 00 00
************************ SYMBOL EXPLANATIONS ************************
00  UNKNOWN                        UNDEF
01  PARALLEL BLOCK MULTIPLEX        BLOCK
02  PARALLEL BYTE MULTIPLEX         BYTE
```

7.5 硬件管理案例

用户是一个主机系统管理员，使用 HCD 对主机 LPAR 进行了重新规划，同时修改了一些硬件配置。用户想使新的 LPAR 划分，并使硬件配置生效，可以通过以下几个步骤来完成，如图 7-41 所示。

(1) 系统管理员通过 HCD 的交互式界面对系统的硬件和软件进行配置，生成一个 production IODF 数据集。这个数据集包含了所有的服务器、逻辑通道子系统(LCSS)、逻辑分区(LPARs)、通道、交换机、I/O 控制单元、设备和软件信息等内容。

(2) 通过 HCD 执行 IOCP 程序生成 IOCDS。IODF 作为 IOCP 的输入数据集，生成一个 IOCDS 数据集，并将 IOCDS 存放到 SE(Support Element)的磁盘上。IOCDS 与 IODF 在内容上是一样的，只是数据组织形式不同。

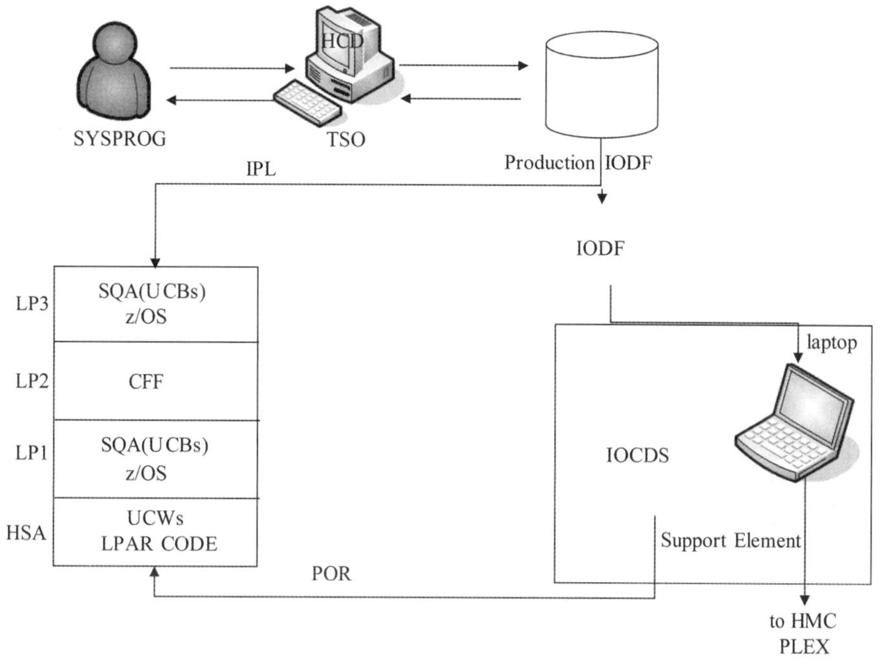

图 7-41　硬件配置生效示意

(3) 重新开机,对系统实施硬件加电(POR)过程,如图 7-42 所示。操作人员通过在硬件管理控制台 HMC 上执行一条指令来开始这个过程。HMC 是一台单独的机器,可以同时和多台主机的 SE 相连接,用来启动主机和同时监控多台主机的硬件。POR 时,系统将在内存底部分配一个硬件系统区 HSA,HSA 是一段内存区域,不属于任何的 LPAR。在 POR 后,HSA 会包含逻辑分区的定义、I/O 配置等信息。

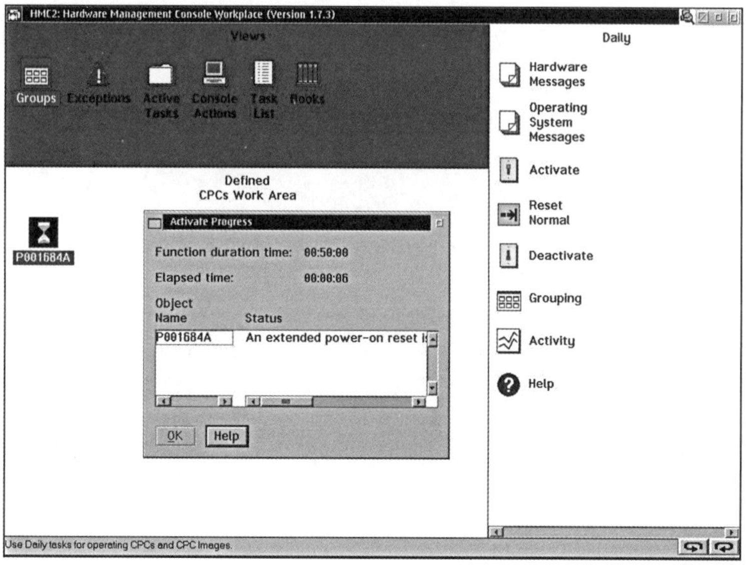

图 7-42　POR 过程

(4) 激活逻辑分区。当 POR 完成后，所有的逻辑分区都已经定义好，全部的I/O 配置都在 HSA 中有了描述。接下来的步骤就是激活逻辑分区。在 HMC 控制台面板，可以定义每个逻辑分区的属性，比如逻辑 CPU 的数据、权重和内存大小等。逻辑分区的激活还不需要用到 IODF 数据集。

(5) 初始程序加载 IPL，如图 7-43 所示。每一个逻辑分区上可以运行一个操作系统，每一个操作系统的启动都需要有一个 IPL 的过程。此时，z/OS 的 IPL 程序会读取 production IODF 数据集，获取本 LPAR 的 I/O 设备配置信息，然后，对每个设备都在内存区域的扩展系统队列区 ESQA 中创建一个内存结构单元控制块(Unit Control Block, UCB)。

通过以上步骤，系统成功启动，新的硬件配置生效。

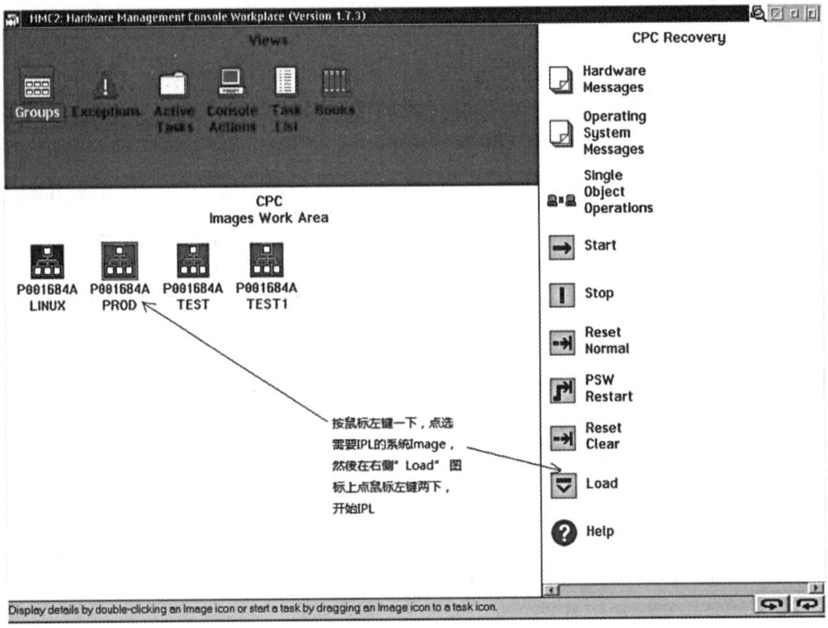

图 7-43　系统 IPL

第 8 章　系统监控(RMF)

作为大型服务器，主机要保持一个良好的运行状态，必须要对系统进行监控。资源度量工具(Resource Measurement Facility, RMF)是主机操作系统的一个组件，专门用于主机系统的监控。本章主要介绍 RMF 工具以及提供 RMF 底层数据服务的 SMF 工具。

8.1　RMF 监控器

RMF 通过以下三种监控器(Monitor)来收集数据。

(1) Monitor Ⅰ：对系统负载(Workload)和系统资源利用进行长期的数据收集。

(2) Monitor Ⅱ：收集快照数据。

(3) Monitor Ⅲ：收集短期数据和系统状态长期连续监测信息。

系统管理员可以以非交互的方式(即后台模式)启动 Monitor，通过指定不同的选项来决定收集哪些数据及这些数据存储在哪里。

8.1.1　Monitor Ⅰ

Monitor Ⅰ收集长期数据，反映系统负载和资源使用情况。它可以覆盖系统中的所有软硬件模块，包括 Processor、I/O 设备和内存使用、资源使用、多组地址空间的运行情况及运行效率。Monitor Ⅰ收集的 SMF 数据主要用来进行系统容量规划(Capacity Planning)，也可以用作系统性能分析。一些产品，如 SAS，Tivoli Decision Support 等，也使用 Monitor Ⅰ收集的 SMF 数据。

Monitor Ⅰ和搜集实时数据的 Monitor Ⅱ以及提供短期报告的 Monitor Ⅲ不同，在 RMF 面板里无法直接查看 Monitor Ⅰ的报告，只能运行 Postprocessor 生成报告。Monitor Ⅰ Session 只能启动一个，运行在 RMF 的地址空间内。

8.1.2　Monitor Ⅱ

Monitor Ⅱ提供在线评估，用于解决即时问题，一个 Monitor Ⅱ会话(Session)可以被当作是一个快照会话(Snapshot Session)，可收集关于地址空间和资源使用的数据。这种监控器主要针对地址空间或者资源来收集相关数据。用户可以收集数据来反映地址空间的运行情况、资源的消耗情况以及 Processor、DASD 卷和内存的使用情况。

使用 Monitor Ⅱ，用户也可以持续地监控某个具体的作业的运行情况或者某个卷的使用情况。通过 RMF 面板进入 Monitor Ⅱ查看报告时，每次回车，都可以看到最新的实时报告。Monitor Ⅱ会话可以同时启动多个，运行在 RMF 的地址空间内。

8.1.3 Monitor Ⅲ

Monitor Ⅲ一般每 1 s 收集 1 次数据。用户可以通过持续收集短期数据来监控系统状态，解决系统性能问题。用户可以通过这些数据得到很细致的性能数据，比如系统响应时间、执行速度，稍后这些数据可以用来与性能策略目标进行对比。

用户可以通过这种监控器收集反映批处理作业执行速度的数据，也可以收集数据来显示资源消耗型的作业对 Processor、DASD 设备和内存的使用情况。

当然，还有一种信息非常有用，就是“延迟时间”，这是一个反映性能问题的重要指标。在 Monitor Ⅲ的面板里可以查看作业延迟状况，包括当前延迟的原因，比如是否因 CPU 被另外一个作业所占用而导致当前作业被延迟。很多系统程序员喜欢用这个功能来定位和解决问题。

Monitor Ⅲ和前两个监控器不一样，它在系统中有一个独立的地址空间，名字为 RMFGAT。如果这个作业没有运行，说明 Monitor Ⅲ没有在收集数据，Monitor Ⅲ的面板也无法显示任何报告信息。

8.2 数据收集

8.2.1 启动 RMF

RMF 是 z/OS 的可选模块，虽然安装系统时 RMF 已经在操作系统内，但如果想要使用 RMF，必须付费购买后才能激活。RMF 的启动命令格式如下：

```
{START} RMF,,,[parm]
{S }
----------------------------------------------------------------------
示例:
START RMF
$HASP100 RMF      ON STCINRDR
IEF695I START RMF      WITH JOBNAME RMF      IS ASSIGNED TO USER STC
 , GROUP SYSPROC
$HASP373 RMF      STARTED
ERB100I RMF: ACTIVE
IEE252I MEMBER ERBRMF00 FOUND IN SYS1.TESTPLX.PARMLIB
IEF196I IEF237I 0C80 ALLOCATED TO SYS00156
IEF196I IEF285I   SYS1.LINKLIB                            KEPT
IEF196I IEF285I   VOL SER NOS= DMTRES.
ERB100I ZZ : ACTIVE
```

默认情况下，启动 RMF 时 Monitor Ⅰ会自启动，命令如下：

```
START RMF
```

如果用户不想在启动 RMF 的时候连带启动 Monitor Ⅰ，用户可以使用 NOZZ 参数，命令如下：

```
START RMF,,,NOZZ
```

8.2.2　停止 RMF

系统命令 STOP 将停止 RMF 及其所有在后台运行的会话，但是活跃的 Monitor Ⅱ和 Monitor Ⅲ的 TSO 会话将不会被关闭。RMF 的停止命令格式如下：

```
{STOP} RMF
{P }
--------------------------------------------------------------------
示例：
P SMF
STOP RMF
ERB102I ZZ : TERMINATED
IEF196I IGD103I SMS ALLOCATED TO DDNAME SYS00155
ERB102I III: TERMINATED
-                                   --TIMINGS (MINS.)--
 ----PAGING COUNTS---
-JOBNAME  STEPNAME PROCSTEP   RC   EXCP    CPU    SRB  CLOCK   SERV
PG   PAGE    SWAP    VIO SWAPS STEPNO
-RMFGAT            RMFGAT      00   198K 399.04    .99  51734   333M
0     0      0      0     0     1
-RMFGAT   ENDED.  NAME-                     TOTAL CPU TIME=399.04
TOTAL ELAPSED TIME= 51734
IEF352I ADDRESS SPACE UNAVAILABLE
$HASP395 RMFGAT   ENDED
IEA989I SLIP TRAP ID=X33E MATCHED.  JOBNAME=*UNAVAIL, ASID=0050.
IEF196I IGD104I RMF.SERBLINK                                RETAINED,
IEF196I DDNAME=SYS00155
ERB102I RMF: TERMINATED
-                                   --TIMINGS (MINS.)--
 ----PAGING COUNTS---
-JOBNAME  STEPNAME PROCSTEP   RC   EXCP    CPU    SRB  CLOCK   SERV
PG   PAGE    SWAP    VIO SWAPS STEPNO
-RMF      RMF      RMF        00   4559   6.69   2.70  51735  6463K
0     0      0      0     0     1
-RMF      ENDED.  NAME-                     TOTAL CPU TIME=  6.69
TOTAL ELAPSED TIME= 51735
IEF352I ADDRESS SPACE UNAVAILABLE
$HASP395 RMF      ENDED
IEA989I SLIP TRAP ID=X33E MATCHED.  JOBNAME=*UNAVAIL, ASID=003D.
```

8.2.3　启动 RMF 会话

通过"START RMF,,,NOZZ"命令启动 RMF 的地址空间。RMF 地址空间启动后，可以通过修改 Modify 命令的参数来启动 RMF 各种不同的会话。某一时刻，系统中只能启动一个 Monitor Ⅰ会话，但是可以启动最多 32 个不相关的、以后台方式运行的 Monitor Ⅱ Session。

RMF 提供了现成的过程用于启动 Monitor Ⅲ会话，用户可以通过 Modify 命令来启动 Monitor Ⅲ。事实上，系统是在后台运行该过程。

启动 RMF 会话命令如下：

```
{MODIFY} RMF,{START} session-id [,parm]
{F }         {S }
```

其中，session-id 命名规则如下：

- ZZ 代表 Monitor Ⅰ。
- 2 个非 ZZ 的其他字符代表 Monitor Ⅱ。

● III 代表 Monitor Ⅲ。

可以通过不同的命令来启动以下三种 RMF 会话。

[例 1] 启动 Monitor Ⅰ。

```
MODIFY RMF,START ZZ
```

Monitor Ⅰ将会产生类型为 70～78 的 SMF 记录，用户可以在启动命令中来指定 Monitor Ⅰ 的选项，或者通过参数库成员 ERBRMF00（一般存放在 SYS1.PARMLIB 库中）来指定选项。

用户可以通过指定选项来完成如下功能。

(1) 指定 Monitor Ⅰ检测哪些活动。

(2) 监控的时间间隔。

(3) 产生什么类型的报告。

(4) 环境信息。

[例 2] 启动 Monitor Ⅱ(后台方式运行)。

```
MODIFY RMF,START AB
```

Monitor Ⅱ可以以后台方式运行，它将产生 SMF 类型为 79 的记录。操作员可以启动该监控器，它的选项可以放在参数库成员 ERBRMF01（一般存放在 SYS1.PARMLIB 库中）中，或者在操作员命令中指定。

[例 3] 启动 Monitor Ⅲ。

```
MODIFY RMF,START III
```

Monitor Ⅲ的启动选项可以放在参数库成员 ERBRMF04（一般存放在 SYS1.PARMLIB 库中）中，或者放在 Start Session 命令中，之后也可以通过 Modify Session 命令来更改已经生效的选项。

8.2.4 显示 RMF 会话状态

RMF 会话启动之后用户可以通过 Modify 命令来查看各个会话的状态及使用的启动选项。

可以使用 Modify 命令查看哪一个会话是活跃的，RMF 使用了哪些选项，命令格式如下：

```
                             {ACTIVE }
{MODIFY} RMF, {DISPLAY} {session-id}
{F }           {D }      {ALL }
```

其中，ACTIVE 代表显示系统中所有活跃的会话的 id，是默认选项；ALL 代表显示系统中所有活跃的会话的 id 及其使用的选项。

[例 1] 显示所有后台正在运行的会话 id，命令如下：

```
MODIFY RMF,DISPLAY ACTIVE or F RMF,D
```

命令结果如下：

```
ERB211I RMF: ACTIVE SESSIONS - III,AC,AB,ZZ
```

［例 2］　显示 Monitor Ⅰ使用的所有选项，命令如下：

```
F RMF,D ZZ
```

命令结果如下：

```
ERB305I ZZ : PARAMETERS
ERB305I ZZ :   NOEXITS  -- MEMBER
ERB305I ZZ :   SYSOUT (A)   -- MEMBER
ERB305I ZZ :   NOREPORT  -- MEMBER
ERB305I ZZ :   RECORD  -- MEMBER
ERB305I ZZ :   NOOPTIONS  -- MEMBER
```

［例 3］　显示 Monitor Ⅲ使用的所有选项，命令如下：

```
F RMF,D III
```

命令结果如下：

```
ERB305I III: PARAMETERS
ERB305I III:   NOSGSPACE  -- DEFAULT
ERB305I III:   ZFS  -- DEFAULT
ERB305I III:   DATASET (ADD (SYS1.TESTMVS.RMF.DS01))   -- MEMBER
ERB305I III:   DATASET (ADD (SYS1.TESTMVS.RMF.DS02))   -- MEMBER
ERB305I III:   DATASET (ADD (SYS1.TESTMVS.RMF.DS03))   -- MEMBER
ERB305I III:   DATASET (WHOLD (7))   -- MEMBER
ERB305I III:   DATASET (SWITCH)   -- MEMBER
```

［例 4］　显示所有后台正在运行的会话 id 及它们所使用的选项，命令如下。

```
F RMF,D ALL
```

8.2.5　更改 RMF 会话的选项

所有会话的选项都可以在参数库中修改，下一次启动 RMF 会话时，新选项则会生效。如果想在不停止 RMF 会话运行的情况下直接动态修改选项，并使选项立刻生效，可以使用 Modify 命令。Modify 的命令格式如下：

```
{MODIFY} RMF,{MODIFY} session-id[,parm]
{F }         {F }
```

其中，parm 的形式是 Option(Value)；如果同时修改多个选项，选项之间可用逗号隔开。

［例 1］　更改 Monitor Ⅰ的选项，增加对 CPU 的使用监控，命令如下。

```
MODIFY RMF,MODIFY ZZ,CPU
```

命令结果如下：

```
ERB104I ZZ : MODIFIED
```

［例 2］　更改 Monitor Ⅱ的选项，将显示出来的 RMF 输出增加到 SMF 记录中，命令如下。

```
MODIFY RMF,MODIFY AB,REPORT (DEFER)
```

［例 3］　更改 Monitor Ⅲ的选项，将 NOSTOP 改为 STOP，使之运行 4 h 后停止，并更改收集数据的时间间隔为 200 s，命令如下。

```
MODIFY RMF,MODIFY III,STOP (4H) ,MINTIME (200)
```

8.2.6 停止 RMF 会话

用户可以通过以下四种方式来终止 RMF 会话。

(1) 通过系统命令 STOP,用户可以停止所有正在运行的后台会话。

(2) 通过在 STOP 命令的 Time 参数指定值来终止特定的会话。

(3) 通过 Modify 命令中使用 STOP 子命令来终止特定的会话。

(4) 终止 RMFGAT 作业的运行以停止 Monitor Ⅲ的会话。

终止特定的会话,命令如下:

```
{MODIFY} RMF, {STOP} session-id
{F }          {P }
```

[例 1] 终止 Monitor Ⅰ,其他的监控器不受影响,命令如下。

```
MODIFY RMF,STOP ZZ
```

命令结果如下:

```
MODIFY RMF,STOP ZZ
ERB102I ZZ : TERMINATED
```

[例 2] 终止 Monitor Ⅱ,会话 ID 为 AB,命令如下。

```
MODIFY RMF,STOP AB
```

[例 3] 终止 Monitor Ⅲ的两种方法,命令分别如下。

```
MODIFY RMF,STOP III
C RMFGAT
```

命令结果如下:

```
ERB102I III: TERMINATED
-                                  --TIMINGS (MINS.) --
 ----PAGING COUNTS---
-JOBNAME  STEPNAME PROCSTEP   RC   EXCP    CPU    SRB  CLOCK   SERV
PG   PAGE   SWAP    VIO SWAPS STEPNO
-RMFGAT            RMFGAT      00    216    .25    .00  33.59   214K
0      0      0      0     0     1
-RMFGAT   ENDED.  NAME-                     TOTAL CPU TIME=   .25
TOTAL ELAPSED TIME= 33.59
IEF352I ADDRESS SPACE UNAVAILABLE
$HASP395 RMFGAT   ENDED
IEA989I SLIP TRAP ID=X33E MATCHED.  JOBNAME=*UNAVAIL, ASID=0080.
```

8.3 生成报告

上文通过启动 RMF 会话来收集数据,下面看看如何通过 RMF 来生成性能报告。用户可以使用 RMF 完成如下系统监控任务。

(1) 使用 Postprocessor 得到长时间的总结报告。

(2) 使用 Monitor Ⅱ得到快照报告。

(3) 使用 Monitor Ⅲ的 Reporter 对话框以交互式进行性能分析。

通过 ISPF,用户可以访问 Monitor Ⅱ, Monitor Ⅲ和 Postprocessor,通过 TSO 命令"RMF"启动 RMF 性能管理菜单,如图 8-1 所示。

```
                        RMF - Performance Management                    z/OS V1R8 RMF
Selection ===>

Enter selection number or command on selection line.


  1 Postprocessor      Postprocessor reports for Monitor I, II, and III      (PP)
  2 Monitor II         Snapshot reporting with Monitor II                    (M2)
  3 Monitor III        Interactive performance analysis with Monitor III     (M3)

  U USER               User-written applications (add your own ...)         (US)

  R RMFPP              Performance analysis with the Spreadsheet Reporter
  P RMF PM             RMF PM Java Edition
  N News               What's new in z/OS V1R8 RMF

                                 T TUTORIAL    X EXIT

  RMF Home Page:       http://www.ibm.com/servers/eserver/zseries/rmf/

         5694-A01 (C) Copyright IBM Corp. 1994, 2006. All Rights Reserved
                      Licensed Materials - Property of IBM
```

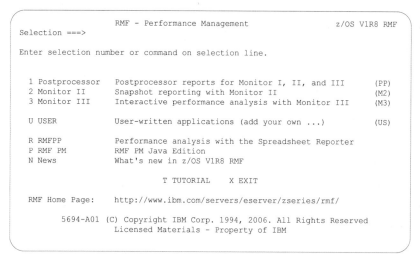

图 8-1 RMF 性能管理菜单

用户也可以采用如下快捷方式调用图 8-1 中的选项。

(1) 在 TSO 命令栏下,输入 RMF PP 调用 Postprocessor。

(2) 在 TSO 命令栏下,输入 RMF MON2 调用 Monitor Ⅱ。

(3) 在 TSO 命令栏下,输入 RMF MON3 调用 Monitor Ⅲ。

(4) 在 TSO 命令栏下,输入 RMF UTIL 调用 Monitor Ⅲ的实用程序(Utility)。

这里主要讲解第(1)种和第(3)种方式,这两种也是在工作中比较典型和具有代表性的。

8.3.1 交互式的性能分析

使用 Monitor Ⅲ可以进行交互式的性能分析。在 RMF 的主面板上选择"3 Monitor Ⅲ"选项,即可进入 Monitor Ⅲ主面板,如图 8-2 所示。

```
                        RMF Monitor III Primary Menu                    z/OS V1R8 RMF
Selection ===>

Enter selection number or command on selection line.


  S SYSPLEX        Sysplex reports and Data Index                    (SP)
  1 OVERVIEW       WFEX, SYSINFO, and Detail reports                 (OV)
  2 JOBS           All information about job delays                  (JS)
  3 RESOURCE       Processor, Device, Enqueue, and Storage           (RS)
  4 SUBS           Subsystem information for HSM, JES, and XCF       (SUB)

  U USER           User-written reports (add your own ...)           (US)


                   O OPTIONS    T TUTORIAL    X EXIT

      5694-A01 (C) Copyright IBM Corp. 1986, 2006. All Rights Reserved
                   Licensed Materials - Property of IBM
```

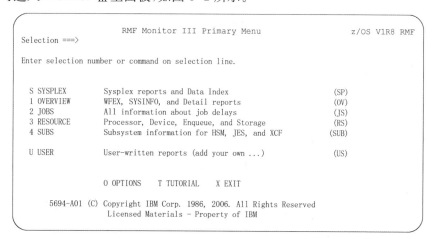

图 8-2 Monitor Ⅲ主面板

在这个面板上，用户可以告诉 RMF 以下内容。

(1) 用户想查看哪些报告。

(2) 用户想如何查看这些报告。

(3) 查看一个系统的报告还是系统综合体 Sysplex 的报告。

选择面板中的第一个选项“S Sysplex”可以查看 Sysplex 报告，其下的四个选项都是单个系统的。

另外，选择选项 U 或者 USER，则可以进入一个“用户编写报告”面板，在此面板中，IBM 提供了三个样例报告模板，用户可以使用这个面板来提供符合特殊格式要求的 RMF 报告。

1. Sysplex 报告

进入 Sysplex 报告选择面板，如图 8-3 所示。报告展示的都是整个 Sysplex 的视图，不管用户从哪个系统中生成该报告，所有系统的数据都会通过 RMF Sysplex 数据服务器收集汇总到这个系统。

```
                     RMF Sysplex Report Selection Menu
Selection ===>

Enter selection number or command for desired report.


 Sysplex Reports
         1 SYSSUM    Sysplex performance summary              (SUM)
         2 SYSRTD    Response time distribution               (RTD)
         3 SYSWKM    Work Manager delays                      (WKM)
         4 SYSENQ    Sysplex-wide Enqueue delays               (ES)
         5 CFOVER    Coupling Facility overview                (CO)
         6 CFSYS     Coupling Facility systems                 (CS)
         7 CFACT     Coupling Facility activity                (CA)
         8 CACHSUM   Cache summary                            (CAS)
         9 CACHDET   Cache detail                             (CAD)
        10 RLSSC     VSAM RLS activity by storage class       (RLS)
        11 RLSDS     VSAM RLS activity by data set            (RLD)
        12 RLSLRU    VSAM LRU overview                        (RLL)

 Data Index
         D DSINDEX   Data index                                (DI)
```

图 8-3 Sysplex 报告选择面板

2. Overview 报告

进入 Overview 报告选择面板，如图 8-4 所示。使用此面板可以产生各类基本报告和细节报告。

3. Jobs 报告

进入 Job 报告选择面板，如图 8-5 所示。此面板上显示了作业的延迟报告，使用此面板可以选择用户想分析的作业及用户所关注的延迟。

将鼠标放置 Jobname 输入栏上，按“回车”键，将显示“RMF Job Report Options”面板，如图 8-6 所示。这类报告显示作业的延迟情况，比如资源等待引起的延迟、子系统原因引起的延迟、等待操作者或者设备等待引起的延迟等。

```
                    RMF Overview Report Selection Menu
Selection ===>

Enter selection number or command for desired report.


 Basic Reports
          1 WFEX     Workflow/Exceptions                         (WE)
          2 SYSINFO  System information                          (SI)
          3 CPC      CPC capacity


 Detail Reports
          4 DELAY    Delays                                      (DLY)
          5 GROUP    Group response time breakdown               (RT)
          6 ENCLAVE  Enclave resource consumption and delays     (ENCL)
          7 OPD      OMVS process data
          8 ZFSSUM   zFS summary                                 (ZFSS)
          9 ZFSACT   zFS activity                                (ZFSA)
         10 SPACEG   Storage space                               (SPG)
         11 SPACED   Disk space                                  (SPD)
```

图 8-4　Overview 报告选择面板

```
                     RMF Job Report Selection Menu
Selection ===>

Enter selection number or command and jobname for desired job report.

  Jobname ===> ________

  1 DEVJ            Delay caused by devices                       (DVJ)
 1A DSNJ            .. Data set level                             (DSJ)
  2 ENQJ            Delay caused by ENQ                           (EJ)
  3 HSMJ            Delay caused by HSM                           (HJ)
  4 JESJ            Delay caused by JES                           (JJ)
  5 JOB             Delay caused by primary reason             (DELAYJ)
  6 MNTJ            Delay caused by volume mount                  (MTJ)
  7 MSGJ            Delay caused by operator reply                (MSJ)
  8 PROCJ           Delay caused by processor                     (PJ)
  9 QSCJ            Delay caused by QUIESCE via RESET command     (QJ)
 10 STORJ           Delay caused by storage                       (SJ)
 11 XCFJ            Delay caused by XCF                           (XJ)

These reports can also be selected by placing the cursor on the
corresponding delay reason column of the DELAY or JOB reports and
pressing ENTER or by using the commands from any panel.
```

图 8-5　Job 报告选择面板

```
                          RMF Job Report Options
Command ===>                                            Scroll ===> CSR

Change or verify parameters for all job reports. To exit press END.

   Jobname ===>              Name of job to be reported

                               Available Jobs
```

图 8-6　RMF Job Report Options 面板

4. 其他报告

通过 Monitor Ⅲ主面板上的 Resource 和 Subsystem 选项，分别可以获得系统资源和 XCF，JES 等子系统的运行情况。

8.3.2 Postprocessor 的使用

Postprocessor 可以通过 RMF 面板调用，也可以直接用 JCL 提交，JCL 作业所调用的实用程序是 ERBRMFPP。该实用程序不可以直接读 SMF 所存放的 SYS1.MAN 数据集，也不可以直接访问 LOGSTREAM。因此，如果 Postprocessor 所访问的 SMF 数据来源不是系统综合体数据服务缓存区（Sysplex Data Server Buffers），则必须将 SMF 数据集先转储出来，然后才能供 ERBRMFPP 访问。DUMP 作业示例如下：

```
//STEP1     EXEC  PGM= IFASMFDL
//OUTDD1 DD DSN=E483435.SMF.DATA,DISP= (NEW,CATLG,DELETE)
//          UNIT=3390,DATACLAS=CLASSA,
//      SPACE= (CYL, (50,20) ,RLSE) ,
//      DCB= (LRECL=32760,RECFM=VBS,BLKSIZE=0)
//SYSPRINT DD  SYSOUT=A
//SYSIN    DD  *
 LSNAME (IFASMF.SYSA.RMF,OPTIONS (ALL))
 OUTDD (OUTDD1,TYPE (70:79) ,START (0900) ,END (2330))
 DATE (2009001,2009005)
 SID (SYSA)
/*
```

该例中，SMF 数据存放在 IFASMF.SYSA.RMF 里，它是一个 LOGSTREAM。转储得出的数据储存在数据集 E483435.SMF.DATA 里。转储的 SMF 数据从 70 到 79，也就是所有 RMF 数据，数据搜集的范围是 SYSA 系统从 2009 年第 1 天到第 5 天的每天 9:00—23:30。

需要注意的是，转储 LOGSTREAM 和 SMF 数据集使用的实用程序是不同的。转储 LOGSTREAM 使用的实用程序是 IFASMFDL，而转储 SYS1.MAN1 这样的数据集需要实用程序 IFASMFDP。

转储完之后，就可以调用 ERBRMFPP 程序生成报告，示例如下：

```
//RMFPP  EXEC PGM=ERBRMFPP,REGION=0M,PARM='HEAP (FREE) '
//MFPINPUT DD   DISP=SHR,DSN=E483435.SMF.DATA
//PPRPTS   DD   DISP=MOD,DSN=E483435.REPORT1.LISTING
//SYSPRINT DD   SYSOUT=*
//SYSIN    DD   *
  DATE (01012009,01052009)
  RTOD (0000,2400)
  ETOD (0000,2400)
  STOD (0000,2400)
  DINTV (0060)
  REPORTS (CACHE (SUBSYS))
  SYSRPTS (CF)
  REPORTS (DEVICE (DASD))
  REPORTS (CPU)
  SUMMARY (INT)
  SYSRPTS (WLMGL (SCPER,WGROUP,POLICY,SCLASS))
  REPORTS (XCF)
  SYSOUT (H)
```

该例中，将 E483435.SMF.DATA 2009 年 1 月 1 日—1 月 5 日的数据全部生成报告，报告的时间间隔是 60 min。报告中包括了子系统，CF，XCF，CPU，WLM，DASD 以及 SUMMARY 报告。报告存放在顺序数据集 E483435.REPORT1.LISTING 中。该文件的部分内容格式如下，在此展示的是 SUMMARY 报告这一部分：

```
                              R M F   S U M M A R Y
          z/OS  V1R9                SYSTEM ID DLA1           START 1
                                  RPT VERSION V1R9 RMF      END   1
NUMBER OF INTERVALS 32
DATE   TIME     INT   CPU   DASD  DASD   JOB   JOB   TSO   TSO   STC
MM/DD HH.MM.SS MM.SS BUSY  RESP  RATE   MAX   AVE   MAX   AVE   MAX
10/29 09.00.00 15.00  1.1   0.6 282.7    1     0    28    23   164
10/29 09.15.00 15.00  2.0   0.5  1129    2     1    41    34   164
10/29 09.30.00 14.59  1.6   0.7 366.4    2     0    47    43   164
10/29 09.45.00 15.00  1.4   0.7 222.6    1     0    53    51   164
10/29 10.00.00 14.59  1.4   0.8 199.7    1     0    57    54   164
10/29 10.15.00 15.00  1.5   1.5 337.8    1     0    53    52   164
10/29 10.30.00 15.00  1.9   0.8 400.5    3     1    56    53   164
10/29 10.45.00 15.00  1.8   0.7 452.0    3     1    55    53   164
10/29 11.00.00 14.59  2.1   0.5 848.3    3     1    52    51   165
```

可以手动编写上例作业，也可以通过 RMF 面板生成。具体操作如下。

进入 RMF 面板 TSO RMF，选择“1”，进入 Postprocessor 界面，如图 8-7 所示。设置相关参数，“Output Data”和“Edit generated JCL”都填 YES。

```
                          RMF - Postprocessor Setup

   Input Data          ===> DATASET   DATASET or SDS  (Sysplex Data Server Buffers)

   Output  Data         ===> YES       YES  or  NO  (NO to route output to SYSOUT)

   Report  Profile       ===> ________________________________________

   Edit generated JCL ===> YES        YES  or  NO



   Job Statement Information:
    ===> //REPORT01    JOB  (ACCOUNT) ,'PGMRNAME',CLASS=A,REGION=32M
    ===> //*
    ===> //*
    ===> //*

   Complete this panel and press ENTER to continue, or END to exit.
  Command ===>
```

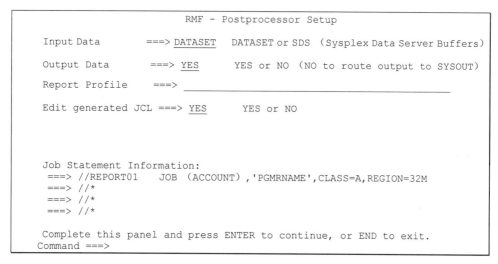

图 8-7　Postprocessor 面板 1

按“回车”键，然后填写 SMF 数据集输入源，注意，输入源必须是顺序数据集，如图 8-8 所示。

```
                        RMF - Postprocessor Input

   SMF Data Sets          ===> 'E483435.SMF.DATA'
                        ===>
                        ===>
                        ===>
                        ===>
                        ===>
                        ===>
                        ===>
                        ===>
                        ===>
                        ===>
                        ===>
                        ===>
                        ===>

   Sort Input Data        ===> YES      YES or NO
```

图 8-8　Postprocessor 面板 2

按"回车"键，然后填写报告输出数据集，如图 8-9 所示。

```
                         RMF - Postprocessor Output

  Overview record data set:

        DD-Name            Data Set Name

   ===> PPOVWREC     ===> 'E483435.OVW.LISTING'

  Report and message data sets:

   ===> PROGP001     ===> 'E483435.MSG.LISTING'
   ===> ________     ===>
   ===> ________     ===>
   ===> ________     ===>
   ===> ________     ===>
   ===> ________     ===>
   ===> ________     ===>
```

图 8-9　Postprocessor 面板 3

按"回车"键，然后设置相关参数，如图 8-10 所示。

```
                       RMF - Postprocessor Options

 Reporting  (DATE)  Start ===> ____. ___     End ===> ____.____      yy.ddd
                 or Start ===> 05 / 26 / 1999 End ===> 12 / 21 / 2012 mm/dd/yyyy
 Duration   (DINTV)       ===> __ :__
 Plot      (PINTV)       ===> __ :__

 Exception  (ETOD)  Start ===> 00 : 00      End ===> 24 : 00  hh:mm
 Plot      (PTOD)  Start ===> 00 : 00      End ===> 24 : 00  hh:mm
 Interval   (RTOD)  Start ===> 00 : 00      End ===> 24 : 00  hh:mm
 Summary    (STOD)  Start ===> 00 : 00      End ===> 24 : 00  hh:mm

 Summary    (SUMMARY)     ===> INT,TOT      NO, INT, TOT, or TOT,INT
 Overview   (OVERVIEW)    ===> ____________  RECORD, REPORT (or both)

 DELTA     ===> NO_  YES or NO    MAXPLEN   ===> 050  Max no. plotted lines
 EXITS     ===> NO_  YES or NO    SESSION   ===> __   Session ID Monitor II
 SYSOUT    ===> A    Sysout Class  SYSID     ===> ____ System identifier
```

图 8-10　Postprocessor 面板 4

按“回车”键后，用户可以看到系统自动生成的 JCL 作业，确认无误后，通过 SUBMIT 命令可以提交此作业。

8.3.3 RMF 报告制图

在实际工作中，由于 RMF 数据量大，工作人员不可能一直通过读顺序数据集的形式来持久地检测系统性能。因此，如 SAS, OMEGAMON, RMF Spreadsheet Reporter(免费)等产品，可以将 RMF 数据进行搜集整理，然后制成图表，便于系统程序员的工作。

1. 自动制图

RMF Spreadsheet Reporter 能够使用收集到的 RMF 数据生成图表，用图表的形式分析系统的性能，从而能够更直观地看到性能数据随时间的变化，更易于理解。

RMF Spreadsheet Reporter 具有以下特点：

- 易使用，提供图形界面就像使用浏览器一样简便。
- 快速生成图表。
- 批量模式，不需要图形界面交互就能够生成电子图表所需的数据。

图 8-11 是 RMF Spreadsheet Reporter 所生成的一个图形报告。

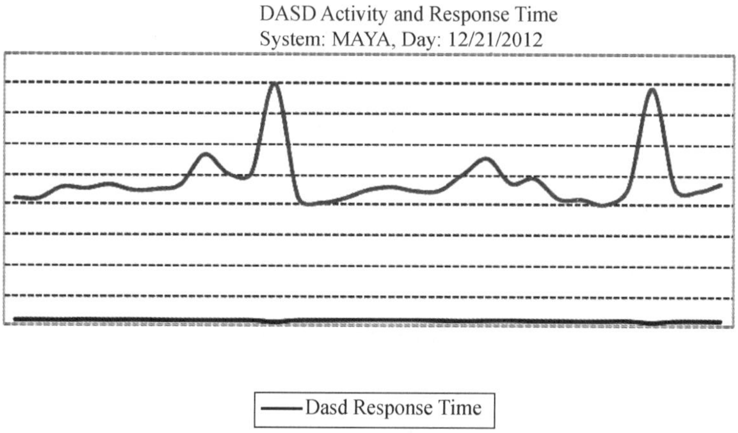

图 8-11　RMF Spreadsheet Reporter 生成的图形报告

由于 SAS, OMEGAMON 都是收费软件，很多人无法进行练习，因此可以在 IBM 网站下载免费的 Spreadsheet Reporter 进行练习。Spreadsheet Reporter 的大致使用方法如下。

首先，在客户端上安装，可以从系统 SYS1.SERBPWSV 库中下载，也可以从 IBM 网站下载较新版本。然后，定义系统(需要提供 TSO 的 id 和密码)、定义相关远程和本地资源存放位置以及定义 SMF 转储数据集。通过 SMF 转储数据集生成 LISTING 文件。最后，通过 LISTING 文件生成 WORKING SET。使用 Spreadsheet Reporter 提供的 Excel 模板调用 WORKING SET，就可以生成图形。

Spreadsheet Reporter 提供 16 种报告模板，全部是 Excel 格式。这些模板包括了 DASD,SUMMARY,CHANNEL 等报告。但是这些功能仍然不足以满足全部的工作需要，比如这 16 个模板不能直接生成长期(超过 1 d)的 CPU 活动报告。因此，有些时候，需要程序员手动制图。

2. 手动制图

手动制图需要程序员自己编写程序，将 LISTING 文件中需要的数据提取出来，再将这些数据粘贴到 Excel 中来制图。所编写的程序，可以是 REXX 程序，这样可以在主机上进行数据的整理；也可以是更普遍使用的 C++或者 JAVA，这样就需要将 LISTING 文件下载到本地，在客户端进行数据的处理。

[例] 当 POSTPROCESSOR 中设定 REPORTS(CPU)之后，将会生成 CPU 报告，报告分为 CPU ACIVITY 和 PARTITION DATA REPORT 两部分。二者的内容很多，包括了 CPU BUSY 值、系统地址空间分析、LPAR 的 CPU 权重(WEIGHT)等，如图 8-12 和图 8-13 所示。

```
1                                              C P U   A C T I V I T Y
                                                                                                                    PAGE    1
           z/OS V1R9               SYSTEM ID WD22           START 10/13/2009-11.30.00  INTERVAL 000.15.00
                                   RPT VERSION V1R9 RMF     END   10/13/2009-11.45.00  CYCLE 1.000 SECONDS
-CPU  2094   MODEL  706   H/W MODEL  S28  SEQUENCE CODE 00000000011BBB    HIPERDISPATCH=N/A
0---CPU---     --------------- TIME % ---------------      LOG PROC      --I/O INTERRUPTS--
 NUM  TYPE     ONLINE    LPAR BUSY    MVS BUSY   PARKED     SHARE %       RATE    % VIA TPI
  0    CP      100.00     1.44         1.89      ------      21.2         43.31     0.92
  1    CP      100.00     1.46         1.85      ------      21.2         45.07     0.85
  2    CP      100.00     1.36         1.80      ------      21.2         49.81     0.99
  3    CP      100.00     1.28         1.54      ------      21.2         49.29     0.92
  4    CP      100.00     1.23         1.51      ------      21.2         57.78     0.84
 TOTAL/AVERAGE            1.35         1.72                 106.0        245.3      0.90
-
 SYSTEM ADDRESS SPACE ANALYSIS         SAMPLES =    900
0  ---------NUMBER OF ADDRESS SPACES---------   -----------------------DISTRIBUTION OF IN-READY QUEUE-----------------------
0  QUEUE TYPES          MIN      MAX      AVG    NUMBER OF              0    10   20   30   40   50   60   70   80   90   100
                                                 ADDR SPACES    (%)     |....|....|....|....|....|....|....|....|....|....|
   IN                    69       72     69.6
   IN READY               1       15      1.3   <=  N           98.6    >>>>>>>>>>>>>>>>>>>>>>>>>>>>>>>>>>>>>>>>>>>>>>>>>>>>
                                                 =  N +  1       0.5    >
   OUT READY              0        0      0.0    =  N +  2       0.1    >
   OUT WAIT               0        0      0.0    =  N +  3       0.1    >
                                                <=  N +  5       0.4    >
   LOGICAL OUT RDY        0        0      0.0   <=  N + 10       0.1    >
   LOGICAL OUT WAIT     101      103    102.5   <=  N + 15       0.0
                                                <=  N + 20       0.0
   ADDRESS SPACE TYPES                          <=  N + 30       0.0
                                                <=  N + 40       0.0
   BATCH                  0        1      0.0   <=  N + 60       0.0
   STC                  169      171    170.1   <=  N + 80       0.0
   TSO                    0        0      0.0   >   N + 80       0.0
   ASCH                   0        0      0.0
   OMVS                   2        2      2.0   N = NUMBER OF PROCESSORS ONLINE  (5.0 ON AVG)
-BLOCKED WORKLOAD ANALYSIS
0  OPT PARAMETERS: BLWLTRPCT (%)    0.5     PROMOTE RATE:  DEFINED        10     WAITERS FOR PROMOTE:  AVG     0.000
                   BLWLINTHD         20                    USED (%)        0                           PEAK        0
```

图 8-12 RMF 的 CPU ACIVITY 报告

```
1                                          P A R T I T I O N   D A T A   R E P O R T
                                                                                                                     PAGE    2
           z/OS V1R9               SYSTEM ID WD22           START 10/13/2009-11.30.00  INTERVAL 000.15.00
                                   RPT VERSION V1R9 RMF     END   10/13/2009-11.45.00  CYCLE 1.000 SECONDS
-
 MVS PARTITION NAME                 SD0211       NUMBER OF PHYSICAL PROCESSORS        9               GROUP NAME      N/A
 IMAGE CAPACITY                         74                 CP                         6               LIMIT           N/A
 NUMBER OF CONFIGURED PARTITIONS        20                 AAP                        0
 WAIT COMPLETION                        NO                 IFL                        0
 DISPATCH INTERVAL                 DYNAMIC                 ICF                        3
                                                           IIP                        0
-
 --------- PARTITION DATA -----------------  -- LOGICAL PARTITION PROCESSOR DATA --  -- AVERAGE PROCESSOR UTILIZATION PERCENTAGES --
0                    ----MSU----  -CAPPING--  PROCESSOR-  ----DISPATCH TIME DATA----  LOGICAL PROCESSORS  --- PHYSICAL PROCESSORS ---
 NAME      S   WGT  DEF     ACT  DEF   WLM%  NUM   TYPE   EFFECTIVE     TOTAL         EFFECTIVE   TOTAL  LPAR MGMT  EFFECTIVE  TOTAL
0SD0211    A   450    0       5  YES    0.0    5   CP     00.01.12.915  00.01.00.955       1.62    1.35     ****       1.35    1.13
 SD020A    A   100    0       1  YES    0.0    6   CP     00.00.11.991  00.00.12.667       0.22    0.23     0.01       0.22    0.23
 SD020B    A   100    0       1  YES    0.0    5   CP     00.00.13.028  00.00.13.737       0.29    0.31     0.01       0.24    0.25
 SD0201    A   100    0       4  NO     0.0    5   CP     00.00.58.163  00.00.56.153       1.29    1.25     ****       1.08    1.04
 SD0202    A    50    0       4  NO     0.0    5   CP     00.00.52.941  00.00.52.941       1.18    1.18     0.00       0.98    0.98
 SD0204    A   350    0      20  NO     0.0    5   CP     00.04.19.862  00.04.21.404       5.77    5.81     0.03       4.81    4.84
 SD0205    A   100    0       4  NO     0.0    5   CP     00.00.54.182  00.00.55.513       1.20    1.23     0.02       1.00    1.03
 SD0206    A   350    0     151  NO     0.0    5   CP     00.32.06.941  00.32.08.477      42.82   42.85     0.03      35.68   35.71
 SD0208    A   100    0       1  NO     0.0    5   CP     00.00.12.208  00.00.12.970       0.27    0.29     0.01       0.23    0.24
 SD0209    A   400    0      11  NO     0.0    6   CP     00.02.13.828  00.02.17.783       2.48    2.55     0.07       2.48    2.55
 SD0212    A   100    0       2  YES    0.0    5   CP     00.00.27.490  00.00.28.260       0.61    0.63     0.01       0.51    0.52
 SD0213    A   100    0       2  YES    0.0    5   CP     00.00.26.868  00.00.27.636       0.60    0.61     0.01       0.50    0.51
 SD0214    A   250    0       3  YES    0.0    5   CP     00.01.04.386  00.00.42.982       1.43    0.96     ****       1.19    0.80
 *PHYSICAL*                                                             00.00.46.646                         0.86               0.86
                                                          ------------  ------------                        ------     ------  ------
  TOTAL                                                   00.45.14.808  00.45.38.132                         1.09      50.27   50.71
-
 SD02C1    A   DED                             1   ICF    00.14.59.879  00.14.59.904      99.99   99.99     0.00      33.33   33.33
 SD02C2    A   DED                             1   ICF    00.14.59.980  00.15.00.004      100.0   100.0     0.00      33.33   33.33
 SD02C4    A   DED                             1   ICF    00.14.59.699  00.14.59.703      99.97   99.97     0.00      33.32   33.32
 *PHYSICAL*                                                             00.00.00.067                         0.00                0.00
                                                          ------------  ------------                        ------     ------  ------
  TOTAL                                                   00.44.59.559  00.44.59.679                         0.00      99.98   99.99
```

图 8-13 RMF 的 PARTITION DATA REPORT 报告

为了将 CPU 报告里的 LPAR BUSY 和 MVS BUSY 数据提取出来，编写一段 REXX 代码如下(关于 REXX 的语法和使用，可以查看 IBM 红皮书 *z/OS TSO/E REXX Reference*)：

```
/* REXX */
"EXECIO  *  DISKR  INPUT  (FINIS STEM INPUT."
K=1
DROP OUTLINE.
DO I = 1 TO INPUT.0
   /*FIND CPU FLAG */
   IPOS = INDEX(INPUT.I,"TOTAL/AVERAGE        ")
   IF(IPOS > 5 | IPOS == 0) THEN ITERATE
   LPARBUSY = SUBSTR(INPUT.I,25,5)
   MVSBUSY  = SUBSTR(INPUT.I,38,5)
   /* GET SYSTEM NAME  AND START TIME*/
   DO J = I-1 TO 0  BY -1
      IPOS = INDEX( INPUT.J,"z/OS V1R9              SYSTEM ID",10)
      IF(IPOS >0) THEN
      DO
          SYSNAME = SUBSTR(INPUT.J,IPOS+35,4)
          TPOS = INDEX(INPUT.J,"START")
          STARTTIME = SUBSTR(INPUT.J,TPOS+6,19)
          TIME1 = SUBSTR(STARTTIME,12,8)
          strDate = substr (starttime,1,10)
          strTime = substr (starttime,12,8)
          LEAVE
      END
   END
   STRHOUR = SUBSTR(TIME1,1,2)
   IF ( (STRHOUR >= 9 & STRHOUR <=10) | (STRHOUR >=13 & STRHOUR <=16))
   THEN
   DO
     OUTLINE.K = SYSNAME" "STARTTIME" "strDate
     OUTLINE.K = outline.k" "strTime" "lparbusy" "mvsbusy
     SAY OUTLINE.K
     K= K+1
   END
END

"EXECIO * DISKW OUTPUT  (STEM OUTLINE."
```

REXX 程序可以通过 JCL 进行调用，下例 JCL 可以作为参考：

```
//FMTCHP1D JOB A,CLASS=A,MSGCLASS=X,MSGLEVEL= (1,1) ,NOTIFY=E483435
//FORMAT    EXEC PGM=IKJEFT01,DYNAMNBR=30,REGION=0M
//SYSEXEC   DD   DSN=E483435.$MY.REXX,DISP=SHR
//SYSTSPRT  DD   SYSOUT=*
//SYSTSIN   DD   *
%EXECCPU
//INPUT    DD DISP=SHR,DSN=E483435.CPU.LISTING
//OUTPUT    DD DISP=SHR,DSN=E483435.CPU.OUTPUT
```

该例中，REXX 代码存放在 E483435. $ MY.REXX 的 MEMBER 里，MEMBER 名字为 EXECCPU。最终，生成的文件是一个顺序数据集，内容格式如下：

```
SYSA 07/08/2009-09.00.00 07/08/2009 09.00.00 11.09 35.90
SYSA 07/08/2009-10.00.00 07/08/2009 10.00.00 16.66 62.63
SYSA 07/08/2009-13.00.00 07/08/2009 13.00.00 11.15 19.02
SYSA 07/08/2009-14.00.00 07/08/2009 14.00.00 12.11 24.31
SYSA 07/08/2009-15.00.00 07/08/2009 15.00.00 13.11 39.41
SYSA 07/08/2009-16.00.00 07/08/2009 16.00.00 15.74 51.68
SYSA 07/09/2009-09.00.00 07/09/2009 09.00.00 12.48 26.65
SYSA 07/09/2009-10.00.00 07/09/2009 10.00.00 14.85 36.43
SYSA 07/09/2009-13.00.00 07/09/2009 13.00.00 14.42 50.84
SYSA 07/09/2009-14.00.00 07/09/2009 14.00.00 12.26 27.56
SYSA 07/09/2009-15.00.00 07/09/2009 15.00.00 11.26 23.20
SYSA 07/09/2009-16.00.00 07/09/2009 16.00.00 15.28 58.98
SYSA 07/10/2009-09.00.00 07/10/2009 09.00.00  9.28 18.04
```

将以上的数据粘贴到 Excel，使用 Excel 自带的制图工具，就可以生成类似图 8-14 的图表。用同样的方法，还可以制作通道的使用率走势图、内存框的使用率走势图等。

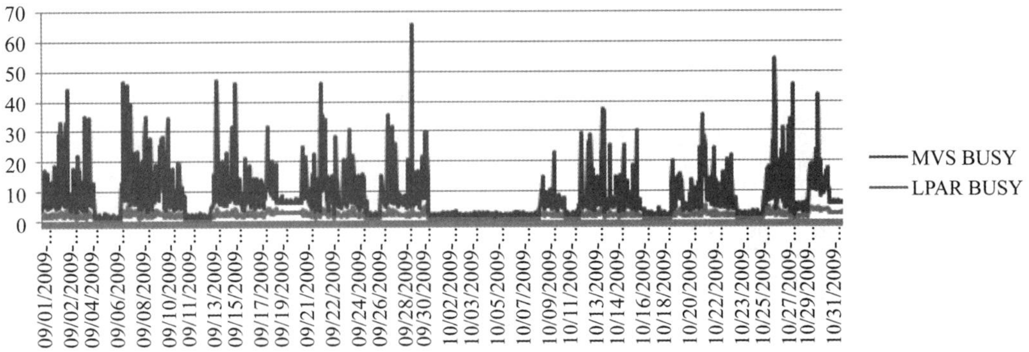

图 8-14　从 Excel 生成图表

8.4　性能管理

RMF 为用户提供了很多方式监测系统的性能，本节主要告诉用户在什么情况下应该选用哪一种方式查看系统性能，以及如何使用选定的方式查看。

很多情况下，RMF 都可以帮助用户进行系统性能管理，用户不需要等到系统真出问题时再行动。有了 RMF，用户可以通过 RMF 提供的数据查看和验证系统是否运行正常，或者决策一个好的时机进行性能调优。

8.4.1　性能监控

性能监控有四方面的任务，包括观测性能目标、观测响应时间、监控吞吐量以及观测系统瓶颈及异常情况。

1. 观测性能目标

对于性能目标，RMF 提供以下两类报告。

(1) Monitor Ⅲ的 Sysplex 总结报告

该报告显示了系统中所有活动的工作负载的性能值。用户通过“Performance Status”一栏可以容易地观察到 Sysplex 的性能，只要连续监控是激活的(在 GO 模式)，用户还能够看到过去 2 h 内的性能历史情况。

(2) Postprocessor 的工作负载活动报告(Workload Activity Report)

该报告不仅可以显示系统的性能目标，也能够显示不同层面的详细信息。用户可以根据自己的需要选择相应级别的信息。

2. 观测响应时间

在某些情况下，用户需要观测系统响应时间，比如需达到用户基本响应时间定义的服务等级协议要求，或者接到响应时间过长的抱怨。在这些情况下，用户可以使用如下几种报告。

(1) Monitor Ⅲ的 Sysplex 总结报告:该报告显示平均响应时间。

(2) Monitor Ⅲ的响应时间分布报告:该报告能够显示个体的更多信息,包括响应时间分布图。

(3) Monitor Ⅲ的系统信息报告:该报告显示某一个系统的详细相应时间情况。

(4) Monitor Ⅲ的组响应时间报告:该报告为组显示更多信息。比如上面看到的平均响应时间会分为使用时间和延迟时间。用户可以看到有什么时间这组地址空间在使用系统资源,什么时间这组地址空间在等待系统资源。

(5) Postprocessor 的工作负载活动报告。

3. 监控吞吐量

用户可以从以下报告中得到系统吞吐量的信息。

(1) Monitor Ⅱ的地址空间 SRM 数据报告。

(2) Monitor Ⅲ的报告。

(3) Postprocessor 的报告。

4. 观测系统瓶颈及异常情况

用户可以通过两种途径观测系统性能:通过查看指标来查验系统性能,这些指标包括性能目标,性能指标,工作流或者响应时间;查看异常(Exceptions)或延迟(Delays),通过 Monitor Ⅲ可以看到最全面的信息。相关的报告有以下几种。

(1) Monitor Ⅲ的 Workflow/Exceptions 报告。

(2) Postprocessor 的 Exception 和 Overview 报告。

(3) Monitor Ⅲ的系统信息报告。

(4) RMF PM - PerfDesks 报告。

其中,Postprocessor 运行得到的结果可以通过 Spreadsheet Reporter 生成工作负载活动趋势报告(Workload Activity Trend Report),可以很清楚地显示哪些任务没有达到期望值,从而加以改进。

8.4.2　性能分析

性能分析必须有一定的考核标准,比如内存使用率上限,长时间突破这一上限意味着性能不合格。该标准一般在服务方和客户之间签订的服务等级协议(Service Level Agreement,SLA)中指定。每个 SLA 不尽相同,有些公司进行内部系统维护,则可能不存在 SLA。但是一般来说,性能分析的工作都有一些共同点。这里将阐述一些主要的注意事项。

性能分析需要考虑到很多方面,主要包括 CPU、通道、内存、磁盘和负载等。

1. CPU 性能分析

CPU 需要注意系统是否存在"Short Engine"CPU 资源短缺,以及 CPU 是否得到充分利用。

CPU 资源短缺可以通过观察 CPU 报告中 MVS BUSY 和 LPAR BUSY 的比值来发现。

当MVS BUSY值与LPAR BUSY的比值超过1.1时，就可以认为存在一定程度的CPU短缺；而超过1.2时，可以认为CPU短缺非常严重。通常，造成“Short Engine”的原因是LPAR的权重或LPAR分配的逻辑CP数量过多。此外，对于In-Ready队列来讲，一般可接受的范围是处理器数量的2～3倍。一个高于此指标的数值则表示可能对CPU处理能力存在潜在的需求。因此，观察报告中In-Ready队列也是分析CPU性能的依据。在检查是否有短缺的同时，还要检查是否存在CPU资源浪费。

2. 通道性能分析

主机的通道主要有FICON，ESCON和其他一些通道，比如OSA-Express Gigabit Ethernet。每种通道的特性都不一样。对于OSA来说，即使通道的使用率接近100%，也不会造成性能下降。而对于FICON和ESCON来说，可以检查CHANNEL报告中的TOTAL和BUS的最大值，如果其中任何一个的数值超过50%，则表示通道被过度使用。

3. 内存性能分析

内存的单位是Frame，观察报告中已经使用的Frame数量和总Frame数量的对比，可以获得内存的使用率。如果获得的数据不具有说服力，还可以通过分析系统PAGING情况和内存报告中的UIC值来得知内存是否足够。UIC表示内存中的页面未被访问到的时间间隔计数值，此值越大，应用程序对内存的争夺就越少，内存中的页面频繁被访问的可能性就越低，表示内存资源越充足。PAGING的活动情况可以观察PAGING REPORT中的“PAGE MOVEMENT WITHIN CENTRAL STORAGE”，一般认为该值不高于100就可以接受。

4. 硬盘性能分析

可以使用RMF SPREADSHEET REPORTER中的DASD报告模板来观察硬盘的活动情况。查看LCU和卷的响应时间，当响应时间大于5 ms时，可以认为该LCU或者卷的响应时间不理想。此外，还可以查看I/O强度(I/O Intensity)，该指标是活动率(Activity Rate)和响应时间(Response Time)的乘积，得出的结果可以理解为一个盘卷在1 s内有多长时间处于繁忙状态。该值比单纯的响应时间或活动率指标都更具指导意义。通常，建议I/O Intensity的指标不要超过250 ms/s。

除了DASD报告，CACHE SUBSYSTEM报告也可以反映一些信息。缓存子系统的命中率反映了磁盘的缓存命中率。缓存的命中率保持在92%以上，才能保证磁盘的高性能；如果低于该值，可以考虑进行性能调优。

5. 负载分析

RMF SPREADSHEET REPORTER自带了WORKLOAD报告模板，使用它可以查看哪些目标没有达标，进而通过查看延迟的原因，进行相应的调优。如果没有延迟而仍然不达标，说明负载的目标设置可能过高。

8.4.3 性能调优

性能调优的目的在于实现一个“平衡的系统”。一个系统有很多组件，比如处理器、通道、I/O 设备和不同类型的存储。所有的这些组件都参与到应用系统的执行过程中。为了得到最优的结果，用户需要确保这些组件有互为匹配的能力和容量。比如，用户不会为一个只有 4 个 DASD 设备的系统配备一个很强的处理器，因为如果用户如此配备，系统会因为受 I/O 处理的限制而不能发挥出处理器的功效。类似地，用户也不能为拥有 3 000 个 DASD 设备的系统配备一个很小的处理器。所以，系统需要平衡。

如果用户系统中的处理器出现瓶颈(长时间 100%的使用率及大量堆积作业)，多数情况下，用户除了要扩容处理器，还要增设 I/O 设备。

用户可以把系统调优看作平衡系统资源，通过以下几个步骤来完成调优的任务。

(1) 评估系统性能(比如通过响应时间)。

(2) 评估系统所有(或者关键)资源的使用情况。

(3) 应用容量规则(Capacity Rule)。

(4) 重新配置系统软硬件后评估系统性能。

(5) 如果满意，结束调优过程；如果不满意，继续按以上步骤调整系统资源的配置。

这个过程可能看似简单，实则很复杂。比如，对于"Short Engine"的情况，必须在 LPAR 之间进行 CPU 资源的重新划分，修改权重以及 CAPPING 设置。当 LCU 响应时间过长时，需要查看具体哪些卷性能不理想，分析具体原因(可能是该卷进行了批处理作业，或者是一些程序固定地使用该卷进行数据操作)，再决定是否有必要调优。某些卷的缓存命中率过低，可能并非是由于性能不佳，而恰恰是 I/O 量太少，从而导致 RMF 数据不具备统计学上的代表性。

这些工作，要求程序员具备丰富的系统知识和工作经验，并能够利用 IBM 手册获得相关的建议。因此，国外公司招聘主机性能分析师一般都要求长时间的工作经验。

8.5　SMF 及其数据集操作

介绍 RMF 时，SMF 数据被多次提及，RMF 报告的数据源于 SMF，因此 SMF 至关重要。

8.5.1　SMF 的概念

SMF 全称为 System Management Facility，是一个系统管理软件，它提供给主机产品一个例程，用来记录产品的状态或性能信息。它采用格式化的数据来收集信息，记录面向系统和面向作业的各类信息。面向系统的信息包括系统配置、页活动和工作负荷情况；面向作业的信息包括 CPU 时间、SYSOUT 活动以及对数据集的存取活动。SMF 的目的在于记录各个子系统的信息，但它只负责记录，数据本身由其他软件或者子系统提供，如 RMF，CICS，DB2 等。同样，它也不提供读和分析数据的功能，用户需要阅读所对应的软件手册来了解如何读取 SMF 数据。

SMF 所记录的格式化的数据又称为 SMF 数据。SMF 通过一个编号机制将数据分类，这些数据的编号被称为"类型"(0～120)，之前所说的 RMF 数据，就是其中的 70～79 类型。

很多类型的 SMF 数据还有子类型，比如类型 79 数据是 RMF Monitor Ⅱ记录的数据，其子类型 4 记录着分页活动(Paging Activity)。用语法表示这个类型，格式如下：

```
TYPE (79 (4))
```

8.5.2 SMF 的设置

PARMLIB 中 SMFPRMxx 成员有 SMF 的配置信息：

```
NOACTIVE
DSNAME (SYS1.MAN1,
      SYS1.MAN2,
      SYS1.MAN3)
SID (MVST,SYSNAME (&SYSNAME))
NOPROMPT                     /* DONT PROMPT OPERATOR      */
LISTDSN                      /* LIST DATA SET STATUS AT IPL*/
REC (PERM)                   /* TYPE 17 PERM RECORDS ONLY  */
MAXDORM (3000)               /* WRITE IDLE BUFFER AFTER 30M */
STATUS (010000)              /* WRITE SMF STATS AFTER 1H   */
JWT (0015)                   /* 522 AFTER 15 MINUTES       */
DDCONS (NO)                  /* DEFAULT TO YES            */
LASTDS (MSG)                 /* DEFAULT TO MESSAGE         */
NOBUFFS (MSG)                /* DEFAULT TO MESSAGE         */
```

该信息是 SMFPRMxx 成员的一部分内容。该成员的主要用途有：设置 SMF 数据存放位置、选择被记录的 SMF 数据类型以及一些记录 SMF 数据的选项。

SMFPRMxx 可以决定使用数据集还是 LOGSTREAM 来存储 SMF 数据，并且设定选择哪些类型的数据进行存储，而哪些丢弃不计。

如果 SMFPRMxx 指定 DSNAME 参数，SMF 数据被写入数据集；若是使用 LSNAME 参数(或者 DEFAULTLSNAME 参数)，则为 LOGSTREAM。另外，若二者都指定，则要看放置的顺序，系统将使用排序靠前者或者根据 RECORDING 参数的设置执行。示例如下：

```
NOACTIVE
DSNAME (SYS1.MAN1,
      SYS1.MAN2,
      SYS1.MAN3)
```

在该例中使用了 SDNAME 参数，因此系统会采用数据集记录 SMF 数据。但是由于 SMF 被设定为 NOACTIVE，因此 SMF 没有启用，要使用 SMF 就需要手动激活。

在 SMF 开始运行之后，系统管理员还可以使用 SETSMF RECORDING(DATASET | LOGSTREAM)命令进行数据集和 LOGSTREAM 之间的动态切换。

使用“D SMF”命令可以查看当前 SMF 真正的使用情况。命令结果如下：

```
D SMF
RESPONSE=DEMO
 IFA714I 16.13.58 SMF STATUS 553
          LOGSTREAM NAME              BUFFERS        STATUS
        A-IFASMF.DEFAULT                43631        CONNECTED
        A-IFASMF.PERF                   19777        CONNECTED
        A-IFASMF.CICS                   62844        CONNECTED
        A-IFASMF.RMF                    55808        CONNECTED
```

该结果中，系统正在使用的四个 LOGSTREAM，全部处于联机状态，并且从名字可以猜测，系统程序员根据 SMF 的数据种类将不同的数据存放到了不同的 LOGSTREAM 中。

根据系统的需要，某些 SMF 数据类型并不需要被记录。在本节开始的 SMFPRMxx 中，指定了 SID（MVST，SYSNAME（&SYSNAME））。因此，只有来自 MVST 和 &SYSNAME 这个 SYMBOL 所指定的系统的数据被记录。

［例 1］ 如果出于实际需要，系统不再记录 CICS 的 SMF 数据，可以在 SMFPRMxx 写入下面内容：

```
SYS (NOTYPE (110))
```

110 是 CICS 的 SMF 数据类型。修改参数文件后，系统管理员还需要运行“SET SMF=xx”系统命令，才能激活刚才的更改。

［例 2］ 如果选择 RMF 数据不予记录，则要按照如下格式修改：

```
SYS (NOTYPE (70:79))
```

这样，类型 70～79 的 RMF 数据会被放弃。

8.5.3 操作 SMF 数据集和 LOGSTREAM

SMF 数据集是一个 ESDS 类型的 VSAM 文件，使用 IDCAMS 可以定义它，示例作业如下：

```
//CREATE EXEC PGM=IDCAMS
//SYSPRINT DD SYSOUT=A
//SYSIN DD *
   DEFINE CLUSTER  (NAME (SYS1.MAN1)           +
                  VOLUME (xxxxxx)              +
                  NONINDEXED               +
                  CYLINDERS (nn)               +
                  REUSE                  +
                  RECORDSIZE (4086,32767)        +
                  SPANNED                  +
                  SPEED                  +
                  CONTROLINTERVALSIZE (nnnn)      +
                  SHAREOPTIONS (2))
/*
```

SMF 数据集定义完之后，需要初始化才能使用，可以使用 IFASMFDP 的 CLEAR 操作进行：

```
//FORMAT EXEC PGM=IFASMFDP
//SYSPRINT DD SYSOUT=A
//NEWDS DD DSN=SYS1.MAN1,DISP=SHR
//SYSIN DD *
   INDD (NEWDS,OPTIONS (CLEAR))
```

SMF 数据集需要定期转储。转储 SMF 数据有两种 Utility：IFASMFDL 和 IFASMFDP。IFASMFDL 可以用来将 SMF LOGSTREAM 导出，而 IFASMFDP 则用来导出 SMF 数据集，二者功能相同，但是处理对象不同。另外，IFASMFDL 工具没有 CLEAR 选项，不能用于删除 SMF 数据；而 IFASMDP 则包含 CLEAR 选项，可以在转储完数据之后，清空 SMF 数据集内容，从而可以将状态为“DUMP REQUIRED”的数据集重新初始化。

［例］ 对 SMF 数据集进行转储。

```
//TE25DSMF JOB A,CLASS=A,MSGCLASS=X,MSGLEVEL=(1,1),NOTIFY=TE25
//STEP      EXEC  PGM=IFASMFDP
//INDD1     DD    DSN=SYS1.MAN1,DISP=SHR
//OUTDD1    DD    DSN=TE25.SMF.DATA,DISP=SHR
//SYSPRINT  DD    SYSOUT=A
//SYSIN     DD    *
      INDD(INDD1,OPTIONS(DUMP))
      OUTDD(OUTDD1,TYPE(70:78))
      DATE(92002,92366)
/*
```

该例中，OPTIONS 可以填 DUMP，CLEAR 和 ALL。

(1) 选用转储将会直接把数据转储出来，不对数据集作其他处理。

(2) 选用 CLEAR 将会把 RMF 数据集(如上例中的 SYS1.MAN1)里的信息清除。

(3) 选用 ALL 将会先对数据进行 DUMP，然后再 CLEAR。

SMF 数据集有 ACTIVE，ALTERNATE 和 DUMP REQUIRED 三种状态。ACTIVE 是当前正在使用的数据集，SMF 数据正在写入。ALTERNATE 是备份数据集，当 ACTIVE 的数据集写满，数据就需要写到 ALTERNATE 数据集中，同时，ALTERNATE 数据集状态变为 ACTIVE，而之前 ACTIVE 的状态会变为 DUMP REQUIRED。只有将 DUMP REQUIRED 的数据集进行 CLEAR 之后，才可以重新变为 ACTIVE 或者 ALTERNATE。

［例］ 对 SMF LOGSTREAM 进行 DUMP。

```
//STEP1     EXEC  PGM=IFASMFDL
//STEPLIB DD  DSN=SYS1.LINKLIB,DISP=SHR
//OUTDD1 DD DSN=E483435.SMF.DATA.VSTOR,
//          DISP=(NEW,CATLG,DELETE),
//          UNIT=3390,DATACLAS=DCMV,
//     SPACE=(CYL,(50,20),RLSE),
//     DCB=(LRECL=32760,RECFM=VBS,BLKSIZE=0)
//SYSPRINT DD  SYSOUT=*
//SYSIN    DD  *
 LSNAME(IFASMF.PLEXWD2.RMF,OPTIONS(ALL))
 OUTDD(OUTDD1,TYPE(71,78),START(0900),END(1700))
 DATE(2009278,2009325)
/*
```

该例中，IFASMF.PLEXWD2.RMF 是一个 LOGSTREAM，该例将会把它的内容转储到 E483435.SMF.DATA.VSTOR 中。转储的内容是 2009 年第 278～325 天，每天 9：00—17：00 的 71 和 78 类型的 MF 数据。这两个数据类型包含了内存活动的 RMF 数据。例子中，OPTIONS 可以选择 ALL 和 DUMP，没有 CLEAR 选项。实际上，ALL 和 DUMP 在这里的效果是一样的，即使不写 OPTIONS 也一样。IFASMFDL 之所以保留这个参数，只是为了某些情况下改写代码比较方便。

如果使用数据集，则需要定期将数据 DUMP 出来，从而带来管理上的麻烦和一定的工作量。

LOGSTREAM 最大的优点在于使用方便，不用时刻检测是否需要转储。在用户看来，LOGSTREAM 就是没有容量限制的数据集，数据可以持续写入。

8.5.4　SMF 中的 RMF 数据

前文提到，RMF 所收集的数据是 70～79 的 SMF 数据。它们需要和其他 SMF 数据一起存放到特定的 SMF 数据集或者 SMF LOGSTREAM 当中。用命令 DISPLAY SMF 可以查看当前 SMF 数据存储的地方。下面的示例是命令 DISPLAY SMF 的执行结果，从中可以看出系统正在使用的是 SMF 数据集，名字分别为 SYS1.YXWX.MAN1，SYS1.YXWX.MAN2，和 SYS1.YXWX.MAN3，其中 SYS1.YXWX.MAN1 正在被写入数据：

```
RESPONSE=YXWX
 IEE974I 15.51.56 SMF DATA SETS 292
         NAME               VOLSER SIZE (BLKS)  %FULL  STATUS
        P-SYS1.YXWX.MAN1      ODCCS4    180000      0  ACTIVE
        S-SYS1.YXWX.MAN2      ODCCS5    180000      0  ALTERNATE
        S-SYS1.YXWX.MAN3      ODCCS6    180000      0  ALTERNATE
```

如果 RMF 数据没有被持续地存储在 SMF 数据集或者 SMF LOGSTREAM 中，那么，只能通过 RMF 面板获得短期的性能监控报告，而无法运行 POSTPROCESSOR 获得长期的性能分析报告。

8.6　系统资源监控案例

8.6.1　RMF PM 使用案例

RMF PM 全称为 RMF Performance Monitoring，它是一个客户端软件，可以生成实时报告，便于系统程序员随时查看系统当前的运行情况。如果使用 RMF PM，需要在主机上开启分布数据服务器(Distributed Data Server，DDS)。可通过激活多个 DDS 来监控多个 SYSPLEX，每个 SYSPLEX 需要激活一个 DDS。具体步骤如下。

(1) 启动分布数据服务器对应的地址空间 GPMSERVE；在控台输入命令 START GPMSERVE，MEMBER＝nn，其中 nn 缺省为 00，成员 GPMSRV00 存放在 PROCLIB 库中。

(2) 配置相关 TCP/IP 参数；若没有，则使用缺省参数。

(3) 查看当前活动 DDS 选项，在控台输入命令 MODIFY GPMSERVE，OPTIONS，如图 8-15 所示。

```
MODIFY GPMSERVE,OPTIONS
GPM061I  OPTIONS IN EFFECT:
GPM061I   CACHESLOTS(4)
GPM061I   DEBUG_LEVEL(0)
GPM061I   MAXSESSIONS_INET(5)
GPM061I   TIMEOUT(0)
GPM061I   SESSION_PORT(8801)
GPM061I   HTTP_PORT(8803)
GPM061I   MAXSESSIONS_HTTP(20)
GPM061I   DM_PORT(8802)
GPM061I   DM_ACCEPTHOST(*)
```

图 8-15　MODIFY 命令

(4) 从主机上下载 SYS1.SERBPWSV(GPMWINV2)或者从互联网上下载较新版本，并在 PC 机上安装 PM 客户端软件，之后配置登录选项，如图 8-16 所示。如果从主机上下载的话，需要选择 bin 模式，并在 PC 机上将其更名为 gpmwinv2.exe。

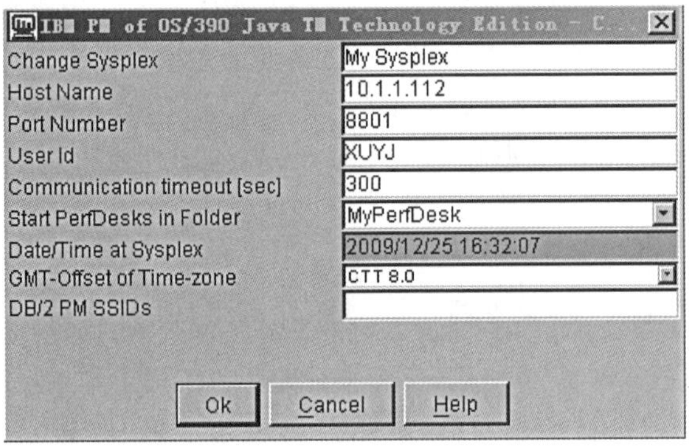

图 8-16　相应配置

(5) 连接成功后，选择要生成报告的视图，如图 8-17 所示。

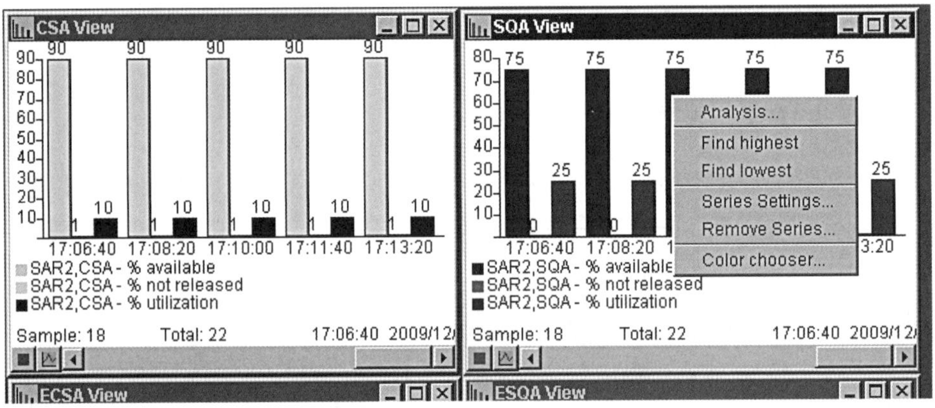

图 8-17　RMF PM 生成的报告

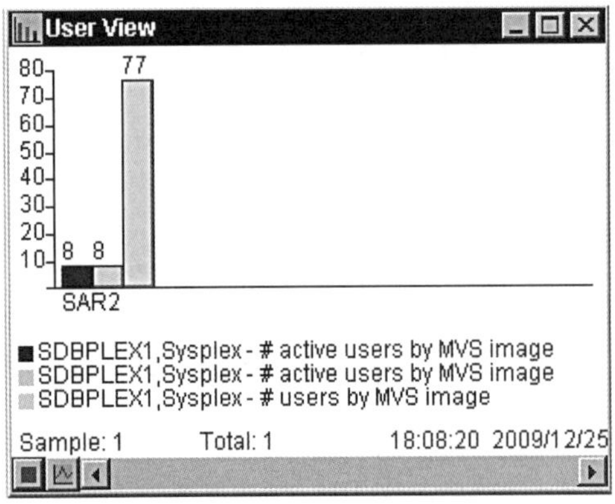

图 8-18　RMF PM 生成的图表

需要注意的是，RMF PM 所监控的数据来自 MONITOR Ⅲ短期数据，因此具有一定的延时性。如图 8-18 所示，通过 RMF PM 得知当前登录系统的用户数量为 8。但是实际上，当前用户数量可能不为 8，因为用户所看到的是之前的数据生成的图表。

和其他工具不同，它无法自动生成 Excel 格式的报告文件，需要将监测数据保存为 wkl 文件或者将监测数据打印出来。

8.6.2　RMF 对 CPU 的监控

对于主机系统管理员，需要对一段时间内的 CPU 使用情况进行查看和分析。可以通过以下步骤完成此任务。

［步骤 1］　运行 POSTPROCESSOR 作业，提取 CPU 数据。

下面是 POSTPROCESSOR 作业的一部分(某些不重要的 STEP 语句被省略)。CPU 活动信息被 SMF 数据类型 70 中的子类型 1 所记录，因此只需要指定 TYPE(70(1))。如果指定 TYPE(70)，程序虽然没错，但是由于将所有子类型的数据全部转储出来，也会导致数据量太大而不易操作。示例如下：

```
//STEP1     EXEC  PGM=IFASMFDL
//STEPLIB DD  DSN=SYS1.LINKLIB,DISP=SHR
//OUTDD1 DD DSN=E483435.SMF.DATA.T0909,
//          DISP=(NEW,CATLG,DELETE),
//          UNIT=3390,DATACLAS=DCMV,
//     SPACE=(CYL,(50,20),RLSE),
//     DCB=(LRECL=32760,RECFM=VBS,BLKSIZE=0)
//SYSPRINT DD  SYSOUT=A
//SYSIN    DD  *
 LSNAME(IFASMF.RMF,OPTIONS(ALL))
 OUTDD(OUTDD1,TYPE(70(1)),START(0900),END(1700))
 DATE(2009242,2009304)
 SID(SYSA)
/*
//RMFPP  EXEC PGM=ERBRMFPP,REGION=0M,PARM='HEAP(FREE)'
//MFPMSGDS DD   DISP=SHR,DSN=*.ALLOC.MSG
//MFPINPUT DD   DISP=SHR,DSN=E483435.SMF.DATA.T0909
//*****************************************************************
//*        RMF POSTPROCESSING OPTIONS
//*****************************************************************
//SYSIN    DD   *
  DATE(09012009,10312009)
  RTOD(0900,1700)
  PTOD(0900,1700)
  ETOD(0900,1700)
  STOD(0900,1700)
  REPORTS(CPU)
  DINTV(0015)
  SUMMARY(INT)
  SYSOUT(H)
//*******************************************
//*        RENAME FINAL LISTING DATASET
//*******************************************
//RENAME  EXEC PGM=IDCAMS
//MFR      DD   DISP=(OLD,KEEP),DSN=*.ALLOC.MFR
//ORC      DD   DISP=(OLD,KEEP),DSN=*.ALLOC.ORC
//SYSIN    DD   *
  ALTER E483435.LISTING.RMFDATA -
  NEWNAME  (E483435.CPU.LISTING)
//SYSPRINT DD SYSOUT=*
```

［步骤 2］　调用 REXX 程序，输出格式化的数据。

所调用的 REXX 程序名叫 EXECCPU，储存在 E483435. $MY.REXX 中，其代码在“8.3.3 RMF 报告制图”中，调用 REXX 程序的作业代码如下：

```
//**************************************
//*      GENERATE CPU TABLE
//**************************************
//FORMAT    EXEC PGM=IKJEFT01,DYNAMNBR=30,REGION=0M
//SYSEXEC   DD   DSN=E483435.$MY.REXX,DISP=SHR
```

```
//SYSTSPRT DD   SYSOUT=*
//SYSTSIN   DD   *
%EXECCPU
//INPUT     DD DISP=SHR,DSN=E483435.CPU.LISTING
//OUTPUT    DD DISP=SHR,DSN=E483435.CPU.OUTPUT
```

[**步骤 3**] 生成 RMF 报告制图并分析问题。

将上面格式化后的数据复制到 Excel 并生成图表，经分析可以发现，由于 MVS BUSY 对 LPAR BUSY 的比值很大，“Short Engine”情况非常严重，CP 的资源主要被 PR/SM 用于 LPAR 本身的管理和 CPU 调度，而不是用于 LPAR 上系统真正的运行。

进一步在 CPU Activity 报告中检测其 CP 配置，发现只有一个 CP 在线。

```
SYSTEM ID SYSA
-CPU  2094   MODEL  705
0---CPU---    ----------
 NUM  TYPE    ONLINE
  0    CP    100.00
TOTAL/AVERAGE
```

选择 MVS BUSY 值最高的点，观察 IN READY 队列信息。

```
SYSTEM ADDRESS SPACE ANALYSIS           SAMPLES
0  ---------NUMBER OF ADDRESS SPACES---------
0  QUEUE TYPES          MIN      MAX      AVG

   IN                  84       98     89.4
   IN READY             1       39     10.7

   OUT READY            0        7      0.1
   OUT WAIT             0        0      0.0

   LOGICAL OUT RDY       0        1      0.0
   LOGICAL OUT WAIT    132      152    145.2
```

由于最高的 In-Ready 队列长度为 39，而当时系统上定义的 CP 数量为 1 个，远远大于处理器数量的 2～3 倍，这说明在一段时间内，存在 CPU 争夺情况。

判断出现 CPU 争夺还可以直接从 RMF 报告中获取相关信息。报告如下所示：

```
---------------DISTRIBUTION OF IN-READY QUEUE------------------------
NUMBER OF                  0    10    20    30    40    50    60    70    80    90   100
ADDR SPACES      (%)        |....|....|....|....|....|....|....|....|....|....|

<=  N           7.4     >>>>
 =  N +  1      8.3     >>>>>
 =  N +  2      7.8     >>>>
 =  N +  3      6.9     >>>>
<=  N +  5      9.4     >>>>>
<=  N + 10     20.9     >>>>>>>>>>>
<=  N + 15     16.5     >>>>>>>>>
<=  N + 20      9.2     >>>>>
<=  N + 30     11.3     >>>>>>
<=  N + 40      1.8     >
<=  N + 60      0.0
<=  N + 80      0.0
>   N + 80      0.0
```

CPU Activity 报告可以体现出 In-Ready 队列中地址空间（包括批量作业）的数量与定义的 CPU 之间的关系，当地址空间的数量小于或等于 CPU 数量时，表示有足够的 CPU 资源来处理。一般，前 N（N 表示定义的 CPU 的数量）个 IN-READY 地址空间数量的总和应该占所有地址空间数量的 80%以上，这样，CPU 资源才算比较充足。

上述结果能够看到，在系统负荷高峰期间，前 N 个 IN-READY 地址空间数量的总和远远小于所有地址空间数量的 80%。因此，抢夺 CPU 资源的情况非常严重。

8.6.3　RMF 对内存的监控

与对 CPU 的监控类似，可以使用 RMF 对内存进行监控。首先，数据采集作业提取 SMF 数据类型 71 和 78，生成 VSTOR 和 PAGING 报告；然后，调用 3 个 REXX 程序将报告中需要的内容格式化后存放到三个顺序数据集中：

```
//STEP1     EXEC  PGM=IFASMFDL
//STEPLIB DD  DSN=SYS1.LINKLIB,DISP=SHR
//OUTDD1 DD DSN=BAYSH01.SMF.DATA.VSTOR,
//          DISP= (NEW,CATLG,DELETE) ,
//          UNIT=3390,DATACLAS=DCMV,
//     SPACE= (CYL, (50,20) ,RLSE) ,
//     DCB= (LRECL=32760,RECFM=VBS,BLKSIZE=0)
//SYSPRINT DD  SYSOUT=*
//SYSIN    DD  *
 LSNAME (IFASMF.PLEXWD2.RMFN,OPTIONS (ALL))
 OUTDD (OUTDD1,TYPE (71,78) ,START (0900) ,END (1700))
 DATE (2009278,2009325)
/*
//*******************************************************************
//*       RUN POSTPROCESSOR
//*******************************************************************
//RMFPP  EXEC PGM=ERBRMFPP,REGION=0M,PARM='HEAP (FREE) '
//MFPMSGDS DD   DISP=SHR,DSN=*.ALLOC.MSG
//MFPINPUT DD   DISP=SHR,DSN=E483435.SMF.DATA.VSTOR
//*******************************************************************
//*       RMF POSTPROCESSING OPTIONS
//*******************************************************************
//SYSIN    DD   *
  DATE (09012009,10312009)
  RTOD (0900,1700)
  PTOD (0900,1700)
  ETOD (0900,1700)
  STOD (0900,1700)
  REPORTS (VSTOR)
  REPORTS (PAGING)
  DINTV (0100)
  NOSUMMARY
  SYSOUT (H)
//RENAME  EXEC PGM=IDCAMS
//MFR      DD   DISP= (OLD,KEEP) ,DSN=*.ALLOC.MFR
//ORC      DD   DISP= (OLD,KEEP) ,DSN=*.ALLOC.ORC
//SYSIN    DD   *
  ALTER E483435.LISTING.RMFDATA -
  NEWNAME  (E483435.VSTOR.LISTING)
//SYSPRINT DD SYSOUT=*
//************************************
//*      GENERATE SQA CSA TABLE
//************************************
//OUTPUT1   EXEC PGM=IKJEFT01,DYNAMNBR=30,REGION=0M
//SYSEXEC   DD   DSN=E483435.$MY.REXX,DISP=SHR
//SYSTSPRT  DD   SYSOUT=*
//SYSTSIN   DD   *
%EXECSTOR
//INPUT     DD DISP=SHR,DSN=E483435.VSTOR.LISTING
//OUTPUT    DD DISP=SHR,DSN=E483435.RMF.OUTPUT1
//************************************
//*      GENERATE UIC PAGING TABLE
//************************************
//OUTPUT2   EXEC PGM=IKJEFT01,DYNAMNBR=30,REGION=0M
//SYSEXEC   DD   DSN=E483435.$MY.REXX,DISP=SHR
//SYSTSPRT  DD   SYSOUT=*
```

```
//SYSTSIN   DD   *
%EXECUIC
//INPUT     DD DISP=SHR,DSN=E483435.VSTOR.LISTING
//OUTPUT    DD DISP=SHR,DSN=E483435.RMF.OUTPUT2
//*************************************
//*     GENERATE FRAME TABLE
//*************************************
//OUTPUT3   EXEC PGM=IKJEFT01,DYNAMNBR=30,REGION=0M
//SYSEXEC   DD   DSN=E483435.$MY.REXX,DISP=SHR
//SYSTSPRT  DD   SYSOUT=*
//SYSTSIN   DD   *
%EXECFRM2
//INPUT     DD DISP=SHR,DSN=E483435.VSTOR.LISTING
//OUTPUT    DD DISP=SHR,DSN=E483435.RMF.OUTPUT3
```

其中,EXECSTOR 程序的代码如下,其余两个 REXX 程序的代码与之类似:

```
  /* REXX */
  "EXECIO  *  DISKR  INPUT  (FINIS STEM INPUT."
  K=1
  DROP OUTLINE.
  DO I = 1 TO INPUT.0
     /*FIND stor FLAG */
     IPOS = INDEX (INPUT.I,"COMMON STORAGE SUMMARY")
     IF (IPOS == 0)  THEN ITERATE
  i = I +5
  minsqa = word (input.i,5)
  maxsqa = word (input.i,7)
  avgsqa = word (input.i,9)
  minesqa = word (input.i,10)
  maxesqa = word (input.i,12)
  avgesqa = word (input.i,14)

  i = i+1
  mincsa = word (input.i,5)
  maxcsa = word (input.i,7)
  avgcsa = word (input.i,9)
  minecsa = word (input.i,10)
  maxecsa = word (input.i,12)
  avgecsa = word (input.i,14)

  /* GET SYSTEM NAME   AND START TIME*/
  DO J = I-1 TO 0  BY -1
     IPOS = INDEX ( INPUT.J,"z/OS V1R9              SYSTEM ID",10)
     IF (IPOS >0)  THEN
     DO
         SYSNAME = SUBSTR (INPUT.J,IPOS+35,4)
         TPOS = INDEX (INPUT.J,"START")
         STARTTIME = SUBSTR (INPUT.J,TPOS+6,19)
         TIME1 = SUBSTR (STARTTIME,12,8)
         strDate = substr (starttime,1,10)
         strTime = substr (starttime,12,8)
         LEAVE
     END
  END
  STRHOUR = SUBSTR (TIME1,1,2)
  IF (  (STRHOUR >= 9 & STRHOUR <=10)  |  (STRHOUR >=13 & STRHOUR <=16))
  THEN
  DO
    OUTLINE.K = SYSNAME" "STARTTIME" "strDate" "
    OUTLINE.K = outline.k" "strTime" "
    OUTLINE.K = outline.k" "avgsqa" "avgesqa" "avgcsa" "avgecsa
    SAY OUTLINE.K
    K= K+1
  END
END

 EXECIO * DISKW OUTPUT  (STEM OUTLINE."
```

格式化后的 SQA 和 CSA 数据复制到 Excel 中,可以得到类似图 8-19 的结果。

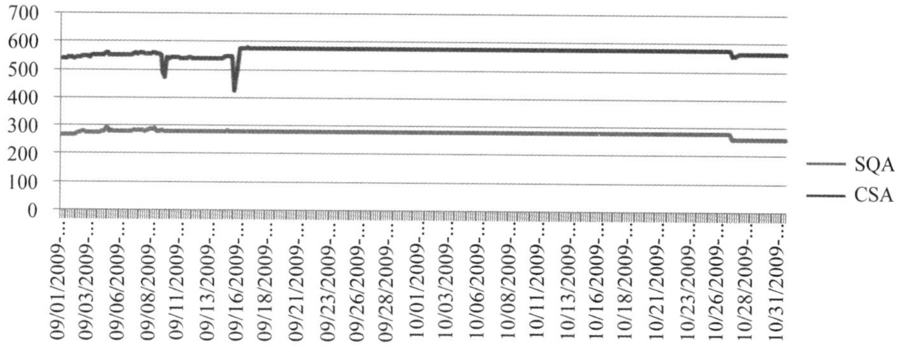

图 8-19　SQA 和 CSA 活动图

16M 线以下的空间是容易出现空间不足问题的,通过检查以上的数据,可以看到,所有时间里,实际使用的 CSA 空间最高值为 576K,实际使用的 SQA 空间最高值为 290K,数据线基本保持稳定,没有出现 SQA 空间不足而溢出到 CSA 空间的情况。因此,可以认为 CSA 和 SQA 分配的空间足够使用。

格式化后的 FRAME 数据复制到 Excel 中,可以得到如图 8-20 所示的结果。图中的信息表明,系统可用的 Frame 数量大部分时间维持在 200 000 左右。如果在某一段时间内,可用 Frame 数量接近于 0,说明系统对内存的需求很大。而在图 8-20 中,任何时候都没有可用 Frame 数量接近于 0 的情况,因此内存是能够满足系统使用的。

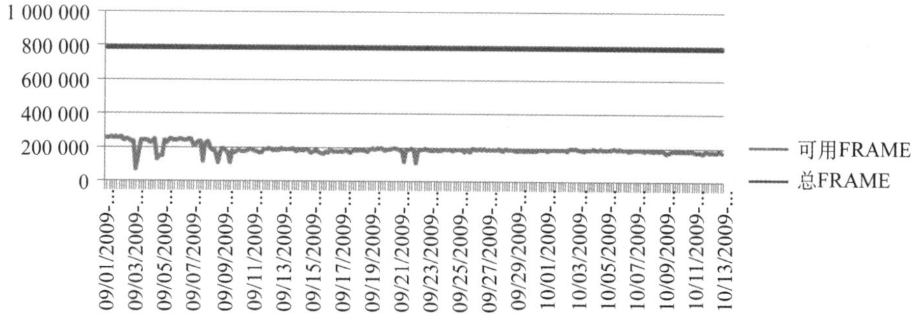

图 8-20　内存 FRAME 的使用率图

PAGING 的值来源于 RMF PAGING REPORT 中的 PAGE MOVEMENT WITHIN CENTRAL STORAGE。一般认为,该值不高于 100 就可以接受。从图 8-21 的 PAGING 值来看,数值始终低于 100,且大部分时间里,PAGING 的值接近于 0,系统的 PAGING 活动非常少,也说明内存是足够使用的。

格式化后的 UIC 数据复制到 Excel 中,可以得到如图 8-22 所示的结果。图中的时间段为每日 9:00—17:00,检查的日期为 9 月 1 日—10 月 13 日。UIC 平均值始终是 65 535。UIC 表示内存中的页面未被访问的时间间隔计数值,此值越大,应用程序对内存的争夺就越少,内存中的页面频繁被访问的可能性就越低,表示内存资源越充足。65 535 是当前系统下

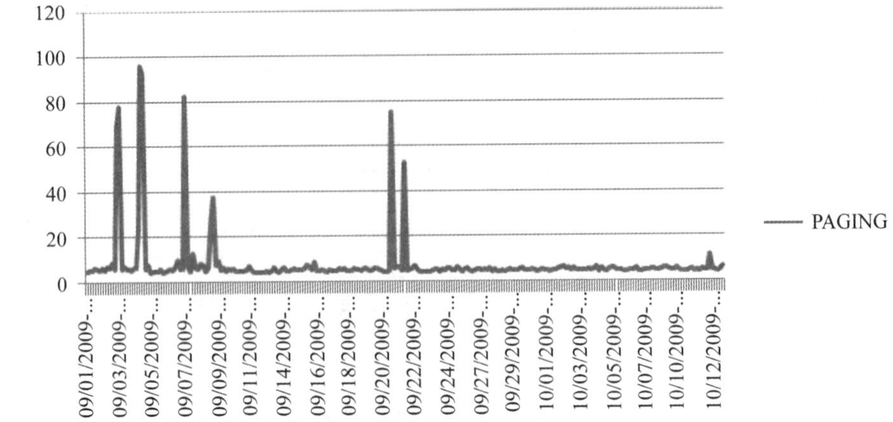

图 8-21　PAGING 活动图

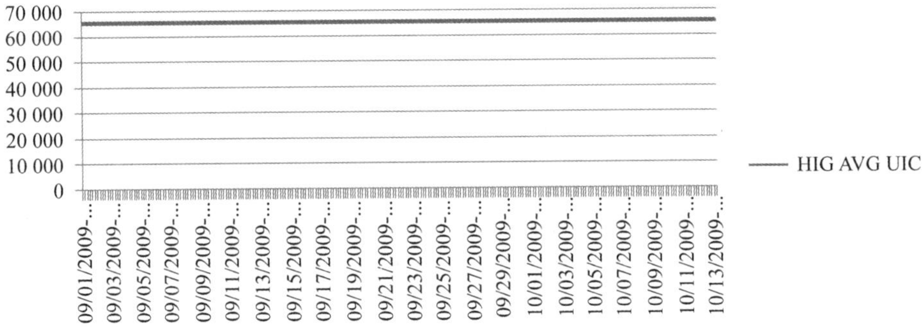

图 8-22　UIC 图

UIC 的最大值。因此，从 UIC 角度来说，系统上的内存资源是足够使用的。

8.6.4　RMF 对 Channel 的监控

使用类似的 POSTPROCESSOR 作业编写 REXX 程序，也可以将 CHANNEL 的信息制图。

需要得到的数据如下：

```
TYPE (73,79 (12))
```

需要获得的报告如下：

```
REPORTS (CHANNEL)
REPORTS (CHAN)
```

编写 REXX，获得如图 8-23 所示的结果。

从收集的数据来看，TOTAL 值最高不到 7%，BUS 值最高不到 8%，远远低于 50%，始终没有任何时段的 FICON 使用率超过 50%。这说明本例中通道方面不存在任何瓶颈。

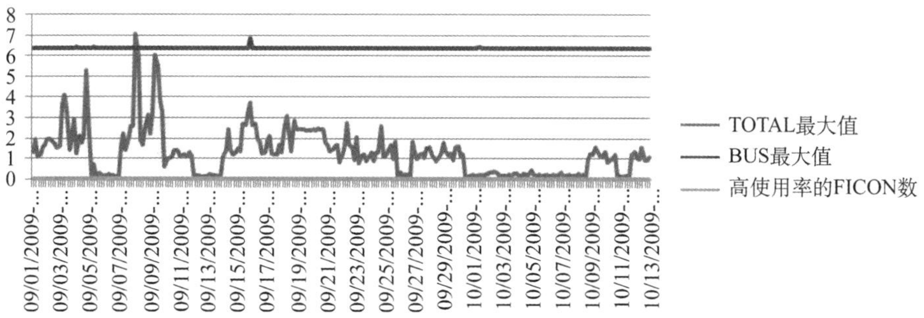

图 8-23　REXX 程序生成的图表

8.6.5　WLM 性能分析

可以使用 Spreadsheet Reporter 进行该项工作。与 RMF PM 类似，首先定义好系统属性，如图 8-24 所示。

在主机上运行作业，生成 WLM 的报告，参数如下：

```
SYSRPTS (WLMGL (SCPER,WGROUP,POLICY,SCLASS))
```

将已经生成的报告定义到 Report Listings 里，生成 Working Set，如图 8-25 所示。

在 Spreadsheets 中选择 WLM 报告，检查系统繁忙时段的 WLM 性能情况，就可以看到自动生成的图表。如图 8-26 所示。

WLM 报告如图 8-27 所示，各 ServiceClass 的性能目标实际达到的情况显示，有 4 项目标未能达到，它们分别是 CICST，MONITORS，STC 和 TSO。而且除了 TSO 之外，其余各项的 PI 值都非常高，性能达标情况较差。

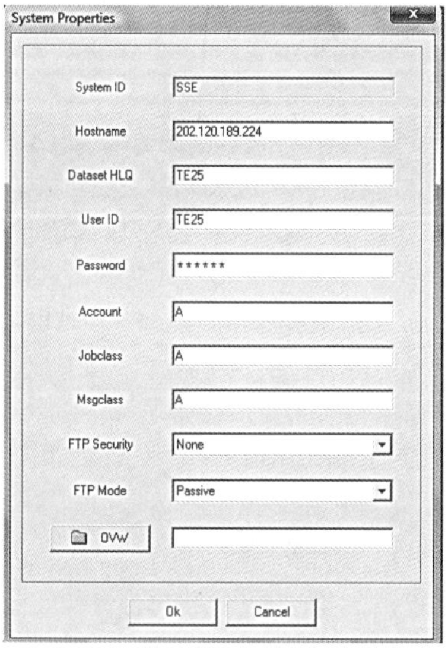

图 8-24　定义系统属性

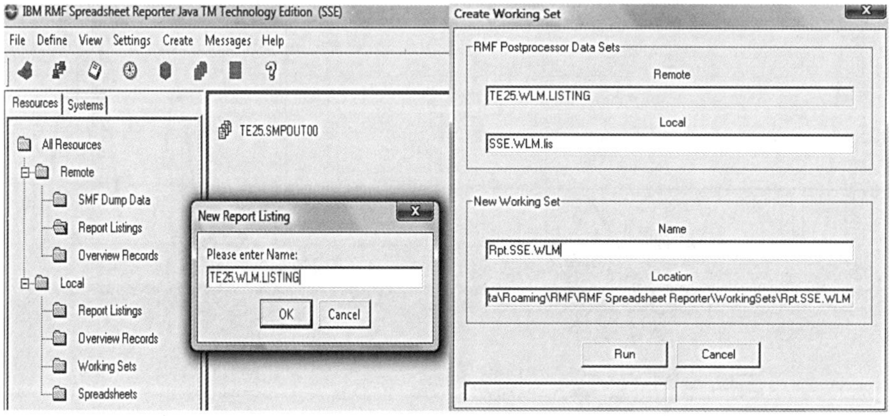

图 8-25　生成 Working Set

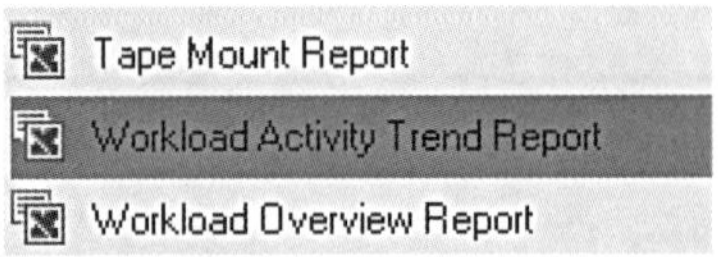

图 8-26　选择生成 WLM 报告

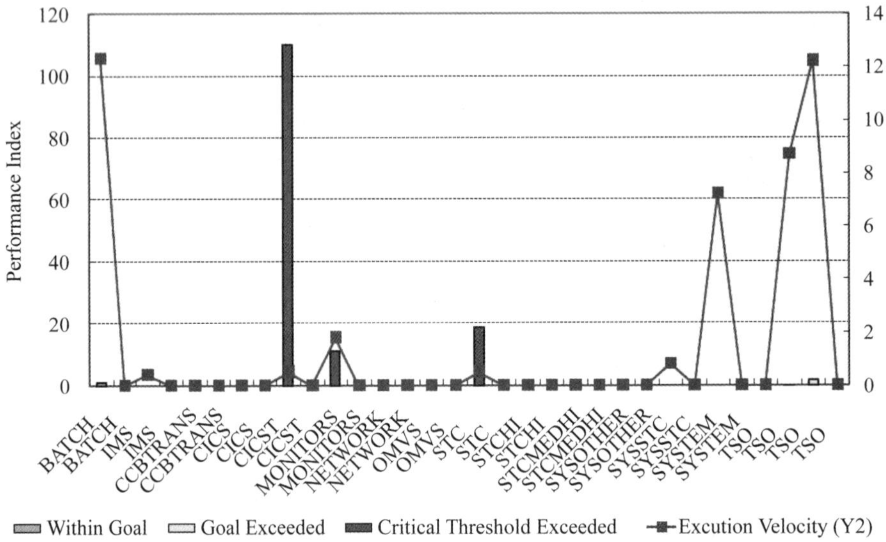

图 8-27　WLM 报告

Execution Delays 报告如图 8-28 所示。

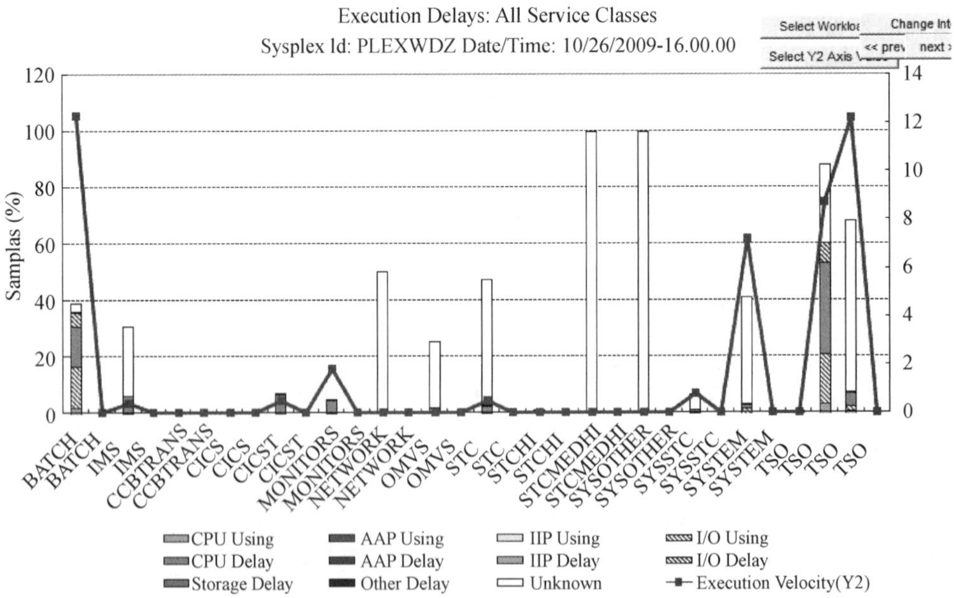

图 8-28　Execution Delays 报告

以上数据显示，这几个 Service Class 都是由于不同程度的 CPU 延迟致使不能达到预定的性能目标。而且通过检查，4 项 Service Class 的 Velocity 值定义都相对较高，也进一步导致 WLM 无法达到性能目标，建议进行调整。同时发现，批处理的 CPU 延迟非常高，远远超过上述 4 项，但是批处理的 PI 值却很低，显示达标情况良好，这是由于批处理定义了相当低的目标值，它的 Velocity 值只有 10。

WLM 一次仅能挑选一个资源调度单位，即服务类时段(Service Class Period)进行调整，而且总是首先挑选最重要且性能最差的。当它发现调整资源后仍然不能达到性能目标，将会重新挑选下一个最重要且性能最差再次调整。可以发现，如果给一个服务类时段定义了过高的性能目标，WLM 发现即使调整资源之后仍不达到性能目标，它并不会一直为其调配资源而试图达到目标。因此，定义性能目标时，需要指定切实可行的性能目标。WLM 性能达标情况不理想，主要原因可能是 CPU 资源紧张。

第9章　系统耦合体(SYSPLEX)

系统耦合体(System Complex，SYSPLEX)是IBM的一种特定的主机架构，有时也译为系统综合体，它通过使用特定的硬件和软件产品，将一组z/OS系统集合起来，协同处理某项工作。它是一种集群技术，可以提供近乎持续的可用性。

IBM主机系统具有高稳定性、高安全性以及强大的处理能力。而作为商用系统，重要的需求就是高稳定性、高可靠性以及出色的可扩展性。为了实现高可用性，主机系统中引入了大量的冗余设计，比如CPU、内存、磁盘、I/O设备、电源等，以确保某个设备发生故障时，系统仍然可以依靠冗余的设备继续工作，而不会对生产运行造成影响。但是，一个单独的系统即使硬件冗余性再高，软件也可能会产生故障，而系统本身也可能需要停机进行一些维护操作(比如软硬件升级)。

因此，IBM将冗余设计的思想扩展到了软件系统上，创立了耦合系统技术，以支持多个系统作为一个系统镜像运行。这样，即使一个单独系统因为软硬件故障而不得不中断运行时，整个系统也不会中断运行。任何在那个中断的系统上进行的工作，都可以迁移到SYSPLEX剩余的系统上继续运行。SYSPLEX的另一个优势是一个(或多个)系统可以从整个SYSPLEX中移出以进行软硬件的维护工作，而其余的系统可以继续处理工作。当维护工作完成后，该系统可以重新加入SYSPLEX中继续工作。这一特点使得升级整个SYSPLEX的系统软硬件(一次一个单独的系统)时，不会导致任何应用程序中断服务。

除了高可用性，SYSPLEX还有不少其他优点。

(1) 良好的可扩展性：当业务增长触及系统软件的限制，使得当前SYSPLEX已无法承担工作负载时，可以动态地往SYSPLEX中加入新的系统，以分担工作，从而保证了良好的可扩展性。

(2) 动态负载均衡：在一些软件的帮助下，系统可以在SYSPLEX的各系统之间动态调整负载，无须人工干预。

(3) 易管理性：虽然有多个系统协同工作，但对外是一个系统镜像，可以通过对该系统镜像的管理来同时管理SYSPLEX内部的多个系统。

9.1　SYSPLEX架构

9.1.1　SYSPLEX发展历史

SYSPLEX是IBM主机系统逐步发展的结果。从最初的单机系统到最新的并行耦合体

(Parallel SYSPLEX),历经了如下几个阶段。

1. 单机单 CPU

一个 z/OS 操作系统(或更早的版本,比如 MVS,下略)在一台主机(Central Processor Complex,CPC)上运行,而这台主机只有一个 CP(Central Processor),也就是 CPU。

2. 紧耦合多 CPU(单机多 CPU)

一个 z/OS 操作系统在一台主机上运行,这台主机有多个 CP 共享内存,协同工作,共同处理,从而允许多个交易在系统上并发执行。

3. 松耦合多机

多个 z/OS 操作系统在多台主机(每台主机可能有多个 CPU)上运行,每台主机有自己独有的内存,但是共享磁盘,多个系统通过 CTC(Channel To Channel)互联通道连接起来,协同工作。

4. 基本耦合体(Base SYSPLEX)

基本耦合体和松耦合多机结构类似,区别在于各个系统间通过一个标准的跨系统耦合工具 XCF(Cross-System Coupling Facility)通信组件进行通信,从而组成一个系统镜像,共同处理业务。

5. 并行耦合体(Parallel SYSPLEX)

并行耦合体与基本耦合体类似,也是多个系统协同组成一个系统镜像共同工作,但是它引入了 CF(Coupling Facility)设备,该设备有全局和智能的内存区域,供多个系统通信,可以实现满足一致性的多系统数据共享、灵活的负载均衡、高性能的通信,还有其他优点,在实际使用中已经基本取代了基本耦合体。

上述五种架构的特性对比见表 9-1。

表 9-1　架构特性对比

架构	容量	可用性	可管理性
单机单 CPU	受单个 CPU 最大容量的限制	单点,受单 CPU 故障影响	容易
紧耦合多 CPU	受单台主机 CPU 个数的限制	单点,受单机故障影响	容易
松耦合多机	比紧耦合多 CPU 显著增长	比紧耦合多 CPU 显著提高	每个系统各自独立管理,系统增加后管理复杂度急剧增加
基本耦合体	与松耦合多机类似	多系统组成一个系统镜像,高于松耦合多机	只需要管理一个系统镜像
并行耦合体	可以随着业务量增长逐渐增加容量	可以实现 7×24 不中断提供服务	在基本耦合体的基础上,增加了满足一致性的数据共享和负载均衡

9.1.2　SYSPLEX 硬件介绍

SYSPLEX 需要一系列硬件和软件配合才能实现多个系统协同组成一个系统镜像。图

9-1 所示列出了组成 SYSPLEX 架构所需的常见硬件设备。

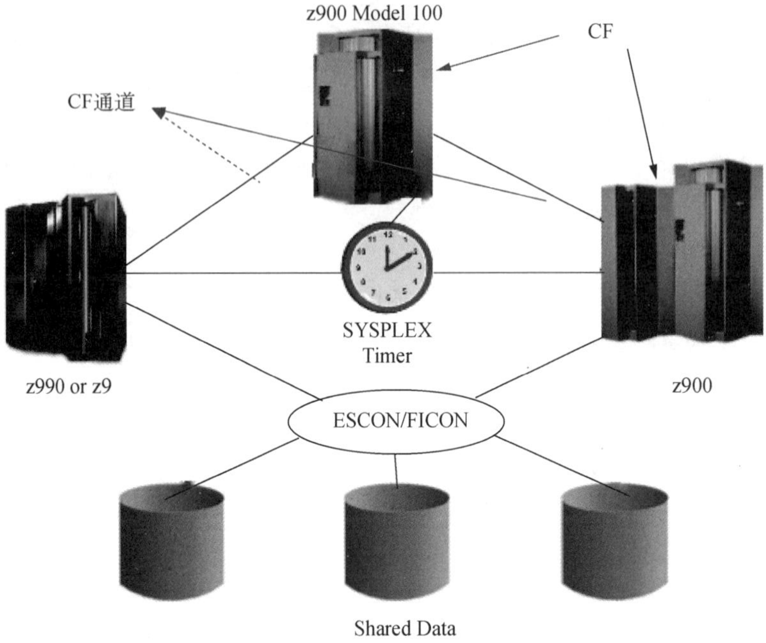

图 9-1 SYSPLEX 硬件设备示意

1. 主机(CPC)

目前,只有 IBM z 系统主机才能利用 SYSPLEX 架构,开放 Power 服务器和 Intel 平台服务器不可用。

2. CF(Coupling Facility)/CF 通道(CF Link)

CF 实现高性能的多系统数据共享(通过 CF 中的内存区域),而 CF 通道(即 CF 与主机之间的连接)实现高速信息通信,CF 可以与 z/OS 系统位于同一台主机(CPC)内,也可以是独立的 CF CPC 主机。

3. CTC(Channel To Channel)路径

CTC 是主机与主机之间的点对点连接,它基于 ESCON 或 FICON 通道协议,实现了系统和系统之间的直连通信。

4. 时钟(Timer)

为了协调 SYSPLEX 内部位于不同 CPC 主机上系统的时钟,在早期的 SYSPLEX 架构中,引入了外部时钟源(External Time Reference, ETR),对应的 IBM 硬件设备型号为 9037。目前,随着服务器时间协议(Server Time Protocol, STP)的引入,ETR 时钟已不再是必需的硬件设备。

5. STP

使用 SYSPLEX 内部某系统所在 CPC 主机的时钟信号,作为整个 SYSPLEX 中其他 CPC 主机的时钟源,这些共用时钟源的 CPC 主机组成了一个同步时钟网络(Coordinated Timing Network, CTN)。由于不再需要额外的 ETR 设备,STP 简化了架构,节省了成本。

6. 光纤通道与光纤交换机

光纤通道 FICON(Fiber Connection)和 ESCON(Enterprise System Connection)提供了主机与外设之间的快速通道，FICON 的处理速度更快，已基本取代了 ESCON。主机与外设之间可以直连，也可以通过交换机(FICON Switch、ESCON Director)连接，交换机还可以级联(主机和外设之间通过多个交换机串行连接，被称为 Cascading 架构)。

7. 外设

磁盘、磁带、带库、OSA 网卡、终端等外部设备(Device)，被定义在 FICON/ESCON 控制单元(Control Unit)下，为 SYSPLEX 中的各系统提供分享或独有的外部资源。

9.1.3 SYSPLEX 软件设计

SYSPLEX 除了上述的硬件设备外，还有以下一些软件机制，以确保系统可以互相通信，协同工作，组成一个系统的镜像，对外提供服务。

1. XCF

XCF 是 z/OS 的一个服务组件，它负责完成 SYSPLEX 内各系统的信息交换，使各个系统能够有效配合，以共同支持各种应用系统的交易处理。传统的 XCF 通信是通过 CTC 通信路径(Path)来实现的。

2. XES

XES(Cross-system Extended Service)服务组件是对 XCF 服务组件的扩展，它在 XCF 的基础上引入了 CF，使用 CF 中的 Signaling List Structure 来取代 CTC 路径进行通信。

3. CDS

耦合文件(Couple Data Set，CDS)是定义在共享磁盘上的一组文件，用于存放 SYSPLEX 公共的系统控制信息，SYSPLEX 中的各个系统(Member)必须能够同时访问到这组 CDS 文件。CDS 文件用于存放 SYSPLEX 的一些状态信息以及 POLICY 管理策略。

4. POLICY

POLICY 是指 SYSPLEX 针对某些特别的场景和服务，预先定义的一组规则(Rule)和相应的动作(Action)。POLICY 存放在 CDS 文件中，在 SYSPLEX 启动时载入 SYSPLEX 运行。

5. GRS

在 SYSPLEX 环境下，多个系统可能同时访问同一个资源。为了避免对同一资源并发访问时破坏数据的一致性，需要一个机制来协调各系统对资源的访问控制，GRS(Global Resource Serialization)服务组件提供了这样一个机制，实现 SYSPLEX 内部多系统对资源的访问控制。GRS 有 STAR 和 RING 两种模式，在 Parallel SYSPLEX 模式下建议选择 STAR 模式。

6. SYMBOLIC

SYMBOLIC 是 SYSPLEX 定义的变量，通过在 PARMLIB 的 IEFSYMxx 中为每个系统定义各自的变量，使得各系统可以定义一套相同的 SYSPARM 参数，每个系统启动时加载不同的 SYMBOLIC 值，从而使用各自需要的参数。

7. LOGGER

每个系统都有其 SYSLOG 和 LOGREC，而 SYSPLEX 下提供了系统日志服务，将多个系统的 SYSLOG 和 LOGREC 汇总(Merge)起来，提供统一的时间戳(Time Stamp)或序列号(Sequence Number)，为一个统一的系统镜像提供 OPERLOG(各个系统的 SYSPLEX 汇总)和 LOGREC 服务。同时，该服务也用于汇总 CICS 或 DB2 这样多成员(Member)的应用程序组的 LOG 日志。

8. WLM

WLM(Workload Management)主要负责主机系统工作负载的性能管理。它根据预先为主机上各类工作负载的运行设定特定的性能目标策略，动态调度各类系统资源(CPU、内存等)来满足目标需求，从而使系统资源得到合理使用，并简化系统工作负载调度管理工作。

9. SFM

SFM(System Failure Management)是一个针对 SYSPLEX 某个系统出现宕机并自动恢复的一个策略管理工具，在 SFM 的 POLICY 里面，可以根据业务在每个系统上运行的重要性，把各个系统分成不同的权重，在 SYSPLEX 出现连接问题的时候，SYSPLEX 可以根据 SFM 策略对整个 SYSPLEX 进行重整，保留权重比较大的系统组成新的 SYSPLEX。

10. ARM

ARM(Automatic Restart Management)服务提供一种机制，使得地址空间或其所在的系统异常中断时，地址空间可以根据中断的场景不同，选择合适的系统、机制、次序而自启动，从而提供系统故障的自动恢复。

9.1.4 基本耦合体架构

基本耦合体也就是不使用 CF 中的 Signaling List Structure，只使用 CTC 通信路径来实现系统间通信的 SYSPLEX 架构，各系统之间的通信在硬件上通过 CTC，软件上通过 XCF 来实现。这种技术只能简单地提供系统群组工作，各系统协调分工，但无法做到高效的数据共享和有效的负载均衡。

基本耦合体包含的要素有：①多个 z/OS 系统；②XCF CTC 通信连接；③共享的磁盘；④位于共享磁盘上的 SYSPLEX CDS；⑤时钟信号同步(通过 SYSPLEX Timer 外部时钟源或者 STP)。

由于基本耦合体中各系统之间跨主机的 XCF 通信是通过 CTC 通信连接实现的，而 CTC 连接是点对点连接，所以加入 SYSPLEX 的各台 CPC 主机都必须有 CTC 连接。为了确保高可用性，往往建议两台 CPC 主机间使用多条 CTC 以实现冗余机制。由于整个 SYSPLEX 的连接拓扑为网状，各 CPC 主机必须满足全连接，当 SYSPLEX 中 CPC 主机数目增加时，连接的复杂程度会急剧增长，所以基本耦合体的扩展灵活性较差。基本耦合体的架构如图 9-2 所示。

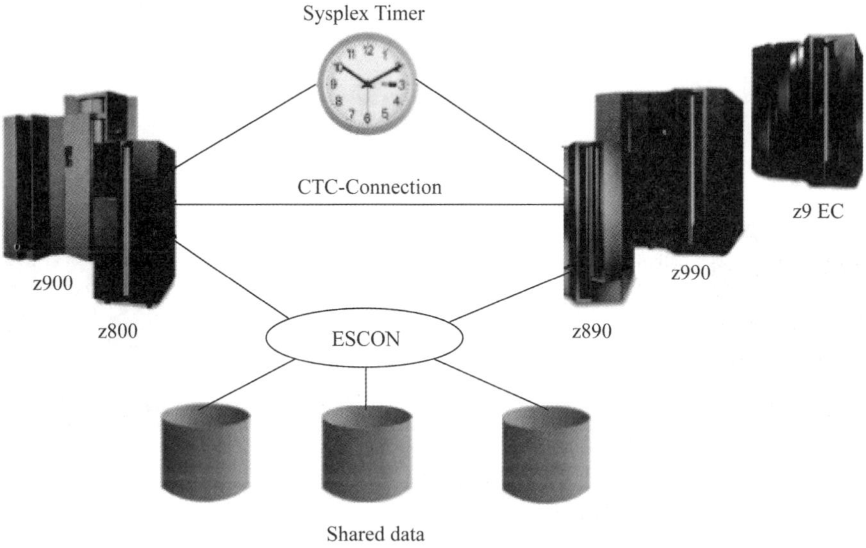

图 9-2　基本耦合体架构示意

9.1.5　并行耦合体架构

为了解决基本耦合体的缺点，IBM 将 CF 引入了 SYSPLEX 架构。CF 的高效存储系统实现了高效的数据共享和有效的负载均衡。而 z/OS 也在 XCF 服务组件的基础上进行了扩展，引入了 XES 服务组件。XES 也就是使用 CF 的 Signaling Structure 进行通信的增强 XCF 服务组件，使用 CF 和 XES 的 SYSPLEX 架构被称为并行耦合体。

相比基本耦合体，并行耦合体的架构变化就是加入了 CF，以及连接 OS 和 CF 之间的 CF Link。需要注意，一个 CF LPAR 和其相应的 CF Channel 通道只能用于一个 SYSPLEX，不能跨 SYSPLEX 共享。同一个并行耦合体内的各系统，除了必须能通过 CF Channel 访问共同的 CF 之外，也必须能访问共享磁盘上的 CFRM CDS 和 XCF CDS(注：基本耦合体不需要定义 CFRM CDS，只要能访问 XCF CDS 即可)。并行耦合体的结构如图 9-3 所示。

9.2　SYSPLEX 主要技术说明

9.2.1　Timer 时钟与 STP

如果 SYSLEX 中的所有系统都位于一台 CPC 主机上，那么，各系统均可以使用该台 CPC 主机的时钟信号(Time-Of-Day，TOD)作为本系统的时钟信号，所有的系统时钟信号均自动保持一致。

但是为了提高可用性，SYSPLEX 中的各系统可能位于不同的 CPC 上，而每台 CPC 的时钟信号可能存在差异，为了避免时序的不一致破坏数据的一致性，需要某种机制来协调整

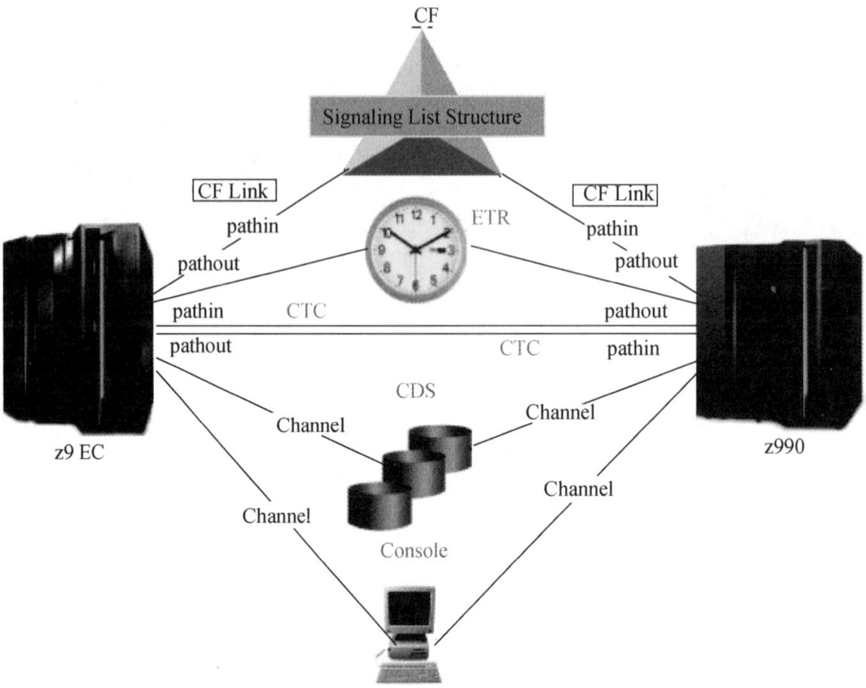

图 9-3　并行耦合体架构示意

个 SYSPLEX 的时钟信号。

最初的解决方案是外接 ETR 时钟，SYSPLEX 中所有的 CPC 主机均需要与 ETR 时钟直接连接。如果 ETR 设备故障，SYSPLEX 的各系统就可能出现时钟信号不一致的情况，为了避免破坏数据一致性，整个 SYSPLEX 会自动停止运行。为提高可用性，架构中一般会连接两台 ETR 时钟，两台 ETR 时钟也需要互连，以确保主备的 ETR 时钟本身保持一致。

为简化架构，IBM 后续引入了 STP 架构（图 9-4）来协调 SYSPLEX 中各 CPC 的时钟。STP 使用 SYSPLEX 中某台 CPC 主机的时钟信号作为整个 SYSPLEX 的时钟源，而使用同一时钟源的 CPC 主机，组成了同步时钟网络 CTN。所有 SYSPLEX 中的系统必须使用相同的 CTN ID。而在 CTN 中，不同的 CPC 有着不同的角色（Role）和层级（Stratum Level）。

角色（Role）包括以下四种。

- PTS（Preferred Time Server）：系统希望选择的时钟信号源。
- BTS（Backup Time Server）：PTS 故障时，系统可用的备份时钟信号源。
- CTS（Current Time Server）：当前系统实际的时钟信号源，可能是 PTS，也可能是 BTS。
- Arbiter：当 PTS 与 BTS 之间连接中断时，帮助各系统选择使用 PTS 的时钟信号还是 BTS 的时钟信号。

其中，PTS 是 STP 中必须定义的。而为了提高可用性，一般也会定义 BTS。如果定义了 BTS，也需要再定义 Arbiter，否则，如果 PTS 与 BTS 之间出现连接中断，而各系统与

PTS 和 BTS 之间连接依然正常,各系统将无法判断从哪一个时钟源获取时钟信号,系统会被自动下宕。正常情况下,CTS 就是 PTS,但在 PTS 异常故障时,BTS(经过 Arbiter 的仲裁)会自动接管 CTS 的角色。为了确保仲裁完成,建议 PTS, BTS, Arbiter 三个 CPC 之间是全连接结构(也称为 STP 三角架构)。

SYSPLEX 中各 CPC 主机的角色(Role)定义通过 HMC 指定,也可以通过 HMC 动态调整各 CPC 主机的角色定义。比如在 CTS/PTS 所在的 CPC 主机维护时,可以指定 SYSPLEX 中其他的 CPC 主机作为 CTS/PTS。IBM 建议在相关 CPC 主机维护时预先调整角色,维护完成后再切回,而不是等待 CPC 下宕时角色被动接管。

SYSPLEX 中的 CPC 主机需要从 CTS 获取时钟信号,可以与 CTS 所在的 CPC 主机直连,也可以通过其他的 CPC 主机中转时钟信号,这就引入了 CTN 中的层级(Stratum Level)概念。层级是指 CTN 中各 CPC 相对 CTS 的位置:CTS 的层级为 1,与 CTS 直连的 CPC 层级为 2,直连到层级为 2 的 CPC 层级为 3,依次类推。对于层级大于或等于 3 的 CPC,如果它所连的上层 CPC 出现故障,则它也可能会失去时钟信号。因此,一个高可用性的 STP 架构中,各 CPC 主机的层级最大为 2。

各 CPC 之间通过 CF Link(必须一端是 CF LPAR,一端是 OS LPAR 或 CF LPAR)或者专门定义的时钟 Link(Timing Only Link)来传送时钟信号。在目前的 SYSPLEX 架构中,通常会有两台 CF,CF 与各系统所在的 CPC 主机有 CF Link 全连接,以确保各系统可以访问 CF 共享数据。因此,通常会选择其中一台 CF 主机作为 PTS/CTS,另一台 CF 主机作为 BTS,再选择一台 CPC 主机作为 Arbiter,两台 CF 主机之间增加 CF Link(或 Timing Only Link)以实现完整的 PTS, BTS, Arbiter 之间的三角架构。

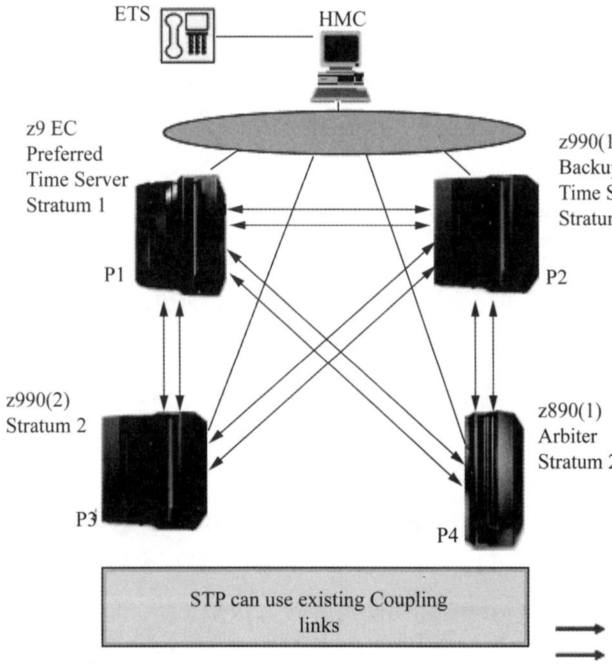

图 9-4　STP 架构示意

通过 PARMLIB 中的 CLOCKxx 来定义系统使用哪一种时钟(本机时钟、ETR、STP)。也就是说,同一个 CPC 上的不同系统可以选择不同的时钟模式。但是,同一个 SYSPLEX 里面的所有系统,必须选择相同的时钟模式。CLOCKxx 中一般定义如下内容:

- 定义TIMEZONE(中国一般定义为东八时区)。
- 对于本地时钟,定义 SIMETRID。
- 对于 ETR 时钟,定义 ETRMODE=YES,并定义 ETRDELTA(允许各 CPC 之间有多大的时钟偏差)。
- 对于 STP 时钟,定义 STPMODE=YES。

在系统中,可以通过 D ETR 命令来检查本系统当前的时钟设置,命令会显示如下内容:

- 时钟模式。
- CTN ID(如果是 STP 时钟模式)。
- Time(当前系统时间)。
- 本机位于 STP 中的层级(如果是 STP 时钟模式)。

9.2.2 CF 与 Structure

CF(Coupling Facility)是一个特别的 LPAR,其上运行的不是 z/OS 操作系统,而是 CF 控制代码(Coupling Facility Control Code,CFCC),而与其通信的 OS LPAR 则是通过 z/OS 的 XES 服务组件实现与 CFCC 的通信。

CF LPAR 可以定义在单独的 CF CPC 主机上(被称为 Standalone CF),也可以与其他的 OS LPAR 定义在同一个 CPC 主机的不同 LPAR 中(被称为 Internal CF,简称为 ICF)。ICF 简化了连接架构,降低了成本,但是 Standalone CF 提供更高的可用性。在某些场景下,如果一台 Internal CF 和 OS LPAR 所在的 CPC 主机异常下宕,SYSPLEX 或其上的某组应用程序可能无法持续运行,而在 Standalone CF 的架构下,如果一台 Standalone CF 异常下宕,或者一台 OS LPAR 所在的主机异常下宕,SYSPLEX 和其上的应用程序可以继续正常运行。

CF 有自己的 CPU(通常也被称为 ICF)和内存,但是不需要访问磁盘和网络等外部设备。CF 的内存被划分为不同大小、不同用途的区域(称为 Structure),SYSPLEX 各系统间通过对 Structure 的访问来实现高速数据共享。当应用程序第一次连接到 CF 时,XES 根据 CFRM(Coupling Facility Resource Management)POLICY 中的定义,在 CF 的内存区域中分配 Structure。

根据用途不同,CF 的 Structure 可以分为如下三类。

(1) Lock Structure:提供锁机制。

用于共享资源被同时访问时提供序列化(Serialization)机制,避免同时读写数据造成的数据不一致,主要包括两种不一致:多个系统试图同时更新一个数据,导致数据被破坏;一个系统更新数据时,其他系统读取该数据时所获得的无效数据。

锁(Lock)分为共享锁(Shared Lock,也称为 Read Lock)和排他锁(Exclusive Lock,也称 Write Lock)两种。

当系统试图读取一个资源时,会申请共享锁;如果系统中已经有其他系统获得或申请共享锁,则 SYSPLEX 会满足该系统的申请;如果系统中有其他系统获得或申请排他锁,则 SYSPLEX 会将该系统的申请排在其后等待;在一个系统获得共享锁之后,其他系统可以继续申请共享锁以并发读取该资源,但是不允许更新该资源;在读取结束之后,系统会释放对该资源的共享锁。

当系统试图更新一个资源时,会申请排他锁;如果系统中已经有其他系统获得或申请共享锁/排他锁,则 SYSPLEX 会将该系统的申请排在其后等待;在一个系统获得排他锁之后,其他系统对同一资源的锁申请必须等待,只有等到这个系统更新结束后,对该资源的排他锁被释放后才能满足。

(2) Cache Structure:作为缓存提高性能。

包含数据区和目录区,数据区内存放缓存的数据,目录区记录数据的状态。如果缓存的数据在某个系统上已经被更新,缓存的数据对应目录区会被标识为无效(Invalidation),以防止其他系统访问过时的无效数据。

(3) List Structure:数据共享。

允许应用程序共享数据,比如共享工作队列和共享的状态信息。

用户通过 CFRM POLICY 定义系统使用的 CF,以及 CF 中的各个 Structure 属性。每个 CF 都需要指定 CF CPC 主机的序列号及对应的 LPAR 槽位,并被分配一个 CF Name,这个 CF Name 在 SYSPLEX 中必须唯一。每个 Structure 都可以定义容量大小(Size),如果定义的容量太小,该 Structure 可能无法被分配成功。有部分 Structure 容量的大小可以自动调整,用户也可以在 CFRM POLICY 中设置 ALLOW AUTO ALTER 进行属性设置,对于这种可以自动调整大小的 Structure,用户可以设置一个较小的 INITSize(初始化大小),使用中有需要再逐步扩大,最大值为 Size 设置值。如果 SYSPLEX 中有多个 CF,则每个 Structure 通过设置 PREFELIST 参数,定义该 Structure 可以在哪些 CF 中分配,以及建议的分配顺序。

对于同一个 Structure,即使在相同的负载下,不同 CFCC 版本也可能会需要不同大小的 Structure 容量,所以建议在升级 CFCC 时使用 IBM 提供的 CFSIZER(网页版工具)对 Structure 的 Size 和 INITSize 进行评估,以确定分配的 Size/INITSize 是否足够。

Structure 通过 Rebuild 和 Duplex 机制实现高可用性。在 Parallel SYSPLEX 架构中,为了实现高可用性,一般都会定义两个(或更多)的 CF LPAR。当一个 CF LPAR 出现故障中断运行时,系统会尝试在 SYSPLEX 的其他 CF LPAR 上重新自动生成该 Structure,该操作叫做 Rebuild。系统自动实施的 Rebuild 称为系统管理的重建,用户也可以对一个 Structure 手动实施 Rebuild(命令为 SETXCF START, REBUILD, STRNAME = strname),即用户管理的重建。在实施 Rebuild 时,系统需要在新 Structure 中生成原有 Structure 的内容,然后将 Structure 使用者(Exploiter)的连接指向新的 Structure。如果原 Structure 还存在,则只要简单地将原 Structure 中的内容复制到新生成的 Structure 即可;如果原 Structure 已不存在,则需要从该 Structure 的各个使用者(Exploiter)中收集相关的信息,再重新生成 Structure 内容。Structure 的 Rebuild 需要一定的时间,时间长短取决于

Structure 的大小和其中内容的多少，在 Rebuild 期间，该 Structure 暂时不能访问。

为了解决 Rebuild 期间 Structure 不能访问的问题，又引入了 Duplex 机制。Duplex 机制是指在另一个 CF 中保留一份该 Structure 的备份，对该 Structure 的更新都会自动更新到备份的 Structure 中。这样，在该 Structure（或其所处的 CF）发生故障中断时，其使用者（Exploiter）可以直接将连接指向备份的 Duplex Structure，从而节省 Rebuild 的时间。对于设置了 Duplex 的 Structure，如果只有一个 CF 可以使用，则该 Structure 会被转为 Simplex 状态。Duplex 带来更高的可用性（更快的 Structure 恢复速度），代价是消耗更多的资源（两个 CF 都要为其分配内存，两个 CF 都需要通信以保持 Structure 的同步）和更久的响应时间（需要更新主 Structure 和备份 Structure）。Duplex 也一样分为应用程序来实现的用户管理的 Duplex（比较常见的 DB2 GBP 的 Duplex）和系统实现的系统管理的 Duplex。系统实现的系统管理的 Duplex 需要在两个 CF 间有直连的 CF Channel。在两个 CF 相距较远时，会对设置了系统管理的 Duplex 的 Structure 性能产生较大的影响。

OS 与 CF 之间的通信，以 CF 请求（CF Request）的形式发出。每一个 CF 请求从 OS 端发起，经过 CF 执行，到返回 OS 端，之间的时间被称为 CF 请求响应时间（Response Time，也称为 Service Time），响应时间的长短反映 CF 性能的好坏。CF 请求分成同步请求（Synchronous Request）和异步请求（Asynchronous Request）两种。同步请求，指的是 OS 提交请求后，会等待 CF 处理完毕接受结果；异步请求指 OS 提交请求后，不再等待，而是切换处理其他工作，CF 处理后，再通知 OS 接受结果。同步请求一般用于需要立刻得到反馈的事务，对响应时间较为敏感，响应时间较短；而异步请求可以等待，一般对响应时间较不敏感，相应地，响应时间要长得多。

OS 端的应用程序发起 CF 请求时，可以选择是同步请求还是异步请求。即使提交的是同步请求，XES 仍会判断当前的响应时间是否满足要求；如果不满足的话（比如遇到子通道占线），会把同步请求转换为异步请求进行处理。当 RMF CF 报告中发现较高的同步转异步请求时，表明系统有可能出现了 CF 子通道资源不足的情况，需要进行相应的系统调整或优化。

9.2.3 CF Link 介绍

CF LPAR 与 OS LPAR 之间通过 CF Link 进行通信，而 CF Link 的性能是决定 CF 请求响应时间的一个重要因素（另一个因素是 CF CPU 的处理速度）。如果 OS LPAR 和 CF LPAR 位于相距很远的两台 CPC 上，有可能大部分 CF 请求的响应时间都消耗在 CF Link 传输上。

每条 CF Link 上可以定义多个 CHP ID，而每个 CHP ID 会被逻辑划分为多个子通道，每个子通道在同一时刻只可以传输一个 CF 请求。对于每一个 CF CHP ID，在 OS 端可以是一个 OS LPAR，也可以被多个 OS LPAR 共享，但必须是同一个 SYSPLEX 内的系统，而在 CF 端只能是一个 CF LPAR。对于 CF Link 实体，可以在多个 OS LPAR 或 CF LPAR 间共享，也可以在多个 SYSPLEX 间共享。

如果 CF LPAR 与 OS LPAR 位于同一台 CPC 主机上，则 CF Link 并没有实际的光纤缆线，而是通过定义为 IC（Internal Coupling）Link 的虚拟连接通信的，实际的物理信号传输通过内存总线(Bus)实现。如果 CF LPAR 与 OS LPAR 位于不同的 CPC 主机上,那必须有实际的物理线缆来实现 CF 连接。基于线缆类型和传输协议的不同,目前有几种不同的 CF Link 类型,各类型在传输速率、传输距离、支持的主机型号上都有差异。

常见的 CF Link 类型有以下几种。

(1) IC(Internal Coupling) Link:比所有的外部 CF Link 都快,每台 CPC 主机最多定义 32 个 IC Link。

(2) ICB(Integrated Cluster Bus):通过铜芯电缆连接,最大传输距离为 10 m,在 z10EC/z10BC 之后已不再使用,包括两种。

- ICB-4:2GB/s 的传输速度。
- ICB-3:1GB/s 的传输速度。

(3) ISC-3(InterSystem Channel) Link:通过光纤连接,最大传输距离为 10km,最大速率为 2GB,在 zEC12/zBC12 之后已不再使用。

(4) CELR(Coupling Express Long Reach):通过光纤连接,连接到主机的 PCIe 总线插槽,最大传输距离为 10 km(如果使用 Repeater 中继器,最大传输距离可以达到 100 km),最大速率为 10 GB。每根物理 Link 可以支持 4 个 CHP ID,每个 CHP ID 支持 8 个或 32 个子通道。

(5) 12xIFB(InfiniBand)/12xIFB3:通过光纤连接,最大传输距离为 150 m,最大速率为 6GB。每根物理 Link 可以支持多个 CHP ID(12xIFB 最多支持 4 个,12xIFB3 可以支持超过 4 个),每个 CHP ID 支持 7 个或 32 个子通道。

(6) 1xIFB:通过光纤连接,最大传输距离为 10km(如果使用 Repeater 中继器,最大传输距离可以达到 100km),最大速率为 5GB。每根物理 Link 可以支持 4 个 CHP ID,每个 CHP ID 支持 32 个子通道。

(7) ICA SR(Integrated Coupling Adapter):通过光纤连接到主机的 PCIe 总线插槽,最大传输距离为 150m,最大速率为 8GB。每根物理 Link 可以支持 4 个 CHP ID,每个 CHP ID 支持 7 个子通道。从 Z13 主机开始引入,后续计划会逐步取代 12xIFB/12xIFB3。

9.2.4　XCF 与 XES

XCF 是 z/OS 的一个服务组件,负责了 SYSPLEX 中所有系统的信息交换。对于运行在 SYSPLEX 中的一组应用程序(比如 DB2 Data Sharing Group, CICSPLEX),SYSPLEX 中的每个系统可以同时运行一个或多个实例(Instance,也称为 Member),而整个 SYSPLEX 内部的多个应用实例通过调用 XCF 提供的服务,相互通信,共同工作,组成一个 XCF 组(XCF Group)。

XCF 如图 9-5 所示,它提供如下几种服务。

(1) Group Service:管理应用程序组(Group)和其中的各实例(Member)。

(2) Signaling Service:用于各实例(Member)间的相互通信。

(3) Status Monitoring Service:监督各实例(Member)的状态信息,并通知其他实例。

此外,如果某个系统上的应用程序实例或者系统本身异常中断,XCF 会调用 z/OS 的另

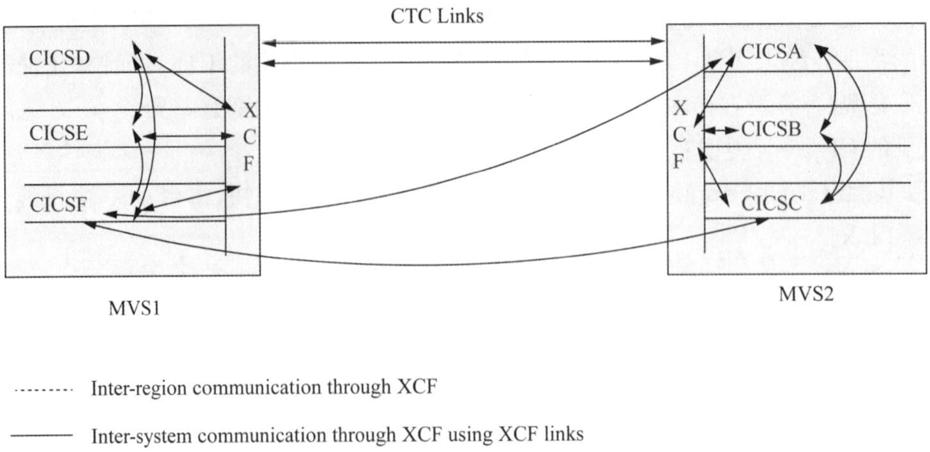

图 9-5　XCF 示意

一个服务组件自动重启管理器(Automatic Restart Manager,ARM),将中断的应用程序实例重新启动。如果系统能正常运行,就在本系统重新启动应用程序实例;如果系统不能正常运行,就在 SYSPLEX 中其他正常运行并允许该应用程序运行的系统中选择一个,在其上启动应用实例。

XCF 组通过通令路径(Signaling Path)来实现各实例(Member)间跨系统的相互通信。信令路径由一组出站路径和关联的消息缓存(Message Buffer)组成,而一组关联到特定应用程序组的 Signaling 路径可以定义为 Transport Class。用户可以通过 PARMLIB 中的 COUPLExx 定义组、与组关联的传输类、与传输类关联的信令路径等。

而信令路径分成以下几种方式。

(1) CTC(Channel To Channel)路径。

(2) CF Signaling Structure(类型为 List Structure)。

(3) CTC 路径与 CF Signaling Structure 混合(在此情况下,XCF 自动选择最快的通道)。

最初的 XCF 跨主机通信只支持 CTC 路径,而 CTC 路径是基于 CTC 物理通道(Connection)建立的。基于物理协议的不同,CTC 物理通道又分为 ESCON CTC 和 FICON CTC(FCTC)两种,分别是基于 ESCON Channel 通道协议或 FICON Channel 通道协议的点对点连接。XCF 信令在 CTC 物理通道上的传送采用全双工模式,通过在同一 CTC 物理通道上定义不同的逻辑路径(CTC Path)来实现信息传输的互不干扰。

CTC Path 是基于 CTC 物理连接之上的逻辑路径,需要定义对应的一组 CTC 设备,分别对应 CTC Path 两端的系统。与 CTC 物理通道不同,CTC 路径是单向的(系统 A→系统 B),而不是双向的(系统 A←→系统 B),因此 CTC 设备也相应地分为发送设备和接收设备。从系统的角度来看,连接到发送设备的路径是 Outbound 路径,而连接到接收设备的路径是入站路径。每个系统通过出站路径将信息发送给其他系统,而通过入站路径接受来自其他系统的信息。CTC 连接如图 9-6 所示。

在 CF 引入 SYSPLEX 架构是为了通过 CF 实现跨系统的通信,z/OS 在 XCF 服务组件

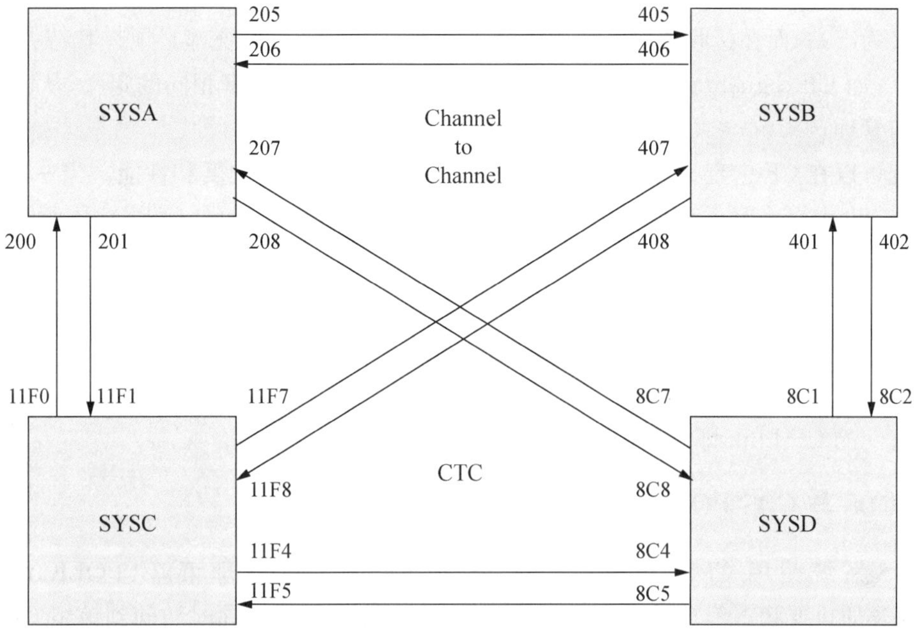

图 9-6　CTC 连接示意

的基础上进行扩展,引入了 XES 服务组件(图 9-7)。XES 是使用 CF 中的 Signaling Structure 进行通信的增强 XCF 服务组件,使用 CF(和 XES)的 SYSPLEX 架构也就是 Parallel SYSPLEX。相比 CTC 路径,CF Signaling Structure 更易于管理,性能更好,发生故障时更易于恢复,也更方便扩展。

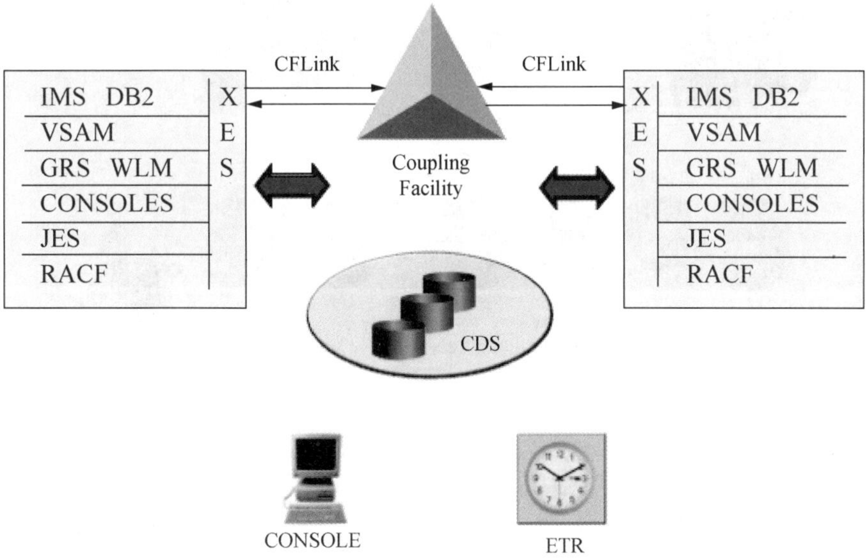

图 9-7　XES 服务组件

和单向的 CTC 路径不一样,CF Signaling Structure 可同时处理入站和出站的通信请求。由于定义 CTC 路径时必须指明其为入站还是出站(对于一个 CTC 路径,在发送端的系统中定义为出站,而在接收端的系统中定义为入站),所以每个系统都必须有其特有的 CTC 路径定义;而 CF Signaling Structure 的双向性使得各系统都共享相同的定义,从而更加方便定义与管理。

系统可以在 CF 中定义多个 Signaling Structure,以提高并发度和性能。当一个 CF 发生故障时,Signaling Structure 可以在另外的 CF 中自动重新生成(Rebuild),从而继续提供通信服务,这也大大提高了 XES 通信的异常恢复能力。

Parallel SYSPLEX 支持最多 32 个系统加入其中。基于 CTC 物理通道连接的 Base SYSPLEX 架构是全连接的网状结构,如此多的系统加入 SYSPLEX 会导致连接异常复杂;而 Parallel SYSPLEX 的架构改为以 CF 为中心的星状结构,新增加的系统只要增加其和 CF LPAR 之间的 CF Link 即可,具备更加灵活的可扩展性。

9.2.5 CDS 与 CDS POLICY

z/OS 系统使用 CDS 文件来存放 SYSPLEX 公共的管理策略(POLICY),记录 SYSPLEX 的重要状态信息。SYSPLEX 中的各个系统必须能够同时访问到该组 CDS 文件(图 9-8)。

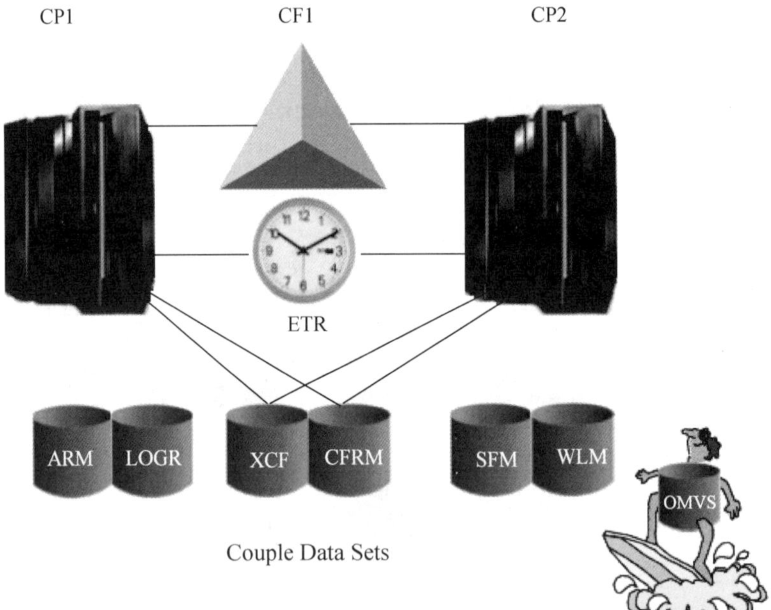

图 9-8 CDS 示意

为了避免单点故障,建议为每一种 CDS 文件至少定义两个文件(主 CDS 和备 CDS),并分别定义在不同的磁盘卷上(如果有可能,建议将其分别定义在不同的物理磁盘机上)。对于主 CDS 的更新,XCF 都会自动同步到备 CDS,从而确保主 CDS 和备 CDS 始终同步。如果主 CDS 出现故障,XCF 会自动切换到备 CDS 上,原来的备 CDS 会成为新的主 CDS。

CDS故障或维护时,为了缩短CDS单点的时间,建议另外预先定义一个空的CDS文件。这样,当备CDS自动切换成为主CDS的时候,用户(或自动化工具)可以将这个空的CDS设置为备CDS,依然维持CDS的主备结构,以避免出现单点故障。

用户可以通过“SETXCF COUPLE,SWITCH”命令来手动将备CDS切换为主CDS。注意,此时原来的主CDS并不会切换成为备CDS,在该命令执行完毕之后系统将只有一个CDS文件,也就成为事实上的单点。用户需要手动设置新的备CDS文件,命令为“SETXCF COUPLE,TYPE=type,ACOUPL=alternate.cds.name”。

通过如上的SETXCF命令组合,用户可以在不停止SYSPLEX运行的情况下切换CDS文件,实现如下功能。

(1) 扩大CDS文件的大小。

(2) 将CDS文件更换磁盘卷。

(3) 更改CDS文件属性。

(4) 重新初始化CDS文件。

CDS包含不同的类型:SYSPLEX, CFRM, SFM, WLM, ARM, LOGR, OMVS。其中SYSPLEX CDS(通常简称为XCF CDS)和CFRM CDS是Parallel SYSPLEX必需的CDS(注:Base SYSPLEX只需要XCF CDS),其他类型的CDS为可选。由于CFRM CDS和XCF CDS都比较繁忙,一般建议将主CFRM CDS和主XCF CDS分配在不同的卷上,以避免相互干扰影响性能。在卷数量有限的情况下,一种常见的做法是主XCF CDS和备CFRM CDS分配在同一个卷上,备XCF CDS和主CFRM CDS分配在另一个卷上。

各类型CDS的详细说明如下。

(1) SYSPLEX CDS(XCF CDS)

XCF使用该CDS来存放SYSPLEX的相关信息,包括以下内容:

- 储存SYSPLEX中各系统、各XCF Group、各XCF Group Member的状态信息。
- 储存Pathin/Pathout/Transport Class信息。
- 指向SYSPLEX使用的其他类型的CDS。
- 更新SYSPLEX中各系统的心跳(Heart Beat)信息。(各系统会定期在XCF CDS中更新本系统的心跳信息,如果XCF在一段时间内没有看到某系统更新自己的心跳信息,会认为该系统已经异常中断,就会将该系统主动踢出SYSPLEX,以避免其锁住其他系统运行需要的资源而影响整个SYSPLEX的运行。)

(2) CFRM CDS

用来存放CFRM Policy,包括如下内容:

- 定义了使用的CF及其属性(包括CF Name, CPC序列号、LPAR槽位号等)。
- 定义了Structure及其属性(Structure Name, SIZE/.INITSIZE, 用于创建Structure的首选CF, Duplex, Structure容量修改限额,Structure全面监控)。

(3) SFM CDS

用来存放SFM Policy,可以根据业务在每个系统上运行的重要性,把各个系统分成不同的权重，在 SYSPLEX 出现连接问题的时候，SYSPLEX 可以根据 SFM POLICY 对整个 SYSPLEX 进行重整，保留权重比较大的系统组成新的 SYSPLEX。根据出现问题的类型，定义了如下场景：

- XCF 的通信连接中断。
- CF Link 的通信连接中断。
- 系统异常中断(通过 XCF CDS 中的 Heart Beat 更新缺失来判断)。

(4) WLM CDS

用来存放 WLM POLICY，WLM 主要负责主机系统工作负载的性能管理。它根据预先为主机上各类工作负载的运行设定特定的性能目标策略，动态调度各类系统资源(CPU、内存等)来满足目标需求，从而使系统资源得到合理使用，并简化系统工作负载的调度。WLM POLICY 主要包含下面这些内容。

- 负载(Workload)。
- 服务类别(Service Class)：为其设置优先级(Priority)和目标(Goal)；系统会根据设置的 Goal，针对各服务类别进行调度(调整优先级、分配资源)，以尽可能满足各服务类别的 Goal；在资源限制无法满足所有服务类别目标的情况下，优先满足高优先级的服务类别。
- 报告类别(Report Class)：系统可以针对报告类别提供 RMF 性能报表，通常报告类别比服务类别更细化，以便分析系统表现，实施必要的调整和优化(调整服务类别目标)，从而提高系统整体的性能表现。
- 分类规则(Classification Rule)：用来将不同的工作负载关联到合适的服务类别和报告类别。
- 资源组(Resource Group)：对系统资源进行分组，以分配给不同的工作负载。
- 应用环境(Application Environment)/调度环境(Schedule Environment)：定义系统的资源环境和调度分配。

(5) ARM CDS

存放 ARM POLICY，用于地址空间中断后的自动重启管理，主要包含下面这些内容：

- 相关需要同时重启的地址空间分组(Restart Group)。
- 各地址空间重启的先后次序。
- 不同类型中断(地址空间中断、系统中断)的重启选择模式。
- 是在本系统重启还是在 SYSPLEX 中的其他系统重启。
- 重启可以选择的系统列表。
- 重启尝试次数。

(6) LOGR CDS

用来存放 LOGGER POLICY，以定义、更新、删除、管理 Log Stream 系统日志服务介绍如下。

- 系统日志服务(System Logger Service)是 z/OS 提供的一种日志服务，而 Log Stream

就是按时间顺序在文件中记录下来的一系列事件,是系统日志服务的主要载体。

- 在 Parallel SYSPLEX 中,系统日志服务会确保各系统的 Log Stream 按时间顺序汇总起来,不会产生时间冲突。
- 系统日志服务的主要用户包括 CICS, OPERLOG, LOGREC, RRS 等。

(7) OMVS CDS

不包含 POLICY,用于 XCF 管理 SYSPLEX 中跨系统共享的 Unix 文件系统。

CDS POLICY 是指 SYSPLEX 针对某些特别的场景和服务而预先定义的一组规则(Rule)和相应的动作(Action)。当系统遇到相应的场景,满足规则时,会自动采取相应的动作,从而减少人工干预,加快反应速度。针对某一类 CDS,可以预先定义多个 POLICY,在不同的时间段切换不同的 POLICY,从而调整 SYSPLEX 的运行策略。比如,在白天联机时段和夜间批量时段切换不同的 WLM POLICY,从而根据业务负载运行模式的不同,而调整不同负载的资源分配。虽然可以预先定义多个 POLICY,但同一时刻只能有一个 POLICY 生效运行。

9.3 定义 SYSPLEX

9.3.1 客户化系统参数

定义 SYSPLEX 需要客户化 PARMLIB 库中的 7 个成员。下面,对每个成员进行详细解释。

(1) IEASYMxx

IEASYSxx 是系统的 PARMLIB 库中重要的配置文件,它定义系统使用的符号(Symbol,用 & 开头的一个变量)并对其赋值,可以针对整个 SYSPLEX 赋值,也可以针对 SYSPLEX 中的某一个系统单独赋值。示例如下:

```
SYSDEF  SYMDEF(&SYMB1='value1')
       SYMDEF(&SYMB2='value2')
       SYMDEF(&SYMB3='value3')
SYSDEF  SYSPARM(xx)
       HWNAME(aaaa)
       LPARNAME(bbbbbb)
       SYSNAME(sysa)
       SYSCLONE(mm)
       SYMDEF(&SYMBA='valueA')
SYSDEF  SYSPARM(yy)
       HWNAME(cccc)
       LPARNAME(dddddd)
       SYSNAME(sysb)
       SYSCLONE(nn)
       SYMDEF(&SYMBB='valueB')
```

该例中,前半段是针对整个 SYSPLEX 的赋值,后半段是针对两个不同系统(A, B)的赋值。一些参数含义如下。

- HWNAME 参数:设定了该系统在哪个 CPC 上启动。
- LPARNAME 参数:设定了该系统在 CPC 的哪个 LPAR 上启动。

- SYSNAME 参数：设定了该系统在 SYSPLEX 中的系统名，该系统名在一个 SYSPLEX 中必须唯一。
- SYSPARM 参数：设定了该系统启动时选择哪个 IEASYSxx。
- SYSCLONE 参数：设定该系统的一个短标识，以便后面客户化参数时引用。

(2) IEASYSxx

IEASYSxx 是系统 PARMLIB 中最重要的配置文件，它定义了系统的很多重要属性，并指向 PARMLIB 中的其他配置文件（比如 CLOCKxx，COUPLExx，CONSOLxx，GRSCNFxx，GRSRNLxx）。示例如下：

```
PLEXCFG=MULTISYSTEM,        <- 系统类型，可以选择：
                            XCFLOCAL：单机系统
                            MONOPLEX：单系统的 SYSPLEX
                            MULTISYSTEM：多系统的 SYSPLEX
                            ANY：任一类型的 SYSPLEX
GRS=STAR,                  <- GRS 模式，可以选择：
                            STAR：Star 模式
                            TRYJOIN：Ring 模式，用于第一个系统加入 SYSPLEX
SYSNAME=&SYSNAME.,          <- 系统名，来自于 IEASYMxx
CLOCK=xx,                  <- 指向对应的 CLOCKxx
COUPLE=xx,                 <- 指向对应的 GOUPLExx
CON=xx,                    <- 指向对应的 CONSOLxx
GRSCNF=xx,                 <- 指向对应的 GRSCNFxx
GRSRNL=xx,                 <- 指向对应的 GRSRNLxx
```

SYSNAME 参数一般在这里会定义为一个符号，由 IEASYMxx 对其赋值，以允许 SYSPLEX 中的不同系统共用同一个 IEASYSxx。

对于 PLEXCFG 参数中的几个设定，单机（不需要 CDS）为 XCFLOCAL，MONOPLEX（单系统 SYSPLEX）和 MULTISYSTEM（多系统 SYSPLEX）都需要 CDS，但不一定需要 CF。也就是说，Base SYSPLEX 和 Parallel SYSPLEX 都可以设定为 MONOPLEX 或 MULTISYSTEM。一般对于 SYSPLEX 环境，会设置 PLEXCFG＝MULTISYSTEM，而 MONOPLEX 一般用于初始搭建 SYSPLEX 时定义 CDS 和生效 POLICY。

GRS 参数设定了系统启动后是否要加入 GRS。对于 Parallel SYSPLEX，一般建议选择 STAR，以加入 STAR 模式的 GRS Complex（需要所有的系统都能访问 CF 中的 GRS Lock Structure）。

(3) CLOCKxx

如果使用 STP，则需要设置 STPMODE＝YES，ETRMODE＝NO，无需再设置 SIMETRID；如果使用 ETR，则需要设置 ETRMODE＝YES，STPMODE＝NO，无需再设置 SIMETRID；如果是单机系统，则可以设置 SIMETRID，并设置 STPMODE＝NO，ETRMODE＝NO。示例如下：

```
OPERATOR NOPROMPT         <- IPL 时是否要用户设置 TOD 时钟，可以选择
                          - PROMOT      提示用户设置
                          - NOPROMPT    不提示用户设置
TIMEZONE E.08.00.00       <- 设置时区
ETRMODE  NO               <- 设置是否使用 ETR 外部时钟，STP 模式下必须为 NO
ETRDELTA nn               <- 设置 ETR 外部时钟与 TOD 本地时钟允许误差
ETRZONE  NO               <- 设置 ETR 是否已经设置了 TIMEZONE
                          - YES         时间为 ETR 时钟
                          - NO          时间为 ETR 时间+/-TIMEZONE
```

```
STPMODE  YES              <- 设置是否使用 STP 时钟，与 ETRMODE 互斥
STPZONE  YES              <- 设置 STP 是否已经设置了 TIMEZONE
                           - YES        时间为 ETR 时钟
                           - NO         时间为 ETR 时间+/-TIMEZONE
SIMETRID xx               <- 设定使用本机时钟，与 ETRMODE 和 STPMODE 互斥
```

(4) GOUPLExx

COUPLExx 定义了 SYSPLEX 的基本信息、CDS 文件的基本信息、XFC/XES 通信传输类(Transport Class)的信息、CTC Path 的信息。示例如下：

```
COUPLE SYSPLEX(&SYSPLEX)             <- 定义 SYSPLEX 名称
      PCOUPLE(&SYSPLEX..XCF01)       <- Primary XCF CDS 名称
      ACOUPLE(&SYSPLEX..XCF02)       <- Alternate XCF CDS 名称
  DATA TYPE(CFRM)                   <- 定义 CFRM 类型 CDS 参数
      PCOUPLE(&SYSPLEX..CFRM01)      <- Primary CDS 名称
      ACOUPLE(&SYSPLEX..CFRM02)      <- Alternate CDS 名称

CLASSDEF CLASS(DEFSMALL) CLASSLEN(956)   GROUP(UNDESIG)
CLASSDEF CLASS(DEFAULT)  CLASSLEN(16316) GROUP(UNDESIG)
CLASSDEF CLASS(DEFLARGE) CLASSLEN(62464) GROUP(UNDESIG)
                                   <- 定义 Transport Class,
                                      Class length, 对应的 XCF Group

PATHOUT CLASS(DEFSMALL) STRNAME(IXCSTR1,IXCSTR2)
PATHOUT CLASS(DEFAULT)  STRNAME(IXCSTR3,IXCSTR4)
PATHOUT CLASS(DEFLARGE) STRNAME(IXCSTR5,IXCSTR6)
                                   <- 定义 Transport Class 对应的
                                      Outbound Signaling Structure
PATHIN  STRNAME(IXCSTR1,IXCSTR2,IXCSTR3,IXCSTR4,IXCSTR5,IXCSTR6)
                                   <- 定义 Inbound Signaling
                                      Structure

PATHOUT CLASS(DEFSMALL) DEVICE(xxxx,yyyy)
                                   <- 定义 Transport Class 对应的
                                      Outbound CTC Path Device
PATHIN                DEVICE(mmmm,nnnn)
                                   <- 定义 Inbound CTC Path Device
```

参数的解释如下。

- SYSPLEX 参数：指定系统当前的 SYSPLEX 名称，这个名字必须和格式化 CDS 时使用的 SYSPLEX 名字相同。一般使用符号，通过 IEASYMxx 对其赋值。
- PCOUPLE 参数：指定主 CDS 的名字(及其所在的卷标)。
- ACOUPLE 参数：指定备 CDS 的名字(及其所在的卷标)。
- DATA TYPE 参数：指定 CDS 的类型(SYSPLEX CDS 不用指定该参数)。
- CLASSDEF 参数：定义传输类的名称、传输类长度(Length)以及所对应的 XCF Group 类型。UNDESIG 为缺省的组，用户也可以为指定的组定义专用的传输类。
- PATHIN/PATHOUT 参数：定义 XCF PATH，其中 PATHOUT 对应出站路径，PATHIN 对应入站路径，需要分别定义。每一个传输类均可以定义自己专用的 PATHOUT，而所有的传输类可以共享同一个 PATHIN。PATHOUT/PATHIN 可以选择 Signaling Structure，也可以选择 CTC。前者只要指定使用的 Structure Name 即可(需要与 CFRM Policy 中的 Structure 名称匹配)，后者需要指定发送/接收 CTC Device。

(5) GRSCNFxx

这里设置 GRS 缺省参数。一般使用 IBM 提供的缺省值即可,无须特别客户化。内容示例如下：

```
GRSDEF MATCHSYS(*)                    <- 设置所有的系统都使用该 GRSPLEX
      TOLINT(nnn)                    <- 设置 GRS 判断超时的阈值
```

(6) GRSRNLxx

在 GRSRNLxx 中,设置 GRS 名称列表,用于设定不同资源 ENQ 序列化的范围是全局范围(Global)还是本地范围(Local),以及是否需要转换为 GRS ENQ,还是保留为 Hardware Reserve(用于跨 SYSPLEX 的资源序列化)。示例如下：

```
RNLDEF RNL(CON)  TYPE(PATTERN)        <- 设置所有的 RESERVE 缺省转为 ENQ
   QNAME(*)
RNLDEF RNL(INCL)  TYPE(GENERIC)       <- 设置 SYSDSN 类型转为 ENQ
QNAME(SYSDSN)

RNLDEF RNL(EXCL)  TYPE(PATTERN)       <- 设置 SHR*卷的 RESERVE 不转为 ENQ
QNAME(SYSZVVDS)  RNAME(SHR*)
RNLDEF RNL(EXCL)  TYPE(PATTERN)
  QNAME(SYSVTOC)   RNAME(SHR*)
```

(7) CONSOLxx

在 CONSOLxx 中,定义系统的信息是写入 SYSLOG, OPERLOG,还是都写入。OPERLOG 是各系统的 SYSLOG 汇总,通过日志服务实现。同时,还通过 CONSOLxx 定义各系统使用的 Console 名称(NAME)、地址(DEVNUM)和其他属性。示例如下：

```
HARDCOPY DEVNUM(OPERLOG,SYSLOG)         <- 设置使用 OPERLOG 和 SYSLOG
        ROUTCODE(ALL)
        CMDLEVEL(CMDS)

CONSOLE DEVNUM(xxx)
       NAME(&SYSNAME.Cxxx)              <- 设置每个系统使用的 Console 名称
       PFKTAB(PFKTAB1)
       AUTH(MASTER)
       MSCOPE(*) ROUTCODE(1-10,12-128)
       UNIT(3270-X)
       MONITOR(JOBNAMES-T)
       CON(N) DEL(R) RTME(1/4) MFORM(J,T) AREA(NONE)
```

9.3.2 定义 CDS 与 POLICY

定义 SYSPLX,除了客户化 PARMLIB 中的成员,还需要按如下的步骤定义 CDS 和 CDS POLICY。

(1) 格式化 CDS:通过 IXCL1DSU 实用程序来格式化各类 CDS,并定义各类 CDS 的属性。

```
//DEFCDS   EXEC PGM=IXCL1DSU
//SYSPRINT DD SYSOUT=*
//SYSIN    DD *
 DEFINEDS SYSPLEX(plexnm)      <- SYSPLEX 名称，需要与 COUPLExx 中定义一致
```

```
      DSN(SYS1.plexname.CDS01)<- CDS 文件名称
      VOLSER(volume)          <- CDS 文件所在的卷
      MAXSYSTEM(n)            <- SYSPLEX 中最多允许同时运行的系统数目
DATA TYPE(xxxxxx)             <- CDS 文件的类型，包括：
                              SYSPLEX、CFRM、WLM、SFM、LOGR、ARM、BPXMCDS
......
```

(2) 启用 CDS：系统在 IPL 的时候，通过 PARMLIB(COUPLExx)中的定义启用 CDS；系统 IPL 后，可以通过如下命令来启用 CDS。

```
SETXCF COUPLE,TYPE=type,PCOUPL=primary.cds.name
SETXCF COUPLE,TYPE=type,ACOUPL=alternate.cds.name
```

(3) 定义 Policy：对于 CFRM，SFM，ARM，LOGR，使用 IXCMIAPU 来定义 POLICY。对于 WLM，进入 WLM 的面板菜单来定义 POLICY。

```
//STEP1    EXEC PGM=IXCMIAPU
//SYSPRINT DD   SYSOUT=A
//SYSIN    DD   *
    DATA TYPE(type)                 <- Policy 类型
    REPORT(YES)                     <- 打印 CDS 中的 Policy 定义
    DEFINE POLICY NAME(policynm)    <- 定义的 Policy 名称
    .....                           <- 具体的 Policy 定义内容
```

(4) 激活 POLICY：对于 CFRM，SFM，ARM，LOGR，使用如下命令来生效 POLICY。对于 WLM，进入 WLM 的面板菜单来生效 POLICY。

```
SETXCF START,POLICY,TYPE=type,POLNAME=policy name
```

9.4　SYSPLEX 环境下的操作

9.4.1　ROUTE 命令与 CPF

SYSPLEX 由多个系统协同工作组成一个系统的镜像。所以，在 SYSPLEX 环境下，有针对 SYSPLEX 的操作，也有针对 SYSPLEX 其中一个系统的操作。

在系统中发送 MVS 命令时，缺省是将命令发送至本系统上运行。如果想将命令发送至其他系统，则可以通过 ROUTE 命令(可以简写为 RO)完成，格式如下：

```
RO sysname,text       <- sysname 为希望运行命令的系统，text 为具体命令内容
RO *ALL,text          <- 将命令发送到所有系统上运行
RO *OTHER,text        <- 将命令发送到除本系统之外的所有系统上运行
RO (a,b,c),text       <- 将命令发送到 a、b、c 三个系统上运行
```

为了简化操作，系统引入了 CPF(Command Prefix Facility)，在系统启动并运行了 CPF 之后，可以用如下格式在指定系统运行命令，效果等同于“RO sysname,text”，格式如下：

```
sysname text          <- sysname 为希望运行命令的系统，text 为具体命令内容
                       sysname 与 text 间可以直接相连，也可以空一格
```

9.4.2　SYSPLEX 常见命令

除了传统的针对每一个系统的命令，z/OS 也增加了一组 XCF 相关的命令，这个命令是针对整个 SYSPLEX 的，任何一个系统发出的效果均相同。常见的命令介绍如下。

（1）DISPLAY XCF(D XCF)命令：显示 SYSPLEX 名称和所有运行的系统，详见表 9-2。

表 9-2　D XCF 命令详解

功能	命令格式	备注
显示 SYSPLEX 使用的 CF	D XCF, CF D XCF, CF, CFNAME = cfname	
显示 SYSPLEX 使用的 CDS 文件	D XCF, COUPLE D XCF, COUPLE, TYPE = type	type：SYSPLEX，CFRM，WLM，SFM，ARM，LOGR
显示 SYSPLEX 使用的 POLICY	D XCF, POLICY, TYPE = type	type：CFRM，SFM，ARM，LOGR
显示 CF 中 Structure	D XCF, STR D XCF, STR, STRNM = ALL D XCF, STR, STRNM = strname D XCF, STR, STATUS = POLICYCHANGE	最后一条命令显示所有处于 POLICY Change Pending 的 Structure，如果存在，需对其重建
显示重新分配的结果	D XCF REALLOCATE, TEST	预先显示重新分配的结果
	D XCF REALLOCATE, REPORT	显示实际重新分配之后的结果
显示 XCF PATH	D XCF, PO	显示出站路径
	D XCF.PI	显示入站路径

（2）SETXCF 命令：对 XCF 进行配置，详见表 9-3。

表 9-3　SETXCF 命令详解

功能	命令格式	备注
生效/切换 CDS	SETXCF COUPLE, TYPE = type, PCOUPL = primary.cds.name	设置主 CDS
	SETXCF COUPLE, TYPE = type, ACOUPL = alternate.cds.name	设置备 CDS
	SETXCF COUPLE, SWITCH	切换主 CDS
生效 POLICY	SETXCF START, POLICY, TYPE = type, POLNAME = policy_name	
重建 Structure	SETXCF START, REBUILD, STR, STRNM = policy_name	
停止对某 Structure 的 DUPLEX	SETXCF STOP, REBUILD, DUPLEX, STRNAME = strname, KEEP = NEW|OLD	KEEP＝OLD 表示停止 DUPLEX 后使用原 Structure； KEEP＝NEW 表示停止 DUPLEX 后使用新 Structure
按 CFRM POLICY 重新调整 Structure 的位置	SETXCF START, REALLOCATE	
清除 Structure	SETXCF FORCE, STR, STRNM = strname	
将 CF 置为/移出维护模式	SETXCF START, MAINTMODE, CFNAME = cfname; SETXCF STOP, MAINTMODE, CFNAME = cfname	设置为 MAINT 维护模式后，该 CF LPAR 暂时不再提供服务

(3) 其他 SYSPLEX 环境下常见命令，详见表 9-4。

表 9-4　其他命令详解

功能	命令格式	备注
显示 GRS 资源竞争	D GRS, C	D CF 命令不是 SYSPLEX 全局的，而是针对系统的，只显示本系统所连接到的 CF 信息，不同系统运行结果可能存在差异。即使某个 CF 没有定义在 CFRM POLICY 中(没有被 SYSPLEX 使用)，只要系统与该 CF 间存在 Channel 连接，D CF 命令也可以显示该 CF
显示系统时钟设置	D ETR	
显示 CF 状态	D CF D CF, CFNAME = cfname	
切换到 OPERLOG/切换到 SYSLOG	V OPERLOG, HARDCOPY; V SYSLOG, HARDCOPY	
设置 LOGREC 使用 LOGSTREAM/使用 DATASET	SETLOGRC LOGSTREAM; SETLOGRC DATASET	

9.4.3 CFCC 命令

CF 中运行的不是 z/OS 操作系统，而是 CFCC，在 CF 控制台(HMC 上的 CF 控制台)上可以发出以下命令对 CF 进行操作。

(1) 显示 CF 的资源与属性的命令。

```
DISPLAY CPS              (显示 CPU)
DISPLAY CHPID ALL        (显示 CF 通道)
DISPLAY RESOURCES        (显示 CF 资源)
DISPLAY TIMEZONE         (显示时区，一般应该为东八时区)
DISPLAY MODE             (显示电源模式，应该为 NONVOLATILE)
DISPLAY LEVEL            (显示 CFCC 版本)
DISPLAY DYNDISP          (显示动态调度功能是否开启)
```

(2) 设置 CF 属性的命令。

```
TIMEZONE 08 EAST         (设置东八时区)
MODE NONVOLATILE         (设置电源模式为 NONVOLATILE)
DYNDISP ON               (开启动态调度功能)
```

(3) 设置 CF 通道 Online 的命令。

```
CONFIGURE  CHIPID ONLINE               (联机通道)
CONFIGURE  CHIPID OFFLINE              (脱机通道)
CONFIGURE  CHIPID OFFLINE FORCE        (脱机连同该 CF 的最后一根通道，
                                          注：但该通道不可以是最后一根提供
                                          STP 时钟信号同步的通道)
CONFIGURE  CHIPID OFFLINE FORCESTP     (脱机连同该 CF 的最后一根 CF 通道，或
                                          者是最后一根提供 STP 时钟信号同步
                                          的通道)
```

(4) 在 CF 端设置联机、脱机 CPU 的命令。

```
CP 0x ONLINE
CP 0x OFFLINE
```

(5) 关闭 CF 的命令。

```
SHUTDOWN           (然后在 HMC 上将 CF 的 LPAR 做 Deactivate 操作)
```

(6) 启动 CF:直接在 HMC 上将 CF 的 LPAR 作 Activate 操作。

(7) 抓取 CF DUMP 命令。

```
CFDUMP
```

9.4.4 将系统移出 SYSPLEX

在单机环境下,只需要下宕系统即可。而在 SYSPLEX 环境下,下宕一个系统后,还需要将其移除出 SYSPLEX。在紧急情况下,也可以使用如下方法将一个正在运行的系统直接移除出 SYSPLEX。操作的具体步骤如下。

(1) 发命令 VARY XCF, sysname, OFFLINE。

(2) 针对系统的提示信息 IXC371D,应答 Rxx, SYSNAME=sysname。

(3) 系统会发出信息 IXC101I 提示系统正在被移除出 SYSPLEX。

(4) 在其他系统上发 D XCF 命令确认该系统已不在 SYSPLEX 中。

9.4.5 CF 维护流程

针对有 CF 软件或硬件调整的场景,下面是对 CF 的维护流程。

(1) 隔离需要维护的 CF,详细步骤如下。

a) 检查需要隔离的 CF。

```
D XCF,CF,CFNM=cfname
```

b) 该 CF 所在的 CPC 如果有 STP 角色,则在 HMC 上将其迁至其他 CPC。

c) 将需要隔离的 CF 置为维护模式。

```
SETXCF START,MAINTMODE,CFNAME=cfname
```

d) 将该 CF 中的 Structure 迁到其他 CF 中。

```
D XCF,REALLOCATE,TEST
SETXCF START,REALLOCATE
```

e) 检查确认该 CF 中已没有残留的 Structure。

```
D XCF,CF,CFNM=cfname
D XCF,REALLOCATE,REPORT
```

f) 如有 STR 未迁移,则将其手动重建。

```
SETXCF START,REBUILD,STRNAME=strname,LOC=OTHER
SETXCF STOP,REBUILD,DUPLEX,STRNAME=strname,KEEP=NEW|OLD
```

g) 脱机系统中连接该 CF 的 CF PATH。

```
VARY PATH(CFNAME,xx,CFNAME,yy,etc),OFFLINE,UNCOND
```

h) 确认已没有系统连接该 CF。

```
RO *ALL,D CF,CFNAME=cfname
D XCF,CF,CFNAME=cfname
```

i）通过CF控制台，停止该CF。

```
SHUTDOWN
```

j）在HMC上，对CF所在的LPAR执行Deactivate动作。

k）在HMC上，将CF所在的CPC移除出STP CTN。

l）脱机系统中连接该CF CPC的通道。

```
CONFIG CHP(xx,yy...),OFFLINE,UNCOND
```

（2）对CF进行维护（比如硬件升级，或者CFCC升级）。

（3）恢复CF，详细步骤如下。

a）如果有CF Link的变更，则在连接该CF的系统生效变更过的IODF。

```
ACTIVATE parms,SOFT=VALIDATE
ACTIVATE parms,FORCE
```

b）如果有CFRM Policy的变更，则生效变更过的CFRM Policy。

```
SETXCF START,POLICY,TYPE=CFRM,POLNAME=new_policy
```

c）将该CF设置为维护模式。

```
SETXCF START,MAINTMODE,CFNAME=cfname
```

d）在HMC上，将CF所在的CPC移除出STP CTN。

e）在HMC上，对CF所在的LPAR执行Activate动作。

f）在HMC上，恢复CF所在的CPC的STP Role（如果之前被迁走过）。

g）ONLINE系统中连接该CF的通道和PATH。

```
CONFIG CHP(xx,yy,etc),ONLINE
V PATH(CFname,xx,CFname,yy,etc),ONLINE
```

h）检查CF状态。

```
D XCF,CF,CFNAME=cfname
RO *ALL,D CF,CFNAME=cfname
```

i）将该CF移出维护模式。

```
SETXCF STOP,MAINTMODE,CFNAME=cfname
```

j）将Structure按CFRM Policy移回原来的位置。

```
SETXCF START,REALLOCATE
```

k）检查确认Structure已经按CFRM Policy移回原来的位置。

```
D XCF,CF,CFNM=cfname
D XCF,REALLOCATE,REPORT
```

l）如有STR未迁移，则将其手动重建。

```
SETXCF START,REBUILD,STRNAME=strname,LOC=OTHER
SETXCF STOP,REBUILD,DUPLEX,STRNAME=strname,KEEP=NEW|OLD
```

针对CF没有软件或硬件调整的场景，比如CF所在CPC主机实施POR操作，下面是对 CF 的维护流程。

(1) 隔离需要维护的 CF,详细步骤如下。

a) 检查需要隔离的 CF。

```
D XCF,CF,CFNM=cfname
```

b) 该 CF 所在的 CPC 如果有 STP Role,则在 HMC 上将其迁至其他 CPC。

c) 将需要隔离的 CF 设置为维护模式。

```
SETXCF START,MAINTMODE,CFNAME=cfname
```

d) 将该 CF 中的 Structure 迁到其他 CF 中。

```
D XCF,REALLOCATE,TEST
SETXCF START,REALLOCATE
```

e) 检查确认该 CF 中已没有残留的 Structure。

```
D XCF,CF,CFNM=cfname
D XCF,REALLOCATE,REPORT
```

f) 如有 STR 未迁移,则将其手动重建。

```
SETXCF START,REBUILD,STRNAME=strname,LOC=OTHER
SETXCF STOP,REBUILD,DUPLEX,STRNAME=strname,KEEP=NEW|OLD
```

g) 脱机系统中连接该 CF 的 CF PATH。

```
VARY PATH(CFNAME,xx,CFNAME,yy,etc),OFFLINE,UNCOND
```

h) 确认已没有系统连接该 CF。

```
RO *ALL,D CF,CFNAME=cfname
D XCF,CF,CFNAME=cfname
```

i) 通过 CF 控制台,停止该 CF。

```
SHUTDOWN
```

j) 在 HMC 上,对 CF 所在的 LPAR 执行 Deactivate 动作。

(2) 对 CF 进行 POR 重启操作。

(3) 恢复 CF,详细步骤如下。

a) 在 HMC 上,对 CF 所在的 LPAR 执行 Activate 动作。

b) 在 HMC 上,恢复 CF 所在的 CPC 的 STP Role(如果之前被迁走过)。

c) 联机系统中连接该 CF 的 PATH。

```
V PATH(CFname,xx,CFname,yy,etc),ONLINE
```

d) 如果有 CFRM Policy 的变更,则生效变更过的 CFRM Policy。

```
SETXCF START,POLICY,TYPE=CFRM,POLNAME=new_policy
```

e) 将该 CF 移出维护模式。

```
SETXCF STOP,MAINTMODE,CFNAME=cfname
```

f) 将 Structure 按 CFRM Policy 移回原来的位置。

```
SETXCF START,REALLOCATE
```

g) 检查确认 Structure 已经按 CFRM Policy 移回原来的位置。

```
D XCF,CF,CFNM=cfname
D XCF,REALLOCATE,REPORT
```

h) 如有 STR 未迁移,则将其手动重建。

```
SETXCF START,REBUILD,STRNAME=strname,LOC=OTHER
SETXCF STOP,REBUILD,DUPLEX,STRNAME=strname,KEEP=NEW|OLD
```

9.4.6　CDS 维护流程

下面以 CFRM CDS 为例,说明 CDS 的维护流程。

(1) 检查当前的 CDS 状态。

```
D XCF,COUPLE,TYPE=CFRM
```

假设当前状态如下:

```
PRIMARY DSN: SYSPLEX.CFRM01
ALTERNATE   DSN: SYSPLEX.CFRM02
```

(2) 定义 SPARE CDS:SYSPLEX.CFRM03。

(3) 设置 SPARE CDS 作为 ACOUPLE。

```
SETXCF COUPLE,TYPE=CFRM,ACOUPLE=SYSPLEX.CFRM03
```

(4) 切换 CDS。

```
SETXCF COUPLE,PSWITCH
```

(5) 删除并重新定义 SYSPLEX.CFRM01 和 SYSPLEX.CFRM02。

(6) 重新定义 ACOUPLE。

```
SETXCF COUPLE,TYPE=CFRM,ACOUPLE=SYSPLEX.CFRM01
```

(7) 切换 CDS。

```
SETXCF COUPLE,PSWITCH
```

(8) 重新定义 ACOUPLE。

```
SETXCF COUPLE,TYPE=CFRM,ACOUPLE=SYSPLEX.CFRM02
```

9.4.7　POLICY 维护流程

下面以 CFRM POLICY 为例,说明 POLICY 的维护流程(SFM, ARM, LOGR POLICY 的维护流程类似,只需要 CFRM POLICY 维护流程的前 5 步即可)。

(1) 先检查当前使用的 CFRM POLICY 版本。

```
D XCF,POL,TYPE=CFRM
```

(2) 打印当前正在使用的 CFRM POLICY:使用 IXCMIAPU 实用程序(设置 REPORT(YES))作业打印。

(3) 基于打印出来的 POLICY,按需要进行修改。

(4) 提交作业定义修改过的 POLICY:使用 IXCMIAPU 实用程序作业定义。

(5) 生效新的 POLICY。

```
SETXCF STAR,POL,TYPE=CFRM,POLNAME=policyname
```

(6) 检查生效结果。

```
D XCF,STR,STRNM=ALL
D XCF,STR,STATUS=POLICYCHANGE
```

(7) 如果有必要,对 Structure 进行重新调整。

```
SETXCF START,REALLOCATE
```

第10章 主 机 灾 备

灾难恢复是指"将信息系统从灾难造成的故障或瘫痪状态恢复到可正常运行状态，并将其支持的业务功能从灾难造成的不正常状态恢复到可接受状态，而设计的活动和流程。"——引自国务院信息化工作办公室发布的《重要信息系统灾难恢复指南》。

随着全球事业、商业等业务系统越来越多地使用信息技术，业务的正常运行越来越依赖信息系统的稳定运行，而信息系统的复杂性也意味着相对的脆弱性。据相关机构的分析报告，在1990—2000年期间，由于灾难而导致系统停运的公司中，有55%当即倒闭，有29%由于关键业务数据的丢失于两年之内倒闭，只有剩余的16%幸存。发生于2001年的美国911事件，更是给各大机构和公司敲响了警钟。为了减少风险损失，确保业务能够在灾难发生后继续运行，信息系统的灾难恢复就成为IT部门的重要议题。在主机界，更常用的术语是主机灾备(Disaster Recovery, DR)。

10.1 主机灾备概述

10.1.1 灾难恢复的三个原则

要实现灾难恢复，需要考虑三个方面：冗余性(Redundancy)、可恢复性(Recoverable)、远程性(Remote)。

(1) 冗余性

包括两个方面，软硬件系统的冗余性和信息数据的冗余性。前者保障了在灾难发生后有足够的软硬件设备能够接管信息系统的运行；后者则保障了信息系统在灾难后能基于有效的数据继续运行。

(2) 可恢复性

是指在灾难发生后，信息系统能够快速恢复，确保冗余的信息系统可以被业务系统正常使用。

(3) 远程性

是指冗余的设备与数据(灾难备份中心)与主信息中心需要有足够的物理距离。物理距离不足的话，一些较大范围的灾难(比如地震、洪水)可能同时波及到主信息中心和灾难备份中心，损毁冗余的设备和数据。但是，如果物理距离过长，由于电子信号传输的物理延时，会导致低RPO和低RTO很难得到满足。

针对冗余性和可恢复性，灾难恢复有两个重要的衡量指标：恢复点目标和恢复目标时间。

(1) 恢复点目标(Recovery Point Objective, RPO)：灾难发生后，系统和数据必须恢复的时间点要求。

(2) 恢复目标时间(Recovery Time Objective, RTO):灾难发生后,信息系统或业务系统从停顿到必须恢复的时间要求。

RPO 决定了在灾难发生后,会丢失多少时间的信息数据(或业务数据),也就是数据的冗余性(Redundancy);RTO 决定了在灾难发生后,需要多少时间能恢复信息系统(或业务系统)运行,也就是系统和数据的可恢复性(Recoverable)。一个完美的灾难恢复系统应该可以实现尽可能小的 RPO 和 RTO。但是由于成本和技术限制,往往不得不在 RPO 或者 RTO 上作出妥协。

而针对远程性,根据物理距离的远近,主机灾难恢复的方案又可以分为本地灾备方案(Local,一般指 1 km 之内)和同城灾备方案(Metro,一般指 100 km 之内)和远程灾备方案(Remote,可以超过 1 000 km)。

10.1.2 灾难恢复的 7 层模型

早在 1992 年,IBM 公司就协助 SHARE 组织定义了灾难恢复的 7 层模型,从第一层到第七层,RPO、RTO 越来越短,对业务系统的价值也越来越高,但是实现的成本也越来越高,如表 10-1 所示。

表 10-1 灾难恢复 7 层模型

层级	定义	说明	RPO	RTO
第一层 (Tier 1)	没有灾备站点的数据备份 (Data backup with no hot site)	利用 PTAM(Pickup Truck Access Method),数据通过磁带定期进行备份,并线下物理传输(比如用卡车运输)到远程进行保存,发生灾难后,通过磁带备份数据进行站点择址重建。RPO 取决于备份频度,而 RTO 需要加入站点重建的时间	24～48 h	>48 h
第二层 (Tier 2)	有灾备站点的数据备份 (Data backup with a hot site)	备份方法与第一层相同,RPO 也相同。在第一层的基础上,增加了远程灾备站点(灾难备份中心),从而节省了站点重建的时间	24～48 h	24～48 h
第三层 (Tier 3)	电子化备份 (Electronic vaulting)	在第二层的基础上,对(恢复业务运行的)关键数据通过电子化备份到远程灾备站点的磁带库。相比第二层,RPO 可以大幅缩短,取决于备份频度,RPO 可能缩短到 1 d 内	<24 h	<24 h
第四层 (Tier 4)	即时拷贝 (Point-in-time copies)	相比第一层～第三层使用磁带/磁带库进行备份,该层使用磁盘对应用数据和日志实现远程备份,从而实现更高的复制频度,进一步缩短 RPO	5 min～6 h	<24 h(采用定期复制技术)或<2 h(采用持续复制到远程备份磁盘技术)

续表 10-1

层级	定义	说明	RPO	RTO
第五层(Tier 5)	交易一致性(Transaction integrity)	通过应用程序的两阶段确认(Two Phase Commit,即应用程序在主站点和备站点都更新完数据后,才确认交易完成),实现主站点和灾备站点的数据一致性,只有很少数据丢失,或者没有数据丢失,RPO 接近或等于 0	0~9 s	<2 h
第六层(Tier 6)	零数据丢失/接近零数据丢失(Zero/near-zero data loss)	不依赖应用程序,而通过系统实现零数据丢失/接近零数据丢失。有多种可能的方案,通常都采用某种程度的数据镜像(同步或异步),各方案的 RPO 也存在差异(一般同步数据镜像 RPO 为 0,而异步数据镜像 RPO 接近 0)	0~9 s	<2 h
第七层(Tier 7)	高度自动化业务一致方案 Highly automated business integrated solution	在第六层的基础上,通过增加自动化的应用恢复解决方案,实现业务的快速恢复与接管。相比第六层,进一步缩短 RTO	0~9 s	0~9 min

10.2　数据复制

对大量数据进行复制备份是常见的操作。当应用使用这些复制备份来进行恢复操作时,要求备份的数据是一致的,这也就要求复制操作本身需要满足原子性。也就是说,对于被复制对象的更新操作,要么是在复制操作前发生,要么是在复制操作后发生,不能是边复制边发生,这样会导致备份的数据存在不确定性。

满足此要求的复制操作被称为即时拷贝(Point-in-Time Copy,也称时点拷贝,简称 PiT Copy)。PiT Copy 定义为被复制对象在一个时点的可用镜像副本。在逻辑上,复制发生在那个时点,但实际的复制操作可能发生在其他时段,只要复制结果满足一致性要求即可。PiT Copy 是灾备恢复 7 层模型中第四层的技术基础。

为了确保复制结果的一致性,一般的复制操作在实施时,被复制的对象会被锁住,禁止更新,等到复制完成后才释放。随着数据量增加,数据复制所需要的时间也会增长。而对于需要频繁更新的数据(比如应用的日志,比如系统的页面缓存文件),数据复制的这种特性阻碍了对其进行备份。为了解决这个问题,IBM 基于主机和存储开发了几种不同的 PiT Copy 技术。

10.2.1 快照拷贝(Flash Copy)

快照拷贝是基于 IBM ESS 硬件存储系统的一种 PiT Copy 技术。它使用写时拷贝位图(Copy-On-Write Bitmap)技术来解决 PiT Copy 的时间问题。在发起快照拷贝的时点(Point-in-Time)时,拷贝操作在逻辑上已经完成,但实际的物理拷贝在后台持续实施。不管源卷上需要复制的内容有多大,快照拷贝在逻辑上均瞬间完成,然后释放源卷,允许对源卷进行操作。后台物理拷贝进行过程中,源卷和目标卷上的数据都能被应用正常访问使用(包括读操作和写操作)。

IBM ESS 存储被划为很多存储块(Block),当发起快照拷贝操作时,存储系统会生成一个位图(Bitmap)(图 10-1)映射复制源文件与复制目标文件的关系,每一个 Bit 位均代表一个存储块,记录了该存储块在快照拷贝发生时点的数据位置(1 表示物理拷贝尚未完成,数据尚处在源端;0 表示物理拷贝已完成,数据处于目标端)。当所有的后台物理拷贝完成后,也就是 Bitmap 位图中所有的 Bit 位均被置为 0 后,该 Bitmap 位图就不再需要,存储系统将其自动清除。

在从源文件到目标文件的实际后台物理拷贝操作完成前,如果应用程序需要读写源文件或者目标文件,系统均会去检索 Bitmap。如果对应数据块的 bit 位是目标端,表示快照拷贝时点的数据已完成拷贝,正常读写即可;如果对应数据块的 bit 位是源端,表示快照拷贝时点的数据尚未完成拷贝,则需要进行特别处理。在后一种情况下,如果应用程序需要修改源端/目标端,则系统会首先发起一个专门的按需拷贝(On Demand Copy),将该数据块的内容拷贝到目标端,然后再对源端/目标端进行更新;如果应用程序需要读取目标端,则系统会直接读取源端的数据。如上机制实现了在快照拷贝时点之后,对复制源端的更新操作不会被同步到目标端,同时,目标端的备份数据也可以即时访问,从而确保了复制目标是复制源在快照拷贝时点的一个镜像副本。

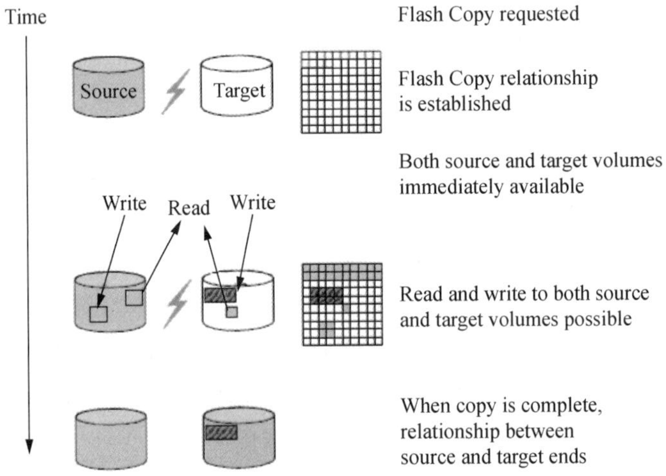

图 10-1 Flash Copy Bitmap 示意

在设定快照拷贝时,可以选择设置 COPY 或 NOCOPY 参数。设置 COPY(为缺省值),则在逻辑拷贝执行时,后台的物理拷贝就会被触发,开始进行实际的内容拷贝操作;设置 NOCOPY,则在逻辑拷贝完成后,后台的物理拷贝并不会被立即触发,也就是说快照拷贝操作只是建立了源端与目标端的一个镜像关系,只有在源端或目标端需要被应用程序更新的情况下,才会把需要被更新的部分拷贝到目标端。设置 NOCOPY 的情况下,由于并不是自动对所有的数据块进行拷贝,所以数据块物理拷贝可能需要很长的时间,甚至永远不能完成。在此情况下,用户可以通过命令中断快照拷贝镜像关系(清除 Bitmap 位图),中断后,目标端的数据并不确保一致,需要重新被初始化或被覆盖。

快照拷贝可以以卷为单位进行复制,也可以以数据集为单位进行复制。快照拷贝技术的限制在于,拷贝的源卷和目标卷必须在同一台物理磁盘机上。源端和目标端的磁盘大小和格式必须一致。快照拷贝可以和其他复制技术相结合,组成更加复杂和强大的数据镜像方案。

10.2.2 并发拷贝(Concurrent Copy)

并发拷贝是结合 IBM ESS 存储硬件和 DFSMS 软件的方案,和快照拷贝类似,它提供了即时拷贝的能力,允许在应用程序更新数据的同时对其进行复制备份。它通过 DFSMS 的一个功能 SDM(System Data Mover)来执行实际的后台拷贝工作。

系统执行并发拷贝操作时,SDM 会记录需要实际进行物理拷贝的内容,在记录之后,拷贝从逻辑上就已经完成,应用程序可以继续对源端进行更新操作,而 SDM 在后台继续进行实际的物理拷贝操作。SDM 从源端(卷或者数据集)读取数据,然后复制到目标端。在实际的物理拷贝尚未完成前,如果应用程序需要更新源端,则源端当前的数据会首先被拷贝到 ESS 磁盘缓存(Cache)的 Sidefile 中,然后才允许应用设备更新源端。而 SDM 会从 Sidefile 中读取该部分数据,然后拷贝到目标端。如图 10-2 所示。

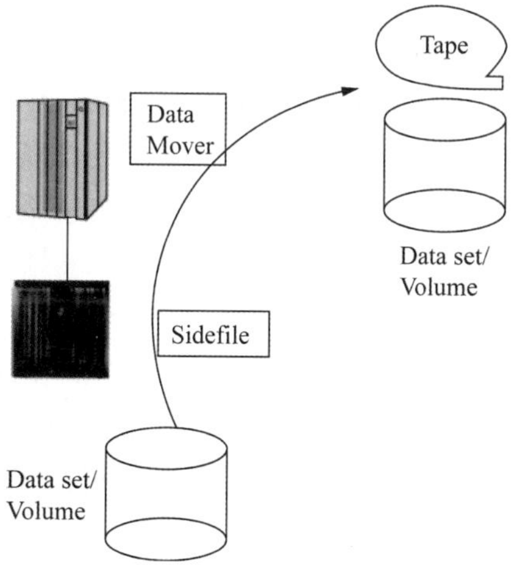

图 10-2 Concurrent Copy 示意

每一个逻辑的并发拷贝称为 Session，每个会话会被分配一个独有的会话 ID。每个会话可以包含多个卷或多个数据集。每个磁盘卷支持最多 16 个并发的会话，而每个磁盘 LSS（Logical Subsystem）支持最多 64 个并发的会话。并发拷贝可以以卷为单位进行复制，也可以以数据集为单位进行复制。与 Flash Copy 的源端和目标端必须在同一台物理磁盘机不同，并发拷贝的目标端可以与源端处于不同的物理磁盘机，甚至可以是从磁盘拷贝到磁带。

在实施并发拷贝时，DFSMS 首先确定需要拷贝的磁盘卷或数据集，如果是数据集，则被分解成为卷上的物理分区，然后和 SDM 协同初始化并发拷贝会话。SDM 确定需要拷贝的数据所在的磁盘 LSS，为每个 LSS 分配一个会话。在完成并发拷贝 Session 的初始化之后，DFSMS 调动 SDM 从会话中读取数据，然后再写入复制的目标端。磁盘存储系统会监控在实际拷贝过程中的 I/O 操作。对于写操作 I/O：如果更新对象是尚未完成复制的 Track，磁盘存储系统会把磁道中的数据先储存到磁盘缓存的 Sidefile 中；如果更新对象已经被 SDM 读取，或已经存储在缓存 Sidefile 中，则磁盘存储系统不会再将其额外存储一份。如果一份数据被包含在多个并发拷贝会话中，那在缓存 Sidefile 中只会存储一份。当 SDM 实际拷贝到该 Track 时，会直接从缓存 Sidefile 中读取，然后存储到数据空间（Data Space）中的 Host Sidefile，以释放磁盘缓存空间。SDM 会将从 Sidefile 中读取的数据和直接从磁盘读取的数据汇总在一起，然后传输给 DFSMS，让其写入复制的目标端。当一个会话的所有磁道都被复制完毕后，这个会话就结束了。

10.3 磁盘镜像

PiT Copy 为大范围的数据备份提供了可能性，满足了灾难恢复 7 层模型中第六层的需求。但是，由于数据备份不是持续进行的，在发生灾难的情况下，灾难发生时点与数据备份时点之间的数据会丢失，业务系统需要额外的时间与方法来恢复这部分丢失的数据，从而影响了灾难恢复的速度。为此，有必要对生产数据提供持续的备份能力，以实现灾难发生时，备份站点能够快速恢复业务，从而满足灾难恢复 7 层模型中第六层的需求。IBM 开发出了多种磁盘镜像技术方案，以满足在备份站点保存一份实时/准实时的磁盘备份数据，以便备份站点可以使用该份数据快速重新启动应用程序，从而尽快恢复业务运行。

和 PiT Copy 一样，磁盘镜像技术首先需要保证备份数据的一致性（Consistency）与完整性（Integrity），以便用于快速恢复业务。随着数据量的增加，业务数据可能存储在多个磁盘卷，甚至多台物理磁盘机上。而灾难对于不同磁盘卷/磁盘机的破坏性影响可能有先后，因此实现数据的一致性与完整性并不容易。备份存储的数据在恢复时必须基于某个特定的时点。在该时点前，所有在主存储上的更新操作（写操作），必须在备存储上也更新完成。而在该时点之后发生在备存储上的更新操作（写操作）会被丢弃。

10.3.1　点对点远程拷贝

点对点远程拷贝(Peer-to-Peer Remote Copy，PPRC)也称为 MM(Metro Metro)，是一种磁盘硬件微码实现的同步复制解决方案，它将驻留在主存储磁盘(称为源盘，或者一级盘)上的数据同步映射到备份存储磁盘(称为目标盘，或者二级盘)。对于源盘的更新操作会同步更新到目标盘，从而确保源盘与目标盘始终一致。它通过一个同时更新源盘和目标盘的写操作 I/O 来实现，只有当源盘收到目标盘发出的“写入完成”信号时，写操作 I/O 才能完成。由于需要等待目标盘的写入完成，所以写操作 I/O 的响应时间与源盘和目标盘之间的距离长短直接相关。距离越远，响应时间越长，从应用角度来看磁盘的性能越差。注意，读操作 I/O 的响应时间不受 PPRC 距离影响。

PPRC 的源盘与目标盘之间可以通过 FICON 光纤直连，也可以通过 FICON 光纤交换机连接。在源盘与目标盘距离较远的情况下，连接链路中可以加入通道中继器(Channel Extender)或者 DWDM(Dense Wave Division Multiplexors)设备以延长。理论上，PPRC 的同步信号支持源盘和目标盘之间的最远距离为 300 km，但是考虑到距离拉长后写操作 I/O 的性能会下降，因此日常使用中很少会达到这个限制，实际使用中 PPRC 限制在 103 km 之内。如果需要启用 GDPS PPRC 和 HyperSwap 功能，由于受到 CF 性能的限制，距离将大幅度缩短，一般不超过 10 km。

PPRC 的 I/O 数据流过程如图 10-3 所示。当应用执行一个写操作 I/O 时，数据首先写入源盘的缓存中(步骤 1)，再断开通道连接(步骤 2)，然后数据会通过源盘与目标盘之间的 PPRC Link 写入目标盘的缓存(步骤 3)，写入完成后，目标盘会返回一个写入完成信号给源盘(步骤 4)，最后源盘再返回一个 I/O 完成信号给应用程序。只有完成以上的五个步骤，确认在源盘和目标盘都完成写入后，写操作 I/O 才被认为完成。I/O 数据流过程中，如果某一

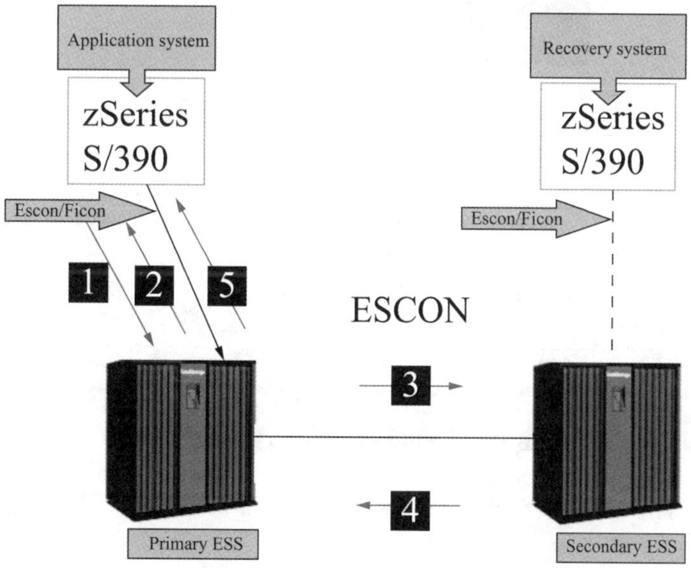

图 10-3　PPRC 的 I/O 数据流过程

步骤报错，则 PPRC 会暂停对该卷的镜像，交由后续处理。

在设置 PPRC 时，有个属性为“PPRC Critical”。如果设置 PPRC Critical＝YES，表明 PPRC 镜像的状态正常对于生产应用是至关重要的，当 PPRC 镜像出现异常时（比如 PPRC Link 异常，或者目标盘出现异常），对源盘的 I/O 会报错中断，这虽然保证了主备存储数据的一致性，但是访问源盘的应用程序会被停止。如果设置 PPRC Critical＝NO，表明生产应用的运行不依赖 PPRC 镜像的状态，当检测到 PPRC 镜像出现异常时，磁盘会发出一个长等待中断（ELB，Extended Long Busy Interrupt），系统会生成对应的 IOS 错误信息。如果启用了 GDPS PPRC，GDPS PPRC 会捕捉到 IOS 信息，自动触发冻结（Freeze）操作，冻结对二级盘的 I/O 操作，以确保备存储的数据一致性，并根据设定的 POLICY 执行后续的恢复操作。

PPRC-XD（Peer-to-Peer Remote Copy Extended Distance，也称为 Global Copy）是 PPRC 的异步复制版本，可以在不影响应用性能的情况下，实现长距离的数据复制（可达上千千米）。和 PPRC 不同，对源盘的写操作 I/O 不需要等待目标盘的更新确认，但这也就意味着目标盘的数据并不一定和源盘完全一致。PPRC-XD 通常用于数据的远程拷贝。

PPRC-XD 的 I/O 数据流过程如图 10-4 所示。当应用执行一个写操作 I/O 时，数据首先写入源盘的缓存中（步骤 1），然后源盘会返回一个 I/O 完成信号给应用程序（步骤 2），对于应用程序来说，写操作 I/O 在此阶段已经完成。然后，数据会通过源盘与目标盘之间的 PPRC Link 写入目标盘的缓存（步骤 3）。写入完成后，目标盘会返回一个写入完成信号给源盘（步骤 4）。步骤 3、步骤 4 的操作与步骤 1、步骤 2 是异步的，写操作 I/O 的完成仅仅依赖于步骤 1 和步骤 2，与步骤 3、步骤 4 无关。如果步骤 3 出现异常，源盘和目标盘就可能会出现不一致。

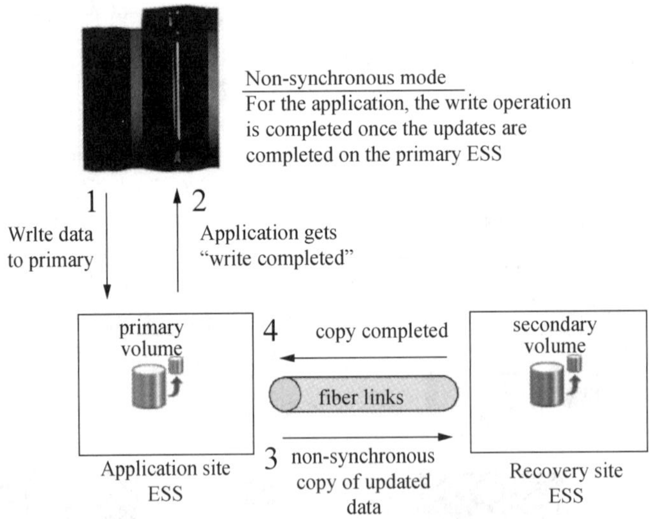

图 10-4　PPRC-XD 的 I/O 数据流过程

启动 PPRC 镜像之后，其对磁盘卷会额外增加一个状态，对于 PPRC 镜像的管理均要基于磁盘卷的这些状态而实施。状态如图 10-5 所示。

● Simplex 状态：未建立 PPRC 镜像的状态，也是磁盘的初始状态。

- Duplex Pending 状态(又称 XD 状态):建立了 PPRC 镜像,但源卷和目标卷尚未完成同步的状态,该状态一般处于 PPRC 镜像初建后初始化拷贝(Initial Copy)或重新同步(RESYNC)期间,处于此状态时,源卷向目标卷实施数据拷贝。
- Duplex 状态(又称 SYNC 状态):源卷和目标卷已完成同步的状态,此时源卷和目标卷的数据完全相同。
- Suspended 状态:源卷与目标卷无法通讯,因此 PPRC 无法保持同步的状态,磁盘会记录对于源卷的更新操作,在 PPRC 连接恢复后,将相应的更新操作同步到目标卷。

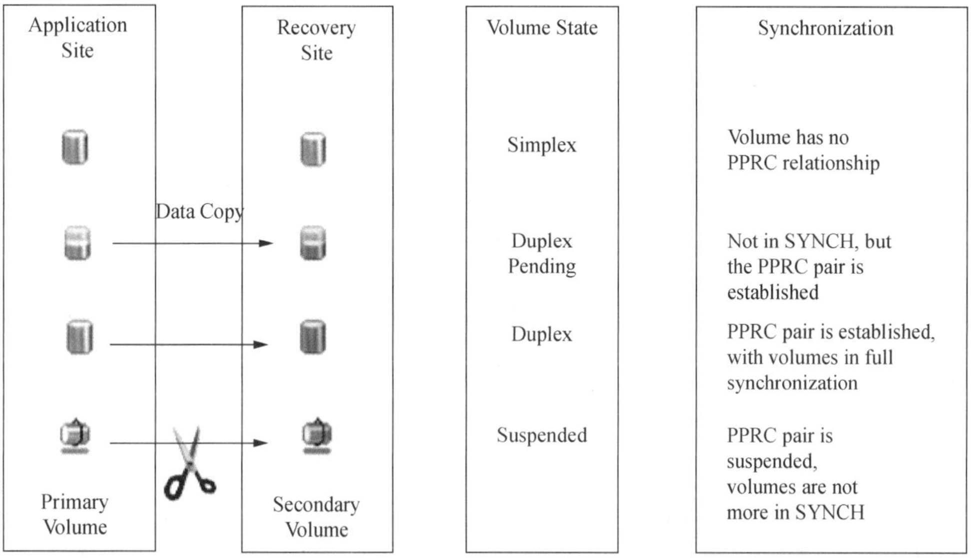

图 10-5　状态示意

当建立 PPRC 镜像关系、实施初始化拷贝(Initial Copy)或重新同步(RESYNC)时,可以选择以下两种模式选项。

- SYNC 模式:用来实现 PPRC 同步复制(最大距离 103 km)。在此模式下,在实施初始化拷贝或者重新同步时,磁盘卷的状态变为 Duplex Pending 状态,从源卷往目标卷的实际拷贝动作是异步实施的;当拷贝完成后,磁盘卷的状态变成 Duplex 状态(源卷和目标卷完成同步,数据完全一致),这之后对于源盘的更新操作都将同步更新目标盘。
- XD 模式:用来实现 PPRC-XD 异步复制。在此模式下,实施初始化拷贝或者重新同步时,磁盘卷的状态变为 Duplex Pending 状态,从源卷往目标卷的实际拷贝动作是异步实施的。但是与 SYNC 模式不同,在 XD 模式下,磁盘卷的状态将始终处于 Duplex Pending 状态,无法达到 Duplex 状态。

在实施相关操作后,磁盘卷可以在各状态间进行转换,如图 10-6 所示。详细介绍如下:

- 在建立 PPRC 镜像之前,磁盘卷的初始状态是 Simplex 状态。
- 在建立 PPRC 镜像后,可以选择 SYNC 模式或者 XD 模式进行拷贝。如果选择 SYNC 模式拷贝,磁盘卷最终会达到 Duplex(SYNC)状态;如果择 XD 模式拷贝,磁盘卷最终会达到 Duplex Pending(XD)状态。

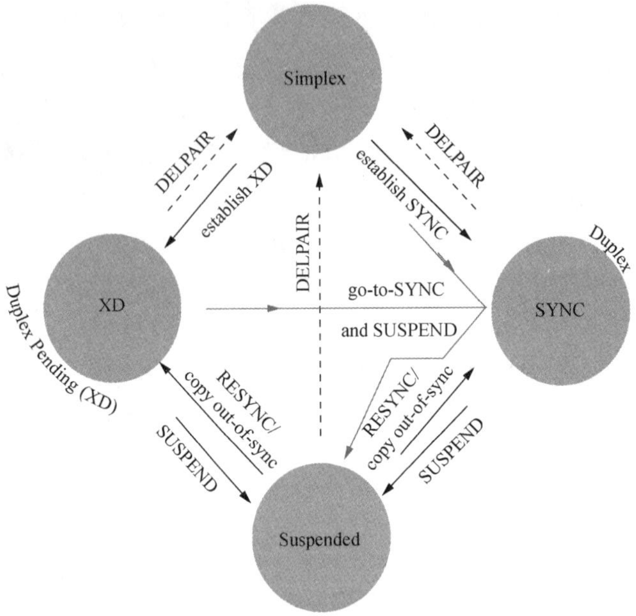

图 10-6　磁盘状态转换示意

- 对于处在 Duplex Pending(XD)状态的磁盘卷,可以通过 go-to-SYNC 命令将其转为 Duplex(SYNC)状态。
- 对于处在 Duplex(SYNC)状态或 Duplex Pending(XD)状态的磁盘卷,可以通过 SUSPEND 命令挂起 PPRC 镜像,挂起后磁盘卷处于 Suspended 状态。
- 对于处在 Duplex Pending(XD)状态的磁盘卷,可以通过 go-to-SYNC 命令和 SUSPEND 命令结合,先转到 Duplex(SYNC)状态,再转到 Suspended 状态。
- 对于处在 Suspended 状态的磁盘卷,可以通过 RESYNC 命令恢复 PPRC 镜像(注:只拷贝源卷和目标卷不一致的部分,而不是全量的初始化拷贝),恢复后基于 SYNC 模式或 XD 模式,磁盘卷会回到 Duplex(SYNC)状态或者 Duplex Pending(XD)状态。
- 对于处在 Duplex(SYNC)状态、Duplex Pending(XD)状态和 Suspended 状态的磁盘卷,可以通过 DELPAIR 命令来删除 PPRC 镜像,删除后磁盘会回到 Simplex 状态。

在实施数据远程复制时,通常先使用 XD 模式建立异步的 PPRC 镜像,待同步率较高时(超过 95%以上),再执行 go-to-SYNC 命令,将磁盘卷从 XD 异步镜像转为 SYNC 同步镜像,目标端将和源端同步。在磁盘卷达到 SYNC 状态后,对源盘和目标盘的更新将是同步的长 I/O,在长距离的场景下会拖慢应用程序。因此,在磁盘卷达到 Duplex(SYNC)状态后,一般就会 SUSPEND 挂起 PPRC,以便目标端获得一份和源端完全一致的镜像,不再拖慢源端应用。

10.3.2　全局拷贝

PPRC 有距离限制,而 PPRC-XD 虽然消除了距离的限制,但是 XD 模式下 PPRC 的镜像无法达到 Duplex 同步状态。因此,PPRC-XD 适合用来实施数据的远程复制,而不是数据的远程镜像备份。为了解决这个问题,IBM 开发了全局拷贝(GM, Global Mirror)技术,它结合了 Global Copy(PPRC-XD)技术和 Flash Copy 技术，也是一种基于硬件的异步复制解决方案。数据首先通过 Global Copy 从源盘复制到备站点的二级盘，然后再通过 Flash Copy 从二级盘拷贝到三级盘。

作为异步复制技术，I/O 的完成确认和数据的复制是相互独立的操作。当复制的数据分布在不同的磁盘卷或磁盘机时，对于目标端备存储的更新操作就有可能和对源端主存储的更新操作时序不一致，需要采取额外的手段来确保备存储的数据一致性。GM 的数据一致性是通过一致性组(Consistency Group，CG)来实现的。CG 可以确保目标端备存储数据的一致性，但缺点是可能会丢失一部分主存储的更新操作，备存储会比主存储落后一小段时间。CG 包含复制过程中某一段时间范围内的数据，每一个 CG 会有一个一致性时点，CG 中包含了从上一个 CG 的一致性时点到本 CG 的一致性时点之间对源端所有磁盘卷/磁盘机的所有更新操作。应用程序对源端磁盘卷的更新 I/O 操作是一个持续性的动态过程，而 GM 将更新 I/O 操作分组为一个个 CG，并转化为一个个静态的片段，目标端的写入以 CG 为单位。当 CG 被写入备存储时，则意味着该 CG 的一致性时点之前的所有更新 I/O 操作也都被复制到备存储。但是在上一个 CG 被写入后，下一个 CG 被写入前，如果源端主存储发生故障，上一个 CG 的一致性时点之后的数据更新会被丢弃。

图 10-7 所示为 GM 架构，应用程序对本地站点源端 H1 一级盘上的数据进行更新(步骤 1)，数据通过 Global Copy(PPRC-XD)被异步复制到远端站点的目标端存储在 H2 二级盘上(步骤 2)，H2 二级盘到 Jx 三级盘之间定期实施 Flash Copy 操作(步骤 3)，将 H2 上的 CG 数据拷贝出来。GM 使用两个 Bitmap 来记录磁盘的状态：第一个是 OOS(Out-Of-Sync)Bitmap，Global Copy 使用该 Bitmap 来记录哪些数据需要复制；第二个是 CR(Change Recording)Bitmap，GM 使用该 Bitmap 来记录 CG 的一致性信息。

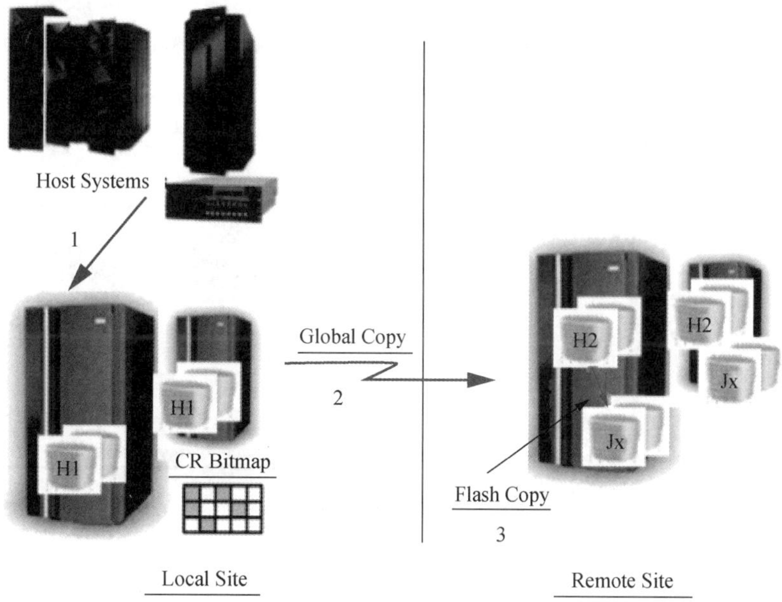

图 10-7 GM 架构示意

GM 建立过程一：

建立 GM，首先是建立一级盘和二级盘之间的 Global Copy(简称 GC)关系。Global Copy 关系建立之后，加入 GM 会话的磁盘卷处于 Copy Pending 的状态，数据从一级盘(磁盘 A)拷贝到二级盘(磁盘 B)。磁盘微码会建立一个 OOS(Out-Of-Sync)Bitmap，Bit 0 表明一级盘磁道和二级盘磁道数据一致(拷贝已完成，一级盘上该磁道没有再被更新)，Bit 1 表明一级盘和二级盘数据不一致(拷贝尚未完成，或者拷贝成后该磁道上数据又被更新)。磁盘微码会持续扫描 OOS Bitmap，将 bit 为 1(且 CR 的 bit 为 0)的磁道拷贝到二级盘上，拷贝完毕且该磁道没有再被更新的情况下，才将对应该磁道的 bit 置为 0。如图 10-8 所示。

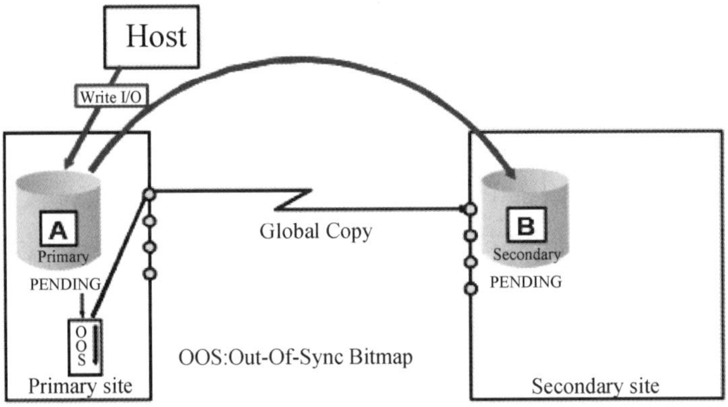

图 10-8　GM 建立过程一

GM 建立过程二：

建立从二级盘(磁盘 B)到三级盘(磁盘 C)的 Flash Copy 关系，磁盘 B 即是 GC 的目标盘，又是 Flash Copy 的源盘。实施 Flash Copy 时，磁盘微码会短暂冻结对于磁盘 B 的更新操作，然后在磁盘 C 上生成一个该时点的静态复制镜像，再释放对磁盘 B 的更新操作。如图 10-9 所示。

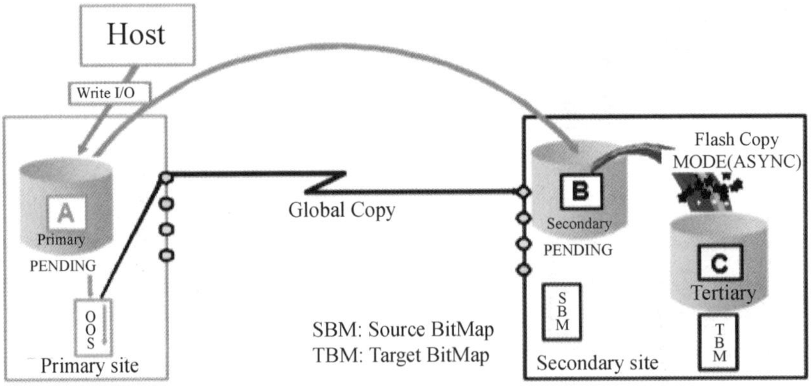

图 10-9　GM 建立过程二

GM 建立过程三：

在 Global Copy 和 Flash Copy 关系都建立好之后，接下来是定义 GM 会话，每个会话会分配一个令牌(Token)。然后将磁盘卷加入 GM 会话定义中，只有 Global Copy 源的磁盘卷才能加入 GM 会话。最后才是启动 GM 会话，这时才会真正形成 CG 一致性组。如图 10-10 所示。

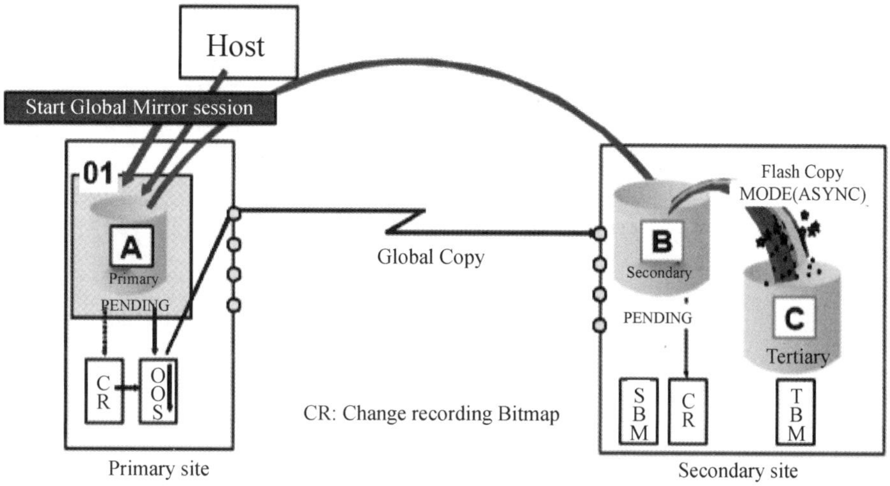

图 10-10　GM 建立过程三

在启动 GM Session 之后，创立一个一致性组 CG，包含如图 10-11 所示的三个步骤。

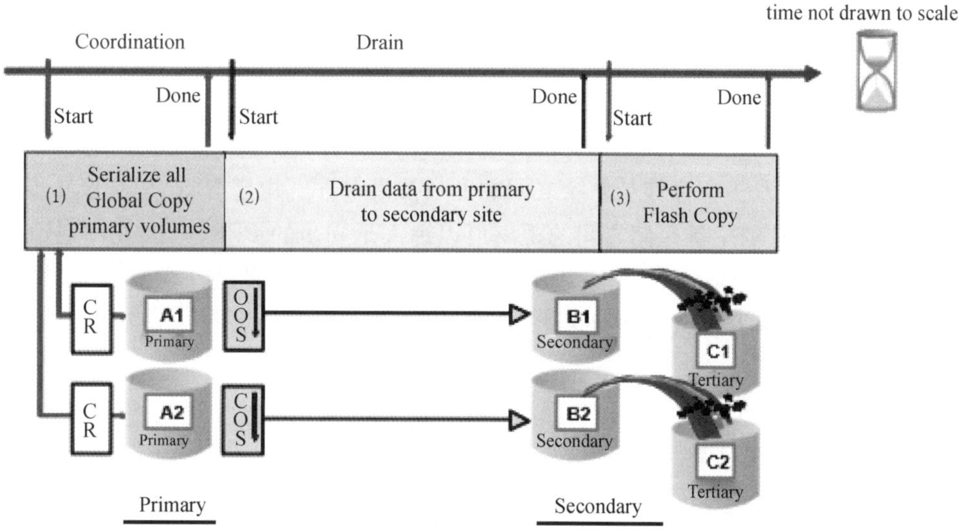

图 10-11　GM 一致性组

(1) 磁盘微码会将 Global Copy 的所有源卷进行序列化(Serialize)。在此期间，磁盘微码会暂时冻结对一级盘(A 盘)的更新 I/O，形成一个一致性时点，并生成一个 CR(Change Recording) Bitmap，然后再释放 A 盘，后续对于 A 盘的更新操作可以恢复执行。这时，A 盘中的数据就形成一个该时点的 CG，而该时点之后对 A 盘的更新操作都会记录在 CR Bitmap 中(对应的磁道置 CR Bit=1)。对 A 盘在该时点之后的更新操作，如果对应的磁道已被复制到 B 盘(OOS Bit=0)，则更新会立即执行；如果对应的磁道尚未被复制到 B 盘(OOS Bit=1)，则会发起一个按需的复制请求，将该磁道上的内容先从 A 盘拷贝到 B 盘之后(对应的 OOS Bit 也被置为 0)，再对 A 盘的相应 Track 更新(对应的 OOS Bit 再被置为 1)。

(2) 将 A 盘中被 OOS Bitmap 中标识为未同步(OOS Bit=1)且 CR Bitmap 中标识为当前 CG(CR Bit=0)的数据通过 Global Copy 复制到 B 盘。如果该磁道的 CR Bit 为 1，表明对该磁道的更新发生在一致时点之后，则不拷贝，等待该磁道进入下一个 CG 再拷贝。A 盘被全部复制到 B 盘后(注：一致性时点之后对 A 盘的更新暂时不复制到 B 盘)，B 盘上有了一份完整的 CG。

(3) 当 B 盘上有一份完整的 CG 数据后，磁盘微码触发 Flash Copy 操作，将这份 CG 数据拷贝到 C 盘。

相比 PPRC-XD，GM 因为引入了 Flash Copy，所以可以在目标端定期生成一份一致性的镜像数据，从而更加适合于日常的数据灾难备份。但是相应地，Flash Copy 需要额外的磁盘空间。一般情况下，Flash Copy 源盘和目标盘的空间大小一致，采用 GM 方案需要增加一整份额外的磁盘空间。

10.3.3 扩展远程拷贝

与 PPRC 不同，扩展远程拷贝(XRC，Extended Remote Copy)也称为 z/OS Global Mirror(zGM)，是一种硬件和软件相结合的异步远程复制解决方案，架构如图 10-12 所示。当对主存储的数据更新完成时，I/O 操作完成。随后，SDM(System Data Mover)存储组件从位于主存储的磁盘缓存中读取数据，异步更新到位于备存储磁盘中。XRC 环境中的数据一致性由 SDM 所管理的一致性组 CG 来提供。CG 中记录了存储子系统内部多个 LCU 间的 I/O 更新顺序，以及多个存储子系统之间的 I/O 更新顺序。由于 XRC 是基于异步镜像的技术，所以对于 XRC 的主备存储之间的距离可以远大于同步的 PPRC。在使用通道中继器的情况下，XRC 的主备存储可以相距数千千米，同时对主存储的性能(磁盘响应时间)没有明显影响，并且不会随着距离增加而恶化。

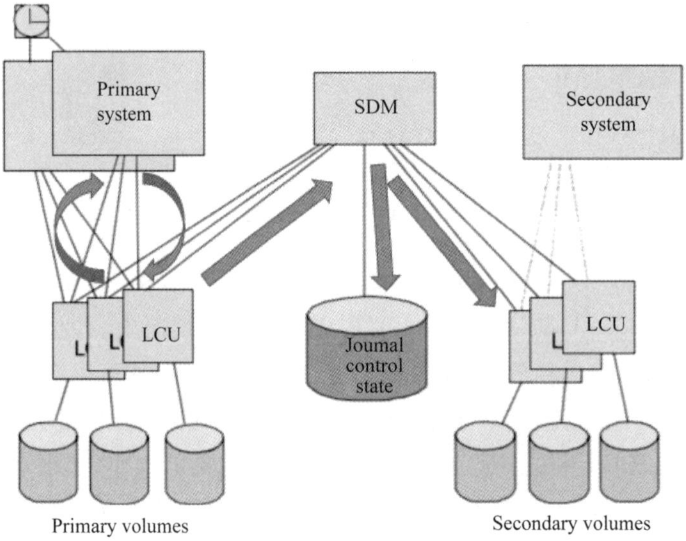

图 10-12　XRC 架构示意

SDM是DFSMSdfp的一个组件，由于它需要从主存储中读取数据，然后写入备存储，所以需要同时连接主备存储。一般情况下，SDM会部署在备站点，以便在灾难发生的情况下，可以顺利恢复备存储上的数据。当应用程序更新主存储时，SDM会把更新的数据拷贝到备存储。一个z/OS系统中可以有多个XRC会话（最多为5个），而多个z/OS系统上多个XRC会话也可以协同工作。多个会话保持一致性的XRC，被称为CXRC（Coupled XRC），CXRC最多支持14个XRC会话的同步，如果要达到这一限制，必须协同运行在不同z/OS系统上的XRC会话。

XRC镜像是以会话为单位，每个会话中包含一个或多个磁盘卷，这些磁盘卷可能来自不同的LCU，甚至不同的ESS存储设备。每个XRC会话通过一致性组CG来确保数据的一致性。CG是将XRC会话中来自不同磁盘卷、不同LCU、不同ESS存储中需要复制的数据按时序进行排序，并形成一个同步时点。每个CG包含了从上一个CG的同步时点到本CG同步时点之间对主存储端的所有更新操作。只要SDM将一个CG写入备存储，就意味着对应同步时点之前对主存储的所有更新操作都已写入备存储。

图10-13所示一个CG的示意图。XRC会话从10:26开始从LCU A读取数据（因此读取的最新更新数据是10:25，而10:27的更新数据未被读取），10:29从LCU B读取数据（所有的更新数据都被读取），10:33从LCU C读取数据（所有的更新数据都被读取）。为了确保来自不同LCU的数据保持一致，SDM对其按时序进行排序，所有的LCU中，时间最早的是来自LCU A的数据（10:25更新），所以将10:25前的数据封装成一个CG，将其写入日志数据集（Journal Dataset）和备盘。该CG数据是协调一致的。如果将来自LCU B 10:28的更新数据或LCU C的更新数据封装进该CG，万一主存储发生灾难，则LCU A上10:25的更新数据将会遗失，备存储将处于不一致的状态。

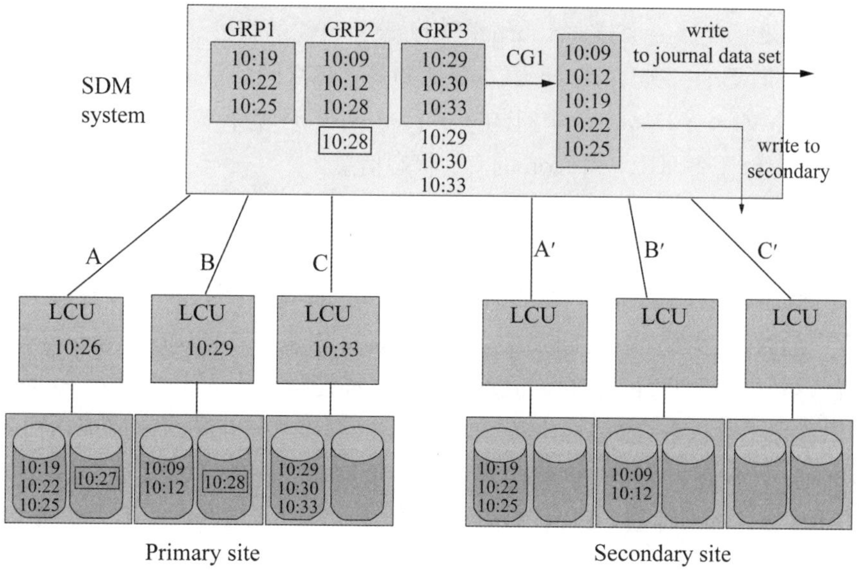

图10-13 CG示意

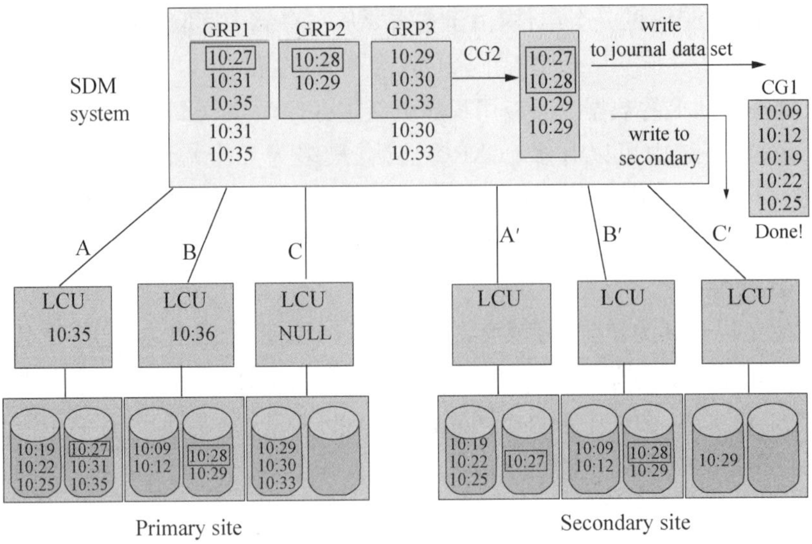

图 10-14　图 10-13 后续 CG 示意

图 10-14 所示是图 10-13 的后续。SDM 在 10：35 再次读取了 LCU A，在 10：36 再次读取了 LCU B。相比图 10-13，当前各 LCU 中最后一个更新的记录来自 LCU B/LCU C 在 10：29 的更新。所以将图 10-13 CG 的一致性点 10：25 到 10：29 的数据打包成一个新的 CG，写入日志数据集和备盘。

在 XRC 的机制中，SDM 需要定义如下几种类似的数据集。

- 日志数据集(Journal Dataset)：记录 CG 中的数据，以防止在更新目标端备存储时出现异常导致数据丢失。
- 控制数据集(Control Dataset)：记录 XRC 会话中已经完成写入到目标端备存储中的 CG，其实质是存储一个指向 Journal Dataset 中 CG 的指针。
- 状态数据集(State Dataset)：记录主存储和备存储之间的 XRC 磁盘卷对应关系。
- 主数据集(Master Dataset)：用于在 Coupled XRC 环境下实现多个 XRC 会话的一致性，其中存储了各 XRC Session 的 CG 状态信息。

XRC 的 I/O 数据流过程如图 10-15 所示。当应用执行一个写操作 I/O 时，数据首先写入主存储的磁盘 Cache 缓存中(步骤 1)，然后主存储会返回 I/O 完成信号给应用程序(步骤 2)，对于应用程序来说，写操作 I/O 在此阶段已经完成。然后，SDM 会读取主存储磁盘 Cache 缓存中的数据(步骤 3)，将同一个 XRC Session 中来自不同 LCU 或不同 ESS 的数据汇总成一个 CG 一致性组(步骤 4)。之后 SDM 会首先将 CG 从内存写入 Journal Dataset(步骤 5)，以确保不会丢失，然后写入目标端的备存储(步骤 6)，在写入完成后更新 Control Dataset 中的记录(步骤 7)，以更新当前 XRC Session 最新的 CG 状态。

加入 XRC 会话的磁盘卷，在源端被称为源卷(Primary Volume)，在目标端被称为目标卷(Target Volume)或二级卷(Secondary Volume)，源卷和目标卷组成了卷对(Volume Pair)。XRC 卷对可能处于下面五种状态之一。

- Copy：正在同步中的卷对。处于该状态下的卷对因为还没有完成同步，所以不能用于

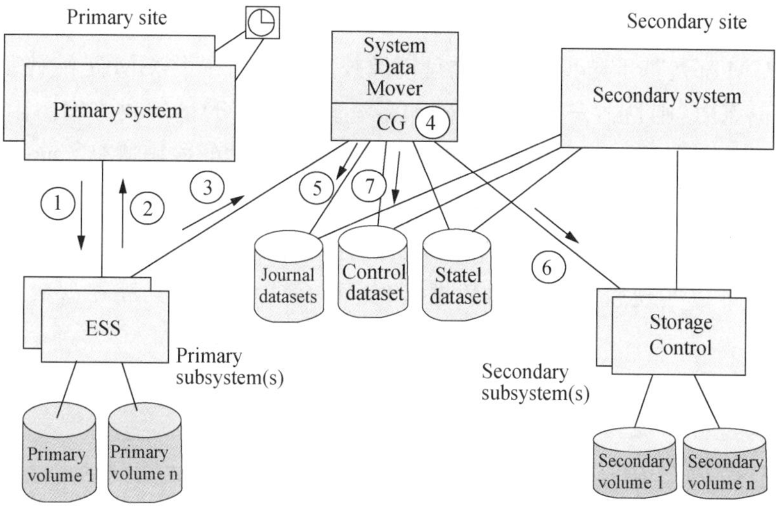

图 10-15 XRC 的 I/O 数据流过程

恢复。

- Duplex：已经达到同步的卷对，或者在定义时指定了 NOCOPY 属性的卷对。
- Pending：不处于同步状态的卷对，处于该状态下的卷对也不能用于恢复。
- Seqcheck：(灾难恢复后)同步状态尚不确定的卷对，当 XRC 完成恢复操作后，状态会自动转化为 Duplex。
- Suspended：被挂起暂停拷贝的卷对，但依然处于 XRC 会话中。

在 XRC 的源端，每个 LCU 中需要定义一组特殊用途的卷——Utility 卷。SDM 从磁盘 Cache 缓存中读取源端的数据，而作为系统软件的一个组件，SDM 发出的 I/O 读取指令需要发到具体的控制单元下的具体的设备地址上。因为磁盘 Cache 缓存中的数据是来自 CU 下不同的卷，所有 XRC 定义了 Utility 卷来提供设备地址，以供 SDM 访问。由于 SDM 需要频繁读写该地址，所以为了避免过于繁忙，一般会选择一个空卷作为 Utility 卷，以避免应用的 I/O 与 SDM 的 I/O 相互干扰、影响性能。Utility 卷仅仅提供了一个地址，对于卷的大小没有要求，因此一般实践中会选择一个 MOD1 的卷作为 Utility 卷以节省空间。每个 XRC Session 在每个 CU 下必须要定义一个 Utility 卷，如果某 CU 上定义了多个 XRC Session，则需要为每个 XRC Session 定义一个 Utility 卷。

XRC Session 被启动(XSTART)后，会被分配一个独有的 Session ID，Session 的状态被设置为活跃(Active)。只有活跃会话才会将源端主存储的更新数据复制到目标端的备份存储上。针对每一个活跃会话，可以加入(XADDPAIR)或删除(XDELPAIR)卷对(一个卷对只能属于一个会话)、查询会话状态(XQUERY)、将会话挂起(XSUSPEND)，也可以将 Session 结束(XEND)。被挂起(XSUSPEND)的会话处于 Suspended 状态，被结束(XEND)后的 Session 处于 Inactive 状态，而 Suspended 会话和 Inactive 会话只能接受启动(XSTART)和恢复(XRECOVER)命令。恢复(XRECOVER)命令是恢复在目标端的备存储，这条命令会触发 SDM 将日志数据集中未被复制的 CG 都写入到备存储，以将备存储恢复到最接近主存储的一致点，恢复操作完成后会话将处于活跃状态。

XRC 与 GM 都是基于异步复制的磁盘镜像技术。区别在于，GM 是纯粹基于磁盘微码的解决方案，而 XRC 则是结合了磁盘微码和系统软件（SDM）的解决方案。因此，GM 是与系统无关的，定义 GM 的时候不需要了解备站点主机与存储的连接情况。而 XRC 需要定义备站点的主机与磁盘连接，实施较为复杂。XRC 的优点是较为节省磁盘空间，在备站点只需要存储一份备份数据，而 GM 在备站点需要储存两份数据的空间。XRC 的另一个优点是更好的扩展性，可以实现较多磁盘的数据镜像，而 GM 是针对少量磁盘数据镜像的解决方案。

10.3.4　MGM 与 MzGM 解决方案

为了满足客户对于磁盘的高可用性要求，应对从磁盘硬件故障到站点故障的不同灾难场景，IBM 结合 PPRC（Metro Mirror），GM（Global Mirror），XRC（z/OS Global Mirror）的各自优势，提供了一种三站点架构的解决方案。其中，结合了 PPRC 和 GM 的解决方案的 Metro Mirror/Global Mirror 被称为 MGM，而结合了 Metro Mirror/z/OS Global Mirror 的解决方案被称为 MzGM。

MGM 是一种级联式的架构，生产系统运行在 PPRC 的源盘（Site 1，A 盘）上，数据通过 PPRC 同步镜像到 PPRC 的目标盘（Site 2，B 盘），B 盘同时也是 GM 的源盘，数据再通过 GC 异步镜像到 GM 的目标盘（Site 3，C 盘），而定期通过快照拷贝备份出来（Site 3，D 盘）以形成一份确保一致性的数据。MGM 架构完全基于磁盘微码实现，日常的数据复制不涉及系统软件，但是异常状态的恢复需要结合系统软件来实现，也就是 GDPS MGM（包含 GDPS PPRC 和 GDPS GM）。在发生 GDPS PPRC HyperSwap 的情况下，生产系统被切换到 B 盘运行，而 B 盘到 C/D 盘的 GM 异步镜像不受影响，继续运行。图 10-16 所示是 MGM 三站点架构示意图。

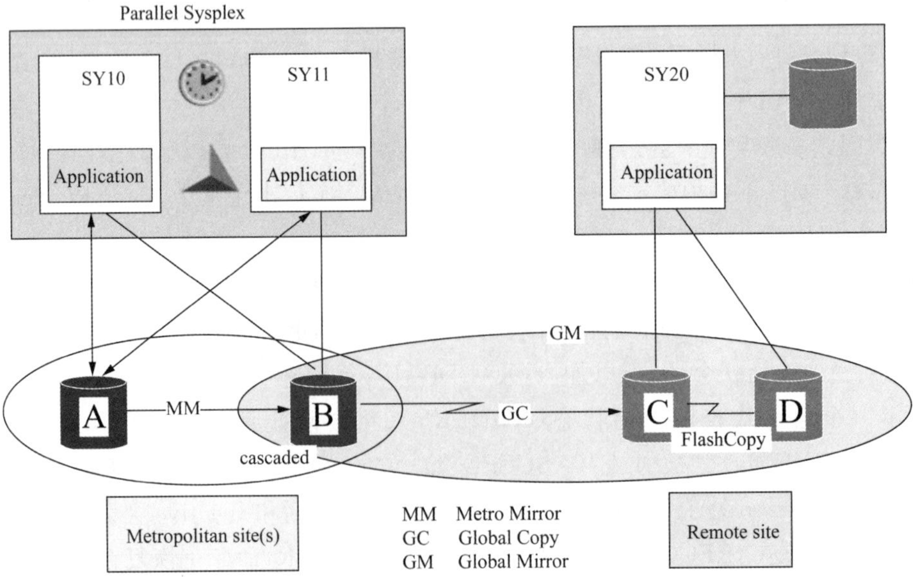

图 10-16　MGM 三站点架构示意

MzGM 的架构与 MGM 不同，是一对二的三站点架构（图 10-17）。生产系统日常运行的磁盘（Site 1，A 盘）即是 PPRC 的源盘，也是 XRC 的源盘，数据通过 PPRC 同步镜像到 PPRC 的目标盘（Site 2，B 盘），与此同时，数据也被 SDM 异步拷贝到 XRC 的目标盘（Site 3，C 盘）。MzGM 架构中，MM 部分完全基于磁盘微码实现，而 zGM（XRC）部分的 SDM 功能基于系统软件实现。同样，异常状态的恢复需要结合系统软件来实现，也就是 GDPS MzGM（包含 GDPS PPRC 和 GDPS XRC）。在发生 GDPS PPRC HyperSwap 的情况下，生产系统被切换到 B 盘运行，而 A 盘到 C 盘的 XRC 异步镜像会中断。如果希望继续维持 XRC 保护，需要重新建立 B 盘至 C 盘的 XRC 镜像关系。

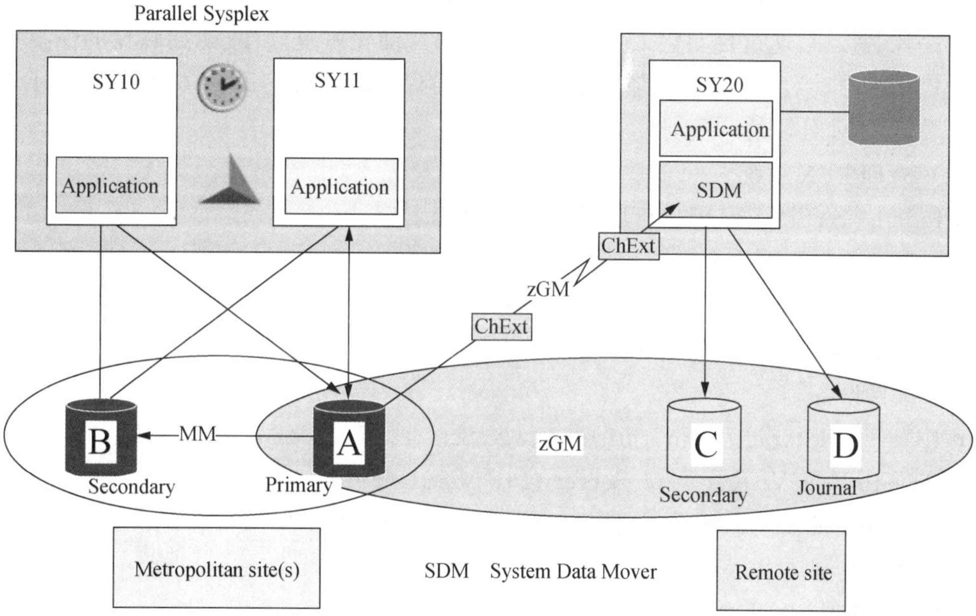

图 10-17　MzGM 三站点架构示意

10.4　地理分散的并行系统耦合体

10.4.1　GDPS 基本概念

数据备份提供了灾备恢复 7 层模型中第六层的高可用性，如果要更进一步实现第七层的高可用性，需要在数据备份的基础上，提供自动化的应用恢复解决方案，以实现业务的快速恢复与接管。地理分散的并行系统耦合体（Geographically Dispersed Parallel Sysplex，GDPS）就是这样一种为多站点应用程序提供高可用性的解决方案。GDPS 的设计目的是最小化生产系统中断的影响，包括计划外的灾难或计划内的维护操作。在计划外或计划内生产系统中断的情况下，GDPS 实现了可控的站点切换，几乎没有数据丢失，在多个磁盘/卷的配置下实现数据一致性，并在新站点提供数据库重启的功能。

对于多站点 SYSPLX，首先要考虑是否计划在两个站点中同时运行生产系统，还是所有的生产系统在某一时刻只在一个站点中运行。可以同时在两个站点中运行生产系统的配置被称为多站点工作负载配置;在一个站点或另一个站点(但不是同时在多个站点)运行生产系统的配置被称为单站点工作负载配置,有时也被称为“活动/待机”(Active/Standby)配置。有些变种的配置架构,比如生产系统,主要运行在一个站点上,但是部分激活的系统在另一个站点上运行,仍然是多站点工作负载配置。

GDPS是结合了SYSPLEX系统、自动化工具软件、硬件设备、数据复制技术的综合解决方案。无论主站点(Site 1)发生什么,通过数据复制技术,在备站点(Site 2)都保存了一份确保一致性的备份数据。GDPS提供了数据复制的配置管理功能和存储子系统的管理功能,方便实现数据复制,确保数据的一致性。主站点发生异常的情况下,GDPS给用户提供一个单一控制接口,通过自动化工具实现备站点的自动化恢复操作,比如磁盘的恢复操作、系统与应用的自动启动等,大幅降低了RTO,从而提高应用程序的整体可用性。GDPS包含以下关键IBM公司的产品与技术。

(1) SYSPLEX系统

- Parallel SYSPLEX(但也可以是Base SYSPLEX)。

(2) 自动化工具软件

- Tivoli NetView for z/OS(自动化软件)。
- System Automation for z/OS(自动化软件)。

(3) 硬件设备

- IBM TotalStorage® Enterprise Storage Server®(ESS) or DS8000®(磁盘)。
- Peer-to-Peer Virtual Tape Server (PtP VTS)(带库)。
- Optical Dense Wavelength Division Multiplexer (DWDM)(网络中继设备)。

(4) 数据复制技术

- PPRC架构,也被称为MM。
- XRC架构,也被称为zGM。
- Global Mirror架构。
- QREP/MQ软件复制架构。

10.4.2 GDPS PPRC解决方案

GDPS PPRC是基于PPRC架构基础上的GDPS解决方案,它的设计中使用一个冻结(Freeze)功能来确保二级盘上数据的一致性。当系统检测到PPRC一级盘发生异常时,会自动触发GDPS的冻结功能,停止对PPRC二级盘上数据的任何更新操作。这就避免了一级盘这端只有部分故障,从而部分更新了二级盘的可能性,从而确保了二级盘的数据镜像是一致的。用户也可以通过GDPS的面板,手动触发冻结操作。

在GDPS PPRC环境中,日常情况下,运行生产数据的PPRC一级盘所在的站点被称为Site 1,二级盘所在的站点被称为Site 2。在Site 1发生灾难,或者实施计划内切换时,Site 2的二级盘将成为运行生产数据的主存储。用户需要在GDPS中定义Site 1和Site 2。

在GDPS PPRC环境中,需要定义GDPS控制系统,通常简称为K系统(K-system)。

实现GDPS功能的SA(System Automation,负责自动化处理的一个产品)地址空间在K系统上运行,用于异常情况下系统的自动化恢复。K系统必须是运行生产业务的SYSPLEX中的一个成员,以监控生产系统发出的各种Message消息,从而便于自动触发或执行相应的操作。为了避免Site 1的故障同时中断K系统的运行,所以K系统一般是部署在Site 2。由于K系统和生产系统是属于同一个SYSPLEX,也就需要共享CF和CDS文件。由于CF LINK的传输延迟随着距离的增加而显著升高,所以SYSPLEX中各系统之间的距离不能太远,否则CF的性能会急剧恶化到无法正常运行的地步。这也就意味着如果启用GDPS PPRC架构,Site 1和Site 2的距离不能相距太远(通常是在几千米之内),远远低于PPRC本身300 km的限制。

为了避免K系统的故障/维护导致GDPS PPRC功能中断,在资源允许的情况下,系统中会设置两个K系统(通常称为K1系统和K2系统),K1系统为主的K系统(Master System)运行在Site 2;而K2系统为备份的K系统,在K1系统故障/中断时接管GDPS功能。考虑切换到Site 2运行后一般需要回切到Site 1,而且Site 2可能也需要实施维护,所以一般将K2系统布置在Site 1。

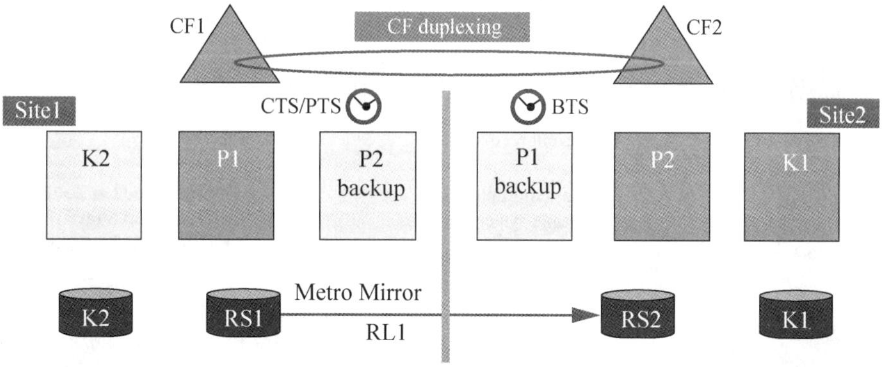

图10-18 GDPS PPRC架构示意

用户可以通过GDPS面板中的预定义的标准操作(Standard Action)和GDPS脚本(Script)来实施GDPS操作。GDPS面板是用户登录GDPS子系统(其实质为一个客户化的SA地址空间)后的标准界面,其中定义了一些标准操作,用来实现一些例行的GDPS操作,如图10-19所示。GDPS脚本是预先定义的脚本,每个脚本中包含了一组相关的GDPS功能,用来实现一个特定的功能。常见的GDSP脚本有控制脚本(Control Script,可以通过面板中的标准操作来触发,比如IPL系统、起停CF)、批量脚本(Batch Script,类似控制脚本,区别在于一般是通过批量作业来提交执行,或者对消息的捕捉来触发执行)和接管脚本(Takeover Script,用于在灾难发生时执行接管操作,通过对系统异常消息的捕捉来触发执行)。

自动化恢复流程如图10-20所示。在PPRC Critical设置为NO时,如果检测到PPRC镜像出现异常时,磁盘会发出一个ELB长等待中断(Extended Long Busy Interrupt),系统会生成对应的IOS错误信息,而GDPS PPRC会捕捉到IOS信息,自动触发冻结操作,冻结

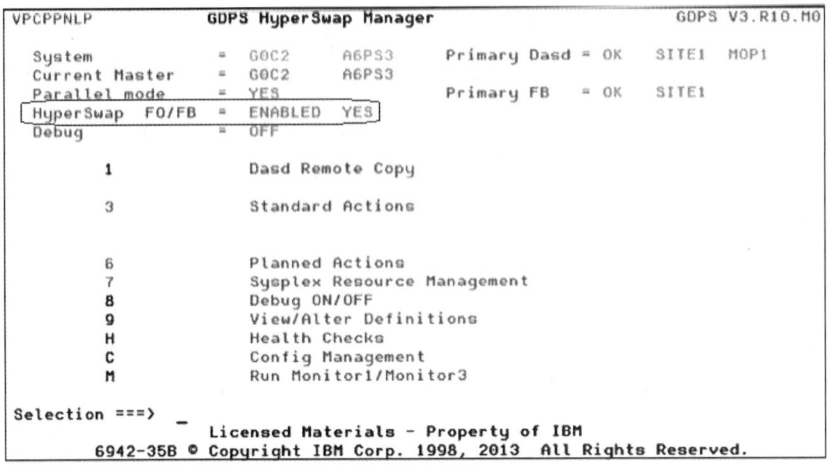

图 10-19 GDPS PPRC 面板示意

对二级盘的 I/O 操作，以确保备存储的数据一致性。在冻结操作完成后，基于设置的 GDPS 策略执行后续的操作，这些 GDPS 策略(POLICY)包括四种。

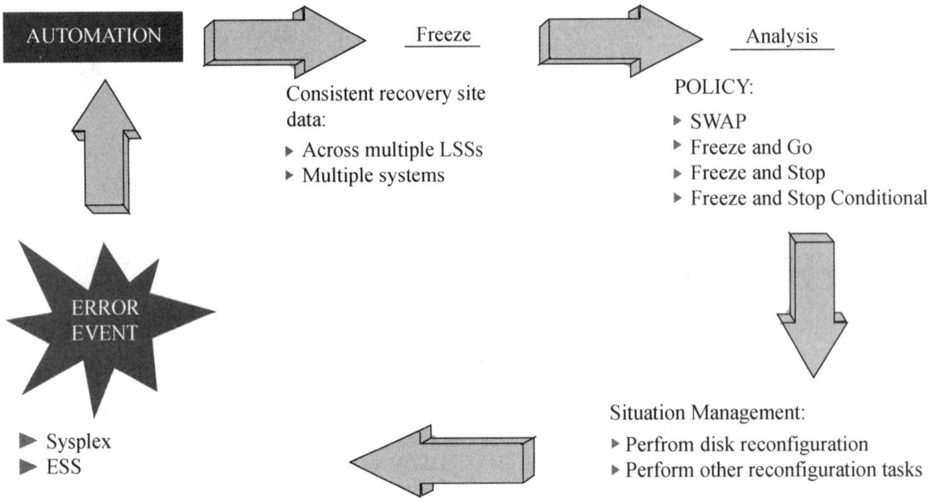

图 10-20 GDPS 策略

- SWAP：将应用程序访问的磁盘从一级盘切换到二级盘，该切换对于系统和应用程序是透明的，具体内容参见 10.4.3 小节的介绍。
- Freeze and Go：在对二级盘冻结操作完成后，访问一级盘的应用程序继续运行，后续对一级盘的更新将不会同步到二级盘。这种策略倾向于首先确保业务的连续运行。
- Freeze and Stop：对二级盘冻结操作完成后，访问一级盘的应用程序也被停止。这种策略倾向于确保应用的数据不被丢失。
- Freeze and Stop Conditional：在对二级盘冻结操作完成后，系统会分析 PPRC 中断的原因，根据原因的严重程度决定访问一级盘的应用程序是否需要被停止。

除了实现磁盘故障时系统的自动恢复，GDPS还提供了对于磁盘和SYSPLEX的管理功能。GDPS PPRC使用GEOPARM配置文件来存放主备磁盘之间的镜像关系。在完成GEOPARM的配置后，用户可以通过GDPS面板，来针对PPRC关系实施相应的管理操作，包括启动(Start)、停止(Stop)、暂停(Suspend)、重同步(Resynchronize)磁盘卷或LCU之间的PPRC镜像关系，查看PPRC镜像的状态，调整PPRC镜像的正反方向，执行Flash Copy操作。除了对磁盘的管理，GDPS PPRC还提供了系统管理的功能。

10.4.3 HyperSwap功能

GDPS PPRC提供了一个强大而重要的功能——HyperSwap。该功能允许在主存储故障的情况下，业务不中断，直接切换到备存储运行。如果没有该功能，备存储上虽然有一份一致性的同步镜像数据(RPO=0)，但主存储的故障依然会导致生产业务中断，用户还需要时间使用备存储上的数据来IPL系统和重启DB2，依然需要较长的RTO。

z/OS及其上的子系统使用UCB(Unit Control Block)来访问磁盘卷。每一个磁盘卷都有一个UCB，其中包含了磁盘卷所对应的设备地址，以及连接Device的Path(路径)。针对磁盘卷的I/O操作，都是首先指向UCB，然后解析UCB中的信息，再通过其中的路径(路径)访问具体的设备地址。由于PPRC的二级盘是一级盘的镜像，二级盘和一级盘的卷标相同，所以正常情况下生产系统无法访问二级盘(对应卷标的UCB指向一级盘的设备/路径)。

有了HyperSwap功能后，当GDPS PPRC检测到一级盘出现故障时，会首先暂停对于一级盘的所有I/O访问。注意，这时候I/O访问并不是失败，只是暂停，所有的I/O操作都被挂起在UCB上，并不会继续访问实际的设备/路径。然后，GDPS PPRC会去修改UCB中的信息，从指向一级盘的设备/路径改为指向二级盘的设备/路径，并中断一级盘和二级盘之间的PPRC镜像关系，将二级盘的状态进行置位，以允许应用程序访问。修改完毕后，GDPS PPRC会恢复之前暂停的所有I/O操作，I/O通过更新过的UCB，访问二级盘的设备/路径。

整个修改过程对于应用程序是透明的，应用程序依然访问原来的卷标，并不会感受到磁盘已经从PPRC一级盘切换到PPRC二级盘。切换过程中，由于I/O暂停，应用程序会挂起短暂的时间，除此之外应用程序并不会感受到任何异常。GDPS PPRC需要时间来修改UCB，修改时间的长短取决于K系统的可用MIPS资源数量和需要修改的磁盘卷地址数目，一般而言，在配置合理的情况下，仅仅几秒钟就可以完成几千个磁盘卷的UCB修改操作。

GDPS PPRC HyperSwap操作可以自动执行(通过捕捉一级盘报错信息而自动触发)，也可以由用户通过GDPS面板执行。在启用了HyperSwap功能后，可以实现磁盘故障的即时恢复(RTO=0)。因此，GDPS PPRC HyperSwap(图10-21)成为磁盘本地灾备最重要的技术之一。

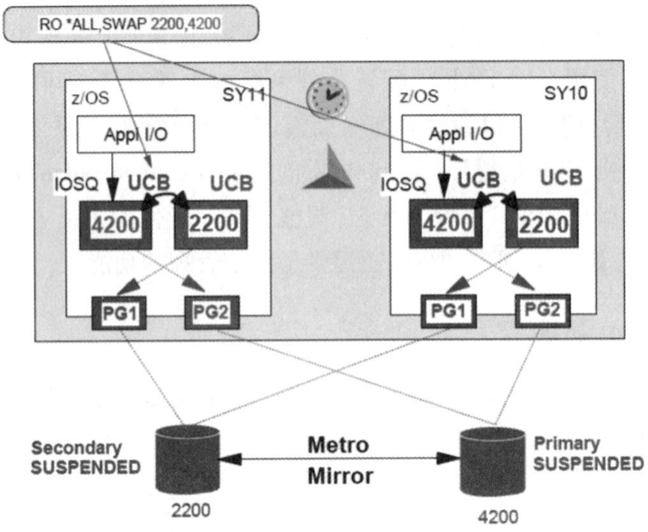

图 10-21　GDPS PPRC HyperSwap 过程示意

10.4.4　GDPS XRC 解决方案

GDPS XRC 是基于 XRC 架构的 GDPS 解决方案，它结合了 XRC 的长距离数据备份和 GDPS 自动化管理，主要责任是管理 XRC 远程镜像以及主站点故障下生产系统在备份站点的自动化恢复，从而大幅度缩短了站点级故障发生时业务的恢复时间。通过对备份站点主机和存储系统的管理，结合 XRC 和 Flash Copy 的相关操作，GDPS XRC 提供了主站点异常的情况下全自动的站点切换功能。

由于 PPRC 的距离限制，GDPS PPRC 的 Site 1 和 Site 2 通常不会相距太远，所以位于 Site 2 的 K 系统和位于 Site 1 的生产系统处于同一个 SYSPLEX 之内。与之不同，XRC 的备站点往往与主站点距离较远，可能相距数千千米，所以位于主站点的生产系统与位于备站点的 SDM 系统没办法处于同一 SYSPLEX 中。在 GDPS XRC 的架构上，备站点的几个(或一个)SDM 系统与 GDPS XRC 的 K 系统(控制系统)组成一个 Base SYSPLEX。运行在 K 系统上的 GDPS XRC 与多个 SDM 系统协同工作，提供了对多个 Session 统一管理接口。通过 GDPS XRC 的 Panel 面板，用户可以方便地监控和管理 XRC 镜像关系，以及对备存储(二级盘、三级盘)的维护操作。

和 GDPS PPRC 一样，GDPS XRC(图 10-22)预先定义了一组脚本(Script)，执行计划动作(Planned Action)，可以由用户通过面板(图 10-23)执行，也可以通过批量作业来提交。比较简单的计划动作包括对生产系统(在备站点恢复运行)的相关操作，比如下宕系统、IPL 系统、重启系统。一个复杂的计划动作可能包含多个相关操作，比如在不停止 XRC 的情况(从而不会失去生产系统的 XRC 备份保护)下验证恢复流程的脚本，只需要在面板中执行一个计划动作，就可以完成下列的一系列相关操作。

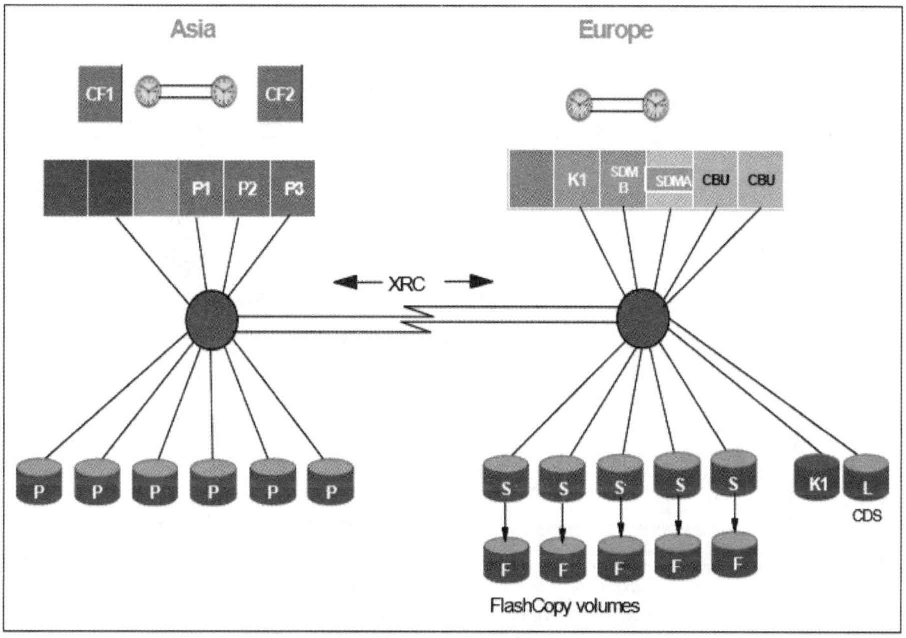

图 10-22　GDPS XRC 架构示意

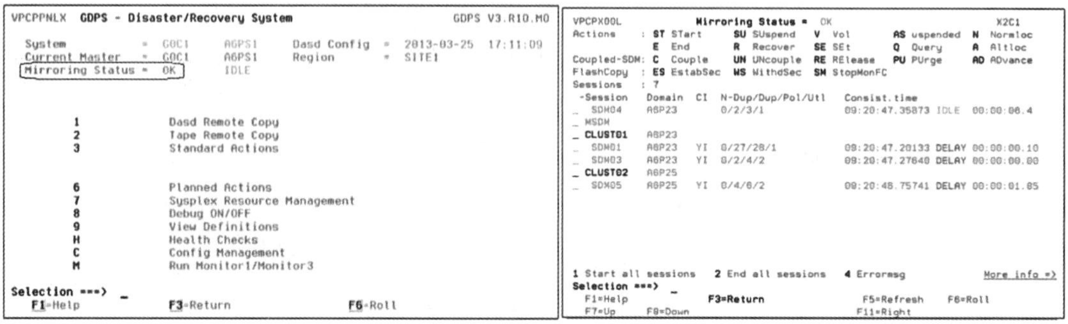

图 10-23　GDPS XRC 面板示意

（1）发起一个从二级盘到三级盘的零暂停快照拷贝(Zero Suspend FlashCopy)，在发起 Flash Copy 时，系统会暂时挂起对于二级盘的 XRC 写操作，等到 FlashCopy 命令结束后再恢复对二级盘的写操作。

（2）对三级盘上的数据进行 XRC 恢复操作。

（3）实施备站点主机的 CBU(Capacity Backup)扩容操作。

（4）关闭备站点主机上运行的测试环境(如果有)，以节省 MIPS 资源。

（5）激活备站点主机上生产系统和 CF 运行所需的 LPAR。

（6）在备站点主机上 IPL 生产系统。

结合 GDPS PPRC 和 GDPS XRC，就组成了 GDPS MzGM。GDPS MzGM 是一个三站点(位于地域 A 的 Site 1/Site 2 和位于地域 B 的 Site 3)的架构(图 10-24)。GDPS PPRC 的

K 系统与 GDPS XRC 的 K 系统协同工作，为此需要打通二者之间的网络连接。在 Site 1 发生故障的情况下，磁盘 A 将无法正常工作。对于本地的 MM 部分，GDPS 会实施 HyperSwap，将应用从访问磁盘 A 切换到访问磁盘 B，以确保应用程序可以正常工作。但是，对于从磁盘 A 到磁盘 C 的 XRC 连接中断，需要用户重新建立从磁盘 B 到磁盘 C 的 XRC 连接。在实施了 GDPS MzGM 的情况下，用户可以在 GDPS XRC 的界面中执行脚本，重新建立 XRC 连接。如果没有启用增量重新同步（Increment Resync）功能，则需要实施从磁盘 B 到磁盘 C 的初始化拷贝；如果启用了增量重新同步功能，则只需要将 HyperSwap 之后对于磁盘 B 的更新操作拷贝到磁盘 C 即可，这样可以大大缩短重建磁盘 B 到磁盘 C 的 XRC 同步时间，从而缩短了应用系统缺乏 XRC 保护的时间窗口。

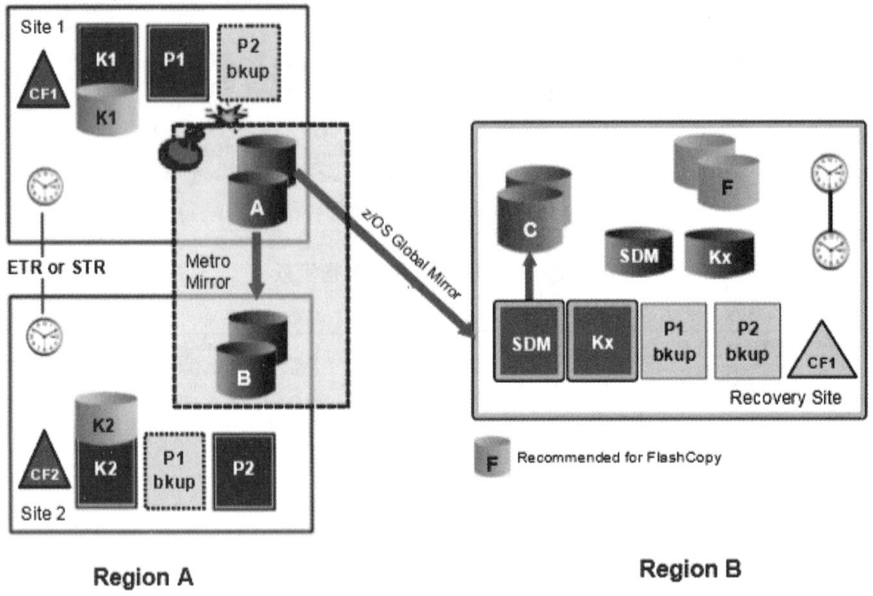

图 10-24 GDPS MzGM 架构示意

10.4.5 GDPS GM 解决方案

与 GDPS XRC 类似，GDPS GM 是基于 GM 架构的 GDPS 解决方案，结合了 GM 的长距离数据备份和 GDPS 自动化管理，主要责任是管理 GM 远程镜像以及主站点故障下生产系统在备份站点的自动化恢复，从而缩短了站点级故障时业务的恢复时间。与 GDPS XRC 不同的是，GDPS GM 不需要 SDM 系统实施数据拷贝，从而节省了系统资源，简化了系统架构（图 10-25）。

GDPS XRC 只需要一个运行在备份站点的 K 系统，与之不同，GDPS GM 需要两个独立的 GDPS 子系统（SA 地址空间）来协同工作，管理 GDPS GM 操作位于主站点中的控制系统（K-sys，简称 K 系统），以及远程备份站点中的恢复系统（R-sys，简称 R 系统）。K 系统的主要功能是管理 GM 配置和 GM 会话，R 系统的主要功能是在主站点异常中断的情况下管理 GM 镜像数据的恢复，并提供远程灾备站点自动化重新启动应用系统的功能。K 系统可以

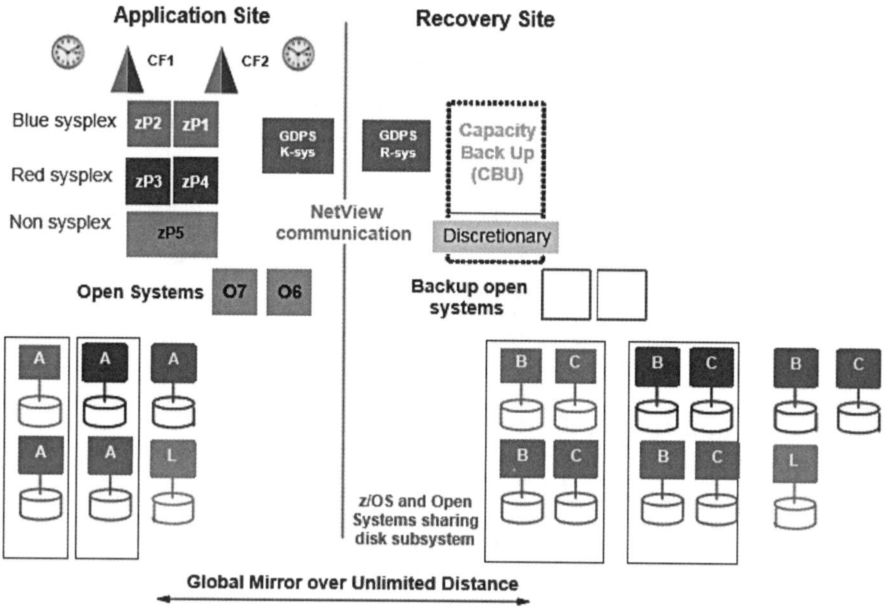

图 10-25　GDPS GM 架构示意

运行在单独的系统上，应用 SYSPLEX 的一个新增系统上，或者应用 SYSPLEX 的一个现有系统上。如果运行在现有系统上，其上可能已经有 SA 地址空间运行，需要为 K 系统的 SA 地址空间进行单独的命名，以避免与现有的 SA 地址空间命名冲突。R 系统同样可以运行在单独的系统上，应用 SYSPLEX 的一个新增系统上，或者应用 SYSPLEX 的一个现有系统上，但必须能够访问远程灾备站点的磁盘。为了确保主站点灾难发生的情况下 R 系统依然可以正常工作，以实现应用系统的自动化重启，一般都在备份站点为 R 系统搭建独立的单机系统（通常称为 Kr 系统）。在 GDPS GM 的 K 系统和 R 系统之间必须打通 IP 网络连接，以同步磁盘镜像配置信息。

与其他 GDPS 产品类似，GDPS GM 也提供了面板（图 10-26）进行操作。GDPS GM 包含 K 系统和 R 系统两个 GDPS 子系统，两个 GDPS 子系统的面板略有不同。区别主要在于标准操作部分。K 系统的标准操作只支持对备份站点恢复系统的 IPL 配置信息的更改，而不支持 IPL 备份站点的恢复系统，而 R 系统的标准操作支持所有的标准操作。与 GDPS GM 的面板操作类似，GDPS GM 的脚本执行也区分环境，恢复备份站点磁盘的 GDPS 脚本只能在 R 系统上执行。

与 GDPS XRC 类似，一个复杂的 GDPS GM 计划动作可能包含多个相关操作。下面是一个计划动作的过程，在备份站点恢复磁盘，准备 LPAR，以实施灾备演练。

（1）恢复备份站点的磁盘。

使用磁盘 B 作为演练使用，当前磁盘 C 上存放有一份略旧的 CG 一致性组数据，而磁盘 B 上是部分更新的“脏”数据，所以需要中断从磁盘 A 到磁盘 B 的 GC（Global Copy）连接，然后从磁盘 C 往磁盘 B 作反向的 Flash Copy 操作。

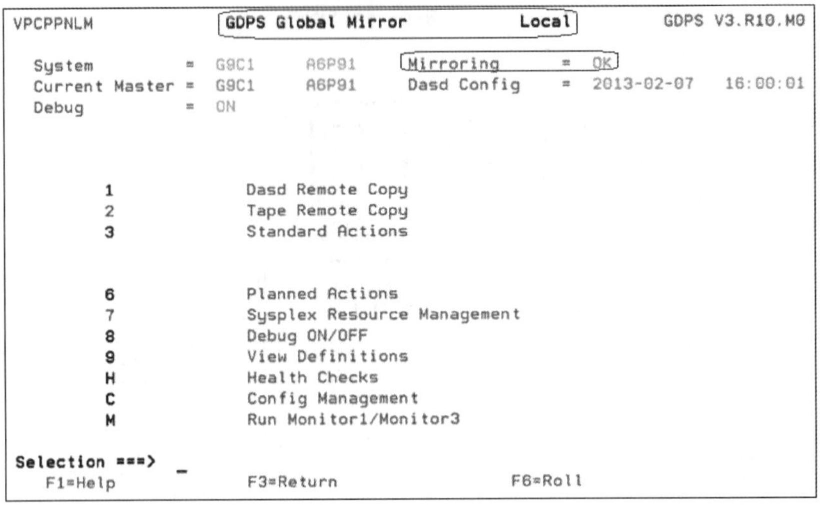

图 10-26　GDPS GM 面板示意(K 系统)

(2) 对备站点的主机实施 CBU(容量动态增加)操作。

(3) 在备站点主机上激活为应用系统恢复运行所用的 LPAR。

(4) 在备站点激活应用系统恢复运行所用 CF LPAR。

(5) 使用磁盘 B 在备站点 IPL 应用系统,恢复应用运行。

而在演练结束后,可以通过以下的一个计划动作过程恢复 GM 连接。

(1) 重置(Reset)下宕备站点上应用系统恢复运行所用的 LPAR。

(2) 在备站点主机上停用(Deactivate)这些 LPAR。

(3) 将备站点的主机容量降回 CBU 之前。

(4) 恢复磁盘 B 到测试之前的状态(从磁盘 C 往磁盘 B 作反向的 Flash Copy 操作)。

(5) 重新恢复磁盘 A 往磁盘 B 的同步。

与 GDPS MzGM 类似,结合 GDPS PPRC 和 GDPS GM,可以组成 GDPS MGM 的三站点架构(如图 10-27 所示,位于地域 A 的 Site 1/Site 2 和位于地域 B 的 Site 3)。GDPS PPRC 的 K 系统与 GDPS GM 的 K 系统、R 系统协同工作,为此需要打通三者之间的网络连接。当 Site 1 发生故障的情况下,磁盘 A 将无法正常工作。对于本地的 MM 部分,GDPS 会实施 HyperSwap,将应用从访问磁盘 A 切换到访问磁盘 B,以确保应用可以正常工作。从磁盘 B 到磁盘 C 的 GC 连接依然正常运行,不受影响。但是,对于 GDPS v3.x 的产品,当需要建立从磁盘 B 到磁盘 A 的反向 PPRC 连接前,必须中断磁盘 B 到磁盘 C 的 GC 连接。也就是说,不支持一个磁盘同时成为两个 PPRC(PPRC-XD)的源盘。从 GDPS 4.1 开始,在磁盘微码支持 MTMM(Multi-Target Metro Mirror)的前提下,GDPS MGM 允许一个磁盘同时成为两个 PPRC(PPRC-XD)的源盘,这样,在实施磁盘 B 至磁盘 A 的反向 PPRC 同步时,磁盘 B 至磁盘 C 的 GC 镜像可以正常运行,GM 的保护不受影响。

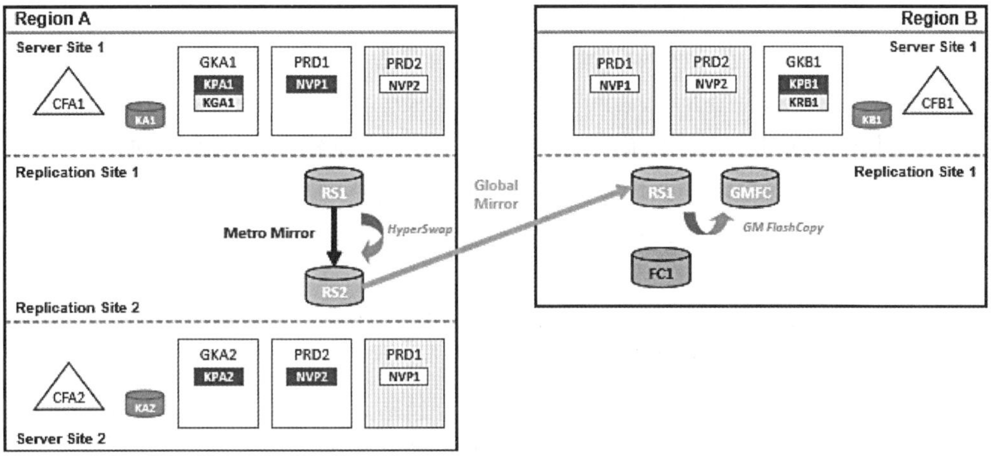

图 10-27　GDPS MGM 架构示意

10.4.6　GDPS Active/Active 方案

为了实现应用系统的高可用性，加快业务在灾难发生后的快速恢复，IBM 结合不同的磁盘镜像技术开发了各种不同的 GDPS 解决方案。其中，基于同步复制技术(PPRC)的 GDPS 方案实现了 RPO=0 且 RTO 接近 0 的恢复能力，但受到 PPRC 距离的限制(一般不超过 20 km)；而基于异步复制技术(XRC, GM)的 GDPS 方案实现了长距离(超过 1 000 km) RPO 接近 0 的恢复能力，但是 RTO 需要几个小时。为了同时满足低 RPO、低 RTO、长距离的恢复要求，IBM 研发出了 GDPS Active/Active，简称 GDPS AA，又被称为 GDPS 持续可用的解决方案，用于管理 Active/Active 双活架构(图 10-28)。

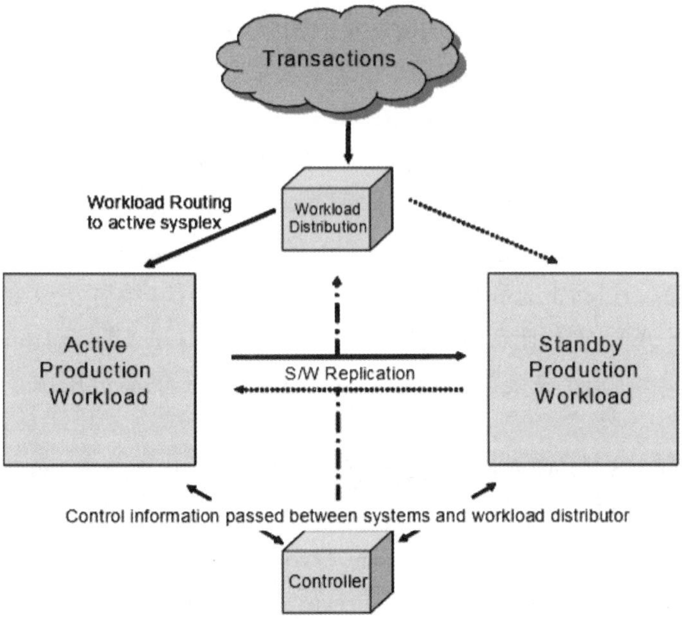

图 10-28　Active/Active 双活架构示意

了解 GDPS AA 之前，首先要了解 Active/Active 双活架构，其包含如下几个要素。

- 两个（或两个以上）的站点（Site）：站点之间不受距离限制，可以相距上千千米。每个站点运行相同的应用程序，访问相同的应用数据。
- 数据（Data）：通常储存在数据库之内，在每个站点上都保持一份同步的镜像。
- 复制机制（Replicator）：用于在不同站点间复制数据。
- 业务负载（Workload）：可以根据站点的健康情况，被路由到不同的站点上。
- 控制系统（Controller）：监控各站点的情况，调整路由。
- 负载分发（Workload Distributor）：根据控制系统的指令，将负载分发到不同的站点。

控制系统持续监控站点的健康状态（是否可用，可用的容量大小），以决定将业务负载路由到哪个站点。当站点 A 故障时，业务可以被路由到站点 B 上（灾备恢复时的业务接管）；当站点 A，B 均健康时，业务根据站点 A，B 的处理能力，按比重被同时路由到站点 A、B 上（业务负载均衡）。负载又被分为更新负载（Update，read/write）、查询负载（read-only）两类。基于不同的负载分配，双活架构又可以细分为以下几种配置。

- Active/Standby 配置：更新负载/查询负载都在一个站点（主站点）上运行，其余的站点作为备份（Standby），数据从主站点镜像到备站点，备站点上有程序和数据，但不接受负载。
- Active/Query 配置：更新负载在一个站点（主站点）上运行，而查询负载既可以在主站点运行，也可以在备站点运行，或者同时在主、备站点运行，数据从主站点镜像到备站点，备站点上有程序有数据，但只接受查询负载。
- Active/Active 配置：更新负载、查询负载同时在两个（或多个）站点上运行，在不同站点上运行的更新负载访问不同的数据（不同地域，或不同业务类型），数据从更新负载发生的站点镜像到其他站点，以供查询负载使用。

IBM Lifeline 产品结合提供负载均衡功能的网络路由设备（称为 Load Balancer 负载均衡器，比如 F5 路由器），提供了双活架构中的业务负载路由功能。IBM Lifeline 为外部的负载均衡器提供智能路由信息，它包含运行在 GDPS Controller 系统上的 Lifeline Advisor 和运行在业务系统上的 Lifeline Agent 两个模块。Lifeline Agent 获取各业务系统 LPAR 的状态（包括 LPAR 本身的状态、LPAR 上应用程序的状态、LPAR 访问业务数据的状态、LPAR 连接业务的网络连接状态等信息），然后发送给 Lifeline Advisor。Lifeline Advisor 收到各 Agent 提供的信息后，进行汇总和计算，生成负载的路由建议，然后发送给负载均衡器进行路由分发。GDPS AA 的详细架构示意如图 10-29 所示，主 GDPS Controller 系统位于 Site 1，备 GDPS Controller 系统位于 Site 2，互为主备，以提供高可用性。对架构图中的关键点解释如下。

（1）TEPS/TEMS/TEM Agent 负载监控整体状态。

各业务系统上的 TEM Agent（Tivoli Enterprise Monitoring Agent）收集各系统的状态信息，发送给运行在 Controller 上的 TEMS（Tivoli Enterprise Monitoring Server）进行汇总，再通过 TEPS（Tivoli Enterprise Portal Server）发布出来，方便用户通过开发端监控各系统的运行状态。

（2）主/备的 GDPS Controller 负责总体的 GDPS 控制。

其上运行 GDPS/A-A（GDPS 控制）、主 Lifeline Adviser（路由信息生成）、TEMS（监控）、SA/Netview（自动化处理）。

（3）Site 1 上的数据通过软件复制传输到 Site 2。

Site 1 各业务系统上的 QREP Capture 读取数据库中的 LOG 日志，写入本 LPAR 上的 MQ1 的输入队列中，MQ1 再通过 TCP/IP 连接到 Site 2 上的 MQ2，把 MQ1 输入队列中的内容写入 MQ2 的输出队列，Site 2 的 QREP Apply 再从 MQ2 的输出队列中读取 LOG 日志，重新执行到 Site 2 的 DB2 中。

（4）负载均衡器负责负载的路由。

Lifeline Advisor 从各业务系统的 Lifeline Agent 上收集信息，生成负载路由建议，发送给 Tier 1 和 Tier 2 的负载均衡器（Load Balancer）。

（5）交易。

交易通过 Tier 1 和 Tier 2 的负载均衡器，连接到业务系统，通过其上的应用程序，读写应用数据。

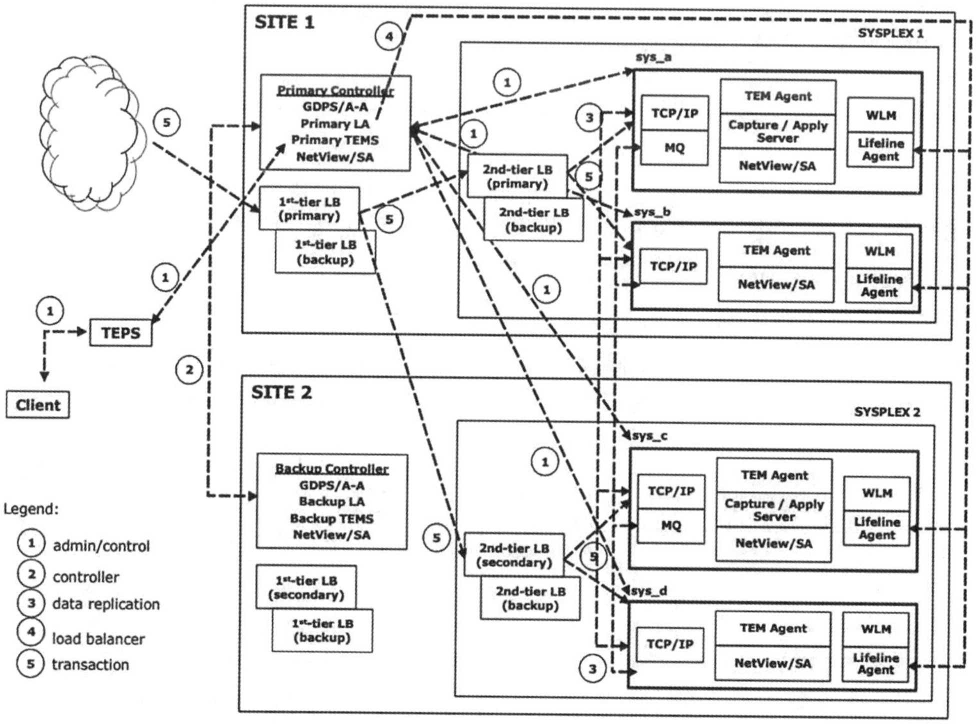

图 10-29 GDPS AA 架构示意

与之前基于各种硬件复制技术（PPRC、GM）或者软硬件结合的复制技术（XRC）的 GDPS 解决方案不同，GDPS AA 是完全基于软件实现的数据复制。当前较为常用的数据复制软件是 IBM InfoSphere Data Replication for DB2（又称 QREP），其需要使用 IBM WebSphere MQ 来负责底层的网络传输，从一个站点传输到另一个站点（图 10-30）。QREP

在源端有一个地址空间叫做 Capture，它读取源端站点的 DB2 日志，然后放置在源端站点的 MQ 队列中；MQ 将源端队列中的内容传输到目标端的队列中；QREP 在目标端也有个地址空间叫做 Apply，它从 MQ 目标端的队列中读取 DB2 日志，然后在目标端的 DB2 上重新执行(Apply)Log 中的操作。这样，源端站点对 DB2 数据库中的所有更新操作，都通过 MQ/QREP 同步到目标端站点的 DB2 数据库中，两个站点的数据库可以实现同步。

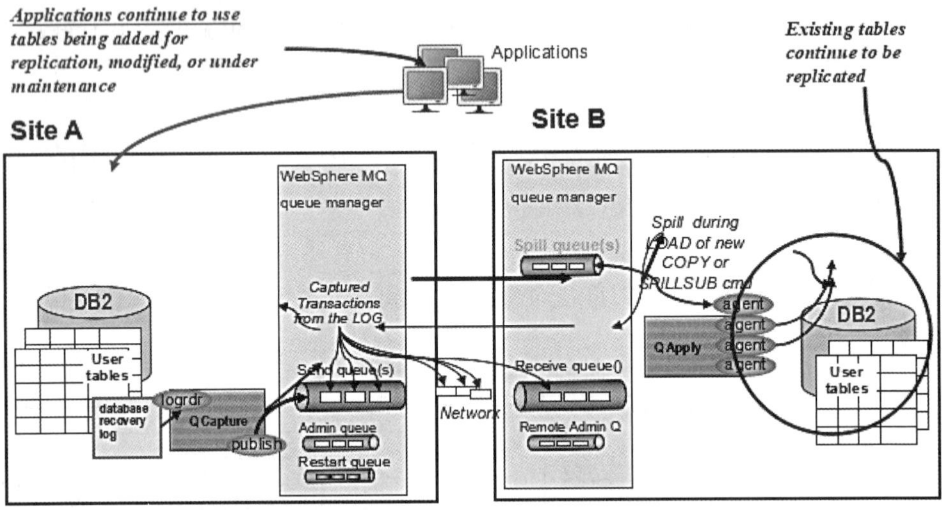

图 10-30　QREP/MQ 数据复制架构示意

在实际应用中，QREP/MQ 数据复制技术往往与 PPRC、XRC(或 GM)等磁盘复制技术相结合，组成更加复杂的双活架构。图 10-31 是一个结合了 A/A 和 PPRC 的双活架构。核心应用程序运行在 Site A 上，在 Site A 本地有一个 PPRC 的磁盘镜像，有两个 PPRC 的 K 系统(主/备各一)，在 Site A 的主磁盘故障情况下，I/O 自动切换到 Site A 本地的 PPRC 备盘上，应用继续运行。Site B 是备份中心，和 Site A 的距离不受限制(可以达上千千米)，Site

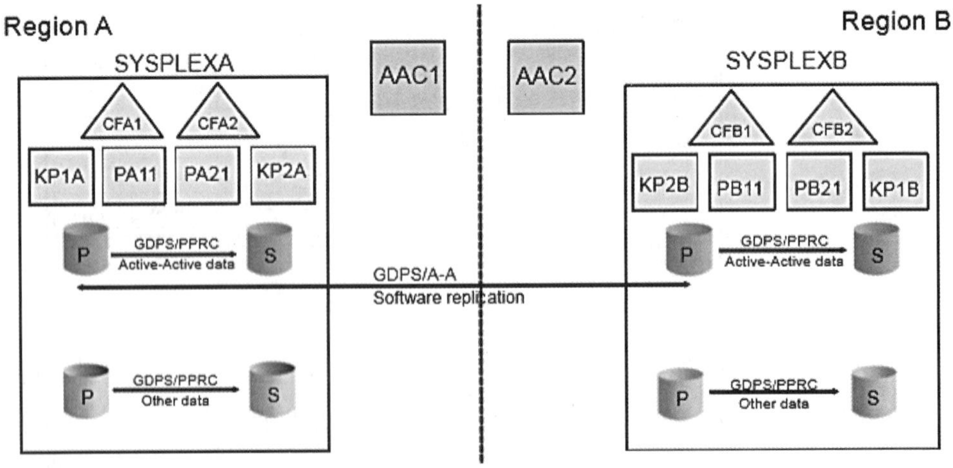

图 10-31　结合 QREP/MQ 与 PPRC 的双活架构示意

A 储存在 DB2 数据库中的业务数据通过 QREP/MQ 复制到 Site B 的磁盘上，在 Site A 发生灾难的情况下，Site B 可以在 2 min 内接管业务。而在 Site B 也有一个 PPRC 的磁盘镜像，有两个 PPRC 的 K 系统（主/备各一），在 Site B 的磁盘故障情况下，I/O 自动切换到 Site B 本地的 PPRC 备盘上，QREP/MQ 复制继续运行（业务运行在 Site A 上）或应用继续运行（Site B 接管 Site A，业务运行在 Site B 上）。

图 10-32 所示是一个更加复杂的示意，即结合了 QREP/MQ、PPRC、XRC 的两地三中心双活架构。核心应用程序运行在 Site A，在 Site A 本地有一个 PPRC 的磁盘镜像，在应用程序日常访问的磁盘出现故障的情况下，触发 GDPS PPRC HyperSwap，I/O 自动切换到 Site A 本地的 PPRC 备盘上，应用继续运行；在距离 Site A 几十千米之外有个同城的备份中心 Site B，Site A 储存在 DB2 数据库中的业务数据通过 QREP/MQ 复制到 Site B 的磁盘上，而储存在 VSAM 文件中的业务数据也通过 PPRC 复制到 Site B 的磁盘上，前提是需要应用访问的 PPRC 主盘支持 MTMM(Multi-Target Metro Mirror)功能，在 Site A 发生灾难的情况下，Site B 可以在 2 min 内接管业务；在距离 Site A 上千千米之外有个异地的备份中心 Site C，Site A 的业务数据通过 XRC 复制到 Site C，在 Site A 与 Site B 都发生灾难的情况下（比如大范围的地震、洪水），Site C 使用 XRC 的目标数据重新启动系统 DB2，在几个小时内接管业务运行；此外，Site B 储存在 DB2 数据库中的数据通过 QREP/MQ 复制到开放端的数据库（比如 Oracle），以供查询等非关键业务使用。

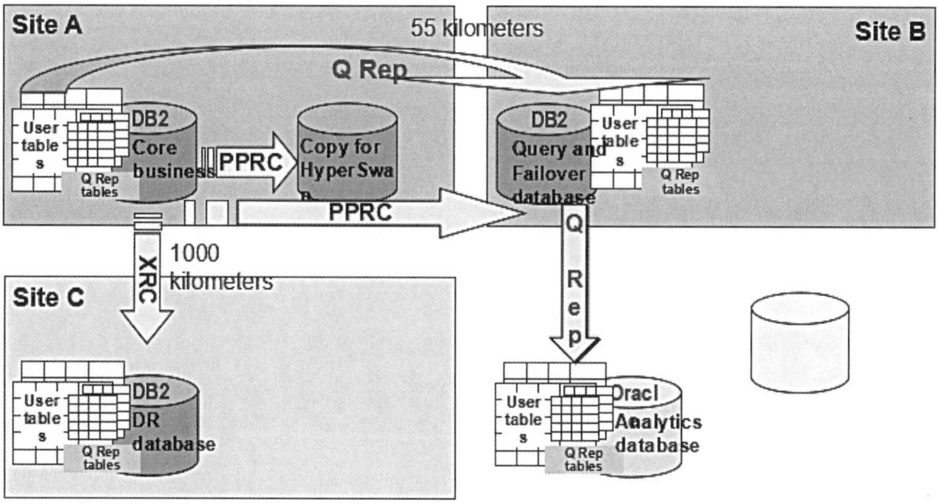

图 10-32 结合 QREP/MQ 与 PPRC、XRC 的双活架构示意